中文版

Revit 2022
完全自学教程

李鑫 编著

人民邮电出版社
北京

图书在版编目（CIP）数据

中文版Revit 2022完全自学教程 / 李鑫编著. -- 北
京 ：人民邮电出版社，2022.10
ISBN 978-7-115-57415-2

Ⅰ. ①中… Ⅱ. ①李… Ⅲ. ①建筑设计－计算机辅助
设计－应用软件－教材 Ⅳ. ①TU201.4

中国版本图书馆CIP数据核字(2021)第270609号

内 容 提 要

这是一本全面介绍 Revit 2022 基本功能及实际应用的书，本书主要针对零基础读者编写，是入门级读者快速、全面掌握 Revit 2022 的应备参考书。

本书从 Revit 2022 的基本操作入手，结合大量的可操作性实例，全面深入地阐述了使用 Revit 2022 从基础建模到模型应用的全过程。本书向读者展示了如何运用 Revit 结合各类插件，更快更好地完成创建模型的工作，让读者学以致用。

本书共有 17 章，第 1～10 章介绍了 Revit 的基础知识和各个板块的建模命令；第 11～15 章介绍了基于建筑信息模型完成统计、出图等工作的方法；第 16 章详细描述了 Revit 建模过程中比较重要的"族"的制作方法与技巧；第 17 章安排了 3 个不同类型建筑的综合实例，案例讲解过程详细，通过学习，读者可以有效地掌握软件技术。

本书结构清晰，语言通俗易懂，案例贴合实际工作需要。另外，本书附带学习资源，内容包括书中案例的素材文件、实例文件，以及 PPT 教学课件和在线教学视频。读者可以通过在线方式获取这些资源，具体方式请参看"资源与支持"页。

本书适合作为院校建筑设计专业基础课程的教材，也可作为 BIM 软件培训班的教材，还可作为广大建筑信息模型爱好者及刚从事建筑设计工作的初级、中级读者的参考用书。

♦ 编 著 李 鑫
　　责任编辑 张丹丹
　　责任印制 马振武

♦ 人民邮电出版社出版发行　　北京市丰台区成寿寺路 11 号
　　邮编 100164　　电子邮件 315@ptpress.com.cn
　　网址 http://www.ptpress.com.cn
　　廊坊市印艺阁数字科技有限公司印刷

♦ 开本：880×1092　1/16
　　印张：23.25　　　　　　　2022 年 10 月第 1 版
　　字数：817 千字　　　　　2025 年 1 月河北第 7 次印刷

定价：129.90 元

读者服务热线：(010)81055410　印装质量热线：(010)81055316
反盗版热线：(010)81055315
广告经营许可证：京东市监广登字 20170147 号

前　言

　　本书在编写的过程中尽力考虑读者在软件操作中的实际情形，从基础知识、具体操作和实战技巧3个方面介绍了如何使用Revit软件对模型进行创建、编辑和修改，以及Revit软件在项目中的使用、维护和管理等，把Revit软件的优势充分地展示给广大读者。

　　本书的作者具有丰富的BIM项目实施及相关的专业设计经验，为本书的专业性和易学性打下了良好的基础。为了使本书的内容更加丰富、专业，所有参编人员将多年来的项目实施经验进行归纳总结，并沉淀于各个章节当中。

　　在这个"云"和"大数据"的时代，新的BIM技术或软件不断涌现，对于很多从业者来说，如何学习并驾驭这些新技术是一个很大的难题。当然，除了用合理、有效的方法掌握先进技术之外，更重要的是创意、经验和平台的整合。本书除了表现一些新的技术之外，更多的是希望能够和大家分享经验和创意，实现从技术到创意的蜕变。

　　本书由"我知教育"团队共同编著，主要编写人员有李鑫、刘齐。感谢我知互联（北京）教育科技有限公司全体人员的大力支持，同时感谢中国十七冶集团有限公司城建技术分公司BIM工程师刘齐为本书提供了大量实战案例素材及BIM工程应用技术指导，感谢他们为本书出版所做的努力。写书如做人，我们竭尽所能去完善图书的每一个案例，但由于编者水平有限，书中难免会有不妥之处，恳请广大读者批评指正。

　　我们相信这将是一本让读者为之兴奋的图书，我们为本书赋予了全新的生命和定位，也非常荣幸能把多年积累的知识和经验分享给各位读者。最后，非常感谢您选用本书，也衷心希望这本书能让您有所收获！

编者

2022年4月

资源与支持

本书由"数艺设"出品，"数艺设"社区平台（www.shuyishe.com）为您提供后续服务。

配套资源

书中案例的素材文件和实例文件
137个在线教学视频
附赠电子文档：小白手册之通关秘籍和小白手册之问答宝典
17个PPT教学课件（教师专享）

资源获取提示

扫描左侧二维码，关注"数艺设"公众号
回复本书51页左下角的五位数字
根据公众号后台回复操作即可

资源获取请扫码

"数艺设"社区平台，为艺术设计从业者提供专业的教育产品。

与我们联系

我们的联系邮箱是 szys@ptpress.com.cn。如果您对本书有任何疑问或建议，请您发邮件给我们，并请在邮件标题中注明本书书名及 ISBN，以便我们更高效地做出反馈。

如果您有兴趣出版图书、录制教学课程，或者参与技术审校等工作，可以发邮件给我们。如果学校、培训机构或企业想批量购买本书或"数艺设"出版的其他图书，也可以发邮件联系我们。

如果您在网上发现针对"数艺设"出品图书的各种形式的盗版行为，包括对图书全部或部分内容的非授权传播，请您将怀疑有侵权行为的链接通过邮件发给我们。您的这一举动是对作者权益的保护，也是我们持续为您提供有价值的内容的动力之源。

关于"数艺设"

人民邮电出版社有限公司旗下品牌"数艺设"，专注于专业艺术设计类图书出版，为艺术设计从业者提供专业的图书、视频电子书、课程等教育产品。出版领域涉及平面、三维、影视、摄影与后期等数字艺术门类，字体设计、品牌设计、色彩设计等设计理论与应用门类，UI 设计、电商设计、新媒体设计、游戏设计、交互设计、原型设计等互联网设计门类，环艺设计手绘、插画设计手绘、工业设计手绘等设计手绘门类。更多服务请访问"数艺设"社区平台 www.shuyishe.com。我们将提供及时、准确、专业的学习服务。

中文版 Revit 2022
完全自学教程

第1章

进入Revit 2022的世界

1.1 认识Revit 2022

Autodesk Revit是为建筑信息模型（Building Information Modeling，简称BIM）设计的软件，涉及建筑、结构及设备（水、暖和电）专业，为建筑工程行业提供了BIM解决方案。

Revit是一款非常智能的设计软件，它能通过参数驱动模型即时呈现建筑师和工程师的设计，通过协同工作减少各专业之间的协调错误，通过模型分析支持节能设计和碰撞检查，通过自动更新所有变更减少整个项目设计的失误。

1.1.1 BIM相关软件介绍

目前，市场上用来创建BIM的软件多种多样，其中具有代表性的有Autodesk Revit系列、Gehry Technologies、基于Dassault Catia的Digital Project（简称DP）、Bentley Architecture系列和GRAPHISOFT ArchiCAD等。而在国内，应用较广的就是Autodesk Revit系列。下面介绍在实际工作中，经常与Autodesk Revit配合使用的BIM软件。

 Lumion---

Lumion本身有一个庞大而丰富的内容库，包含建筑、汽车、人物、动物、街道、街饰、地表和石头等内容。通过Revit To Lumion Bridge插件，可以直接导出Revit模型。该插件有3个显著特点：第一，操作简单，新手几乎不需要进行专业的学习便可上手；第二，通过使用快如闪电的GPU渲染技术，可以在操作的同时实时预览3D场景的最终效果；第三，不论是渲染高清影片还是效果图，该插件的速度都非常快。使用Revit的模型，可以在Lumion中创建绚丽的建筑漫游动画，不仅花费的时间少，质量也非常高，因此不少从业者喜欢用BIM在Lumion中创建动画，如图1-1所示。

图1-1

 LumenRT---

LumenRT是E-on Software公司推出的一款可以虚拟现实建筑项目的产品。建筑师借助LumenRT可以在图像品质一般或实时可视化的情况下，以完全交互的方式体验真实质量的灯光效果。并且，在LumenRT的实时环境中，建筑师们还可以随时将设计方案打包成方便、独立、跨平台的可执行文件。另外，LumenRT与Revit之间可以通过插件进行模型交换，IES灯光也可被直接转换。在实际运用过程中，LumenRT比较适用于对室内和小场景的室外模型进行渲染，如图1-2所示。

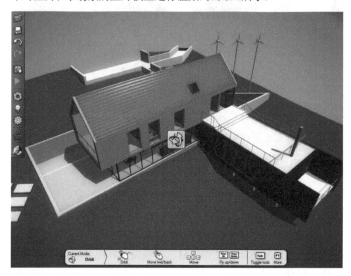

图1-2

 Navisworks

Autodesk Navisworks能够将AutoCAD和Revit系列软件等创建的设计数据，与来自其他设计工具的几何图形和信息结合，并将其作为整体的三维项目，通过多种文件格式进行实时审阅，甚至无须考虑文件大小。Navisworks可以帮助相关人员将项目作为一个整体来看待，从而优化设计决策、建筑实施、性能预测与规划，以及设施管理与运营等各个环节，如图1-3所示。

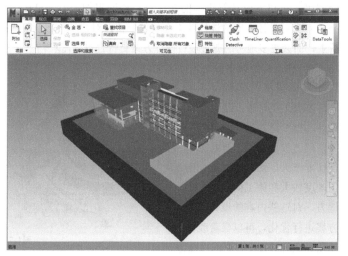

图1-3

技巧与提示

本节所列出的软件是日常工作中经常用到的一些BIM软件。使用频率不高的软件，如Autodesk ReCap、Autodesk Inventor等则未列出，读者如有兴趣，可到相关网站了解。

1.1.2 BIM的特点

BIM（建筑信息模型）是以建筑工程项目的各项相关信息数据为基础建立的建筑模型，可通过数字信息仿真，模拟建筑物所具有的真实信息。BIM是以从设计、施工到运营协调、项目信息的各个环节为基础构建的集成流程，具有可视化、协调性、模拟性、优化性和可出图性五大特点。通过使用BIM，建筑公司可以在整个流程中将统一的信息集成于项目，还可以通过真实性模拟和建筑可视化更好地与项目各方进行沟通，以便让项目各方更清楚地了解成本、工期和环境影响等信息。

可视化

可视化，即"所见即所得"的形式。对于建筑行业来说，可视化的运用可以起到非常大的作用。例如，我们经常拿到的施工图纸，只是将各个构件的信息以线条绘制的方式表现在图纸上，但真正的构造形式却需要建筑业的从业人员自行想象。如果这个建筑的结构比较简单，那么自行想象可能也没有太大的问题，但近几年，形式各异、造型复杂的建筑层出不穷，此时光靠想象来了解建筑结构就不太实际了。因此，BIM为建筑业的从业人员提供了使建筑构造形式可视化的方式，将以往的线条式的构件形成一种三维的实物仿真图形，展示在人们面前，如图1-4所示。

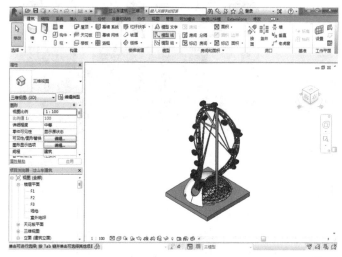

图1-4

以前，建筑业也会制作设计方面的效果图，但这种效果图一般是分包给专业的效果图制作团队，根据线条式信息识读设计制作的，而不是通过构件的信息自动生成的，缺少同构件之间的互动。而BIM的可视化，则是一种能够同构件形成互动的可视化。在BIM中，由于整个过程都是可视的，因此可以用于效果图的展示和报表的生成。更重要的是，通过建筑可视化，相关人员可以在项目的设计、建造和运营过程中直接进行沟通、讨论和决策。

协调性

协调性是建筑业的重点内容，无论是施工单位、设计单位还是业主，都在做着协调及相互配合的工作。一旦项目在实施过程中遇到问题，就需要各个环节的相关人员组织起来召开协调会议，找出问题发生的原因，并商讨解决方案，然后做出相应变更、补救措施等，从而解决问题。那么，问题的协调只能等到问题出现后再进行吗？在开展设计工作时，由于各专业设计师之间的沟通不到位，往往会出现各专业相互碰撞的问题。例如，在对暖通（供热供燃气通风及空调工程）等专业中的管道进行布置时，可能遇到构件阻碍管线布置的问题，而BIM的协调性服务，就可以帮助处理这种问题。也就是说，BIM可以在建筑物建造前期，对各专业的碰撞问题进行协调，生成并提供协调数据。当然，BIM的协调作用除了可以用于解决各专业间的碰撞问题，还可以解决电梯井布置与其他设计布置及净空要求的协调，防火分区与其他设计布置的协调，以及地下排水布置与其他设计布置的协调等问题，如图1-5所示。

图1-5

模拟性

BIM不仅可以模拟设计建筑物的模型，还可以模拟难以在真实世界中操作的事件。在建筑物的设计阶段，BIM可以对在设计上需要进行模拟的一些事件进行模拟实验。如节能模拟、紧急疏散模拟、日照模拟和热能传导模拟等。

在招投标和施工阶段，可以使用BIM进行4D模拟（3D模型加上项目的发展时间），即根据施工的组织设计模拟实际施工，从而确定合理的施工方案。同时，还可以进行5D模拟（基于3D模型的造价控制），从而实现成本控制。在后期运营阶段，还可以使用BIM进行日常紧急情况处理方式的模拟，如地震人员逃生模拟和消防人员疏散模拟等，如图1-6所示。

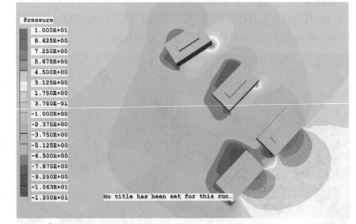

图1-6

优化性

事实上，整个设计、施工和运营的过程，就是一个不断优化项目方案的过程。而使用BIM，则可以更好地对项目方案进行优化。优化的过程通常受信息、复杂程度和时间的制约。准确的信息会影响优化的最终结果，BIM可以提供建筑物实际存在的信息，包括几何信息、物理信息及规则信息等。对于高度复杂的项目，由于参与人员本身的原因，可能无法掌握所有信息，因此需要借助一定的科学技术和设备。现代建筑物的复杂程度大多超过了参与人员本身能力的极限，因此，BIM及其配套的各种优化工具为建筑从业人员提供了对复杂项目进行优化的服务。使用BIM可以完成以下两种优化任务。

第1种：对项目方案的优化。把项目设计和投资回报分析结合起来，可以实时计算设计的变化对投资回报的影响。这样一来，业主对设计方案的选择就不会仅仅停留在对建筑物形状的评价上，而会更多地考虑哪种项目设计方案更符合自身需求。

第2种：对特殊项目的设计优化。在大空间中随处可见异型设计，如裙楼、幕墙和屋顶等，如图1-7所示。这些异型设计占整个建筑的比例看似不大，但占投资和工作量的比例往往非常大，而且通常是在施工难度较大和施工问题较多的地方，对这些内容的设计施工方案进行优化，可以显著改善工期和造价等方面存在的问题。

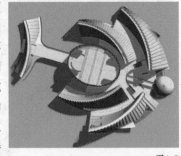

图1-7

可出图性

使用BIM绘制的图纸不同于建筑设计院所设计的图纸或一些构件加工图纸，它是在对建筑物进行了可视化展示、协调、模拟和优化以后，绘制出的综合管线图（经过碰撞检查和设计修改，消除了相应错误以后的图）、综合结构留洞图（预埋套管图），以及碰撞检查侦错报告和建议改进方案，如图1-8所示。

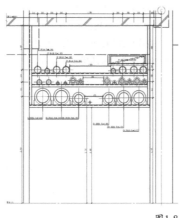

图1-8

1.1.3 Revit的应用领域

如今，Revit已经被广泛应用于建筑及基础设施行业，在设计、施工和运营阶段都扮演着不可或缺的角色。Revit的优点是，可以在建立完成一个完整的BIM时，通过这个BIM快速得到各专业所需要的图纸、明细表和工程量清单等。当设计数据变更时，Revit会自动更新所有与之关联的信息，做到"一处更改、处处更新"，确保设计数据的完整性和准确性。

在施工阶段，通过将BIM与实际现场进行对比，可以尽早发现项目落地时，在施工现场所出现的错、漏、碰、缺等设计失误，从而提高设计质量，减少现场的施工变更，缩短工期。

通常，在进行工程项目设计时，项目设计方案会由建筑、结构和机电等多个专业领域的设计人员共同完成。在与设计师绘制的二维AutoCAD图纸进行协同时，来自不同专业的设计人员很难发现各专业之间相互碰撞时潜在的设计问题，而Revit平台强大的协同设计能力，则可以非常容易地发现存在于三维模型中的此类问题，如图1-9所示。

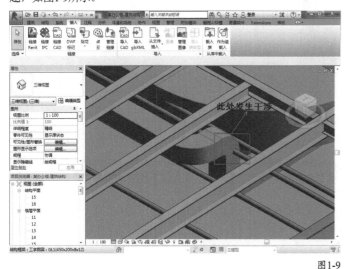

图1-9

1.2 Revit基础介绍

"千里之行，始于足下。"在本节中，我们将学习Revit的一些比较重要的基础功能。在学习的道路上，我们只有脚踏实地，才会走得更远。

1.2.1 Revit 2022的界面

安装好Revit 2022之后，可以通过双击计算机桌面上的快捷方式图标启动Revit 2022，或者在Windows系统的"开始"菜单中找到Revit 2022程序，如图1-10所示。

在启动Revit 2022的过程中，可以看到Revit 2022的启动画面，如图1-11所示。首次启动软件时，会自动验证软件许可，已经购买的用户可以直接输入序列号及密钥对软件进行激活；还没购买的用户，可以选择免费试用30天。

图1-10   图1-11

Revit 2022使用的是Ribbon界面，这种界面不再像传统界面一样将命令隐藏在各个菜单下，而是按照日常使用习惯，将不同命令进行归类，然后放置在不同选项卡中，当我们选择相应的选项卡时，便可直接找到自己需要的命令。Revit 2022的工作界面分为"文件""快速访问工具栏""信息中心""选项栏""类型选择器""属性选项板""项目浏览器""Status bar(状态栏)""视图控制栏""绘图区域""功能区"等16个选项卡，如图1-12和图1-13所示。

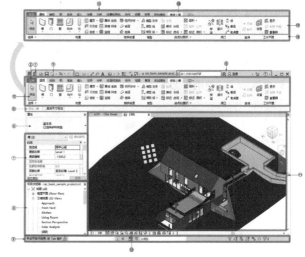

图1-12

1	Revit 主页
2	文件选项卡
3	快速访问工具栏
4	信息中心
5	选项栏
6	类型选择器
7	属性选项板
8	项目浏览器
9	Status bar
10	视图控制栏
11	绘图区域
12	功能区
13	功能区上的选项卡
14	功能区上的上下文选项卡，提供与选定对象或当前动作相关的工具
15	功能区当前选项卡上的工具
16	功能区上的面板

图1-13

文件菜单

单击"文件"图标 文件 ，即可打开文件菜单。Revit与Autodesk系列的其他软件一样，包含"新建""打开""保存""另存为""导出"等基本命令。界面右侧会默认显示最近打开过的文档，选择文档即可快速调用。当想要某个文件一直在"最近使用的文档"中时，可以单击文件名称右侧的 图标，如图1-14所示。这样就可以锁定该文件，使文件一直显示在列表中，而不会被其他新打开的文件所替换。

图1-14

文件菜单介绍

新建 ：该命令用于新建项目文件与族文件，包含5个子命令，如图1-15所示。

项目 ：新建一个项目，并选择相应的项目样板。

族 ：新建一个族，并选择相应的族样板。

概念体量 ：使用概念体量样板创建概念体量族。

标题栏 ：使用标题栏样板创建标题栏（图框）族。

注释符号 ：使用注释符号样板创建各类型的标记与符号族。

图1-15

技巧与提示

一般情况下，新建项目均可用快捷键完成。按快捷键Ctrl+N可打开"新建项目"对话框，在该对话框中，可以按类型选择项目样板来创建项目或项目样板，如图1-16所示。

图1-16

打开 ：该命令用于打开项目、族、IFC及各类Revit支持格式的模型，包含7个子命令，如图1-17所示。

项目 ：执行该命令可以打开"打开"对话框，在该对话框中可以选择要打开的Revit项目和族文件，如图1-18所示。

图1-17

图1-18

技巧与提示

除了可以用"打开"命令打开场景以外，还可以在文件夹中选择要打开的项目文件，然后直接将其拖曳到Revit的操作界面中，如图1-19所示。

图1-19

族 ▣：执行该命令可以打开"打开"对话框，在该对话框中可以选择自带族库中的族文件或自行创建的族文件，如图1-20所示。

图1-20

Revit文件 ▣：执行该命令可以打开"打开"对话框，在该对话框中可以打开大部分Revit所支持的类型的文件，包括RVT、RFA、ADSK和RTE等格式，如图1-21所示。

图1-21

建筑构件 🔧：执行该命令可以打开"打开ADSK文件"对话框，在该对话框中可以打开Autodesk交换文件，如图1-22所示。

图1-22

IFC ✦：执行该命令可以打开"打开IFC文件"对话框，在该对话框中可以打开IFC格式的文件，如图1-23所示。

图1-23

IFC选项 🔧：执行该命令可以打开"导入IFC选项"对话框，在该对话框中可以设置IFC类名称所对应的Revit类别，如图1-24所示。该命令只有在打开Revit文件的状态下才能使用。

样例文件 📂：执行该命令将直接跳转至Revit自带的样例文件夹下，可在该文件夹下打开软件自带的样例项目文件及族文件，如图1-25所示。

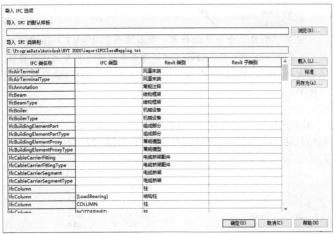

图1-24

图1-25

保存 🖫： 执行该命令可以保存当前项目文件。如果先前没有保存项目文件，则执行"保存"命令，在打开的"另存为"对话框中设置文件的保存位置、文件名及文件类型，如图1-26所示。

文件保存位置

设置文件名称
设置文件类型

图1-26

另存为 🖫： 执行该命令可以将项目文件保存为5种不同的类型，分别是"云模型""项目""族""样板""库"，如图1-27所示。

云模型 🖫： 执行该命令可以通过Autodesk Docs将Revit模型保存到云。

项目 🖫： 执行该命令可以打开"另存为"对话框，在该对话框中可以设置项目文件的保存位置和文件名，如图1-28所示。

族 🖫： 执行该命令可以打开"另存为"对话框，在该对话框中可以设置族文件的保存位置和文件名，如图1-29所示。

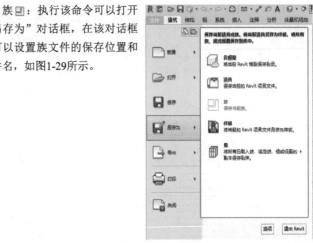

图1-27

图1-28

图1-29

样板 🖫： 执行该命令可以打开"另存为"对话框，在该对话框中可以设置样板文件的保存位置和文件名，如图1-30所示。

库 🖫： 执行该命令可以将文件保存为3种不同的类型，分别为"族""成组""视图"，如图1-31所示。

导出 🖫： 执行该命令可以将项目文件导出为13种不同格式的文件，如图1-32所示。

CAD格式 🖫： 执行该命令可以将Revit模型导出为多种CAD格

式的文件，以便用于其他软件，其中包括DWG▣、DXF▣、DGN▣和ACIS（SAT）▣4种格式，如图1-33所示。

图1-30

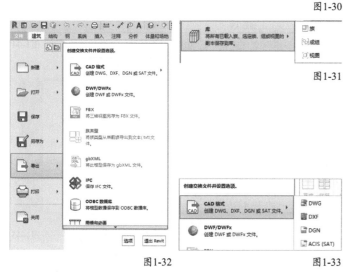

图1-31

图1-32　　　　　　图1-33

DWF/DWFx ◉：执行该命令可以打开"DWF导出设置"对话框，在该对话框中可以设置需要导出的视图及模型的相关属性，如图1-34所示。

图1-34

技巧与提示

DWF文件是Autodesk用来发布设计数据的文件，它可以替代"打印到PDF"功能，更方便地传递设计数据。使用DWF文件可以安全又轻松地共享设计信息，可以避免意外修改项目文件，还可以与客户

及没有Revit的人共享项目文件。并且，DWF文件明显比原始RVT文件小，因此可以很轻松地通过电子邮件的方式将其发送或发布到网站上。

FBX▣：执行该命令可以打开"导出3ds Max（FBX）"对话框，在该对话框中输入文件名称，即可将模型保存为FBX格式，供3ds Max使用，如图1-35所示。

图1-35

族类型 ▣：执行该命令可以打开"导出为"对话框，将族类型从打开的族导出至文本文件中，如图1-36所示。

图1-36

gbXML ▣：执行该命令可以打开"导出gbXML-设置"对话框，可将设计导出为gbXML文件，并使用第三方荷载分析软件执行荷载分析，如图1-37所示。

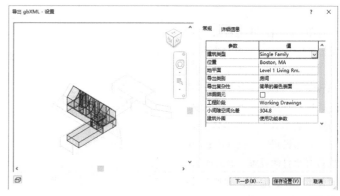

图1-37

IFC：执行该命令可以打开"导出IFC"对话框，可将模型导出为IFC文件，如图1-38所示。

图1-38

ODBC数据库：执行该命令可以打开"选择数据源"对话框，可将模型构件数据导出至ODBC（开发数据库连接）数据库中，如图1-39所示。

图1-39

图像和动画：执行该命令可以将在项目文件中制作的漫游、日光研究及图像，以与之对应的文件格式保存至外部，如图1-40所示。

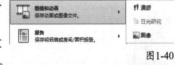

图1-40

报告：执行该命令可以将项目文件中的明细表及房间/面积报告，以与之对应的文件格式保存至外部，如图1-41所示。

图1-41

选项：执行该命令可以预设导出各种格式的文件时所需要的参数，如图1-42所示。

图1-42

打印：执行该命令可以进行文件打印、打印预览及打印设置，如图1-43所示。

打印：执行该命令可以打开"打印"对话框，设置好相关参数后即可打印文件，如图1-44所示。

打印预览：执行该命令可以预览视图的打印效果，若无问题，即可直接单击"打印"按钮 打印(P)... 进行打印，如图1-45所示。

打印设置：执行该命令可以打开"打印设置"对话框，设置打印机的各项参数，包括纸张大小、页边距等，如图1-46所示。

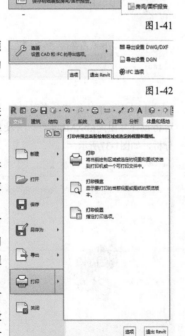

图1-43

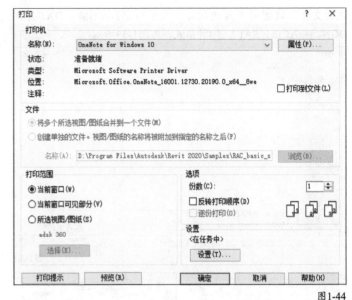

图1-44

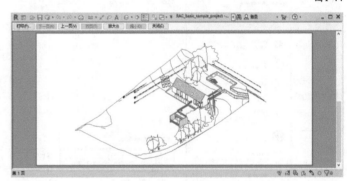

图1-45

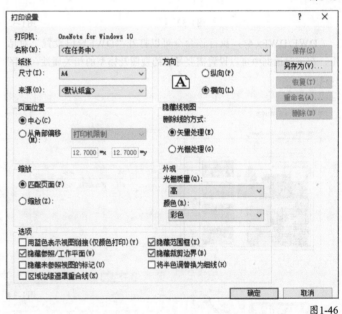

图1-46

快速访问工具栏

快速访问工具栏中默认放置了一些常用的命令和按钮，如图1-47所示。

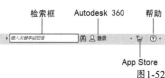

图1-47

单击"自定义快速访问工具栏"按钮▼，如图1-48所示，查看工具栏中的命令，可以选择或取消以显示或隐藏相关命令。在功能区的按钮上单击鼠标右键，选择"添加到快速访问工具栏"选项，即可向快速访问工具栏中添加命令，如图1-49所示。反之，在快速访问工具栏中的按钮上单击鼠标右键，选择"从快速访问工具栏中删除"选项，即可将该命令从快速访问工具栏中删除，如图1-50所示。单击"自定义快速访问工具栏"选项，在打开的"自定义快速访问工具栏"对话框中可以对命令进行排序、删除，如图1-51所示。

图1-48

图1-49

图1-50

技巧与提示

在模型搭建的过程中，经常需要打开多个视图，而打开视图的数量会严重影响计算机的运行速度。单击快速访问工具栏中的"关闭非活动视图"按钮▣，可将除当前视图外的窗口全部关闭。

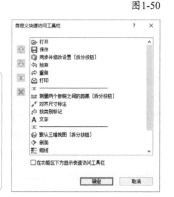

图1-51

信息中心

信息中心对初学者而言是一个非常重要的部分。可以直接在检索框中输入软件使用过程中所遇到的问题，Revit将会检索出相应内容。个人用户可以通过申请的Autodesk账户登录云平台。如果购买了Autodesk公司的速博服务，还可以通过该功能登录速博服务中心。单击App Store按钮🛒，即可登录Autodesk官方的App网站，网站内有不同系列软件的插件供用户下载，如图1-52所示。

检索框　Autodesk 360　帮助

App Store

图1-52

选项栏

选项栏位于功能区下方，如图1-53所示。选项栏根据当前工具或选定的图元显示条件工具。要将选项栏移动至Revit窗口的底部（状态栏上方），可以在选项栏上单击鼠标右键，然后选择"固定在底部"选项。

图1-53

类型选择器

如果有一个用来放置图元的工具处于活动状态，或者在绘图区域中选择了同一类型的多个图元，则属性选项板的顶部将显示类型选择器。类型选择器用以标识当前选择的族类型，并提供一个可从中选择其他类型的下拉列表，如图1-54所示。单击类型选择器时，会显示搜索字段，在搜索字段中输入关键字，可快速查找所需的内容类型。

图1-54

属性面板

Revit默认将属性面板显示在界面左侧，可用来查看和修改用以定义Revit中图元的属性的参数，如图1-55所示。

图1-55

11

属性过滤器：用于显示当前所选择图元的类别及数量，如图1-56所示。在选择了多个图元的情况下，默认显示为"通用"名称，以及所选图元的数量，如图1-57所示。

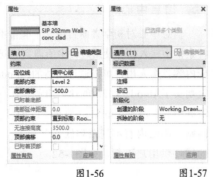

图1-56　　　　　图1-57

实例属性：显示视图参数信息和图元属性参数信息，切换至某个视图当中，则会显示该视图的相关参数信息，如图1-58所示。在视图中选择图元后，会显示所选图元的参数信息，如图1-59所示。

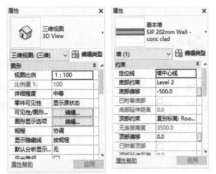

图1-58　　　　　图1-59

类型属性：显示视图或所选图元的类型参数，如图1-60所示。进入"类型属性"对话框，共有两种操作方法：一种是选择图元，单击"类型属性"按钮，如图1-61所示；另一种是单击"属性"面板中的"编辑类型"按钮，如图1-62所示。

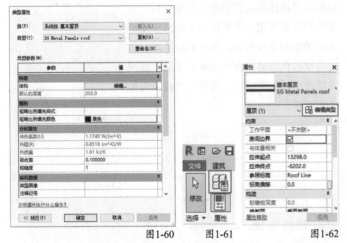

图1-60　　　图1-61　　　　　图1-62

技巧与提示

如果视图中没有显示"属性"面板，可以通过以下3种方式进行操作。

第1种：单击功能区中的"属性"按钮，打开"属性"面板，如图1-63所示。

第2种：单击功能区的"视图"选项卡中的"用户界面"按钮，然后在下拉菜单中选择"属性"选项，如图1-64所示。

第3种：在绘图区域的空白处单击鼠标右键，选择"属性"选项，如图1-65所示。

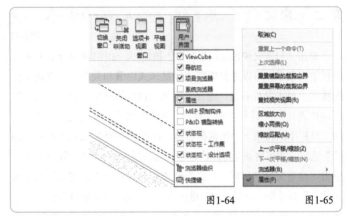

图1-64　　　　　图1-65

🌀 **项目浏览器**------------------------------------

项目浏览器用于显示项目中的所有视图、明细表、图纸、族、组和链接Revit模型与其他部分的结构树。展开和折叠各分支时，将显示下一层项目。选择某视图，单击鼠标右键，打开其下拉菜单，即可对该视图进行"复制""删除""重命名""查找相关视图"等操作，如图1-66所示。

图1-66

🌀 **状态栏**------------------------------------

状态栏位于Revit应用程序框架的底部，使用当前命令时，状态栏左侧会显示一些相关的技巧或者提示。例如，启动一个命令（如旋转），状态栏会显示关于当前命令的后续操作的提示，如图1-67所示。在图元或构件被选择而高亮显示时，状态栏则会显示族和类型的名称。

图1-67

工作集 ：提供对工作共享项目的"工作集"对话框的快速访问。

设计选项 📐：提供对"设计选项"对话框的快速访问。设计完某个项目的大部分内容后，可以使用设计选项开发项目的备选设计方案。例如，使用设计选项可以根据项目范围中的修改进行调整、查阅其他设计，便于用户演示变化部分。

选择控制 ：提供多种控制选择的方式，可自由开关。

过滤器 ▽₀：显示选择的图元数并优化视图中所选择的图元类别。

🌀 **视图控制栏**------------------------------------

视图控制栏位于Revit窗口底部、状态栏上方，可以快速访问影响绘图区域的功能，如图1-68所示。

图1-68

视图控制栏工具介绍

比例1：100：视图比例是在图纸中用于表示对象比例大小的比例系统。

详细程度：可根据视图比例设置新建视图的详细程度，提供"粗略""中等""精细"3种模式。

视觉样式：可以为项目视图指定多种不同的视觉样式。

打开日光/关闭日光/日光设置：可以打开日光路径并进行设置。

打开阴影/关闭阴影：可以打开或关闭模型中阴影的显示。

显示渲染对话框：可以设置图形渲染方面的参数，仅3D视图显示该按钮。

打开裁剪视图/关闭裁剪视图：控制是否应用视图裁剪。

显示裁剪区域/隐藏裁剪区域：显示或隐藏裁剪区域范围框。

保存方向并锁定视图：将三维视图锁定，以便在视图中标记图元并添加注释记号，仅3D视图显示该按钮。

临时隐藏/隔离：暂时性地将视图中的个别图元独立显示或隐藏。

显示隐藏的图元：临时查看隐藏的图元或取消其隐藏。

临时视图样板：在当前视图中应用临时视图样板或进行设置。

显示或隐藏分析模型：可以在任何视图中显示或隐藏结构分析模型。

高亮显示位移集：将位移后的图元在视图中高亮显示。

> **技巧与提示**
>
> 选择比例中的"自定义"按钮，可以自定义当前视图的比例，但不能将此自定义的比例应用于该项目的其他视图中。

绘图区域

绘图区域显示的是当前项目的视图（以及图纸和明细表）。当打开项目中的某一视图时，此视图会显示在绘图区域中其他打开的视图上面。此时其他视图仍处于打开状态，但会被置于当前视图的下面。选择"视图>窗口"中的工具即可排列项目视图，使其以合适的状态显示，如图1-69所示。

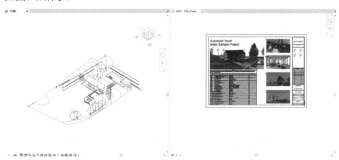

图1-69

功能区

软件的功能区面板用以显示与选项卡相关联的命令按钮，共提供了3种显示方式，分别是"最小化为选项卡""最小化为面板标题""最

小化为面板按钮"。当选择"最小化为选项卡"时，可最大化绘图区域以增加模型的显示面积。单击功能区中按钮上的下三角，可在不同的显示方式中进行切换；也可单击按钮上的上三角符号直接选择显示方式，如图1-70所示。

图1-70

在功能区面板中，当把鼠标指针放到某个工具按钮上时，会显示当前按钮的功能信息，如图1-71所示。如停留时间稍长，还会提供当前命令的图示说明，如图1-72所示。此外，复杂的工具按钮还会提供简短的动画说明，以便于用户能够更直观地了解该工具的使用方法。

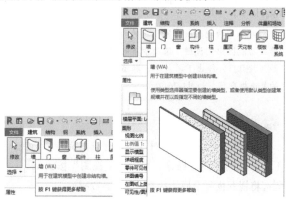

图1-71　　　　　　　　图1-72

Revit中还有一些隐藏工具，带有下三角或斜向小箭头的面板都包含隐藏工具，并通常以展开面板、弹出对话框两种形式显示，如图1-73所示。单击按钮，可让展开面板中的隐藏工具永久显示在视图中。

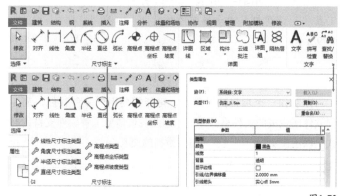

图1-73

Revit中的任何一个面板都可以变成自由面板，并放置在当前窗口中的任意位置。以"构建"面板为例，将鼠标指针置于"构建"面板的标题位置或空白处，按住鼠标左键并拖曳，该面板即可脱离当前位置成为自由面板，或者和其他面板交换位置。需要注意的是，"构建"面板只属于"建筑"选项卡，不能放置到其他选项卡中，如图1-74所示。如果想使其回归原始位置，可以将鼠标指针放置在自由面板上，当出现"将面板返回到功能区"按钮时，单击该按钮即可使其回归原始位置，如图1-75所示。

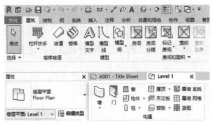

图1-74　　　　　　　　　图1-75

为设计用的项目文件。

RFT格式： 创建Revit可载入族的样板文件格式。创建不同类别的族要选择不同的族样板文件。

RFA格式： Revit可载入族的文件格式。用户可根据项目需要创建自己的常用族文件，以便随时在项目中调用。

支持的其他文件格式

在对项目进行设计和管理时，用户经常会使用多种设计、管理工具来实现自己的目标。为实现多软件环境的协同工作，Revit提供了"导入""链接""导出"工具，可以支持CAD、FBX、DWF、IFC和gbXML等多种文件格式，并能根据需要选择性地导入和导出，如图1-80所示。

图1-80

ViewCube

使用ViewCube可以对视图进行自由旋转、切换不同方向的视图等操作。单击"主视图"按钮，即可将视图恢复至原始状态，如图1-77所示。

图1-77

导航栏

导航栏包括"控制盘"工具和"区域放大"工具，如图1-78所示。单击"控制盘"工具，即可打开"全导航控制盘"，如图1-79所示。

图1-78　　　图1-79

1.2.2 常用文件格式

在制作一个项目的过程中，可能需要用到多种软件，而不同软件所生成的文件格式不同，因此我们需要了解软件支持的格式，以便在实际应用过程中进行数据的交互。

基本文件格式

在绘制建筑信息设计图时，常用的文件格式有以下4种。

RTE格式： Revit的项目样板文件格式包括项目单位、标注样式、文字样式、线型、线宽、线样式和导入/导出设置等内容。为规范设计和避免重复设置，用户可根据自身的需求、内部标准先行设置Revit自带的项目样板文件格式，并保存成项目样板文件，以便新建项目文件时选用。

RVT格式： Revit生成的项目文件格式，包括项目所有的建筑模型、注释、视图和图纸等内容。通常，基于项目样板文件（RTE文件）创建项目文件，编辑完成后可保存为RVT格式的文件，是可以作

1.3 Revit的基本术语

在Revit中，项目指单个设计信息数据库模型。项目文件包含了建筑所有的设计信息（从几何图形到构造数据），这些信息包括用于设计模型的构件、项目视图和设计图纸。通过使用单个项目文件，用户不仅可以轻松地修改设计，还可以将修改的结果反映在所有的关联区域（如平面视图、立面视图、剖面视图和明细表等）中。在这个过程中，用户仅需跟踪一个文件，方便了项目管理，如图1-82所示。

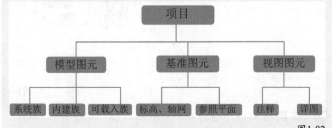

图1-82

Revit中有3种图元，分别是模型图元、基准图元和视图图元。

模型图元：代表建筑的实际三维几何图形，如墙、柱、楼板和门窗等。Revit按照类别、族和类型对模型图元进行分级，如图1-83所示。

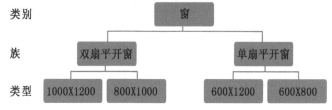

图1-83

基准图元：协助定义项目范围，如轴网、标高和参照平面。

轴网：有限平面，可以在立面视图中拖曳其范围，使其不与标高线相交。轴网可以是直线，也可以是弧线。

标高：无限水平平面，用作屋顶、楼板和天花板等以层为主体的图元的参照。

参照平面：精确定位、绘制轮廓线条等的重要辅助工具。参照平面对族的创建非常重要，有二维参照平面及三维参照平面，其中三维参照平面显示在概念设计环境（公制体量RFT）中。

视图图元：只显示在放置这些图元的视图中，对模型图元进行描述或归档，如尺寸标注、标记和二维详图等。

Revit图元的最大特点就是参数化。参数化是Revit实现协调、修改和管理功能的基础，大大提高了设计的灵活性。Revit图元可以由用户直接创建或者修改，无须编程。

类别指在设计建模归档中进行分类。例如，模型图元的类别包括家具、门窗和卫浴设备等，注释图元的类别包括标记和文字注释等。

1.3.1 项目与项目样板

在Revit中创建的三维模型、设计图纸和明细表等信息都被存储于RVT的文件中，这个文件被称为项目文件。在建立项目文件之前，需要项目样板做基础。项目样板的功能相当于AutoCAD中的DWT文件，会定义好相关的参数，如度量单位、尺寸标注样式和线型设置等。不同的样板包含的内容也不同。例如，绘制建筑模型时需要选择建筑样板，此时项目样板中就会默认提供一些门、窗和家具等族库，以便用户在实际建立模型时能够快速调用，节省制作时间。此外，Revit还支持自定义样板，用户可以根据专业及项目需求，有针对性地制作样板，从而方便日后的设计工作。

1.3.2 族

族既是组成项目的构件，也是参数信息的载体。族根据参数（属性）集的共用、使用上的相同，和图形表示的相似来对图元进行分组。在一个族中，不同图元的部分或全部属性可能有不同的值，但是属性的设置（其名称与含义）是相同的。例如，"餐桌"作为一个族可以有不同的尺寸和材质。

Revit包含以下3种族。

可载入族：使用族样板在项目外创建的RFA文件可以载入项目，具有高度可自定义的特征。因此，可载入族是用户最常创建和修改的族。

系统族：已经在项目中预定义，并且只能在项目中进行创建和修改的族类型（如墙、楼板和天花板等）。它们不能作为外部文件载入或创建，但可以在项目和样板之间复制、粘贴或传递。

内建族：内建族指在当前项目中新建的族，它与之前介绍的可载入族的不同之处在于，内建族只能存储在当前的项目文件里，不能单独存成RFA文件，也不能用在别的项目文件中。

族可以有多个类型，类型用于表示同一族的不同参数（属性）值。如打开系统自带门族"单扇-与墙齐"，则包含600×1800mm、600×2000mm、750×1800mm和750×2000mm（宽×高）4个不同类型，如图1-84所示。

在这个族中，不同类型对应门的不同尺寸，如图1-85和图1-86所示。

图1-84   图1-85   图1-86

1.3.3 参数化

参数化设计是Revit的核心内容，包含两部分，一部分是参数化图元，另一部分是参数化修改。参数化图元是指在设计过程中调整其中一面墙的高度或者一扇门的大小，均可通过其在内部添加的参数进行控制；而参数化修改则是指在修改了其中某个构件的时候，与之关联的构件也会随之发生相应的变化，避免了设计过程中由于数据不同步造成的错误，大大提高了设计效率。例如，修改一面墙上窗户的高度和大小，与之相关联的尺寸标注也会自动更新，如图1-87和图1-88所示。

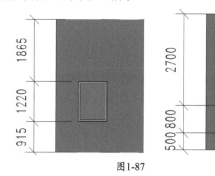

图1-87   图1-88

第2章

Revit基础操作

2.1 视图控制工具

第1章介绍了Revit 2022视图控制工具的一些基础功能，本节将对这些常用视图工具进行详细讲解。熟练掌握这些工具的使用方法，可以提高在实际工作中的效率。

2.1.1 使用项目浏览器

在实际项目中，项目浏览器扮演着非常重要的角色，项目开始以后创建的图纸、明细表和族库等内容，都会体现在项目浏览器中。在Revit中，项目浏览器用于管理数据库，其文件表示形式为结构树，不同层级对应不同的内容，非常清晰，如图2-1所示。

如果创建的模型类型不同，或建模阶段不同，则Revit有不同的"项目浏览器"组织形式供用户选择。用户可以根据实际需要，进行自定义"编辑""新建"等操作，如图2-2所示。

图2-1　　　　　　　　　　　　图2-2

将鼠标指针移动至"视图"，单击鼠标右键，选择"浏览器组织"选项，然后单击"新建"按钮，打开"创建新的浏览器组织"对话框，输入名称，如图2-3所示。单击"确定"按钮，打开"浏览器组织属性"对话框，如图2-4所示。

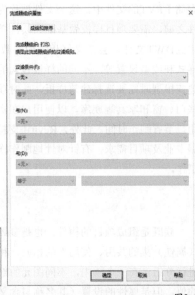

图2-3　　　　　　　　　　　　图2-4

该对话框中有两个选项卡，分别为"过滤"与"成组和排序"，如图2-5所示。

图2-5

定"按钮，如图2-6所示。

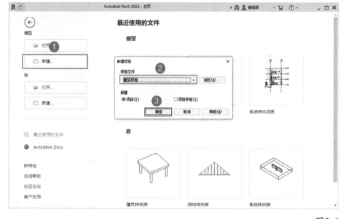

图2-6

02. 在项目浏览器中找到"视图"，单击鼠标右键，选择"浏览器组织"选项，如图2-7所示。

03. 在"浏览器组织"对话框中，单击"新建"按钮，弹出"创建新的浏览器组织"对话框，然后输入浏览器组织方案名称为"比例"，最后单击"确定"按钮，如图2-8所示。

图2-7   图2-8

技巧与提示

浏览器组织在项目中的作用非常重要。在开始项目之前，如果能先构思好符合项目和个人操作习惯的样式，那么项目在实施过程中将事半功倍。

"过滤"选项卡的作用是通过预设的过滤条件，如"视图比例""图纸名称"等选项，来显示需要的视图或图纸，一般情况下不做设置。"成组和排序"选项卡主要用于设置视图的层级关系，按照一定的归属条件对视图进行分类。例如，先按照"视图比例"进行分类，再在此基础上划分平、立、剖与三维视图。

浏览器的排序方式也可以进行自定义更改，按照固定的参数对浏览器进行升序和降序两种方式的排列。

04. 切换到"成组和排序"选项卡，设置"成组条件"分别为"视图比例""规程""类型"，然后单击"确定"按钮，如图2-9所示。

经验分享

在实际工作中，绘图并不是一气呵成的，通常需要反复修改。在这种情况下，视图中会出现很多不需要打印的参照内容。为了能够在项目完成后快速完成图纸打印的设置，可以将一个视图复制为两个独立的视图（三维图元共享，二维图元互相独立）。其中一个视图为绘图视图，在绘图阶段使用；另外一个视图为打印视图，在最终出图阶段使用。这样操作，可以完美解决绘图与打印时不同的视图设置问题。此外，可以利用浏览器组织将两类视图进行分类，以便后期进行管理和使用。

实战：按视图比例分类

素材位置：无
实例位置：实例文件>第2章>实战：按视图比例分类.rvt
视频位置：第2章>实战：按视图比例分类.mp4
难易指数：★★☆☆☆
技术掌握：使用不同的参数对视图进行分类汇总

01. 在软件的初始界面中，单击"新建"按钮，然后在弹出的"新建项目"对话框中选择"建筑样板"选项，最后单击"确

图2-9

05 在"视图"选项卡中勾选"比例"复选框，然后单击"确定"按钮，如图2-10所示。设置完成后，项目浏览器的最终效果如图2-11所示。

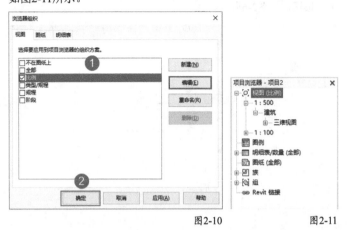

图2-10　　　　　　图2-11

　　"规程"是默认的软件对专业的系统分类。例如，"建筑"与"结构"规程分别指两个专业；"类型"是视图类别的分类，如平面图、立面图和剖面图等。

2.1.2 视图导航

　　Revit提供了多种导航工具，可以实现对视图的"平移""旋转""缩放"等操作。通过使用鼠标结合键盘的功能按键，或使用Revit提供的导航栏，都可实现对视图的操作。

鼠标结合键盘

　　鼠标结合键盘的操作，可分为以下6个步骤。

　　第1步：打开Revit中自带的建筑样例项目文件，单击快速访问工具栏中的"默认三维视图"按钮，切换到三维视图。

　　第2步：按住Shift键，同时按住鼠标中键，即可对视图进行旋转操作。

　　第3步：直接按住鼠标中键，移动鼠标指针即可对视图进行平移操作。

　　第4步：双击鼠标中键，则可使视图返回原始状态。

　　第5步：将鼠标指针放置于模型上的任意位置，向上滚动鼠标中键，即可以当前鼠标指针所在位置为中心放大视图，反之则缩小视图。

　　第6步：按住Ctrl键的同时，按下鼠标中键，上下移动鼠标即可放大或缩小视图。

导航栏

　　导航栏默认位于绘图区域的右侧，如图2-12所示。如果视图中没有导航栏，可以执行"视图>用户界面>导航栏"菜单命令，使其显示。单击导航栏中的"导航控制盘"按钮，可以打开控制盘，如图2-13所示。

导航控制盘　　区域缩放　　控制栏选项

图2-12　　　　图2-13

　　将鼠标指针放到"缩放"按钮上，这时该区域会高亮显示，当按下鼠标左键后，控制盘会暂时被隐藏。此时视图中会出现绿色球形图标◎，表示模型中心所在的位置。通过上下移动鼠标指针，可以实现对视图的放大与缩小。完成操作后，放开鼠标左键，即可恢复控制盘，并继续选择其他工具进行操作。

　　视图默认显示为全导航控制盘，此外，软件还提供了多种控制盘样式供用户选择。在控制盘下方单击三角按钮▼，可以打开样式的下拉菜单，如图2-14所示。全导航控制盘包括其他样式控制盘的所有功能，只是显示方式不同，用户可以自行切换体验。

图2-14

　　控制盘不仅可以在三维视图中使用，也可以在二维视图中使用，其中包括"缩放""回放""平移"3个工具。全导航控制盘中的"漫游"按钮不能在默认的三维视图中使用，必须在相机视图中才可以使用。通过键盘上的上下箭头控制键可以控制相机的高度。

视图缩放

　　导航栏中的视图缩放工具可以对视图进行"区域放大""缩放匹配"等操作。单击"区域缩放"按钮下方的三角按钮▼，可以打开下拉菜单供用户选择，如图2-15所示。

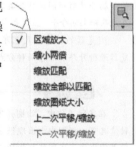

图2-15

控制栏选项

　　控制栏选项主要用于提供对控制栏样式的设置。其中包括是否显示相关工具，如图2-16所示；对控制栏不透明度的设置，如图2-17所示；对控制栏位置的设置，如图2-18所示。

图2-16　　　　　　图2-17　　　　　　图2-18

2.1.3 使用ViewCube

除了控制盘中所提供的工具外，Revit还提供了ViewCube工具来控制视图，其默认位置在绘图区域的右上角，如图2-19所示。通过使用ViewCube，可以方便地将模型定位到各个方向和轴侧图视点。使用鼠标拖曳ViewCube，还可以实现对模型的自由观察。

图2-19

单击"文件"选项卡，然后选择"选项"命令，打开"选项"对话框。在该对话框中，可以对ViewCube工具进行设置，可设置的内容包括"大小""位置""不透明度"等，如图2-20所示。

图2-20

图2-21

 ViewCube --

单击ViewCube中的"上"按钮，视点将切换至模型的顶面位置，如图2-22所示。单击左下角点的位置，视图将切换至"西南轴侧图"位置，如图2-23所示。将鼠标指针置于ViewCube上，按下鼠标左键并拖曳鼠标，可以自由观察视图中的模型。

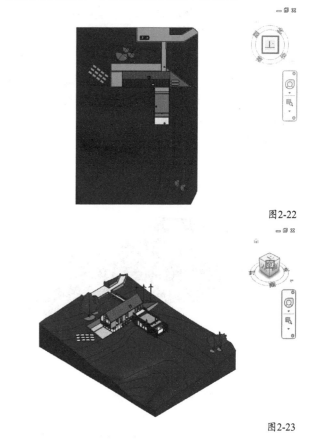

图2-22

图2-23

 主视图 --

单击"主视图"按钮 ，视图将停留在之前设置好的视点位置。将鼠标指针移至"主视图"按钮 上，单击鼠标右键，然后选择"将当前视图设定为主视图"选项，即可将当前视点位置设定为主视图，如图2-21所示。将视图旋转方向，再次单击"主视图"按钮 ，主视图将切换至设置完成的视点。

 指南针 --

使用"指南针"工具可以将视点快速切换至相应方向，如图2-24所示。单击"指南针"工具上的"南"，三维视图中的视点会快速切换至正南方向的立面视点。将鼠标指针移动到"指南针"的圆圈上，按住鼠标左键左右移动鼠标，视点将被约束到当前视点的高度，并随着鼠标移动的方向左右移动，如图2-25所示。

图2-24

图2-25

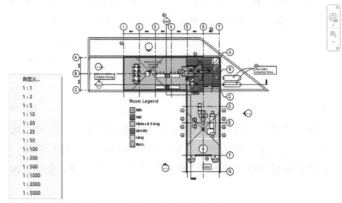

视图比例

打开建筑样例模型，然后在项目浏览器中找到"楼层平面"，打开"Level1"，接着单击"视图比例"按钮，如图2-30所示。打开的菜单中包含一些常用的视图比例供用户选择。

图2-30

关联菜单

关联菜单主要提供一些关于ViewCube的设置选项，以及一些常用的定位工具。单击绘图区域中的图标，可以打开相应的菜单选项，选择"定向到视图"命令，如图2-26所示。然后在子菜单中选择"剖面"命令，如图2-27所示，可以打开项目当中所有的剖面列表信息。

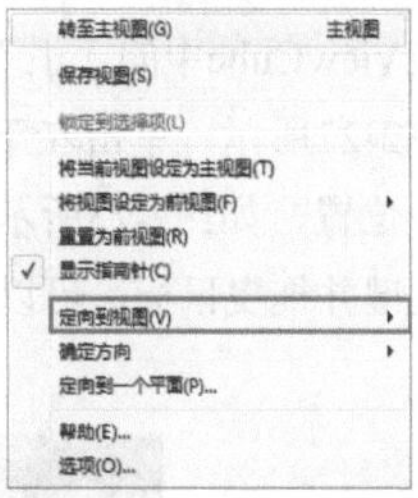

图2-26 　图2-27

选择其中任意一个剖面，视图将按照所选剖面在三维视图中进行剖切。将视点旋转，会看到所选剖面剖切的位置已经在三维视图当中显示，如图2-28所示。此时，可以自由旋转查看剖切位置的内部信息。

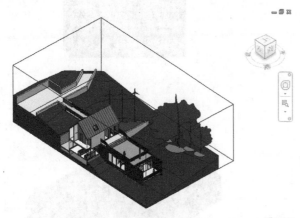

图2-28

用户如果发现没有所需要的比例，也可以通过"自定义"选项进行设置。如果视图目前的默认比例为1:100，切换到1:50后，视图模型图元及注释图元均会发生相应改变，如图2-31所示。

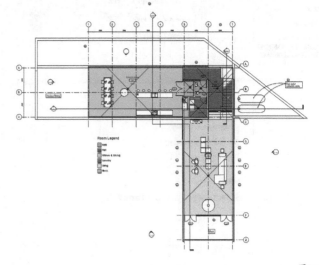

图2-31

2.1.4　使用视图控制栏

Revit在各个视图中均提供了视图控制栏，用于控制各视图中模型的显示状态。不同类型的视图，其控制栏中的工具不同，所提供的功能也不同。下面以三维视图中的控制栏为例进行介绍，如图2-29所示。

图2-29

详细程度

使用局部缩放工具局部放大右下方的墙体。在视图控制栏中，单击"详细程度"按钮，选择"粗略"选项，观察墙体显示样式的变化，如图2-32所示。切换至"中等"选项，再次观察墙体显示样式的变化，如图2-33所示。

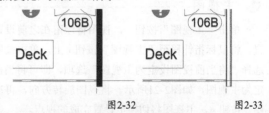

图2-32　　　　　　图2-33

一般情况下，将平面与立面视图的"详细程度"设置为"粗略"即可，以节省计算机储存资源。在详图节点等细部图纸中，可将"详细程度"设置为"精细"，以满足出图要求。

视觉样式

在模型当中，单击"默认三维视图"按钮 ，可以将页面切换至默认的三维视图。单击"视觉样式"按钮 ，选择"隐藏线"模式，即可以单色调显示模型，如图2-34所示。

图2-37

在普通二维视图中，将"视觉样式"调整为"隐藏线"模式。在三维或相机视图中，将"视觉样式"设置为"着色"。这样既可以充分利用计算机资源，同时也满足了图形显示方面的需要。

实战：自定义视图背景

素材位置　无
实例位置　实例文件>第2章>实战：自定义视图背景.rvt
视频位置　第2章>实战：自定义视图背景.mp4
难易指数　★★
技术掌握　将视图背景设置为自定义图像的方法

在大多数情况下，只要在Revit中添加相机，并将相机视图导出为图像文件，就可以用于方案讨论了，但效果并不是非常理想。为了既能够得到更真实的效果，又不因为要渲染而浪费太多时间，可以将视图背景调整为自定义图像，从而获得更逼真的效果。本例的完成效果如图2-38所示。

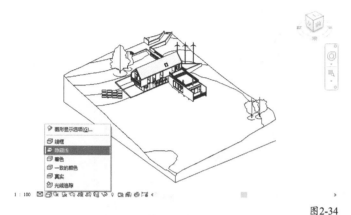

图2-34

图2-38

选择菜单中的"图形显示选项"命令，弹出"图形显示选项"对话框，在对话框中可设置"模型显示""阴影""勾绘线"等参数，如图2-35所示。

图2-35

01 打开软件自带的"建筑样例项目"文件，再打开"三维视图>From Yard"视图，如图2-39所示。

展开"背景"选项组，在下拉列表中选择"天空"选项，如图2-36所示。单击"确定"按钮，在三维视图中选择"人"视点，则背景已变为"天空"样式，如图2-37所示。

图2-36

图2-39

02 在视图控制栏中，单击"视觉样式"按钮🖰，然后在菜单中选择"图形显示选项"，如图2-40所示。

03 展开"背景"选项组，设置"背景"为"图像"，然后单击"自定义图像"按钮，如图2-41所示。

图2-40   图2-41

04 在"背景图像"对话框中，单击"图像"按钮，如图2-42所示。然后在"导入图像"对话框中，选择"素材文件>第2章>天空.jpg"文件，单击"打开"按钮，如图2-43所示。

图2-42

图2-43

05 在"背景图像"对话框中设置相关参数，然后单击"确定"按钮，如图2-44所示。最终完成效果如图2-45所示。

图2-44

图2-45

🌐 **日光路径** --------------------------------

在视图控制栏中，单击"关闭日光路径"按钮🕮，然后选择"打开日光路径"选项，如图2-46所示。此时，视图中会出现日光路径图形，如图2-47所示。

图2-46

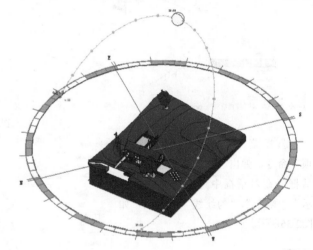

图2-47

在菜单中选择"日光设置"命令，可以设置太阳所在的方向、出现的时间等内容，如图2-48所示。如果同时打开阴影开关，则视图中将出现阴影。可以实时查看日光设置，以及所形成的阴影位置及大小。

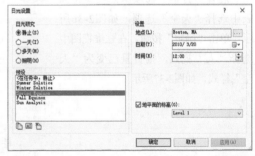

图2-48

🌐 **锁定三维视图** -----------------------------

在视图控制栏中，单击"解锁的三维视图"按钮🔒，然后选择"保存方向并锁定视图"选项，如图2-49所示。

在打开的"重命名要锁定的默认三维视图"对话框中输入名称，如图2-50所示，这样三维视图的视角就被锁定了。

图2-49　　　　　　　图2-50

在锁定后的视图中，视点将被固定到一个方向，不允许用户进行旋转视图等操作。如果需要解锁当前视图，单击"解锁的三维视图"按钮，选择"解锁视图"选项即可。

裁剪视图

裁剪视图工具可以用来控制是否对视图进行裁剪。此工具需与"显示或隐藏裁剪区域"配合使用。单击"裁剪视图"按钮，当"裁剪视图"按钮呈状态时表示该工具已启用。同时，在视图的实例属性面板中也可以通过勾选开启裁剪视图状态，如图2-51所示。

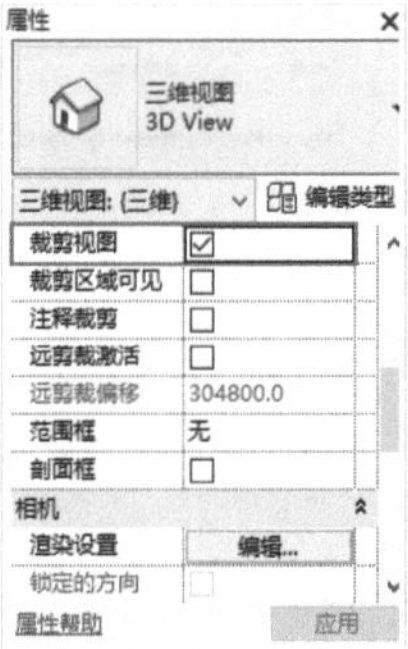

图2-51

显示或隐藏裁剪区域

可以根据需要显示或隐藏裁剪区域。在视图控制栏中，单击"显示裁剪区域"按钮（"显示裁剪区域"或"隐藏裁剪区域"），然后在绘图区域中选择裁剪区域，则会显示注释和模型裁剪。内部裁剪是模型裁剪，外部裁剪是注释裁剪，如图2-52所示。外部剪裁需要在视图的实例属性面板中打开，如图2-53所示。

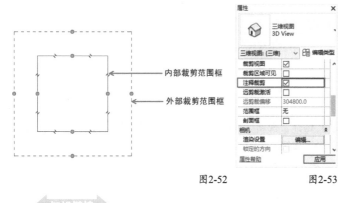

内部裁剪范围框
外部裁剪范围框

图2-52　　　　　　　图2-53

知识链接

裁剪视图范围框的使用方法将在第13章中进行详细介绍。

临时隐藏/隔离

在三维或二维视图中，选择某个图元，然后单击"临时隐藏/隔离"按钮，接着选择"隐藏图元"选项，如图2-54所示。这时，所选择的图元就在视图中被隐藏起来了。单击"临时隐

藏/隔离"按钮，选择"重设临时隐藏/隔离"选项，即可恢复隐藏的图元。

图2-54

技巧与提示

以上操作均为对图元的临时性隐藏或隔离，可以随时恢复至默认状态。如果需要永久隐藏或隔离图元，可以在菜单中选择"将隐藏/隔离应用到视图"选项，这样图元就会被永久性地隐藏或隔离了。

显示隐藏的图元

如果想让隐藏的图元在视图中重新显示，可以单击"显示隐藏的图元"按钮，此时视图中将以红色边框的形式显示全部被隐藏的图元，如图2-55所示。

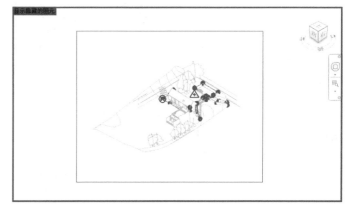

图2-55

选中需要恢复显示的图元，单击"取消隐藏图元"按钮或"取消隐藏类别"按钮，如图2-56所示。再次单击"显示隐藏的图元"按钮，所选图元即可在视图中恢复显示，如图2-57所示。

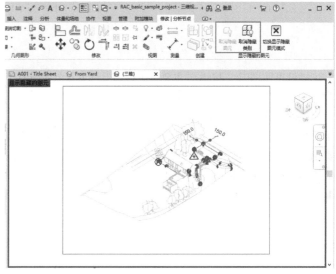

图2-56

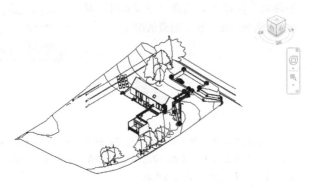

图2-57

此外，也可以选中需要恢复的图元，然后在绘图区域单击鼠标右键，先选择"取消在视图中隐藏"选项，再选择"图元"或"类别"选项，从而恢复图元的显示，如图2-58所示。

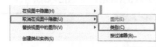

图2-58

临时视图属性

在视图控制栏中，单击"临时视图属性"按钮，打开下拉菜单，如图2-59所示。该命令可以为视图应用临时视图样板，在满足视图显示需求的同时，提高计算机运行效率。关于视图样板的设置与应用方法，在之后的章节中会详细介绍。

图2-59

> **知识链接**
>
> 视图样板的设置非常重要，将在第13章中作为重点内容进行讲解。

2.1.5 可见性和图形显示

"可见性/图形"按钮主要用于控制项目中各个视图的模型图元、基准图元和视图专有图元的可见性及图形显示。通过该功能，可以替换模型类别和过滤器的截面、投影和表面显示；对于注释类别和导入的类别，可以编辑投影和表面显示；对于模型类别和过滤器，可以将透明应用于面。此外，还可以用于指定图元类别、过滤器或单个图元的可见性、半色调显示和详细程度，其设置界面如图2-60所示。

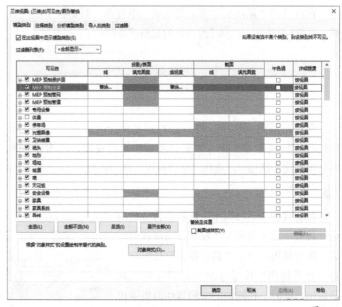

图2-60

实战： 指定图元类别的可见性

素材位置　素材文件>第2章>01.rvt
实例位置　实例文件>第2章>实战：指定图元类别的可见性.rvt
视频位置　第2章>实战：指定图元类别的可见性.mp4
难易指数　★★☆☆☆
技术掌握　掌握如何通过图元类别来控制视图中图元的可见性

01 打开学习资源中的"素材文件>第2章>01.rvt"文件，如图2-61所示。

图2-61

02 选择"视图"选项卡，然后在"图形"面板中单击"可见性/图形"按钮，如图2-62所示。

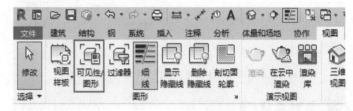

图2-62

03 在"模型类别"选项卡下，取消勾选"墙"复选框，然后单击"确定"按钮，如图2-63所示。完成操作后，模型中所有的"墙"将不再在视图中显示，效果如图2-64所示。

图2-63

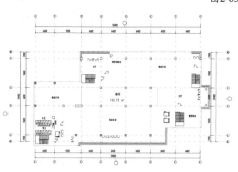

图2-64

实战：替换图元类别图形显示

素材位置　素材文件>第2章>01.rvt
实例位置　实例文件>第2章>实战：替换图元类别图形显示.rvt
视频位置　第2章>实战：替换图元类别图形显示.mp4
难易指数　★★☆☆☆
技术掌握　掌握如何通过图元类别控制图元在视图中的显示样式

01· 打开学习资源中的"素材文件>第2章>01.rvt"文件，使用快捷键VV或VG，打开"可见性/图形替换"对话框。在"可见性/图形替换"对话框中，选择"柱>截面>填充图案"栏，单击"替换"按钮，如图2-65所示。

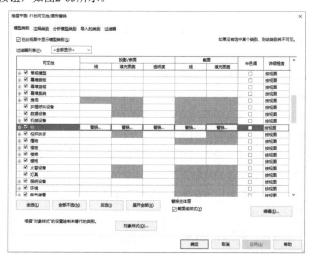

图2-65

　　替换图元显示效果时，会出现"投影/表面"与"截面"两个类别。

　　投影/表面：指当前视图中显示没有剖切图元的表面，如"家具"顶面等在视图中低于剖切线的图元，在视图中将显示"投影/表面"效果。

　　截面：指当前视图中显示被剖切后图元的截面，如"墙""柱"等顶面高于剖切线的图元，在视图中将显示其截面效果。

02· 在"填充样式图形"对话框的"填充图案"下拉列表中，选择"实体填充"选项，如图2-66所示。

图2-66

技巧与提示

　　除了可以对图元模型样式进行替换，还可以对链接的模型进行样式替换。在"可见性/图形替换"对话框中，切换至"导入的类别"选项卡，便可实现对链接模型样式的替换。

03· 单击"确定"按钮，关闭所有对话框，最终效果如图2-67所示。

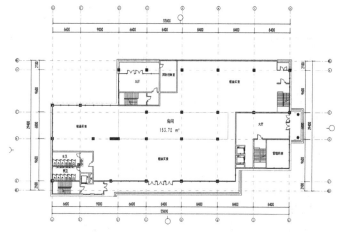

图2-67

知识链接

　　关于视图范围的设置方法，将会在第13章的施工图设计中进行详细讲解。

2.2 修改项目图元

　　Revit提供了多种用于图元编辑和修改的工具，包括"移动""旋转""复制"等常用工具。在修改图元前，用户需要先选择需要编辑的图元。

2.2.1 选择图元

在Revit中选择图元共有3种方法。第1种是单击选中图元；第2种是通过框选选中图元；第3种是使用键盘功能键结合鼠标，循环选中图元。无论使用哪种方法选择图元，都需要使用修改工具才能执行操作。

● 修改工具--

修改工具本身不需要手动选择。默认状态下，在软件退出执行所有命令时，就会自动切换到修改工具。因此，在操作软件时，几乎不用手动选择修改工具。但在某些情况下，为了能够更方便地选择相应图元，需要对修改工具进行一些设置，从而提高用户的选择效率。

在功能区的修改工具下，单击"选择"选项，展开下拉菜单，如图2-68所示。绘图区域右下角的"选择"按钮与"选择"下拉菜单中的命令相对应，如图2-69所示。

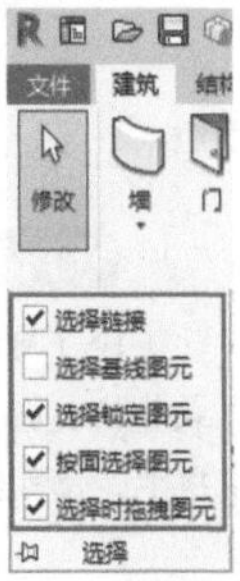

图2-68

选择工具介绍

图2-69

选择链接 ☜：需要选择链接的文件和链接中的各个图元时，则启用该选项。

选择基线图元 ⬛：需要选择基线中包含的图元时，则启用该选项。

选择锁定图元 ⬛：需要选择被锁定且无法移动的图元时，则启用该选项。

按面选择图元 ⬛：需要通过单击内部"面"而不是"边"来选中图元时，则启用该选项。

选择时拖曳图元 ⬛：勾选"选择时拖曳图元"复选框，则可拖曳无须选择的图元。若要避免选择图元时意外移动图元，可禁用该选项。

> **技巧与提示**
>
> 在不同情况下，应使用不同的选择工具。例如，如果需要在平面视图中选择楼板，可以将"按面选择图元"选项打开，以方便选择。如果在视图中链接了外部CAD图纸或Revit模型，为避免在操作过程中误选，可以将"选择链接"选项关闭。

● 选择图元的方法--

若要选择单个图元，可以将鼠标指针移动到绘图区域中的图元上，Revit将高亮显示该图元，并在状态栏和工具提示中显示该

图元的有关信息。如果有多个图元彼此间非常接近，或者互相重叠，则可将鼠标指针移动到该区域上并按Tab键，直至状态栏描述所需图元，如图2-70所示。按快捷键Shift+Tab可以按相反顺序循环切换图元。

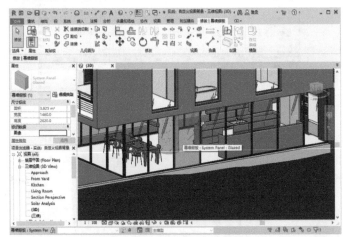

图2-70

若要选择多个图元，则可以在按住Ctrl键的同时，单击每个图元进行加选。反之，若在按住Shift键的同时，单击每个图元，则可以从一组选定图元中取消选中该图元。将鼠标指针放在要选择的图元一侧，并进行对角拖曳以形成矩形边界，可以绘制一个选择框进行框选，如图2-71所示。按Tab键高亮显示链接的图元，然后单击这些图元，可以选择进行墙链或线链。

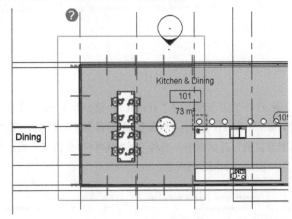

图2-71

若要选择某个类别的图元，可以在任意视图中的某个图元，或者项目浏览器中的某个族类型上单击鼠标右键，选择"选择全部实例"选项，然后继续选择"在视图中可见"或"在整个项目中"选项，即可按类别选择图元，如图2-72所示。

若要使用过滤器选择图元，则可以在选项中包含不同类别的图元时，使用过滤器删除不需要的类别。在"过滤器"对话框中，"类别"下会列出当前已选择的所有类别的图元，"合计"列则显示每个类别中已选中图元的数量。当前选定图元的总数显示在对话框的底部，如图2-73所示。

图2-72

图2-73

在"过滤器"对话框中，可以选择已包含类别的图元。若要排除某一类别的所有图元，则取消选中该类别的复选框；若要显示某一类别的所有图元，则选中该类别的复选框。若要选择全部类别，则单击"选择全部"按钮 [选择全部(A)]；若要清除全部类别，则单击"放弃全部"按钮 [放弃全部(N)]。修改选择内容时，对话框中和状态栏上的总数会随之更新。

技巧与提示

使用框选的方式选中图元时，若仅需选择完全位于选择框边界之内的图元，则需要从左至右拖曳鼠标；若要选择全部或部分位于选择框边界之外的图元，则需要从右至左拖曳鼠标。

选择集

当需要保存当前选择状态，以供之后快速选择时，可使用"选择集"工具。在已打开的项目中，任意选中多个图元。在"修改"选项卡中，会出现选择集的相应按钮，如图2-74所示。

单击"保存"按钮，打开"保存选择"对话框，输入任意字符后单击"确定"按钮，如图2-75所示。

图2-74　　　　　　　　　　图2-75

此时，当前选择的状态已经被保存在项目中，可随时调用。单击绘图区域空白处，即可退出当前选择。如需恢复之前所保存的选择

集，可以选择"管理"选项卡，在"选择"面板中单击"载入"按钮，打开"载入过滤器"对话框，如图2-76所示。

图2-76

技巧与提示

选择任意选择集并单击"确定"按钮，软件会自动选中当前选择集内所包含的所有图元；单击"编辑"按钮，可编辑选择集的内容，或删除现有选择集。

2.2.2 图元属性

图元属性共分为两种，分别是"实例属性"与"类型属性"。接下来将着重介绍这两种属性的区别，以及修改其参数的注意事项。

实例属性

一组共用的实例属性适用于属于特定族类型的所有图元，但是这些属性的值可能会因图元在建筑或项目中的位置而异。修改实例属性的值，只会影响选择集内的图元或者将要放置的图元。

例如，选择一面墙，在"属性"面板上修改其某个实例属性值，则只有该墙受影响，如图2-77所示。选择一个用于放置墙的工具，并修改该墙的某个实例属性值，则新值将应用于该工具所放置的所有墙。

图2-77

类型属性

同一族类型属性可被一个族中的所有图元共用，并且特定族类型的所有实例中的每个属性都具有相同的值。

例如，属于"窗"族的所有图元都具有"宽度"属性，但该属性的值因族类型而异。因此，在"窗"族内，族类型为0915×1220mm的所有实例，其"宽度"的值都为915，如图2-78所示。而族类型为0406×0610mm的所有实例，其"宽度"的值都为406，如图2-79所示。修改同一族类型属性的值，会影响该族类型当前和将来的所有实例的相应值。

图2-78

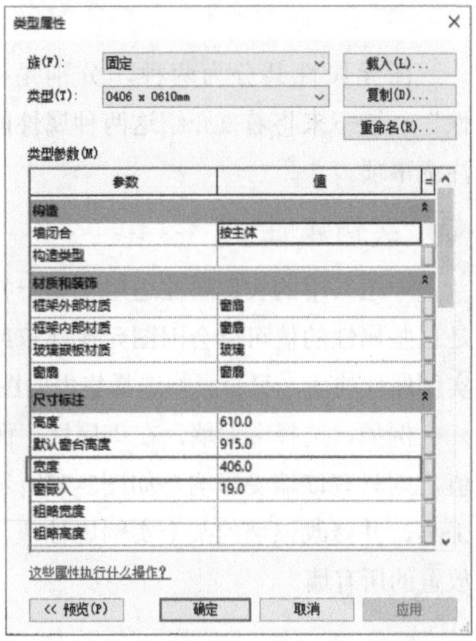

图2-79

使用"对齐"工具可以将一个或多个图元与选定图元对齐。此工具通常用于对齐墙、梁和线，但也可以用于其他类型的图元。例如，在三维视图中，将墙表面的填充图案与其他图元对齐。除了可以对齐同一类型的图元，也可以对齐不同族的图元，并且还能够在平面视图、三维视图及立面视图中对齐图元。

切换至"修改"选项卡，单击"修改"面板中的"对齐"按钮 （快捷键AL），此时会显示带有对齐符号的鼠标指针 ，然后在选项栏上选中"多重对齐"复选框，即可将多个图元与所选图元对齐（也可以通过按住Ctrl键选择多个图元进行对齐），如图2-81所示。在对齐墙时，可以使用"首选"选项指明对齐所选墙的方式，如"参照墙面""参照墙中心线""参照核心层表面"或"参照核心层中心"。选中参照图元（要与其他图元对齐的图元），然后选中要与参照图元对齐的一个或多个图元，如图2-82所示。完成对齐命令后，最终效果如图2-83所示。

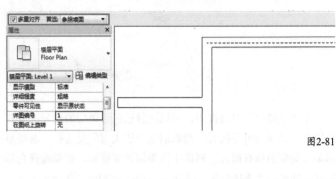

图2-81

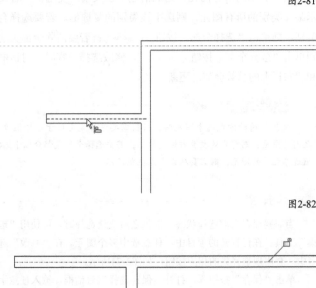

图2-82

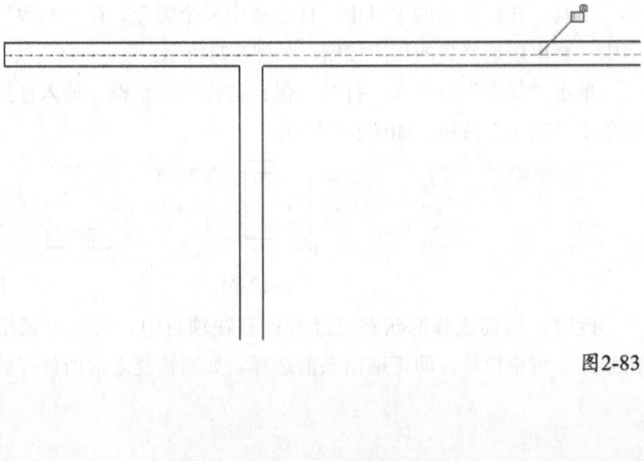

图2-83

2.2.3 编辑图元

在绘制模型的过程中，经常需要对图元进行修改。因此，Revit提供了大量的图元修改工具，其中包括"移动""旋转""缩放"等工具。在"修改"选项卡中，用户可以找到这些工具，如图2-80所示。

图2-80

技巧与提示

Revit的大部分修改命令都有对应的快捷键。如果软件没有预设值，用户也可以根据自己的习惯设置快捷键，以完成命令操作，几乎和使用CAD一样便捷。

28

技巧与提示

在使用对齐工具时，如果按住Ctrl键，会临时选择"多重对齐"命令。

若要使选定图元与参照图元保持对齐状态，可以单击挂锁符号来锁定对齐，如图2-84所示。如果由于执行了其他操作而使挂锁符号消失，可再次执行对齐操作，使挂锁符号重新显示出来。若要启动新对齐，则按Esc键；若要退出对齐工具，则按两次Esc键。

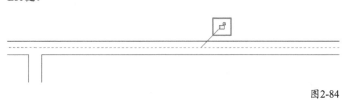

图2-84

偏移工具

使用"偏移"工具可对选定模型线、详图线、墙和梁进行复制、移动。可对单个图元或属于相同族的图元链应用该工具，并通过拖曳选定图元或输入值来指定偏移距离。

选择"修改"选项卡，在"修改"面板中选择"偏移"工具（快捷键OF），选择选项栏中的"复制"选项，即可创建并偏移所选图元的副本（如果在上一步中选择了"图形方式"，则在按住Ctrl键的同时移动鼠标指针即可达到相同效果）。

选中要偏移的图元或图元链，在放置鼠标指针的一侧，使用"数值方式"选项指定偏移距离，此时将会在高亮显示图元的内部或外部显示一条预览线，如图2-85所示。

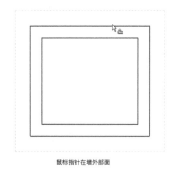
鼠标指针在墙外部面

鼠标指针在墙内部面

图2-85

根据需要移动鼠标指针，以便在所需偏移的位置显示预览线。然后单击，将图元或图元链移动到该位置，或在该位置放置一个副本。若选择了"图形方式"选项，则单击以选择高亮显示的图元，然后将其拖曳到所需距离并再次单击。拖曳后将显示一个关联尺寸标注，可以在此输入特定的偏移距离。

镜像工具

"镜像"工具以一条线为镜像轴，对所选模型图元执行镜像（反转其位置）操作。可以拾取镜像轴，也可以绘制临时轴。使

用"镜像"工具可以翻转选定图元，或生成图元的副本，并反转其位置。

选中要执行"镜像"操作的图元，切换至"修改"选项卡，单击"修改"面板上的"镜像-拾取轴"按钮（快捷键MM）或"镜像-绘制轴"按钮（快捷键DM），如图2-86所示。将鼠标指针移动至墙中心线，单击即可完成镜像，如图2-87所示。若要移动选定项目（不生成副本），清除选项栏中的"复制"选项即可。

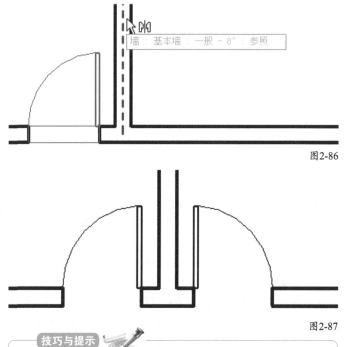

墙：基本墙：一般 - 8" ：参照

图2-86

图2-87

技巧与提示

若要选择代表镜像轴的线，可以选择"镜像-拾取轴"工具；若要绘制一条临时镜像轴线，可以选择"镜像-绘制轴"工具。

移动工具

移动工具的工作方式类似拖曳，但选项栏中还提供了其他功能，以便进行更精确的放置。

选中要移动的图元，切换到"修改"选项卡，单击"修改"面板中的"移动"按钮（快捷键MV），在选项栏中勾选所需选项的复选框，如图2-88所示。

修改 家具   □约束 □分开 ☑多个

图2-88

选中"约束"复选框，可限制图元沿着与其垂直或共线的矢量方向的移动。选中"分开"复选框，可在移动前中断所选图元与其他图元间的关联。例如，要移动连接到其他"墙"的"墙"时，可以选中"分开"复选框，将依赖于主体的图元从当前主体移动到新的主体上。建议使用此功能时，先取消选中"约束"复选框。

先单击一次，确定移动的起点，而后将显示该图元的预览图像。沿着图元移动的方向移动鼠标指针，鼠标指针将会捕捉到捕捉点。此时会显示尺寸标注作为参考，再次单击即可完成移动操作。如果要进行更精确的移动，则需要输入图元要移动的距离，然后按Enter键，如图2-89所示。

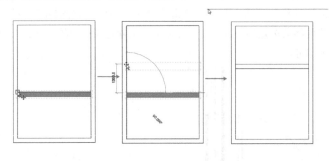

图2-89

复制工具

"复制"工具可以复制一个或多个选定图元，并随即在图纸中放置这些副本。"复制"工具与"复制到剪贴板"工具不同。复制某个选定图元并需要立即放置该图元时（例如，在同一个视图中），可使用"复制"工具；当需要在放置副本之前切换视图时，可使用"复制到剪贴板"工具。

选中要复制的图元，切换至"修改<图元>"选项卡，单击"修改"面板中的"复制"按钮（快捷键CO或CC）。单击绘图区域开始移动和复制图元，将鼠标指针从原始图元移动至要放置副本的区域，然后单击即可完成放置图元副本（或输入关联尺寸标注的值）。完成操作后，可继续放置更多图元，或按Esc键退出"复制"工具，如图2-90所示。

图2-90

旋转工具

使用"旋转"工具可使图元围绕轴旋转。在楼层平面视图、天花板投影平面视图、立面视图和剖面视图中，图元可以围绕垂直于视图的轴进行旋转。而在三维视图中，该轴垂直于视图的工作平面。但并非所有图元均可围绕任意轴旋转。例如，墙不能在立面视图中旋转，窗不能在没有墙的情况下旋转。

选中要旋转的图元，切换至"修改|<图元>"选项卡，然后单击"修改"面板中的"旋转"按钮（快捷键RO）。在放置构件时，选择选项栏中的"放置后旋转"选项，"旋转控制"图标●将显示在所选图元的中心。若要将"旋转控制"图标●移动至新

位置，则需要将鼠标指针放置到"旋转控制"图标●上，按Space键并单击新位置。若要捕捉到相关的点和线，则需要在选项栏中选择"旋转中心：放置"按钮，并单击新位置，如图2-91所示。单击选项栏中的"旋转中心：默认"按钮，可重置旋转中心的默认位置。

图2-91

在选项栏中，软件提供了3个选项供用户选择。

"分开"选项： 可在旋转之前，中断选中图元与其他图元之间的连接。

"复制"选项： 可旋转所选图元的副本，而在原来位置上保留原始对象。

"角度"选项： 可指定旋转角度，然后按Enter键，Revit会以指定角度执行旋转。

单击指定旋转的开始放射线，此时显示的线表示第一条放射线。如果在指定第一条放射线时，对鼠标指针进行捕捉，则捕捉线将随预览框一起旋转，并在放置第二条放射线时捕捉屏幕上的角度。移动鼠标指针到放置旋转的结束放射线，此时会显示另一条线，表示此放射线。在旋转时会显示临时角度标注，并出现一个预览图像，表示选择集的旋转，如图2-92所示。

单击以放置结束放射线，并完成选择集的旋转。选择集会在开始放射线和结束放射线之间旋转，如图2-93所示。Revit会返回"修改"工具，而旋转的图元仍处于选择状态。

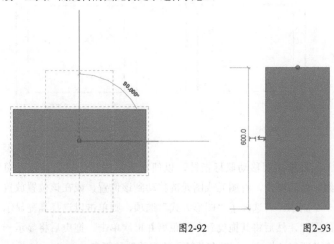

图2-92   图2-93

技巧与提示

可以使用关联尺寸标注旋转图元。单击指定旋转的开始放射线之后，角度标注将以粗体形式显示。使用键盘输入数值，按Enter键确定可实现精确自动旋转。

修剪和延伸工具

使用"修剪"和"延伸"工具可以修剪或延伸一个或多个图元,使其到达由相同图元类型定义的边界。也可以延伸不平行的图元以形成角,或在它们相交时,对其进行修剪以形成角。在选中要修剪的图元时,鼠标指针位置指示要保留的图元部分,可以将这些工具用于墙、线、梁或支撑。

通过修剪或延伸图元,可以将两个选中的图元修剪或延伸成一个角。切换至"修改"选项卡,在"修改"面板中选择"修剪/延伸为角"按钮 (快捷键TR),然后选中需要修剪的图元,将鼠标指针放置于第二个图元上,此时屏幕上会以虚线显示完成后的路径效果,如图2-94所示。单击即可完成修剪,完成后的效果如图2-95所示。

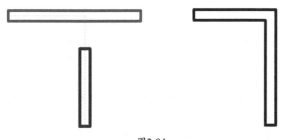

图2-94   图2-95

将一个图元修剪或延伸到其他图元定义的边界。先切换至"修改"选项卡,在"修改"面板中单击"修剪/延伸单个图元"按钮,选中用作边界的参照图元,同时选中要修剪或延伸的图元,如图2-96所示。如果该图元与边界交叉,则保留所单击的部分,修剪边界另一侧的部分。完成后的效果如图2-97所示。

切换至"修改"选项卡,单击"修改"面板中的"修剪/延伸多个图元"按钮,选中用作边界的参照图元,同时选中要修剪或延伸的每个图元,如图2-98所示。对于与边界交叉的任何图元,只保留单击的部分,修剪边界另一侧的部分,如图2-99所示。

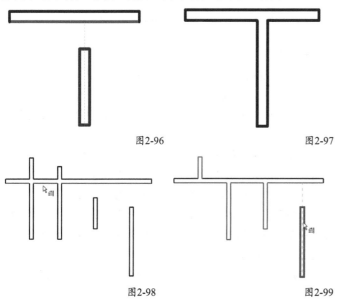

图2-96   图2-97

图2-98   图2-99

技巧与提示

可以在工具处于活动状态时,选择不同的"修剪"或"延伸"选项,但这同时也会清除使用上一个选项时所做的选择。

拆分工具

"拆分"工具有两种使用方法,分别是"拆分图元"和"用间隙拆分"。通过"拆分"工具可以将图元分割为两个单独的部分,删除两个点之间的线段,以及在两面墙之间创建定义的间隙。可以将图元拆分为墙、线、梁和支撑。

先切换至"修改"选项卡,然后在"修改"面板中选择"拆分图元"按钮 (快捷键SL)。如果需要在选项栏中修改,可选择"删除内部线段"选项,则Revit会删除墙或线上所选点之间的线段,如图2-100所示。

图2-100

在图元上需拆分的位置处单击,如果选择了"删除内部线段"选项,则单击另一个点可删除一条线段,如图2-101所示。拆分某一面墙后所得到的各部分都是单独的墙,可以单独进行处理。

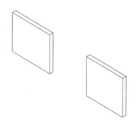

图2-101

使用定义的间隙拆分墙。先切换至"修改"选项卡,在"修改"面板中单击"用间隙拆分"按钮,在选项栏上的"连接间隙"中输入相应的数值,如图2-102所示。

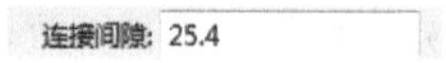

连接间隙: 25.4

图2-102

"连接间隙"参数的值被限制在1.6到304.8之间,将鼠标指针移到墙上,然后单击以放置间隙,则该墙将被拆分为两面单独的墙,如图2-103所示。

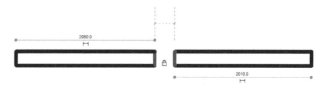

图2-103

连接使用间隙拆分的墙。选中"用间隙拆分"的方式创建的某一面墙,单击鼠标右键,绘图区域中将显示"允许连接"按钮。单击"创建或删除长度或对齐约束"按钮,取消对尺寸标注限制条件的锁定。选中"拖曳墙端点"选项（选定墙上的蓝圈指示），单击鼠标右键，选择"允许连接"选项，如图2-104所示。

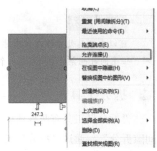

图2-104

将该墙拖曳至第二面墙，以连接这两面墙。或者单击"创建或删除长度或对齐约束"按钮，取消对所有限制条件的锁定后，单击"允许连接"按钮，允许墙在不带任何间隙的情况下重新连接。如果间隙数值超过100，则图元无法自动连接；如果需要取消墙体连接，可以先选中一面墙，在"拖曳墙端点"选项上单击鼠标右键，然后选择"不允许连接"选项。

锁定/解锁工具

"锁定"工具用于对图元进行锁定。图元锁定后，则不会被移动或删除。在执行"锁定"操作时，可以同时选中多个要锁定的图元。

先选中要锁定的图元，切换至"修改|<图元>"选项卡，单击"修改"面板中的"解锁"按钮（快捷键PN），如图2-105所示。

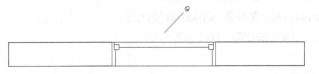

图2-105

解锁工具用于对已锁定的图元进行解锁。解锁后，便可以移动或删除该图元，而不会显示任何提示信息。在执行"解锁"操作时，可以同时选中多个要解锁的图元。如果所选的图元没有被锁定，则解锁工具无效。

先选中要解锁的图元，切换至"修改|<图元>"选项卡，单击"修改"面板中的"解锁"按钮（快捷键UP），或在绘图区域中单击图钉控制柄，将图元解锁后，锁定控制柄附近会显示×，用以指明该图元已解锁，如图2-106所示。

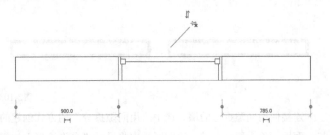

图2-106

阵列工具

阵列的图元可以是沿一条线的"线性阵列"，也可以是沿一个弧形的"半径阵列"。选中要在阵列中复制的图元，切换至"修改|<图元>"选项卡，单击"修改"面板中的"阵列"按钮，在选项栏中单击"线性"按钮，然后选择所需选项，如图2-107所示。

图2-107

参数介绍

成组并关联：可以将阵列的每个成员囊括在一个组中，如果未选择此选项，Revit则会创建指定数量的副本，而不会使它们成组。放置后，每个副本都独立于其他副本，并且无法再次修改阵列图元的数量。

项目数：可以指定阵列中所有选定图元的总数。

移动到：包括"第二个"和"最后一个"两个选项。

第二个：可以指定阵列中各成员间的距离，其他阵列成员出现在第二个成员之后。

最后一个：可以指定阵列的整个跨度，阵列成员会在第一个成员和最后一个成员之间以相等间距分布。

约束：用于限制阵列成员沿着所选图元在垂直或水平方向上移动。

设置完成后，将鼠标指针移动到指定位置，单击确定起始点。移动鼠标指针到终点位置，再次单击完成第二个成员的放置。放置完成后，还可以修改阵列图元的数量，如图2-108所示。如不需要修改，可按Esc键退出，或按Enter键确定。在鼠标指针移动的过程中，两个图元间会显示临时的尺寸标注，此时可以通过输入数值来确定两个图元之间的距离，并按Enter键确认。

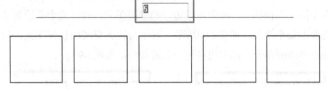

图2-108

半径阵列

选中要在阵列中复制的图元，切换至"修改|<图元>"选项卡，单击"修改"面板中的"阵列"按钮，再次选中要在阵列中复制的图元，按Enter键确认，然后在选项栏中单击"径向"按钮，选择所需的选项。

通过拖曳旋转中心控制点，将其重新定位到所需位置。也可以选择选项栏中的"旋转中心：放置"选项，然后单击选择一个位置，阵列成员将被放置在以该点为中心的弧形边缘。在大部分情况下，都需要将旋转中心控制点从所选图元的中心移走或重新定位，该控制点会捕捉到相关的点和线。也可以将该控制点定位到开放空间中。

将鼠标指针移动到半径阵列弧形开始的位置（一条自旋转符

号的中心延伸至鼠标指针位置的线），单击以指定第一条旋转放射线。移动鼠标指针以放置第二条旋转放射线，此时会显示另一条线表示该放射线。旋转时会显示临时角度标注，并出现一个预览图像，表示选择集的旋转，如图2-109所示。再次单击可放置第二条放射线，完成阵列，如图2-110所示。此时，在输入框中输入阵列的数量，按Enter键确认即可，如图2-111所示。

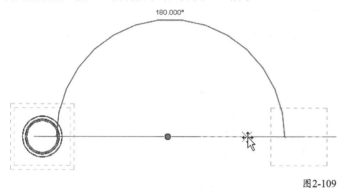

图2-109

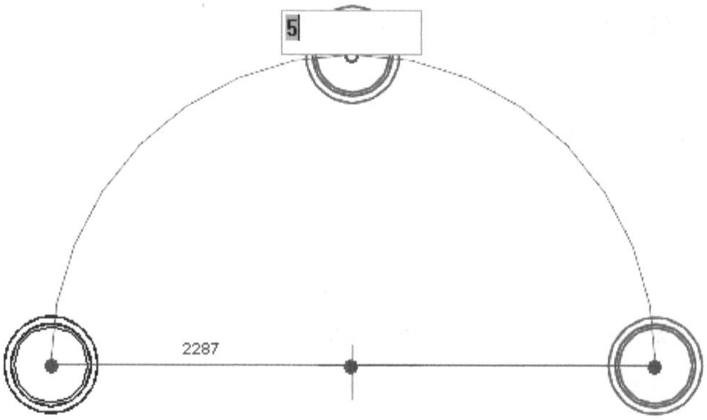

图2-110

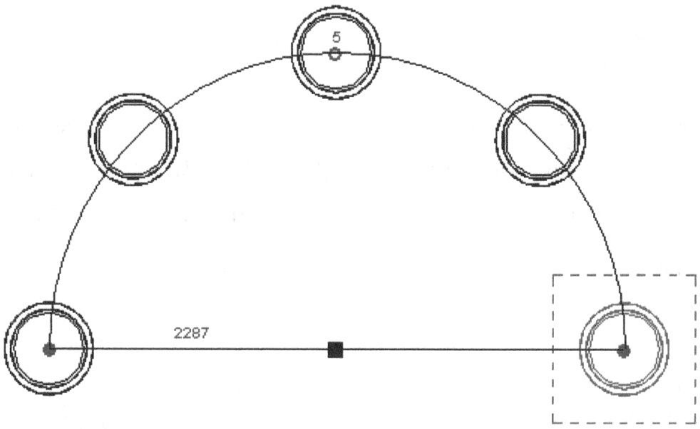

图2-111

缩放工具

若要同时修改多个图元，可以使用造型操纵柄或"比例"工具。"比例"工具适用于线、墙、图像、参照平面、DWG和DX及尺寸标注的位置等，以图形方式或数值方式来按比例缩放图元。

调整图元大小时，需要先定义一个原点，图元将以该固定点为中心，等比改变大小。所有图元都必须位于平行平面中，选择

集中的所有墙必须具有相同的底部标高。

如果选中并拖曳多个图元的操纵柄，Revit会同时调整这些图元的大小；拖曳多个墙控制柄，也可同时调整它们的大小。将鼠标指针移动到要调整大小的第一个图元上，然后按Tab键，当所需操纵柄呈高亮显示时，单击即可。例如，要调整墙的长度，可将鼠标指针移动到墙的端点上，按Tab键高亮显示该操纵柄，然后单击。

将鼠标指针移动到要调整大小的下一个图元上，然后按Tab键，直到所需操纵柄高亮显示时，按Ctrl键并单击。对剩余图元可重复执行此操作，直到选中所有所需图元上的控制柄，如图2-112所示。在单击选中其他图元时，需要按住Ctrl键。单击所选图元之一的控制柄，并拖曳该控制柄调整大小，将同时调整其他选定图元的大小。

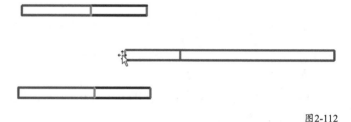

图2-112

技巧与提示

若要取消选中某个选定图元（但不取消选中其他选定图元），则需要将鼠标指针移动至所选图元上，然后按Shift键并同时单击该图元。

以图形方式进行比例缩放时需要单击3次，第1次单击确定原点，后两次单击定义比例。Revit通过确定两个距离的比率来计算比例系数。例如，假定绘制的第1个距离为5cm，第2个距离为10cm，那么此时比例系数的计算结果为2，图元大小将变成其原始大小的两倍。

选中要进行比例缩放的图元，切换至"修改|<图元>"选项卡，单击"修改"面板中的"缩放"按钮（快捷键RE）。在选项栏中选中"图形方式"单选按钮，如图2-113所示，然后在绘图区域单击设置原点。

图2-113

技巧与提示

原点是图元相对其改变大小的点，鼠标指针可捕捉多种参照点，按Tab键可修改捕捉点。移动鼠标指针定义第1个参照点，单击即可设置长度。再次移动鼠标指针定义第2个参照点，单击即可设置该点，如图2-114所示。选中图元后将进行比例缩放，使参照点1与参照点2重合。

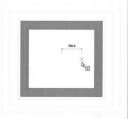

图2-114

以数值方式进行比例缩放

选中要进行比例缩放的图元，切换至"修改|<图元>"选项卡，单击"修改"面板中的"缩放"按钮⊡（快捷键RE），然后在选项栏中选中"数值方式"单选按钮，并在"比例"框内输入相应数值，如图2-115所示。最后，在绘图区域单击即可设置原点，如图2-116所示，图元将以原点为中心进行比例缩放。

图2-115　　　　　　　　　　　图2-116

删除工具

"删除"工具可将选定图元从绘图区域中删除，但不会将已删除的图元粘贴到剪贴板中。

选中要删除的图元，切换至"修改|<图元>"选项卡，单击"修改"面板中的"删除"按钮✖（快捷键DE），如图2-117所示。

图2-117

2.3 文件的插入与链接

开始进行模型的搭建后，需要经常从外部载入族、CAD图纸或链接其他专业的Revit模型。在这个过程中，会频繁使用插入、链接这类操作。但不论是进行插入操作还是链接操作，都需要注意明确目标图元的坐标信息与单位，这样才能保证模型能够顺利地载入项目。

构建Revit模型就像搭积木，需要不断向模型中添加不同图元。其中，一些图元需要载入项目中，而另外一些只需链接进来作为参考。Revit充分考虑到了这点，因此为用户提供了多种命令，从而实现不同目的的插入与链接操作，如图2-118所示。

图2-118

2.3.1 链接外部文件

在项目实施过程中，会经常使用不同软件来创建模型与图纸。例如，在方案阶段会使用SketchUp创建三维模型，使用AutoCAD绘制简单的二维图纸。使用这些软件创建的文件都可以链接到Revit文件中作为参考。

RVT： 使用Revit软件创建的文件格式。

DWG： 使用AutoCAD软件创建的文件格式。

SKP： 使用SketchUp软件创建的文件格式。

SAT： 由ACIS核心开发的应用程序的共通格式。

DGN： 由MicroStation软件创建的文件格式。

DWF： 由Revit或AutoCAD等软件导出的文件格式。

实战：链接Revit文件

素材位置　素材文件>第2章>02.rvt
实例位置　实例文件>第2章>实战：链接Revit文件.rvt
视频位置　第2章>实战：链接Revit文件.mp4
难易指数　★★☆☆☆
技术掌握　掌握链接Revit文件的操作方法

01▷ 新建项目文件，选择"插入"选项卡，单击"链接"面板中的"链接Revit"按钮，如图2-119所示。

图2-119

02▷ 在"导入/链接RVT"对话框中，选择学习资源中的"素材文件>第2章>02.rvt"文件，将"定位"设置为"自动-原点到原点"，然后单击"打开"按钮，如图2-120所示。最终的完成效果如图2-121所示。

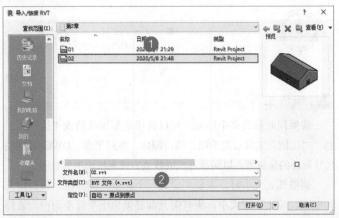

图2-120

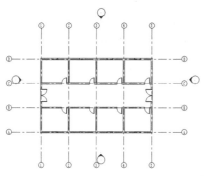

图2-121

技术专题 03 绑定链接模型

使用链接方式载入的模型文件，不可以进行编辑。如果需要编辑链接模型，可以将模型绑定到当前项目中。先选中链接模型，然后单击选项栏中的"绑定链接"按钮，如图2-122所示。在打开的"绑定链接选项"对话框中，选择需要绑定的项目文件，然后单击"确定"按钮，如图2-123所示。

图2-122 　　　　图2-123

实战：链接CAD文件

素材位置　素材文件>第2章>03.dwg
实例位置　实例文件>第2章>实战：链接CAD文件.rvt
视频位置　第2章>实战：链接CAD文件.mp4
难易指数　★★☆☆☆
技术掌握　掌握链接CAD文件的操作方法

01 新建项目文件，切换至"插入"选项卡，单击"链接"面板中的"链接CAD"按钮，如图2-124所示。

图2-124

02 在"链接CAD格式"对话框中，选择学习资源中的"素材文件>第2章>03.dwg"文件，设置相关参数，然后单击"打开"按钮，如图2-125所示。文件链接成功后，效果如图2-126所示。

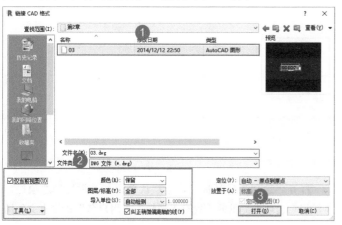

图2-125

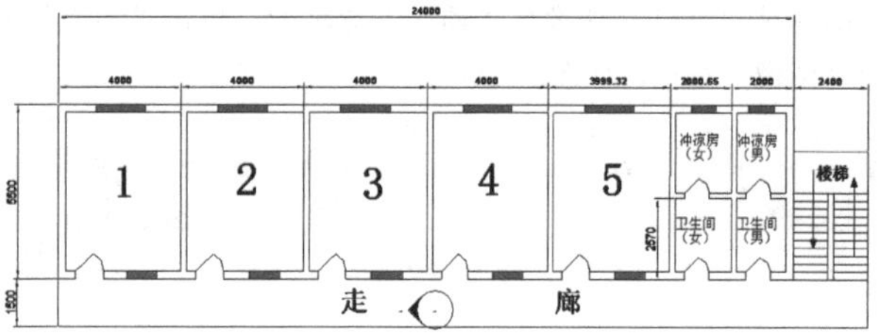

图2-126

技术专题 04 链接CAD参数详解

"链接CAD格式"对话框中提供了丰富的设置供用户选择，用户可以根据实际情况进行设置，如图2-127所示。

图2-127

仅当前视图：选择该选项，则链接或导入的文件只显示在当前视图，不会出现在其他视图中。

颜色：提供了3个选项，分别为"反选""保留""黑白"，用来设置文件原始颜色是否被替换。默认选项为"保留"，即导入文件后保持原始颜色状态。

图层/标高：提供了3个选项，分别为"全部""可见""指定"。默认选项为"全部"，即源文件的全部图层都将被链接或导入；"可见"选项为只链接或导入原文件中的可见图层；"指定"选项为用户提供图层信息表，可自定义选择要导入的图层。

导入单位：指原文件的尺寸单位，一般选择毫米，软件还提供了"自动检测""英尺""英寸"等。

定位：链接文件的坐标位置，一般选择"自动-原点到原点"统一文件坐标；也可选择手动设置文件位置。

放置于：链接文件的空间位置。选择某一标高后，链接文件将放置于当前标高位置。通过该设置，可以在三维视图或立面视图中体现链接空间的高度。

2.3.2 导入外部文件

除了可以链接文件外，Revit还支持向项目内部导入外部文件。支持导入文件的格式与链接方式中包含的文件格式大致相同，并且还支持图像及gbXML文件的导入。

技巧与提示

链接方式相当于AutoCAD软件中的外部参照，所链接的文件只是引用关系。一旦源文件更新，链接到项目中的文件也会相应更新。但如果是导入方式，那么所导入的文件将成为项目文件的一部分，用户可以对其进行"分解"等操作。

实战：导入图像文件

素材位置　素材文件>第2章>04.jpg
实例位置　实例文件>第2章>实战：导入图像文件.rvt
视频位置　第2章>实战：导入图像文件.mp4
难易指数　★★☆☆☆
技术掌握　学握导入图像文件的操作方法

01 新建项目文件，切换至"插入"选项卡，单击"导入"面板中的"图像"按钮，如图2-128所示。

图2-128

02 在"导入图像"对话框中，选择学习资源中的"素材文件>第2章>04.jpg"文件，然后单击"打开"按钮，如图2-129所示。

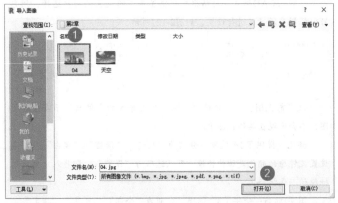

图2-129

03 移动鼠标指针到合适的位置，单击确认放置图片，如图2-130所示。放置完成后的效果如图2-131所示。

图2-130

图2-131

技巧与提示

可以将图像文件导入二维视图或图纸中，但不能导入三维视图中。

2.4 选项工具的使用方法

选项工具提供了Revit全局设置，其中包括用户界面、图形和文件位置等常用选项设置。可以在开启或关闭Revit文件的状态下，对其设置进行更改。

打开Revit后，单击"文件"按钮，打开文件菜单，然后单击其中的"选项"按钮，如图2-132所示。打开"选项"对话框，对话框中提供了常用的设置选项供用户选择，如图2-133所示。

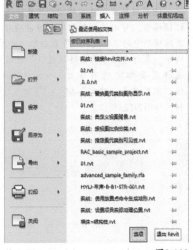

图2-132

图2-133

2.4.1 修改文件保存提醒时间

打开"选项"对话框后，会默认停留在"常规"选项栏。"常规"选项栏提供的设置有"通知""用户名""日志文件清理""工作共享更新频率"等，如图2-134所示。

图2-134

"保存提醒间隔"用来设置软件自动提示"保存"对话框的打开时间，默认预设的时间为30分钟。如果模型文件较大，建议用户将时间调整为1小时，以达到增加绘图时间的目的。

"保存提醒间隔"的下拉菜单中提供了几种不同的时间间隔供用户选择。选择"一小时"选项，则"保存提醒间隔"的时间由默认的"30分钟"调整为"一小时"。如果当前文件为中心文件副本，可将"'与中心文件同步'提醒间隔"也做相应修改，如图2-135所示。

图2-135

技巧与提示

一般将"'与中心文件同步'提醒间隔"时间设置为"两个小时"。因为在同步过程中，文件需要先上传到服务器端，所需时间相对较长。这样设置既可以保证工作组内的人能够及时看到模型更新的内容，也不会将过多的时间浪费在模型同步上。

2.4.2　调整软件背景颜色

Revit默认的绘图背景为白色，许多用户在初次接触Revit的时候，可能会觉得不太习惯。大部分建筑师或其他专业的工程师更习惯于AutoCAD的黑色背景。下面将介绍如何将Revit的背景调整为与AutoCAD一致的黑色。

打开"选项"对话框，将当前选项切换至"图形"，将鼠标指针定位于"颜色"面板，然后在"颜色"面板中单击背景参数后的色卡。在打开的"颜色"对话框中选择黑色，单击"确定"按钮，如图2-136所示。这样视图的背景颜色就由默认的白色修改为了黑色，如图2-137所示。

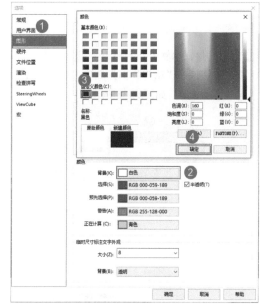

图2-136

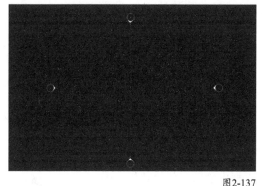

图2-137

技巧与提示

除了可以调整背景色外，"图形"选项还提供了一些其他设置，如"使用硬件加速(Direct3D©)"。选择该选项后，可以加快显示模型的速度与视图切换。但如果图形显示有问题，或软件因此意外崩溃，请取消选择该选项。

2.4.3 快捷键的使用及更改

为了能够高效率地完成设计任务，设计师通常会为软件设置一些快捷键，从而提高绘图效率。同理，要在Revit中高质量、高速度地完成设计任务，同样需要设置一些常用的快捷键。可以通过"搜索"和"过滤器"两种方式显示相关命令，然后赋予其相应的快捷键。如果设置的快捷键为单个字母或数字，那么使用快捷键时，可能需要在按下快捷键后，再按Space键才能起作用。

实战：添加与删除快捷键

素材位置　无
实例位置　实例文件>第2章>实战：添加与删除快捷键.rvt
视频位置　第2章>实战：添加与删除快捷键.mp4
难易指数　★☆☆☆☆
技术掌握　掌握快捷键添加与删除的方法

01 先打开Revit软件，再打开"选项"对话框。在"选项"对话框中，切换至"用户界面"选项，然后单击"快捷键"后方的"自定义"按钮，如图2-138所示。

图2-138

02 在弹出的"快捷键"对话框中的"搜索"文本框内输入"移动"，选择"移动"命令，然后在"按新键"文本框中输入新的快捷键MN，接着单击"指定"按钮，如图2-139所示。

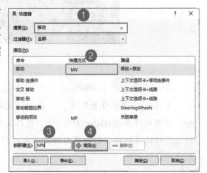

图2-139

03 在"快捷方式"一栏中，选中需要删除的快捷键，然后单击"删除"按钮，再单击"确定"按钮，如图2-140所示。

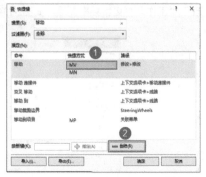

图2-140

技巧与提示

Revit支持单个命令设置多个快捷键，并且默认在添加新的快捷键的时候，会保留原始快捷键。其优点是，在日常工作中可以使用自定义快捷键，而当他人操作软件时，也可以使用默认快捷键，并且不发生冲突。

实战：导入与导出快捷键设置

素材位置　无
实例位置　实例文件>第2章>实战：导入与导出快捷键设置.xml
视频位置　第2章>实战：导入与导出快捷键设置.mp4
难易指数　★★☆☆☆
技术掌握　掌握导入与导出快捷键的设置方法

01 先打开Revit软件，然后打开"快捷键"对话框，单击"导出"按钮，如图2-141所示。

图2-141

02 在"导出快捷键"对话框中，输入文件名称，然后单击"保存"按钮，如图2-142所示。

图2-142

03 当使用新计算机时，打开"快捷键"对话框，单击"导入"按钮，如图2-143所示。

图2-143

04 在"导入快捷键文件"对话框中，选中之前导出的快捷键设置文件，然后单击"打开"按钮，如图2-144所示。

图2-144

05 在"导入快捷键文件"对话框中，选择"与现有快捷键设置合并"选项，如图2-145所示。

06 此时，新导入的快捷键将与默认的快捷键合并，并同时存在于软件中。用户可以自行选择使用哪个快捷键执行对应命令。最后单击"确定"按钮，即可完成快捷键导入的工作，如图2-146所示。

图2-145　　　　　　　　　　　　　图2-146

💡 **经验分享**

为了提高工作效率，几乎每个人都会设置一套符合自己操作习惯的快捷键。为了适应不同的工作场合，还会将快捷键设置文件随身携带，以便在使用不同计算机时，都可以使用自己设置的快捷键。这种情况下，建议大家在导入自己设置的快捷键时，要保留原有的快捷键设置。因为同一台计算机可能有别的用户也在使用，如果完全将快捷键替换为自己设置的快捷键，那么其他人在使用这台计算机时，便不能再使用默认的快捷键设置，会造成很多不必要的麻烦。因此，在导入快捷键设置时，我们一般都会选择"与现有快捷键设置合并"选项。

2.4.4 指定渲染贴图位置

许多用过3ds Max的用户，都遇到过将文件拷贝到其他电脑后贴图丢失的情况。但其实3ds Max本身提供贴图打包功能，可以将当前模型中所用到的贴图，包括模型文件一并打包至压缩包中。同样，具有渲染功能的Revit也存在类似的问题。在Revit中进行渲染时，如果有自定义材质，就需要将贴图文件放在一个文件夹中。在其他计算机上打开文件后，再指定贴图文件的路径就可以了。下面介绍如何指定自定义贴图的路径。

打开"选项"对话框，将当前选项切换至"渲染"，然后将鼠标指针定位于"其他渲染外观路径"面板。单击"添加值"按钮，在右侧地址栏中输入贴图路径，如图2-147所示。或单击按钮，定位到所需位置，单击"打开"按钮，即可完成操作，如图2-148所示。

图2-147

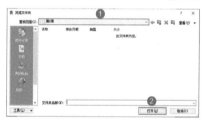

图2-148

如果需要删除现有路径，可以选择列表中的路径，并单击"删除值"按钮。要修改列表中路径的顺序，可以使用"向上移动行"按钮或"向下移动行"按钮进行调节，如图2-149所示。

图2-149

技巧与提示

如果为渲染外观和贴花指定了图像文件，那么当Revit需要访问该图像文件时，会首先使用绝对路径为该文件指定的位置进行查找。如果在该位置找不到相应文件，则Revit将按照路径在列表中的显示顺序，依次进行搜索。

第3章

项目前期准备

Learning Objectives
本章学习要点↙

41页
项目位置的设置

43页
地形表面的创建

50页
建筑红线的绘制

52页
项目方向的设置

54页
场地构件的摆放

3.1 项目位置

项目开始时，首先需要确定项目的地理位置，以便后期进行相关的分析、模拟，提供有效数据。根据地理位置得到的气象信息，将会在能耗分析中被充分应用。可以通过街道地址、距离最近的主要城市或经纬度指定项目的地理位置。

3.1.1 Internet映射服务

在设置项目的地理位置时，需要先新建一个项目文件，才能继续后面的操作。单击"文件"按钮，执行"新建>项目"命令，打开"新建项目"对话框。在"样板文件"中选择"建筑样板"选项，然后单击"确定"按钮。切换至"管理"选项卡，然后在"项目位置"面板中单击"地点"按钮。如果当前的计算机已经连接到互联网，则可以在"定义位置依据"下拉列表中选择"Internet地图服务"选项，通过Bing地图服务显示互动的地图，如图3-1所示。

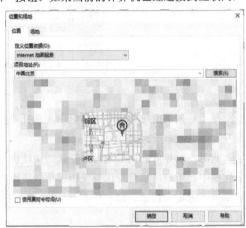

图3-1

🌐 输入详细地址查找--

在"项目地址"处键入"北京"，然后单击"搜索"按钮，Bing地图会自动将地理位置定位到北京。此时将看到一些地理信息，包括项目地址、经纬度等，如图3-2所示。如需精确到所定位城市的具体位置，可以将鼠标指针移动到◉图标上，然后按住鼠标左键进行拖曳，直至拖曳到合适的位置。

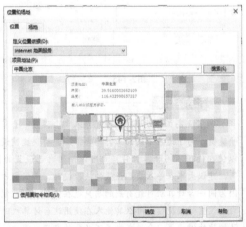

图3-2

 输入经纬度坐标查找--------------------------------

除了使用Bing地图的搜索功能外，还可以在"项目地址"栏中输入经纬度坐标查找，注意按"纬度，经度"这样的格式进行输入，如图3-3所示。

图3-3

技巧与提示

如果当前无法连接网络，但可以得知项目地点的精确经纬度，那么可以直接输入经纬度信息确定地理位置。相应的天气数据等信息，系统会自动调用，不影响后期的日光分析等功能的使用。

3.1.2 默认城市列表

如果计算机无法连接互联网，可以通过软件的默认城市列表选择项目位置。在"定义位置依据"下拉列表中选择"默认城市列表"选项，然后在"城市"列表中选择项目所在的城市，如图3-4所示。同样，也可以直接输入城市的经纬度值来指定项目位置，如图3-5所示。

图3-4

图3-5

打开"位置、气候和场地"对话框，切换至"天气"选项卡，这里提供了相应的气象信息，如图3-6所示。"天气"选项卡中会填入离项目位置最近的一个气象站所提供的气象数据。

图3-6

技巧与提示

只有输入了正确的地理信息，后期的日光、风向等分析数据才会准确，才有利于建筑师把控项目的各项指标。

实战：设置项目实际地理位置

素材位置　无
实例位置　实例文件>第3章>实战：设置项目实际地理位置.rvt
视频位置　第3章>实战：设置项目实际地理位置.mp4
难易指数　★★☆
技术掌握　掌握使用经纬度信息来定位地理信息的方法

01 打开Revit软件，单击"新建"按钮，在弹出的"新建项目"对话框中选择"建筑样板"选项，单击"确定"按钮，即可创建一个项目文件，如图3-7所示。

02 切换至"管理"选项卡，单击"项目位置"面板中的"地点"按钮，如图3-8所示。

41

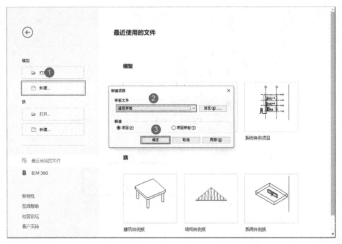

图3-7

图3-8

03 在"位置、气候和场地"对话框中,设置"定义位置依据"为"默认城市列表",然后设置"纬度"为38.94°,"经度"为110.43°,如图3-9所示。

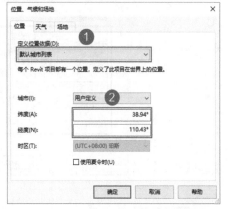

图3-9

04 切换至"天气"选项卡,可以看到软件已经根据新设置的经纬度信息,自动切换成了距离最近的城市气象站所提供的数据,如图3-10所示。

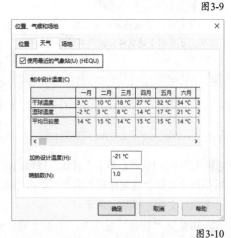

图3-10

3.2 场地设计

绘制一个地形表面,添加建筑红线、建筑地坪、停车场和场地构件,然后为这一场地设计创建三维视图或对其进行渲染,以提供真实的演示效果。

3.2.1 场地设置

在开始场地设计前,可以先根据需要对场地做一个全局设置,包括定义等高线间隔、添加用户定义的等高线,以及选择剖面填充样式等。

选择"体量和场地"选项卡,单击"场地设置"按钮,如图3-11所示。

图3-11

显示等高线并定义间隔----------------------------

在"场地设置"对话框的"显示等高线"中,选中"间隔"复选框,并输入一个值作为等高线间隔,如图3-12所示。如果将等高线的"间隔"设置为10000mm,"经过高程"设置为0mm时,等高线将出现在0m、10m和20m的位置。当将"经过高程"的值设置为5000mm时,则等高线会出现在5m、15m和25m的位置。

图3-12

将自定义等高线添加到平面中----------------------

可以在"附加等高线"中添加自定义等高线。当"范围类型"为"单一值"时,可为"开始"指定等高线的高程,为"子类别"指定等高线的线样式,如图3-13所示。

图3-13

当"范围类型"为"多值"时，可指定"附加等高线"的"开始""停止""增量"属性，为"子类别"指定等高线的线样式，如图3-14所示。

图3-14

指定剖面图形

"剖面填充样式"选项可为剖面视图中的场地赋予不同效果的材质。"基础土层高程"用于控制土壤横断面的深度，该值可以控制项目中全部地形图元的土层深度，如图3-15所示。

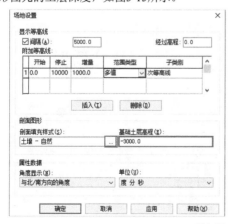

图3-15

指定属性数据设置

"角度显示"提供了两个选项，分别是"度"和"与北/南方向的角度"。如果选择了"度"，则在建筑红线方向角表中，以360度方向标准显示建筑红线，并使用相同符号显示建筑红线标记。

"单位"提供了两个选项，分别是"度分秒"和"十进制度数"。如果选择了"十进制度数"，则建筑红线方向角表中的角度显示为十进制数，而不是度、分和秒。

3.2.2 场地建模

在建筑设计过程中，首先要确定项目的地形结构。Revit提供了多种建立地形的方式，根据勘测到的数据，可以将场地的地形直观地复原到计算机中，以便为后续的建筑设计提供有效参考。

创建地形表面

"地形表面"工具使用点或导入的数据来定义地形表面，可以在三维视图或场地平面中创建地形表面，以及在场地平面视图或三维视图中查看地形表面。在查看地形表面时，需要考虑以下事项。

"可见性"列表中有两种类别的地形点子，即"边界"和"内部"，Revit会自动将点进行分类。"三角形边缘"选项在默认情况下是关闭的，可以从"可见性/图形替换"对话框的"模型类别/地形"类别中选中其复选框，如图3-16所示。

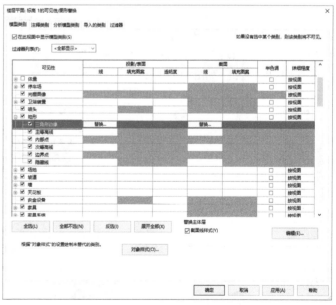

图3-16

通过放置点来创建地形表面

打开三维视图或场地平面视图，切换至"体量和场地"选项卡，单击"地形表面"按钮。在默认情况下，功能区中的"放置点"工具处于活动状态。在选项栏上设置"高程"的值，然后设置"高程"为"绝对高程"，此时指定点将会显示在高程处，并且可以将点放置在活动绘图区域中的任何位置。选择"相对于表面"选项，可以将指定点放置在现有地形表面上的高程处，从而编辑现有地形表面。要使该选项的使用效果更明显，需要在着色的三维视图中工作，依次输入不同的高程点，并在绘图区域单击完成高程点的放置，如图3-17所示。然后单击"完成"按钮 ✔，即可完成地形创建。

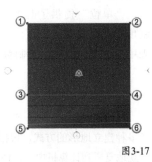

图3-17

实战：使用放置点命令生成地形

素材位置　素材文件>第3章>01.rvt
实例位置　实例文件>第3章>实战：使用放置点命令生成地形.rvt
视频位置　第3章>实战：使用放置点命令生成地形.mp4
难易指数　★★☆☆☆
技术掌握　掌握使用外部CAD文件创建地形的方法

01 打开学习资源中的"素材文件>第3章>01.rvt"文件。打开场地平面图，切换至"插入"选项卡，单击"链接CAD"按钮，如图3-18所示。

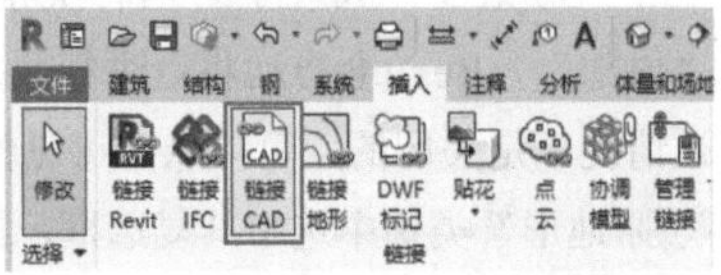

图3-18

02 在弹出的对话框中，选择学习资源中的"素材文件>第3章>CAD文件>总平图.dwg"文件，选中"仅当前视图"复选框，然后单击"打开"按钮，如图3-19所示。

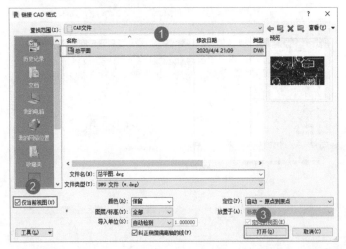

图3-19

03 CAD文件被成功链接到当前项目中，如图3-20所示。因为坐标问题，CAD文件被放置于视图的右上角，距离视图中心存在一段距离。

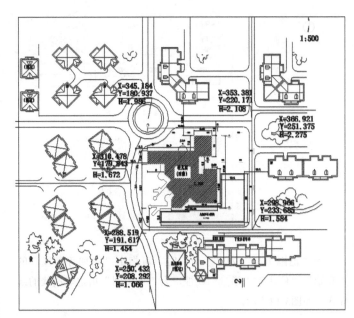

图3-20

04 切换至"体量和场地"选项卡，单击"地形表面"按钮，如图3-21所示。

图3-21

05 在"工具"面板中单击"放置点"按钮，如图3-22所示。

图3-22

06 在工具选项栏中设置"高程"为1986，然后在视图中相应的坐标点位置单击放置，如图3-23所示。

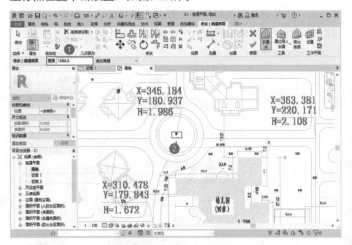

图3-23

07 使用同样的方法完成对其他高程点的放置。未标明高程的四个角点统一按照"高程"为2000mm处理，如图3-24所示。

图3-24

技巧与提示

如果要修改高程点，需要先选中相应的高程点，然后在工具选项栏中修改其高程参数，也可以按住鼠标左键对其位置进行拖曳。

08 高程点全部放置完成后，单击"完成"按钮并切换至三维视图查看最终效果，如图3-25所示。

图3-25

使用导入的三维等高线数据创建地形表面

可以根据以DWG、DXF或DGN格式导入的三维等高线数据自动生成地形表面。Revit可以自动分析数据，并沿等高线放置一系列高程点（此过程在三维视图中进行）。

切换至"插入"选项卡，单击"导入"面板中的"导入CAD"按钮，在弹出的对话框中选择地形文件，单击"打开"按钮。切换至"修改|编辑表面"选项卡，在"工具"面板中设置"通过导入创建"为"选择导入实例"，选择绘图区域中已导入的三维等高线数据。此时，弹出"从所选图层添加点"对话框，选择要应用高程点的图层，如图3-26所示。单击"确定"按钮，然后单击"完成"按钮，即可完成对当前地形的创建。

图3-26

实战：使用CAD文件生成地形

素材位置　素材文件>第3章>地形图.dwg
实例位置　实例文件>第3章>实战：使用CAD文件生成地形.rvt
视频位置　第3章>实战：使用CAD文件生成地形.mp4
难易指数　★★☆☆☆
技术掌握　掌握使用CAD文件创建地形的方法

01 新建项目文件，打开场地视图，如图3-27所示。

图3-27

02 切换至"插入"选项卡，单击"导入"面板中的"导入CAD"按钮，如图3-28所示。

图3-28

03 在弹出的"导入CAD格式"对话框中，选择要导入的文件，然后设置导入单位为"米"，接着单击"打开"按钮，如图3-29所示。

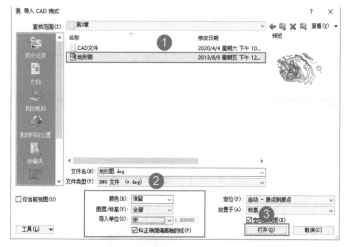

图3-29

04 切换至"体量和场地"选项卡，然后单击"场地建模"面板中的"地形表面"按钮，如图3-30所示。

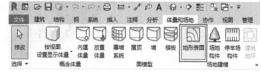

图3-30

05 在"工具"面板中单击"通过导入创建"按钮，然后选择"选择导入实例"选项，如图3-31所示。拾取已导入的CAD图形文件，效果如图3-32所示。

图3-31

图3-32

技巧与提示

　　如果导入CAD文件后，无法拾取CAD图形生成地形，请检查在导入CAD文件时，是否选择了"仅当前视图"选项。如果选择了该选项，则无法在平面视图中拾取CAD文件。

06 在"从所选图层添加点"对话框中，选取有效的图层，然后单击"确定"按钮，如图3-33所示。

图3-33

07 单击"完成"按钮，即可完成地形创建，如图3-34所示。然后打开三维视图，查看地形最终效果，如图3-35所示。

图3-34

图3-35

使用点文件创建地形表面

　　切换至"修改|编辑表面"选项卡，在"工具"面板中，选择"通过导入创建"下拉菜单中的"指定点文件"选项。在"打开"对话框中，定位到点文件所在位置；在"格式"对话框中，指定用于测量点文件中的点的单位，如图3-36所示。单击"确定"按钮，Revit将根据文件中的坐标信息生成点和地形表面，然后单击"完成"按钮，完成地形的创建。

图3-36

技巧与提示

　　点文件通常由土木工程软件应用程序生成。使用高程点的规则网格时，该文件提供等高线数据。要提高与带有大量点的表面相关的系统性能，请简化表面。

实战：使用点文件生成地形

素材位置　素材文件>第3章>点文件.txt
实例位置　实例文件>第3章>实战：使用点文件生成地形.rvt
视频位置　第3章>实战：使用点文件生成地形.mp4
难易指数　★★☆☆☆
技术掌握　掌握使用点文件创建地形的方法

01 新建项目文件，打开场地视图，如图3-37所示。

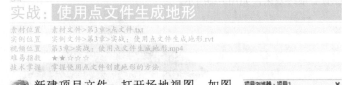

图3-37

02 切换至"体量和场地"选项卡，然后单击"地形表面"按钮，如图3-38所示。

图3-38

03 单击"通过导入创建"按钮，选择"指定点文件"选项，如图3-39所示。

图3-39

04 在"选择文件"对话框中，设置文件类型为"逗号分隔文本"，然后选择要导入的高程点文件，单击"打开"按钮，如图3-40所示。

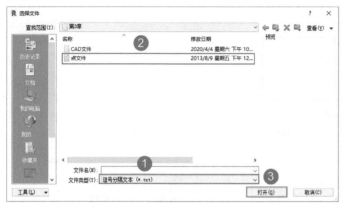

图3-40

05 在"格式"对话框中，设置单位为"米"，如图3-41所示，然后单击"确定"按钮，完成地形创建。

图3-41

06 切换至三维视图，查看地形最终效果，如图3-42所示。

图3-42

简化地形表面

地形表面的每个点都可以创建三角几何图形，但这样会增加计算耗用。当需要使用大量的点创建地形表面时，可以通过简化表面提高系统性能。

切换至"修改|地形"选项卡，单击"表面"面板中的"编辑表面"按钮。切换至"编辑表面"选项卡，单击"工具"面板中的"简化表面"按钮，打开场地平面视图。选中地形表面，输入表面精度值，单击"确定"按钮，如图3-43所示。然后单击"完成"按钮即可。

图3-43

3.2.3 修改场地

当原始地形模型建立完成后，为了能够更好地进行后续工作，还需要对生成之后的地形模型进行一些修改与编辑，包括对地形的拆分和合并等操作。

拆分地形表面

可以把一个地形表面拆分为多个不同的地形表面，然后分别对其进行编辑。在拆分地形表面后，可以分别为这些表面指定不同的材质，表示公路、湖、广场或丘陵等，也可以删除地形表面的一部分。

如果在导入文件时，未测量区域出现了瑕疵，可以使用"拆分表面"工具删除由导入文件生成的多余的地形表面。

打开场地平面或三维视图，切换至"体量和场地"选项卡，单击"修改场地"面板中的"拆分表面"按钮。在绘图区域中，选中要拆分的地形表面，此时Revit将进入草图模式，可绘制拆分表面，如图3-44所示。单击"确定"按钮，然后再单击"完成"按钮，完成后的地形效果如图3-45所示。

图3-44

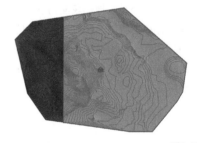

图3-45

技巧与提示

如果绘制的是单独拆分线段，则必须超过现有地形表面边缘。如果在地形内部绘制拆分表面，则必须是围合的线段。

合并地形表面

使用"合并表面"工具可以将两个单独的地形表面合并为一个地形表面，该工具对重新连接已拆分表面非常有用，要合并的表面必须重叠或共享公共边。

切换至"体量和场地"选项卡，单击"修改场地"面板中的"合并表面"按钮，在选项栏上取消选中"删除公共边上的点"选项（该选项可删除表面被拆分后插入的多余点，在默认情况下处于选中状态），选中一个要合并的地形表面，然后再选中另一个地形表面，如图3-46所示。这两个地形表面将被合并为一个，如图3-47所示。

图3-46

图3-47

🌐 地形表面子面域

地形表面子面域是在现有地形表面中绘制的区域。例如，可以使用子面域在平整表面、道路或岛上绘制停车场。创建子面域不会生成单独的表面，仅会定义可应用于不同属性集（如材质）的表面。

打开一个显示地形表面的场地平面，切换至"体量和场地"选项卡，单击"修改场地"面板中的"子面域"按钮，Revit将进入草图模式。单击绘制工具，在地形表面上创建一个子面域，如图3-48所示。然后单击"完成"按钮，完成子面域的添加，如图3-49所示。

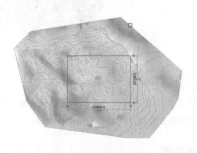

图3-48

图3-49

若要修改子面域，可先选中子面域，并切换至"修改|地形"

选项卡，然后单击"模式"面板中的"编辑边界"按钮，再单击"拾取线"按钮（或使用其他绘制工具修改地形表面上的子面域）即可。

实战：**使用子面域创建道路**
素材位置　素材文件>第3章>02.rvt
实例位置　实例文件>第3章>实战：使用子面域创建道路.rvt
视频位置　第3章>实战：使用子面域创建道路.mp4
难易指数　★★☆☆☆
技术掌握　掌握地形分割及添加子面域的方法

01 打开学习资源中的"素材文件>第3章>02.rvt"文件，打开场地视图，如图3-50所示。

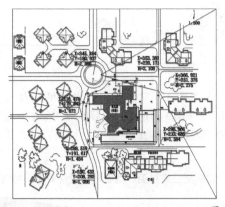

图3-50

02 切换至"体量和场地"选项卡，单击"拆分表面"按钮，如图3-51所示。

图3-51

03 拾取之前绘制完成的地形，然后在"绘制"面板中选择"矩形"绘制工具，如图3-52所示。

图3-52

04 在地形上绘制拆分区域，然后单击"完成"按钮，如图3-53所示。

图3-53

05 选中需要删除的地形，按Delete键或单击"删除"按钮，删除多余的地形，如图3-54所示。

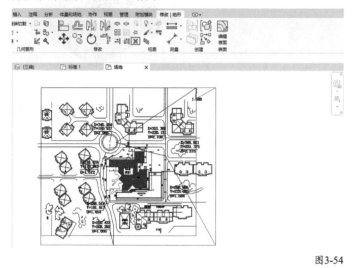

图3-54

06 单击"子面域"按钮，如图3-55所示。然后选择"拾取线"绘制工具，如图3-56所示。

图3-55

图3-56

07 拾取CAD图纸中现有的道路边线，如图3-57所示。

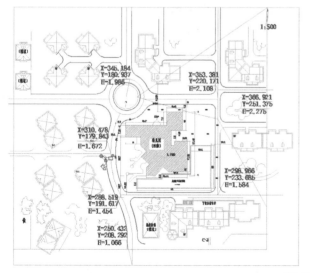

图3-57

08 选择"直线"绘制工具，绘制未封闭区域的线段，如图3-58所示。

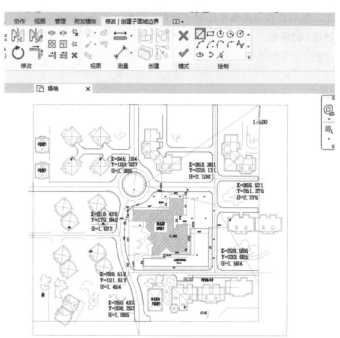

图3-58

09 此时，子面域还未形成完全封闭的轮廓，因此需要使用"修剪"工具进行处理。单击"修剪"按钮（快捷键TR），对未闭合的线段进行修剪，如图3-59所示。

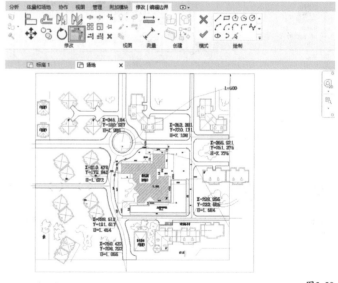

图3-59

10 修剪完成后，单击"完成"按钮。如果弹出"错误"对话框，则代表还有未闭合的线段。单击"继续"按钮，然后根据图中高亮显示的区域，分别使用"直线"工具和"修剪"工具进行处理，如图3-60所示。

11 处理完成后，单击"完成"按钮。选中创建好的子面域，在"属性"面板中单击"材质"后面的"浏览"按钮，如图3-61所示。

12 在弹出的"材质浏览器"对话框中，输入"沥青"进行检索，然后在检索结果中选中"沥青"材质，单击"确定"按钮，如图3-62所示。

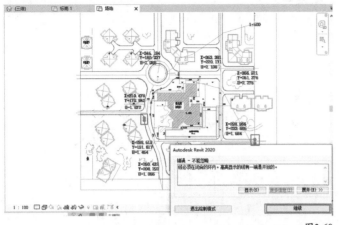

图3-60

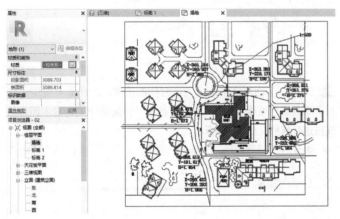

图3-61

图3-63

选中创建完成的子面域，在"属性"面板中可以看到其投影面积与表面积，如图3-64所示。

图3-64

3.2.4 建筑红线

在Revit中创建建筑红线，可以使用"通过绘制来创建"和"通过输入距离和方向角来创建"两种方式创建。建筑红线绘制完成后，系统会自动生成面积信息，并且可以在明细表中统计。

通过绘制来创建

打开一个场地平面视图，切换至"体量和场地"选项卡，单击"建筑红线"按钮，在"创建建筑红线"对话框中选择"通过绘制来创建"选项，如图3-65所示。单击"拾取线"按钮（或使用其他绘制工具来绘制），如图3-66所示。单击"完成红线"按钮，如图3-67所示。

图3-65

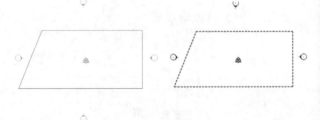

图3-66   图3-67

这些线应当形成一个闭合环，如果绘制一个开放环并单击"完成红线"按钮，则Revit会发出一条警告，说明无法计算面积，可以忽略该警告继续工作，或将环闭合。

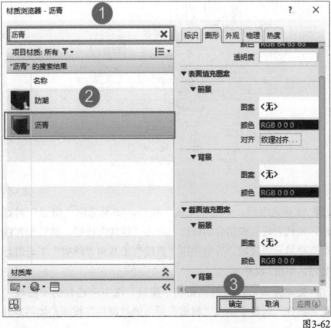

图3-62

⑬ 切换到三维视图，查看最终的完成效果，如图3-63所示。

实战：绘制建筑红线

素材位置　素材文件>第3章>03.rvt
实例位置　实例文件>第3章>实战：绘制建筑红线.rvt
视频位置　第3章>实战：绘制建筑红线.mp4
难易指数　★★☆☆☆
技术掌握　掌握建筑红线的绘制方法

01 打开学习资源中的"素材文件>第3章>03.rvt"文件，打开场地视图。然后切换至"体量和场地"选项卡，单击"建筑红线"按钮，如图3-68所示。

图3-68

02 在打开的"创建建筑红线"对话框中，选择"通过绘制来创建"选项，如图3-69所示。

03 在"绘制"面板中选择"直线"绘制工具，如图3-70所示。

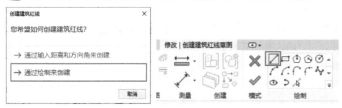

图3-69　　　　　　　　　　　　　　　　图3-70

04 在场地视图中，依次单击拾取各坐标点位置，完成建筑红线的绘制，如图3-71所示。

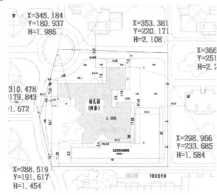

图3-71

05 单击"完成"按钮，最终效果如图3-72所示。

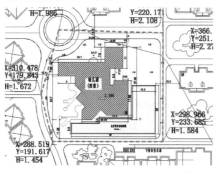

图3-72

技术专题 05 将基于草图的建筑红线转换为基于表格的建筑红线

使用草图方式绘制的建筑红线可以转换为基于表格的建筑红线，以便后期对数据进行精确修改。

选中绘制好的建筑红线，切换至"修改|建筑红线"选项卡，单击"建筑红线"面板中的"编辑表格"命令，在弹出的"约束丢失"对话框中，单击"是"按钮，完成建筑红线的转换，如图3-73所示。

图3-73

将基于草图绘制的建筑红线转换为基于表格的建筑红线的过程是单向的。一旦将基于草图绘制建筑红线转换为基于表格创建，便不能再使用草图方式调整。

通过输入距离和方向角来创建

在"创建建筑红线"对话框中，选择"通过输入距离和方向角来创建"选项，如图3-74所示。在"建筑红线"对话框中，单击"插入"按钮，然后从测量数据中添加距离和方向角，将建筑红线类型修改为"弧"，根据需要插入其余的线，再单击"向上"按钮和"向下"按钮，即可修改建筑红线的顺序，如图3-75所示。在绘图区域中，将建筑红线移动到确切位置，单击放置建筑红线。

图3-74　　　　　　　　　　　　　　　　图3-75

建筑红线面积

选中建筑红线，在"属性"面板中可以看到建筑红线的面积值，如图3-76所示。该值为只读，不可输入新的值，在项目所需的经济技术指标中，可根据此数据填写基地面积。

图3-76

🌀 修改建筑红线

选中已有的建筑红线，切换至"修改|建筑红线"选项卡，然后单击"编辑草图"按钮，进入草图编辑模式，即可对现有建筑红线进行修改。

3.2.5 项目方向

根据建筑红线的形状，确定本项目所建对象的建筑角为"北偏西9度"，以此可确定项目文件中的项目方向。

Revit中有两种项目方向，一种为"正北"，另一种为"项目北"。"正北"指绝对的正南北方向，而当建筑的方向不是正南北方向时，通常不易在平面图纸上表现为成角度的、反映真实南北的图形。此时，可以通过将项目方向调整为"项目北"，使建筑模型表现为具有正南北布局效果的图形。

🌀 旋转正北

在默认情况下，场地平面的项目方向为"项目北"。在"项目浏览器"中，单击"场地"平面视图，在"属性"面板中将"方向"修改为"正北"，如图3-77所示。

图3-77

切换至"管理"选项卡，在"项目位置"面板中，选择"位置"下拉菜单中的"旋转正北"命令，如图3-78所示。在选项栏中输入"从项目到正北方向的角度"为"9"，方向选择为"西"，按Enter键确认，如图3-79所示。

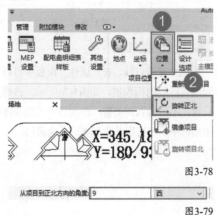

图3-78

从项目到正北方向的角度：9   西

图3-79

也可以直接在绘图区域中进行旋转，此时再将"场地"平面视图的"方向"调整为"项目北"，建筑红线会根据"项目北"

的方向自动调整相应的角度，如图3-80所示。

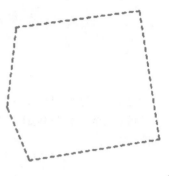

图3-80

🌀 旋转项目北

通过旋转项目北，可调整项目偏移正南北的方向。当"场地"平面视图的"方向"为"项目北"时，切换至"管理"选项卡，单击"项目位置"面板中的"地点"按钮，在"位置、气候和场地"对话框中，选择"场地"选项卡，可以确认项目的方向，如图3-81所示。

图3-81

选择"管理"选项卡，在"项目位置"面板中，单击"位置"下拉菜单中的"旋转项目北"命令，如图3-82所示。

图3-82

在"旋转项目"对话框中，选择"顺时针90°"选项，如图3-83所示。在右下角的警告对话框中单击"确定"按钮，此时项目方向将自动更新。再次查看"位置、气候和场地"对话框的"场地"选项卡中的方向数据，可发现其角度已被调整为81°，如图3-84所示。

图3-83

图3-84

通常情况下，"场地"平面视图采用的是"正北"方向，而其余楼层平面视图采用的是"项目北"方向。

3.2.6 项目基点与测量点

每个项目都有项目基点和测量点，但由于可见性设置和视图裁剪，它们不一定在所有视图中都可见。这两个点是无法删除的，在场地视图中默认显示项目基点和测量点。

项目基点定义了项目坐标系的原点(0，0，0)。此外，项目基点还可用于场地中，用来确定建筑的位置及定位建筑的设计图元。参照项目坐标系的高程点坐标和高程点，将相对该点显示相应数据。

测量点代表现实世界中的已知点（如大地测量标记），可用于在其他坐标系（如在土木工程应用程序中使用的坐标系）中确定建筑几何图形的方向。

移动项目基点和测量点

在场地视图中单击项目基点，分别输入"北/南""东/西"的值为（1000，1000），如图3-85所示。此时项目位置相对于测量点将发生移动，如图3-86所示。

图3-85

图3-86

固定项目基点和测量点

为了防止因为错误操作而移动了项目基点和测量点，可以在选中点后，切换至"修改|项目基点"选项卡（或"修改|测量点"

选项卡），然后单击"锁定"按钮，从而固定这两个点的位置，如图3-87所示。

图3-87

修改建筑地坪

编辑建筑地坪边界，可为该建筑地坪定义坡度。选中需要修改的地坪，切换至"修改|建筑地坪"选项卡，然后单击"编辑边界"按钮，使用绘制工具进行修改，若要使建筑地坪倾斜，则使用坡度箭头。

要想在楼层平面视图中看见建筑地坪，请将建筑地坪偏移设置为比标高1更高的值或调整视图范围。

3.2.7 建筑地坪

通过在地形表面绘制闭合环，可以添加建筑地坪，修改地坪的结构和深度。绘制地坪后，可以指定一个值来控制其距标高的高度偏移，还可以指定其他属性。通过在建筑地坪的周长内绘制闭合环来定义地坪中的洞口，可为该建筑地坪定义坡度。

通过在地形表面绘制闭合环添加建筑地坪。打开"场地"平面视图，选择"体量和场地"选项卡，单击"场地建模"面板中的"建筑地坪"按钮，使用绘制工具绘制闭合环形式的建筑地坪。在"属性"面板中，根据需要设置"相对标高"和其他建筑地坪属性，并单击"完成"按钮，最后单击"默认三维视图"按钮，切换至三维视图中进行查看，如图3-88所示。

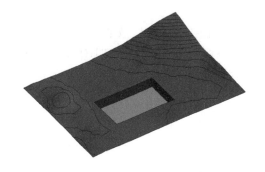

图3-88

实战：创建幼儿园建筑地坪

素材位置	素材文件>第3章>04.rvt
实例位置	实例文件>第3章>实战：创建幼儿园建筑地坪.rvt
视频位置	第3章>实战：创建幼儿园建筑地坪.mp4
难易指数	★★☆☆☆
技术掌握	掌握添加及调整建筑地坪的方法

01 打开学习资源中的"素材文件>第3章>04.rvt"文件，如图3-89所示。

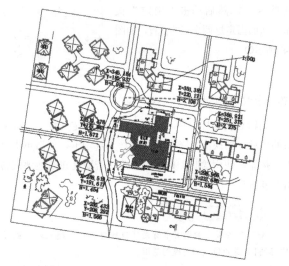

图3-89

02 切换至"体量和场地"选项卡,然后单击"建筑地坪"按钮,如图3-90所示。接着选择"拾取线"绘制工具,如图3-91所示。

图3-90

图3-91

03 拾取视图中建筑主体的边界线,如图3-92所示。然后在"属性"面板中设置"标高"为"标高1","目标高的高度偏移"为"-1000",如图3-93所示。

图3-92

04 单击"完成"按钮,最终效果如图3-94所示。

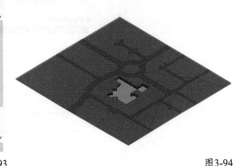

图3-93

图3-94

3.2.8 停车场及场地构件

处理完场地模型后,需要基于场地布置一些相关构件,本小节主要学习如何布置停车场及绿植等构件。

● 停车场构件------------------------------------

可以先将停车位添加到地形表面中,并将地形表面定义为停车场构件的主体。

打开显示要修改的地形表面视图,选择"体量和场地"选项卡,单击"停车场构件"按钮,将鼠标指针放置在地形表面上,单击放置构件,如图3-95所示。可按需要放置更多的构件,也可创建停车场构件阵列。

图3-95

● 场地构件------------------------------------

可在场地平面中放置场地专用构件(如树、电线杆和消防栓)。如果未在项目中载入场地构件,则会出现提示消息"项目中未载入场地族。是否要现在载入"。

打开显示要修改的地形表面视图,切换至"体量和场地"选项卡,单击"场地构件"按钮。从类型选择器中选择所需的构件,在绘图区域单击,可以添加一个或多个构件,如图3-96所示。

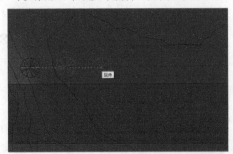

图3-96

实战：**放置停车位及树木**

素材位置　素材文件>第3章>05.rvt
实例位置　实例文件>第3章>实战：放置停车位及树木
视频位置　第3章>实战：放置停车位及树木.mp4
难易指数　★☆☆☆☆
技术掌握　掌握不同类型构件载入及放置的方法

01　打开学习资源中的"素材文件>第3章>05.rvt"文件，如图3-97所示。

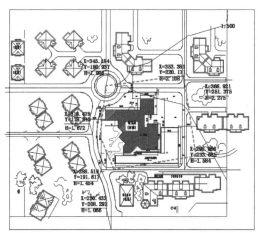

图3-97

02　切换至"体量和场地"选项卡，单击"停车场构件"按钮，如图3-98所示。然后在"属性"面板中选择合适的族文件，如图3-99所示。

图3-98

图3-99

03　将鼠标指针移动到合适的位置后，单击进行放置，如图3-100所示。然后使用"阵列"或"复制"工具，完成其他停车位的放置，如图3-101所示。

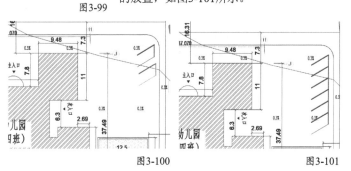

图3-100　　　　　图3-101

技巧与提示

如需在放置前修改停车位的方向，可以按Space键对方向进行切换，默认为沿逆时针方向旋转90°。

04　切换至"体量和场地"选项卡，单击"场地构件"按钮，如图3-102所示。将视图调整为着色状态，然后选择合适的树木进行放置，如图3-103所示。最终完成的效果如图3-104所示。

图3-102

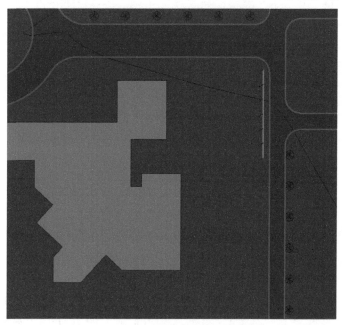

图3-103

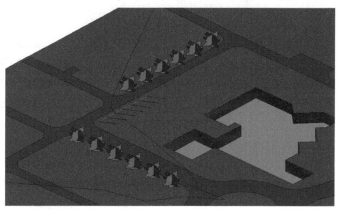

图3-104

技巧与提示

切换至"建筑"选项卡，选择"构件"菜单下的"放置构件"命令，也可以找到相应构件进行放置。

第4章

项目定位体系

Learning Objectives

本章学习要点

4.1 标高

使用Revit时，首先要创建的就是标高部分，大部分建筑构件都是基于标高创建的。当标高修改后，这些建筑构件也会随着标高的改变而发生高度上的偏移。

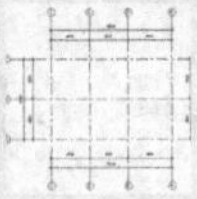

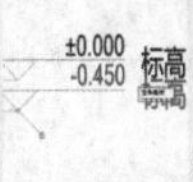

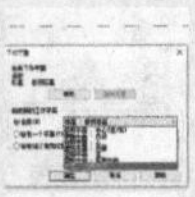

4.1.1 创建标高

使用“标高”工具可定义垂直高度或建筑内的楼层标高，可为每个已知楼层或其他建筑参照（如第二层、墙顶或基础底端）创建标高。要添加标高，必须处于剖面视图或立面视图中，添加标高时可以创建一个关联的平面视图。

打开要添加标高的剖面视图或立面视图，切换至“建筑”选项卡（或“结构”选项卡），单击“标高”按钮（快捷键LL），如图4-1所示。将鼠标指针放置在绘图区域内，单击确定标高位置，然后沿水平方向拖曳鼠标绘制标高线，如图4-2所示。

图4-1

图4-2

在选项栏上，“创建平面视图”默认处于选中状态，如图4-3所示。因此，所创建的每个标高都是一个楼层，并且关联楼层平面视图和天花板投影平面视图。

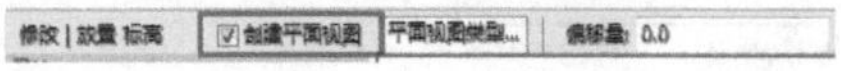

图4-3

如果在选项栏上单击“平面视图类型”，则仅能选择创建“平面视图类型”对话框中指定的视图类型，如图4-4所示。如果取消选择“创建平面视图”选项，则认为标高是非楼层的标高或参照标高，并且不创建关联的平面视图。墙及其他以标高为主体的图元，可以将参照标高用作自己的墙顶定位标高或墙底定位标高。

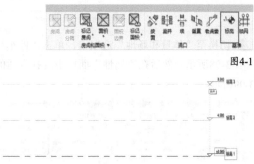

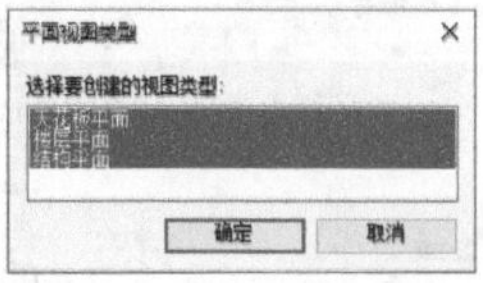

图4-4

当绘制标高线时，标高线的头和尾可以相互对齐。选择与其他标高线对齐的标高线时，将会出现一个锁以显示对齐，如图4-5所示。如果水平移动标高线，则全部对齐的标高线会随之移动。

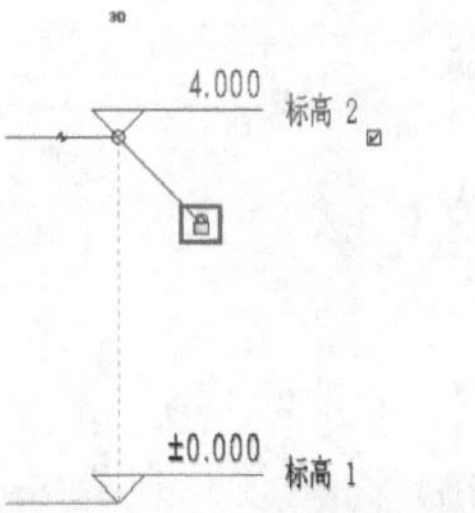

图4-5

当标高线达到合适的长度时，可以通过单击其编号选择该标高，此外还可以改变其名称。也可以通过单击该标高线的尺寸标注来改变标高的高度。

Revit会为新标高指定标签（如"标高1"）和"标高"图标 ▽ 。如果需要，可以使用"项目浏览器"重命名标高。如果重命名标高，则相关的楼层平面和天花板投影平面的名称也将随之更新。

4.1.2 修改标高

标高创建完成后，需要做一些适当的修改，才能符合项目与出图要求。

🌐 **修改标高类型**------------------------------------

可以在放置标高前修改标高类型，也可以对绘制完成的标高进行修改。切换至立面或剖面视图，在绘图区域选中标高线，在类型选择器中选择其他标高类型，如图4-6所示。

图4-6

🌐 **在立面视图中编辑标高线**----------------------

调整标高线的尺寸：选中标高线，单击蓝色尺寸操纵柄，向左或向右拖曳鼠标，如图4-7所示。

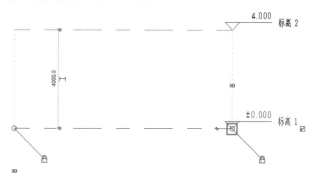

图4-7

升高或降低标高：选中标高线，单击与其相关的尺寸标注值，然后输入新尺寸标注值，如图4-8所示。

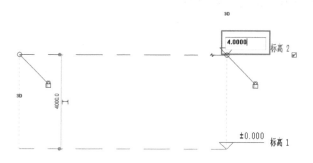

图4-8

重新标注标高：选中标高线并单击标签框，输入新标高标签，如图4-9所示。

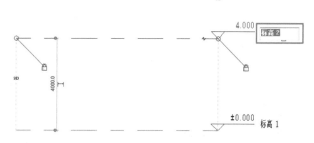

图4-9

🌐 **移动标高**--

选中标高线，该标高线与其直接相邻的上下标高线之间将显示临时的尺寸标注。若要上下移动选定的标高，则需单击临时尺寸标注，输入新值并按Enter键确认，如图4-10所示。

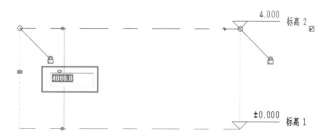

图4-10

如果要移动多条标高线，先选中要移动的多条标高线，将鼠标指针放置在其中一条标高线上，按住鼠标左键上下拖曳，如图4-11所示。

图4-11

🌐 **使标高线从其编号偏移**----------------------------

绘制一条标高线，或选择一条现有的标高线，然后选中并拖

57

曳编号附近的控制柄，以调整该标高线的长度。单击"添加弯头"图标 ✦，如图4-12所示。将控制柄拖曳到正确的位置，从而将编号从标高线上移开，如图4-13所示。

图4-12

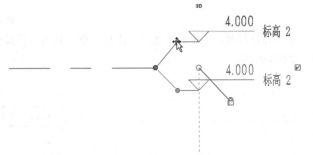

图4-13

自定义标高

打开显示标高线的视图，选中一条现有的标高线，切换至"修改|标高"选项卡，单击"属性"面板中的"类型属性"按钮。在"类型属性"对话框中，可以对标高线的"线宽""颜色""符号"等参数进行修改，如图4-14所示。修改"符号"及"颜色"参数后的效果如图4-15所示。

图4-14

图4-15

显示和隐藏标高编号

控制标高编号是否在标高的端点显示：可以对视图中的单个轴线执行该操作，也可以通过修改类型属性来对某个特定类型的所有轴线执行该操作。

显示或隐藏单个标高编号：打开立面视图，选中一条标高线，Revit会在标高编号附近显示一个复选框，如图4-16所示。可能需要放大视图才能清楚地看到该复选框。取消选择该复选框可以隐藏标头，选中该复选框可以显示标头。重复此操作可以显示或隐藏该轴线另一端点上的标头。

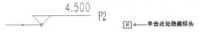

图4-16

使用类型属性显示或隐藏标高编号：打开立面视图，选中一条标高线，在打开的"类型属性"对话框中，选择"端点1处的默认符号"和"端点2处的默认符号"选项，如图4-17所示。这样，视图中标高的两个端点都会显示标头，如图4-18所示。如果只选择端点1，则标头会显示在左侧端点；如果只选择端点2，则标头会显示在右侧端点。

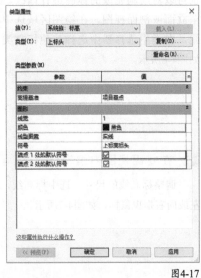

图4-17

标高 2 —— 4.000   4.000 —— 标高 2

图4-18

切换标高的2D/3D属性

标高绘制完成后会在相关立面及剖面视图中显示，在任何一个视图中修改标高，都会影响其他视图。但在某些情况下，如出施工图纸的时候，可能立面与剖面视图要求的标高线长度不一，如果修改立面视图中的标高线长度，也会直接显示在剖面视图当中。为避免这种情况的发生，软件提供了2D方式调整。选择标高后单击3D图标，如图4-19所示，将切换到标高的2D属性，如图4-20所示。此时，拖曳标头延长标高线的长度后，其他视图不会受到任何影响。

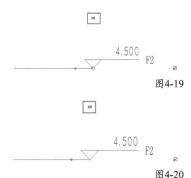

图4-19

图4-20

此外，软件还提供批量转换2D属性的功能。打开当前视图范围框，选择标高并将其拖曳至视图范围框内。此时，所有的标高都切换到了2D属性，如图4-21所示。再次将标高拖曳至初始位置，标高批量转换成2D属性的操作完成。

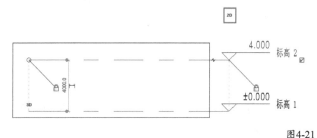

图4-21

技巧与提示

通过第一种方法转换为2D属性的标高，可以通过单击2D图标重新转换为3D属性。但如果使用第二种方法，则2D图标是灰显的，无法单击。在这种情况下，需要将标高拖曳至范围框内，然后拖曳3D控制柄使其与2D控制柄重合，即可恢复3D属性状态，如图4-22和图4-23所示。注意这个操作无法批量进行，需逐个更改。

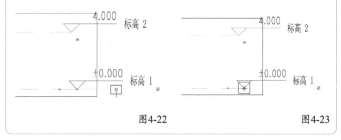

图4-22 图4-23

标高属性

标高图元共有两种属性，分别是实例属性与类型属性。通过修改实例属性可以指定标高的高程、计算高度和名称等，如图4-24所示。若要修改实例属性，可在"属性"面板中选中图元并修改其属性。对实例属性的修改，只会影响当前选中的图元。

图4-24

实例属性参数介绍

立面： 标高的垂直高度。

上方楼层： 与"建筑楼层"参数结合使用，此参数指示该标高的下一个建筑楼层。

计算高度： 在计算房间周长、面积和体积时要使用的标高之上的距离。

名称： 标高的标签，可以为该属性指定任何所需的标签或名称。

结构： 将标高标识为主要结构（如钢顶部）。

建筑楼层： 指示标高对应于模型中的功能楼层或楼板，与其他标高（如平台和保护墙）相对。

可以在"类型属性"对话框中修改标高的类型属性，如"基面"和"线宽"，如图4-25所示。若要修改类型属性，可先选中一个图元，然后单击"属性"面板中的"类型属性"按钮。对类型属性的更改，将应用于项目中所有相同类型及名称的图元。

图4-25

类型属性参数介绍

基面： 如果将"基面"设置为"项目基点"，则在某一标高上报告的高程基于项目原点；如果将"基面"设置为"测量点"，则报告的高程基于固定测量点。

线宽： 设置标高类型的线宽。可以使用"线宽"工具修改线宽编号的定义。

颜色：设置标高线的颜色。可以从Revit定义的颜色列表中选择颜色，也可以自定义颜色。

线型图案：设置标高线的线型图案。线型图案可以为实线或虚线和圆点的组合，从Revit定义的图案列表中选择线型图案，也可以自定义线型图案。

符号：确定标高线的标头是否显示编号中的标高号（标高标头-圆圈），或者显示标高号但不显示编号（标高标头-无编号），又或不显示标高号（<无>）。

端点1处的默认符号：默认情况下，在标高线的左端点放置编号。选中标高线时，标高编号旁边将显示复选框，取消选中该复选框，可以隐藏编号，再次选中则显示编号。

端点2处的默认符号：默认情况下，在标高线的右端点放置编号。

实战：创建项目标高

素材位置　　素材文件>第4章>01.rvt
实例位置　　实例文件>第4章>实战：创建项目标高.rvt
视频位置　　第4章>实战：创建项目标高.mp4
难易指数　　★★☆☆☆
技术掌握　　掌握标高的绘制与修改方法

01 打开学习资源中的"素材文件>第4章>01.rvt"文件，进入"东"立面视图，如图4-26所示。

图4-26

02 打开学习资源中的"素材文件>第4章>CAD文件>幼儿园建筑施工图.dwg"文件，然后找到"1-1剖面图"，如图4-27所示。

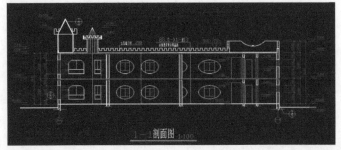

图4-27

03 根据剖面图中提供的标高信息依次创建标高。首先，选择"建筑"选项卡，单击"标高"按钮（快捷键LL），如图4-28所示。

图4-28

04 在"属性"面板中设置标高类型为"上标头"。在视图中将标高1的位置向下偏移450mm(直接输入450)，单击确定起点，然后向右延伸到与标高1对齐后，再次单击确定终点，如图4-29所示。

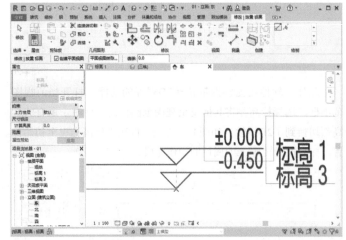

图4-29

05 选中标高2，在标高数值的位置单击输入3.3，按Enter键确认修改，如图4-30所示。此处标高的数值单位是米。

图4-30

> **技巧与提示**
>
> 使用拾取线的方式创建标高时，要注意鼠标指针的位置。如果鼠标指针在现有标高上方的位置，就会在当前标高上方生成标高；如果鼠标指针在现有标高下方的位置，就会在当前标高下方生成标高。在拾取时，视图会以虚线表示即将生成的标高的位置，可以根据此预览判断标高的位置是否正确。

06 选中标高2，单击"复制"工具（快捷键CO），向上移动鼠标指针。输入距离为3300，按Enter键确认，如图4-31所示。按同样的方法完成8.1m标高的创建。

07 所有标高创建完成之后，依次修改名称。选中标高3，单击标高名称，进入编辑模式，然后输入新名称为"室外地坪"，按Enter键确认，如图4-32所示。

图4-31

图4-32

08 确认后会弹出"确认标高重命名"对话框，单击"是"按钮，如图4-33所示。

确认标高重命名	×
是否希望重命名相应视图？	
☐ 不再显示此消息	是(Y) 否(N)

图4-33

09 按照相同的方法，将其他标高的名称分别修改为"一层平面""二层平面""屋面""女儿墙"，如图4-34所示。

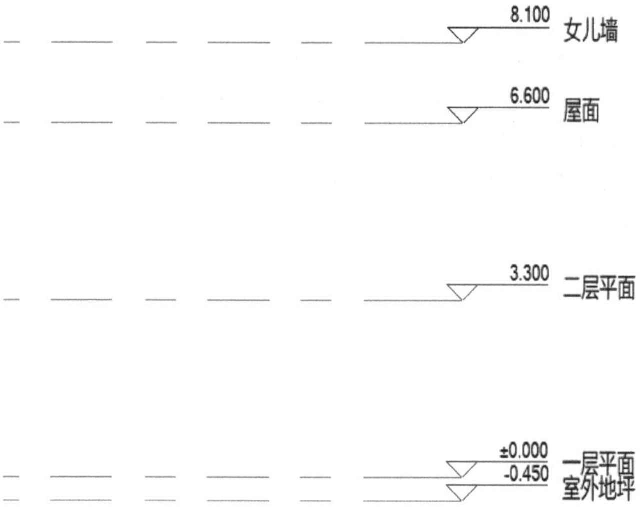

```
                              8.100  女儿墙
                              6.600  屋面




                              3.300  二层平面




                   ±0.000  一层平面
                   -0.450  室外地坪
```

图4-34

10 由于"屋面""女儿墙"的标高是通过复制的方式创建的，因此并没有创建对应的楼层平面。切换至"视图"选项卡，单击

"平面视图"按钮，然后在下拉菜单中选择"楼层平面"选项，如图4-35所示。

图4-35

11 在弹出的"新建楼层平面"对话框中选择"屋面"，然后单击"确定"按钮，如图4-36所示。

12 此时，标高对应的视图就创建好了，如图4-37所示。

图4-36　　　　　图4-37

技术专题 06 使用"阵列"工具批量创建标高

使用"建筑样板"创建项目文件后，立面视图中默认有两条绘制好的标高。如果是住宅或者普通办公楼的项目，可以使用"阵列"工具来批量创建标准层的标高。

第1步：切换到立面视图，使用"阵列"工具对现有标高进行复制，设置"阵列数量"为5，如图4-38所示。

图4-38

第2步：按Enter键确认，阵列完成后的效果如图4-39所示。

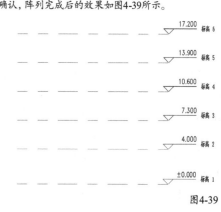

图4-39

第3步：切换至"视图"选项卡，单击"平面视图"按钮，选择下拉菜单中的"楼层平面"选项，如图4-40所示。

第4步：在打开的"新建楼层平面"对话框中，选中全部新建的标高，然后单击"确定"按钮，如图4-41所示。

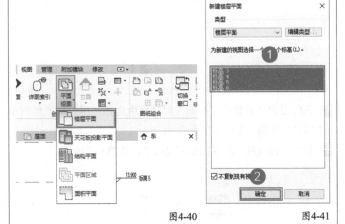

图4-40　　　　　　　图4-41

第5步：在"项目浏览器"中新建的标高如图4-42所示。

图4-42

使用"放置标高"工具创建标高，系统会提供"创建平面视图"选项，绘制完成标高后，会生成相应的视图。但使用"阵列"工具或"复制"工具创建标高，只是单纯地创建标高符号，不会生成相应的视图，因此需要手动创建平面视图。

4.2 轴网

在Revit中，轴网的绘制与基于AutoCAD绘制的方式没有太大区别。但需要注意的是，Revit中的轴网具有三维属性，它与标高共同构成了模型中的三维网格定位体系。多数构件与轴网也有紧密联系，如结构柱与梁。

4.2.1 创建轴网

使用"轴网"工具可以在模型中放置柱轴网线，然后沿着柱的轴线添加柱。轴线是有限平面，可以在立面视图中拖曳其范围，使其不与标高线相交，这样可以确定轴线是否出现在为项目创建的每个新平面视图中。轴网可以是直线、圆弧或多段。

切换至"建筑"选项卡（或"结构"选项卡），单击"轴网"按钮，然后在"修改|放置轴网"选项卡下的"绘制"面板中选择"草图"选项。

使用"直线"工具绘制轴线，在绘图区域单击确定起始点，

当轴线达到正确的长度时再次单击即可完成。Revit会自动为每条轴线编号，如图4-43所示。可以使用字母作为轴线的值，如果将第一条轴线的编号修改为字母，则后续的所有轴线都将进行相应的更新。

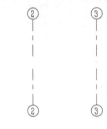

图4-43

技巧与提示

当绘制轴线时，可以让各轴线的头部和尾部相互对齐。如果轴线是对齐的，则在选择线时会出现一个锁指明对齐；如果移动轴网范围，则所有对齐的轴线都会随之移动。

4.2.2 修改轴网

轴网创建完成后，通常需要进行一些适当的设置与修改，下面介绍如何修改轴网。

修改轴网类型

修改轴网类型的方法与修改标高的方法相同，都可以在放置前或放置后进行修改。切换到平面视图，在绘图区域中选中轴线，在类型选择器中选择其他轴网类型，如图4-44所示。

图4-44

更改轴网值

可以在轴网标题或"名称"实例、"属性"面板中直接更改轴网值。选中轴网标题，然后单击轴网标题栏中的值，输入新值，如图4-45所示。可以输入数字或字母，也可以选中轴网线，然后在"属性"面板中输入其他的"名称"属性值，如图4-46所示。

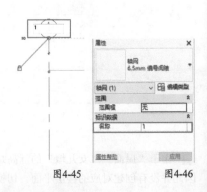

图4-45　　　　　　　图4-46

使轴线从其编号偏移

绘制轴线或选中现有的轴线，靠近编号的线端有拖曳控制柄。若要调整轴线的长短，可选中并移动靠近编号的端点，从而拖曳控制柄。单击"添加弯头"图标↑，如图4-47所示，然后将图标拖曳至合适的位置，使编号从轴线中移开，如图4-48所示。

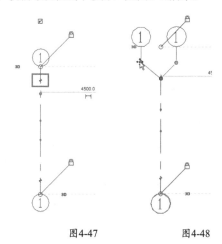

图4-47　　　　　　图4-48

技巧与提示

将编号移动偏离轴线时，其效果仅在本视图中显示。通过拖曳编号创建的线段为实线，且不能改变样式。拖曳控制柄时，鼠标指针在类似相邻轴网的点处捕捉。当线段形成直线时，鼠标指针也会进行捕捉。

显示和隐藏轴网编号

控制轴网编号是否在轴线的端点显示：可以对视图中的单个轴线执行该操作，也可以通过修改类型属性来对某个特定类型的所有轴线执行该操作。

显示或隐藏单个轴网编号：打开显示轴线的视图，选中一条轴线，此时Revit会在轴网编号附近显示一个复选框，如图4-49所示。可能需要放大视图，才能清楚地看到该复选框。取消选中该复选框可以隐藏编号，选中该复选框可以显示编号。

图4-49

使用类型属性显示或隐藏轴网编号：打开显示轴线的视图，选中一条轴线，单击"属性"面板中的"类型属性"按钮。在"类型属性"对话框中，若要在平面视图中的轴线起点处显示轴网编号，则选择"平面视图轴号端点1（默认）"；若要在平面视图中的轴线

终点处显示轴网编号，则选择"平面视图轴号端点2（默认）"，如图4-50所示。

图4-50

在除平面视图外的其他视图（如立面视图和剖面视图）中，指定显示轴网编号的位置。对于"非平面视图轴号（默认）"，选择"顶""底""两者"（顶和底）或"无"，如图4-51所示。单击"确定"按钮，Revit将更新所有视图中该类型的轴线。

图4-51

调整轴线中段

调整各轴线的间隙或轴线中段的长度。只有调整间隙，才能使轴线不显示为穿过模型图元的中心。在"类型属性"对话框中，只有当"轴线中段"参数为"自定义"或"无"时，该功能才可用，如图4-52所示。

选中视图中的轴线，轴线上会显示一个●图标，沿着轴线拖曳该图标，则轴线末端的长度也会发生相应的改变，如图4-53所示。

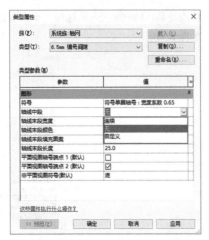

图4-52

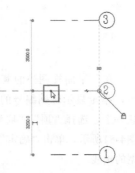

图4-53

切换轴网的2D/3D属性

除了标高等属性外，轴网还具有2D/3D属性。切换轴网的2D/3D属性的操作方法与标高的操作方法一致，限于篇幅，这里就不再详细介绍。

 知识链接

轴网属性的切换方法，请参阅本章"4.1.2 修改标高"中的第7小节。

自定义轴线

打开显示轴线的视图，选中一条轴线，单击"属性"面板中的"类型属性"按钮。在"类型属性"对话框中，可以对轴线的"线宽""颜色""符号"等参数进行修改，如图4-54所示。

图4-54

轴网属性

同标高图元相同，轴网的属性也有实例属性和类型属性两种。实例属性可以更改单个轴线的属性，如"名称"和"范围框"，如图4-55所示。

图4-55

轴网实例属性参数介绍

名称：轴线的值。可以是数字值或字母数字值，第一个实例默认为1。

范围框：应用于轴网的范围框。

可以在"类型属性"对话框中修改轴线，如"轴线中段"或用于轴线端点的符号，如图4-56所示。

图4-56

轴网类型属性参数介绍

符号：用于轴线端点的符号。该符号可以在编号中显示轴网号（轴网标头-圆），可以显示轴网号但不显示编号（轴网标头-无编号），以及无轴网编号或轴网号（无）。

轴线中段：在轴线中显示的轴线中段的类型。可以选择"无""连续"或"自定义"。

轴线末段宽度：表示连续轴线的线宽，在"轴线中段"为"无"或"自定义"的情况下，表示轴线末段的线宽。

轴线末段颜色：表示连续轴线的线颜色，在"轴线中段"为"无"或"自定义"的情况下，表示轴线末段的线颜色。

轴线末段填充图案：表示连续轴线的线样式，在"轴线中段"为"无"或"自定义"的情况下，表示轴线末段的线样式。

轴线末段长度：在"轴线中段"为"无"或"自定义"的情况下，表示轴线末段的长度（图纸空间）。

平面视图轴号端点1（默认）：在平面视图中，轴线的起点处显示编号的默认设置（在绘制轴线时，编号在其起点处显示）。如果需要，可以显示或隐藏视图中各轴线的编号。

平面视图轴号端点2（默认）：在平面视图中，轴线的终点处显示编号的默认设置（在绘制轴线时，编号显示在其终点处）。如果需要，可以显示或隐藏视图中各轴线的编号。

非平面视图符号（默认）：在非平面视图的项目视图（如立面视图和剖面视图）中，轴线上显示编号的默认位置为"顶""底""两者"（顶和底）或"无"。如果需要，可以显示或隐藏视图中各轴线的编号。

实战：**创建项目轴网**

素材位置：素材文件>第4章>02.rvt
实例位置：实例文件>第4章>实战：创建项目轴网.rvt
视频位置：第4章>实战：创建项目轴网.mp4
难易指数：★★☆☆☆
技术掌握：掌握轴网的绘制与修改方法

01 打开学习资源中的"素材文件>第4章>02.rvt"文件，进入一层平面视图，然后依次将立面符号拖曳至建筑红线的外部，如图4-57所示。

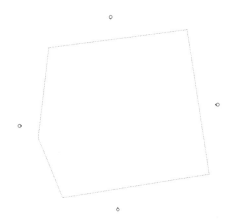

图4-57

02 打开场地平面，然后选中CAD总平面，在工具选项栏中，将显示参数由"背景"调整为"前景"，如图4-58所示。

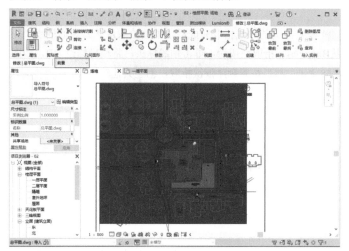

图4-58

03 切换至"建筑"选项卡，单击"轴网"按钮，如图4-59所示。

图4-59

04 在视图中，按照CAD图纸，使用"线"的绘制方式依次绘制4条定位轴线，如图4-60所示。

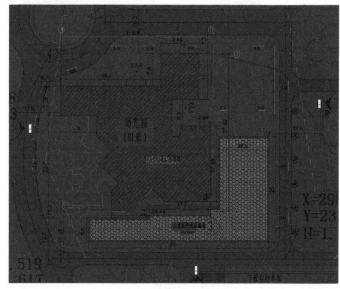

图4-60

05 双击轴号，将其更改为对应的轴线名称，如图4-61所示。

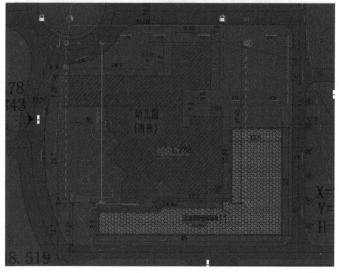

图4-61

06 打开一层平面，切换至"插入"选项卡，单击"链接CAD"按钮，如图4-62所示。

图4-62

07 在打开的"链接CAD格式"对话框中，选择"素材文件>第4章>CAD文件>一层平面图.dwg"文件，选中"仅当前视图"复选框，然后单击"打开"按钮，如图4-63所示。

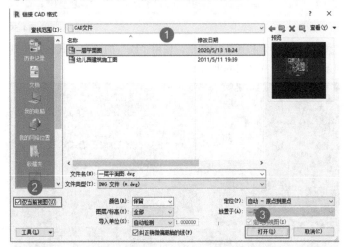

图4-63

08 由于CAD图纸坐标的问题，导入后距建筑红线较远。双击鼠标中键，缩放视图，然后选中CAD图纸，单击小图钉进行解锁，或使用解锁工具（快捷键UP）进行解锁，如图4-64所示。

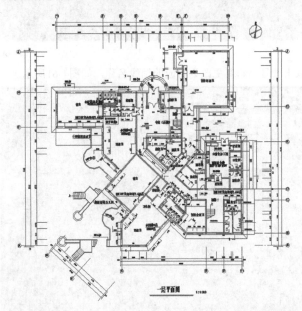

图4-64

09 使用"对齐"工具（快捷键AL）将CAD图纸中的轴线与Revit中的轴线对齐，如图4-65所示。为防止图纸被再次移动，单击锁定工具（快捷键PN）将其锁定。

10 切换至"建筑"选项卡，单击"轴网"按钮，如图4-66所示。

11 在"绘制"面板中选择"拾取线"绘制工具，然后在视图中拾取线创建。先从轴线2开始，并在拾取完成后，更改轴号为2，然后按照顺序依次拾取，如图4-67所示。

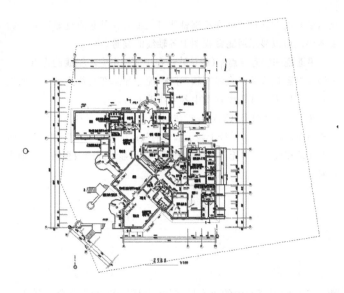

图4-65

图4-66

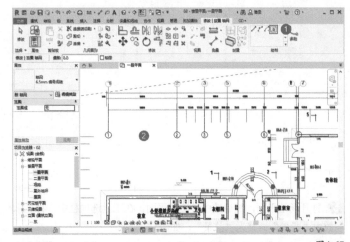

图4-67

12 垂直方向的轴线拾取完成后，继续拾取水平方向的轴线。先从B轴开始，拾取完成后，单击轴线标头，将轴号修改为B，如图4-68所示。然后按照顺序依次拾取，创建其他轴线。

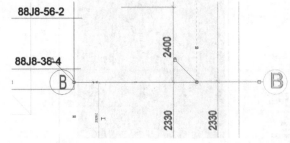

图4-68

13 当所有轴线全部拾取创建完成，并修改为正确的轴号后，

选中任意轴线，在"属性"面板中单击"编辑类型"按钮，打开
"类型属性"对话框。在对话框中选中"平面视图轴号端点1（默
认）"复选框，取消选中"平面视图轴号端点2（默认）"复选
框，如图4-69所示。最后单击"确定"按钮即可。

图4-69

14 拖曳轴线端点，使其与CAD图纸的轴线标头对齐，如图4-70
所示。

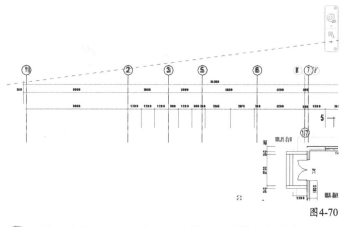

图4-70

15 切换至东立面，向右拖曳标高端点，使其与轴线交叉，如
图4-71所示。然后按照同样的方法，调整其他视图的标高位置。

图4-71

技术专题 07 控制轴网的显示范围

通常情况下，创建模型都要先建立标高，然后建立轴网。这样可以
保证创建的轴网能够显示在每一层平面视图中。如果按照相反的步骤操
作，则轴网不会出现在新建标高所关联的视图中。对于这种情况，可以

手动进行调整，让轴网重新显示在新建视图中。

新建项目文件，在平面视图中绘制轴网，如图4-72所示。

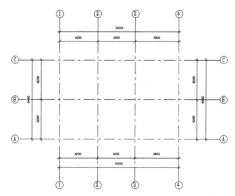

图4-72

切换到立面视图中，新建两条标高，如图4-73所示。

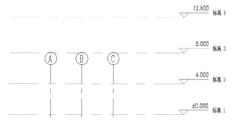

图4-73

再次切换至新建标高平面，此时会发现其中并没有显示轴网。在立
面视图中选中任意轴线，向上拖曳轴网编号下方的小圆圈，直至与标高
4发生交叉，如图4-74所示。按照同样的方法，在其他立面视图中，也将
1轴至4轴的轴线拖曳至与标高4交叉，在标高4平面中重新显示轴网。

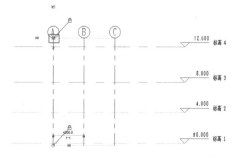

图4-74

如果需要让单根轴网不显示在某个平面视图中，可以在选择该轴线
后单击图图标将其解锁，从而实现单独拖曳。只有该轴线与其标高交叉
时，才会在此标高平面中显示该轴线，如图4-75所示。

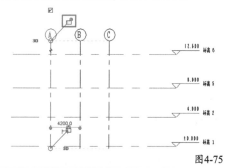

图4-75

16 选中地形，使用"移动"工具将地形表面移动至室外地坪标高的位置，如图4-76所示。

图4-76

4.3 参照线与参照平面

在Revit中，参照线和参照平面是制作族时常用的工具。我们经常需要将模型实体锁定到参照平面上，由参照平面驱动实体进行参变。而参照线主要用于控制角度进行参变。除了可以在族环境中使用外，参照平面也经常应用在项目环境中。

4.3.1 创建参照平面

参照平面有两种创建方式，一种是手动绘制，另一种是拾取创建。无论采用哪种创建方式，都只能创建平面，不能创建曲面。

切换至"建筑"或"结构"选项卡，单击"参照平面"按钮，如图4-77所示。

图4-77

选择"直线"工具或"拾取线"工具，然后在视图中创建参照平面，如图4-78所示。

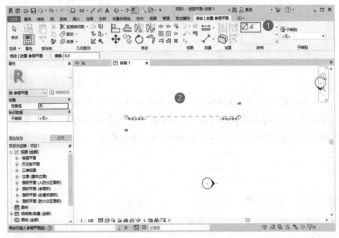

图4-78

单击"设置"按钮，然后拾取刚绘制好的参照平面，如图4-79所示。

在弹出的"转到视图"对话框中选择"三维视图"，然后单击"打开视图"按钮，如图4-80所示。

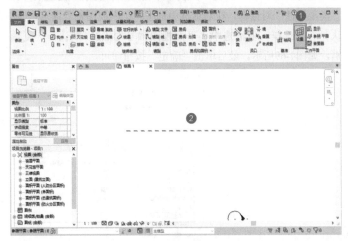

图4-79

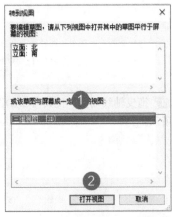

图4-80

进入三维视图后，在"工作平面"面板中单击"显示"按钮，即可看到刚刚创建好的参照平面的实际空间位置，如图4-81所示。

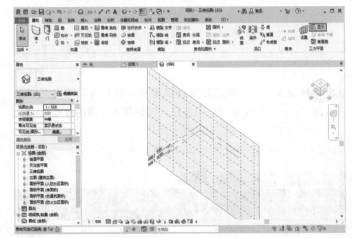

图4-81

4.3.2 参照线与参照平面的区别

参数驱动对Revit来说十分重要，是其优势所在。而参照线和参照平面就是添加参数的关键辅助，那么这两者有什么区别呢？

范围大小不同

参照平面的范围是无穷大的，就像无限扩展的剖面线，如图4-82所示。并且，参照平面不仅是无限大的平面，也是垂直内外的一个剖面。在任意标高上绘制参照平面，其余标高都能看到。在三维视图中查看，参照平面就是贯穿上下的一整个面，如图4-83所示。

而在三维视图中看参照线，就是一小部分范围，在某一标高上绘制。除非在其余标高设置了更大的视图范围，否则就看不见，如图4-84所示。

图4-82

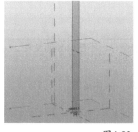
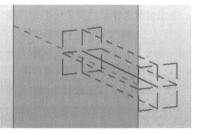

图4-83　　　　　　　　　　　图4-84

参照线比参照平面多了两个端点，是参照线的具体起点和终点。这相当于参照线多了四个参照平面，分别是水平面、竖直面，以及以该线为法线的头尾两个平面，如图4-85所示。

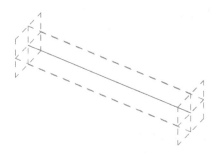

图4-85

在三维中的可见性不同

由于参照线是一根实体线，因此在三维视图中仍然可见，但也只是可见而已，不是一根管子，不具有体积。参照平面在三维视图中一般不可见，只是纯辅助虚线。但也有例外，例如，在画概念体量时，参照平面就在三维中可见。

线型不同

参照线的线型为实线，参照平面的线型为虚线，如图4-86所示。这其实很好理解，也让我们更容易在Revit中区分二者。

参照线

参照平面

图4-86

作用不同

参照平面一般用于辅助定位，如设置工作平面、选定某个名称的参照平面等，如图4-87所示。或直接选中"拾取一个平面"单选按钮，单击某个参照平面。

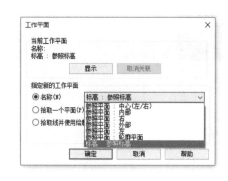

图4-87

参照平面的另一个用处是添加带标签的尺寸标注，从而进行参数驱动，即尺寸参变，如图4-88所示。

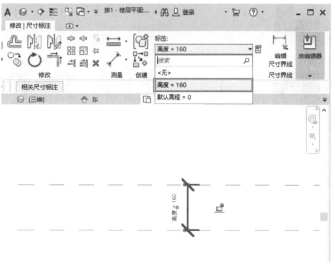

图4-88

参照线则用来控制角度参变。例如，参照线可以用来控制腹杆桁架、带有门开启方向符号的门，或弯头内的角度限制条件等。

Learning Objectives

5.1 概念体量设计

概念设计环境是一种族编辑器，主要应用于建筑概念及方案设计阶段。在该环境中创建设计，便于建筑师进行建筑体量推敲，可以加快设计流程的进度。通常，在创建完成地形、建筑红线、标高和轴网等一系列图元后，可以使用"体量"工具完成建筑的方案分析与体量推敲。

5.1.1 概念设计环境词汇

在建立概念体量的过程中，会涉及许多专业词汇，为方便用户理解各个词汇所代表的意义及用途，下面对概念体量的相关词汇做详细介绍。

体量： 使用体量实例观察、研究和解析建筑形式的过程。

体量族： 形状的族，属于体量类别。内建体量随项目一起保存，不是单独的文件。

体量实例或体量： 载入的体量族的实例或内建体量。

概念设计环境： 一类族编辑器，可以通过使用内建和可载入族体量图元来创建概念设计。

体量形状： 每个体量族和内建体量的整体形状。

体量研究： 在一个或多个体量实例中，对一个或多个建筑形式进行的研究。

体量面： 体量实例上的表面，可用于创建建筑图元（如墙或屋顶）。

体量楼层： 在已定义的标高处穿过体量的水平切面。体量楼层提供了有关切面从上方体量至下一个切面或体量顶部之间，所有尺寸标注的几何图形信息。

建筑图元： 可以从体量面创建的墙、屋顶、楼板和幕墙系统。

分区外围： 按照规定必须包含在建筑中的空间的体积。分区外围可以作为体量进行建模。

5.1.2 创建体量实例

Revit的概念设计环境在设计早期为建筑师、结构工程师和室内设计师提供了灵活性，使他们能够表达自己的想法并创建可集成到建筑信息建模(BIM)中的参数化体量族。通过这种环境，可以直接操纵设计中的点、边和面，形成可构建的形状。

在概念设计环境中创建的设计是能够用于Revit项目环境中的体量族，可以以这些族为基础，通过应用墙、屋顶、楼板和幕墙系统创建更详细的建筑结构。也可以使用项目环境创建楼层面积的明细表，并进行初步的空间分析。

实战：内建幼儿园体量

素材位置	素材文件>第5章>01.rvt
实例位置	实例文件>第5章>实战：内建幼儿园体量.rvt
视频位置	第5章>实战：内建幼儿园体量.mp4
难易指数	★★☆☆☆
技术掌握	掌握概念体量的创建方法及相关工具的使用方法

01 打开学习资源中的"素材文件>第5章>01.rvt"文件，进入场地视图，如图5-1所示。

02 切换至"体量和场地"选项卡，单击"内建体量"按钮，如图5-2所示。在"名称"对话框中输入名称为"幼儿园体量",单击"确定"按钮,如图5-1所示。

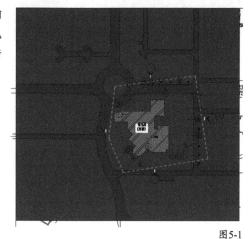

图5-1

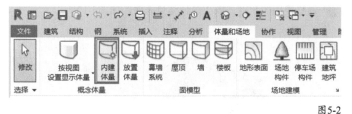

图5-2

03 选择"直线"工具,然后在绘图区域中按照地坪轮廓绘制体量轮廓线,如图5-4所示。

图5-3

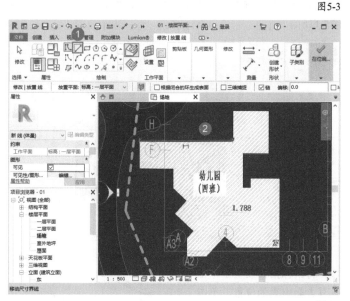

图5-4

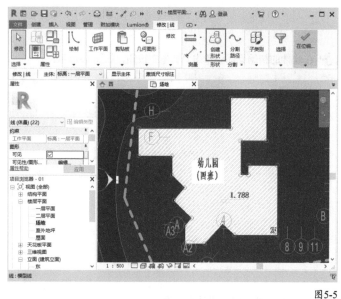

图5-5

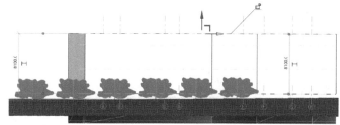

图5-6

06 体量完成后,进入三维视图查看,最终效果如图5-7所示。

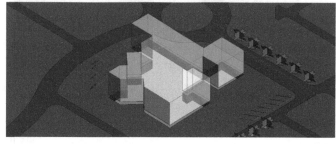

图5-7

04 选中刚绘制好的轮廓线,单击"创建形状"按钮,如图5-5所示。
05 进入东立面视图,拖曳z轴的方向控制柄,将体量顶面与女儿墙标高对齐,然后选中下表面,拖曳至与室外地坪标高对齐,最后单击"完成体量"按钮,如图5-6所示。

实战：编辑概念体量形状

素材位置　无
实例位置　实例文件>第5章>实战：编辑概念体量形状.rfa
视频位置　第5章>实战：编辑概念体量形状.mp4
难易指数　★★☆☆☆
技术掌握　掌握概念体量的修改方法及编辑工具的使用方法

01 在软件的初始界面中单击"新建"按钮，如图5-8所示。

图5-8

02 在弹出的对话框中先选择"概念体量"文件夹，再选择"公制体量"族样板，然后单击"打开"按钮，如图5-9所示。

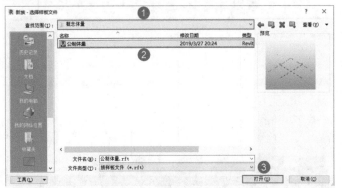

图5-9

03 进入体量环境后，将视图调整至顶视图，然后选择"矩形"绘制工具，绘制一个任意尺寸的矩形轮廓，如图5-10所示。

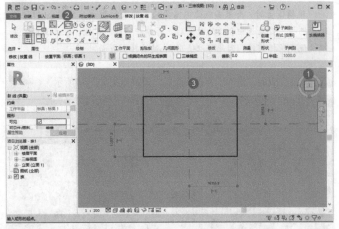

图5-10

04 按Esc键退出当前命令，然后选中刚绘制完成的体量轮廓，单击"创建形状"按钮，如图5-11所示。

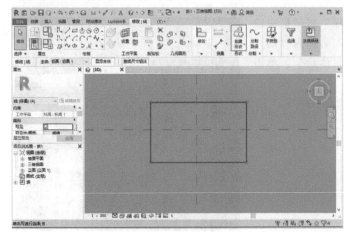

图5-11

05 调整视图的角度，向上拉伸体量表面，如图5-12所示。

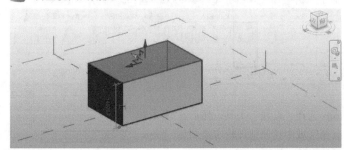

图5-12

06 按Tab键切换选中整个体量，然后单击"添加轮廓"按钮，如图5-13所示。

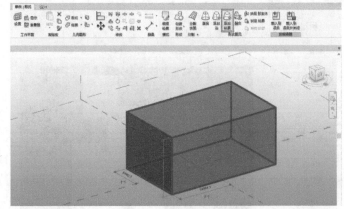

图5-13

07 将鼠标指针放置于体量垂直方向中央的位置，单击添加轮廓，如图5-14所示。

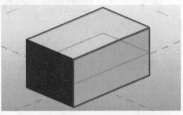

图5-14

除了可以添加轮廓外，Revit还提供了"添加边"工具等，方便用户在实际操作中灵活运用。编辑添加的轮廓或边线时，可以选择单条线段或点进行移动、旋转等操作。

如果对生成的体量表面不满意，可以单击"融合"按钮，添加所有表面。此时，视图中将只保留其轮廓，如图5-15所示。

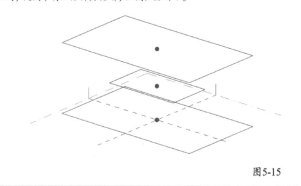

图5-15

08 选中添加的轮廓线，然后单击"缩放"工具，设置缩放方式为"数值方式"，"比例"为0.5，接着单击轮廓中心的位置进行缩放，如图5-16所示。完成缩放的最终效果如图5-17所示。

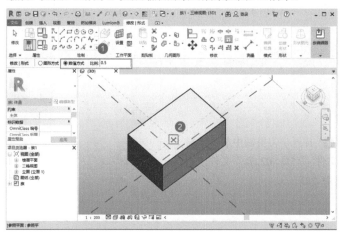

图5-16

图5-17

技术专题 08 使用透视模式编辑体量

体量创建完成后，所添加的轮廓线与边线不会直接在视图中显示，只有当用户进行选择后才能看到。为了在编辑过程中能更加直观地看到体量结构，用户可以选择使用透视模式，具体操作如下。

打开任一体量模型，选中体量后单击"透视"按钮，如图5-18所示。

体量模型在视图中将以几何骨架的形式显示，如图5-19所示。

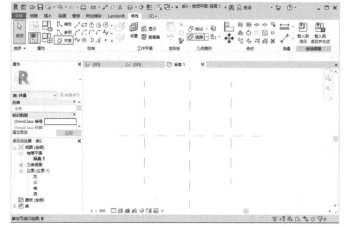

图5-18 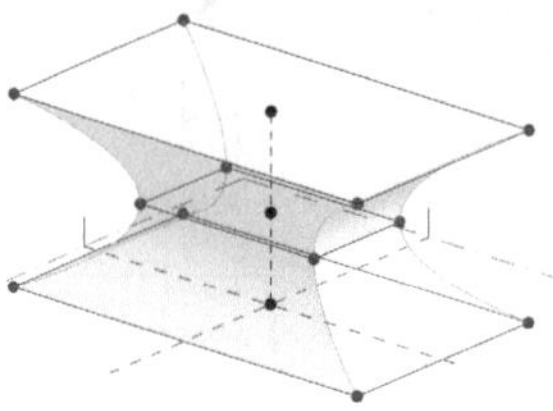　　　　　　　图5-19

用户可以选中任意控制点或线段进行移动、旋转等操作。如果需要取消透视模式，选中体量模型，然后单击"透视"按钮即可。

实战：创建形状不规则的体量

素材位置：无
实例位置：实例文件>第5章>实战：创建形状不规则的体量.rfa
视频位置：第5章>实战：创建形状不规则的体量.mp4
难易指数：★★☆☆☆
技术掌握：掌握形状不规则的体量的创建方法

01 启动Revit软件，新建概念体量，进入楼层平面标高1平面中，如图5-20所示。

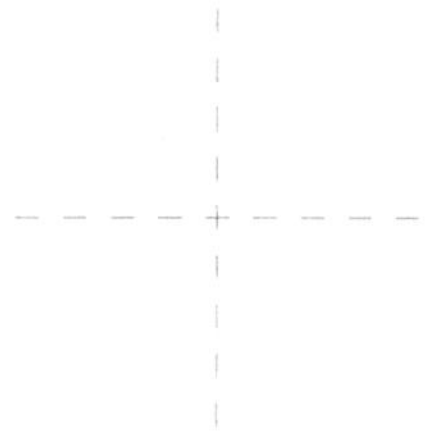

图5-20

02 单击"参照平面"按钮（快捷键RP），绘制两个垂直方向的参照平面，如图5-21所示。

图5-21

03 单击"设置"按钮，然后在弹出的"工作平面"对话框中选中"拾取一个平面"单选按钮，如图5-22所示。

04 拾取左侧的参照平面，然后在弹出的"转到视图"对话框中选择"立面：西"选项，接着单击"打开视图"按钮，如图5-23所示。

05 选择"起点-终点-半径弧"绘制工具，绘制一条任意尺寸的弧线，如图5-24所示。

73

图 5-22

图 5-23

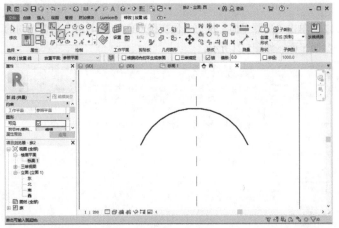

图 5-24

06 返回平面视图，再次单击"设置"按钮，然后选中"拾取一个平面"单选按钮，进入西立面。依旧选择弧线工具，绘制一条相反方向的弧线，如图5-25所示。

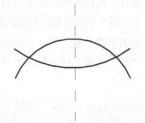

图 5-25

07 切换至三维视图，选中两条弧线，然后单击"创建形状"按钮，如图5-26所示。

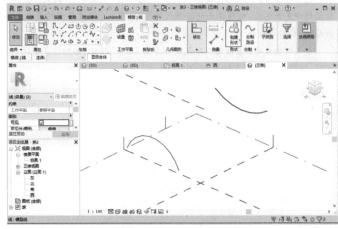

图 5-26

08 创建完成的体量形状如图5-27所示。

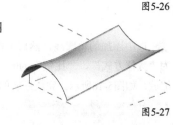

图 5-27

实战： 有理化分割体量表面

素材位置　素材文件>第5章>02.rfa
实例位置　实例文件>第5章>实战：有理化分割体量表面.rvt
视频位置　第5章>实战：有理化分割体量表面.mp4
难易指数　★★☆☆☆
技术掌握　掌握体量表面有理化分割的方法与原理

01 打开学习资源中的"素材文件>第5章>02.rfa"文件，如图5-28所示。

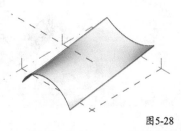

图 5-28

02 选中要进行分割的体量表面，然后单击"分割表面"按钮，如图5-29所示。默认效果为无填充图案表面分割效果，如图5-30所示。

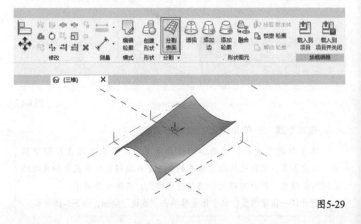

图 5-29

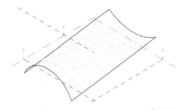

图5-30

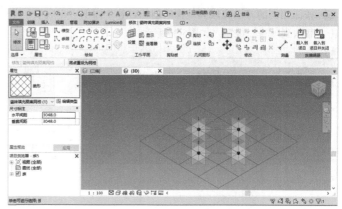

图5-35

03 在"属性"面板中选择"菱形"图案，然后设置"U网格"中的"布局"为"固定数量"，"编号"为15，接着设置"V网格"中的"布局"为"固定数量"，"编号"为15，最后单击"应用"按钮，如图5-31所示。体量表面有理化分割完成的最终效果如图5-32所示。

图5-31

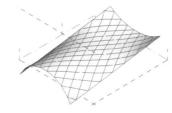

图5-32

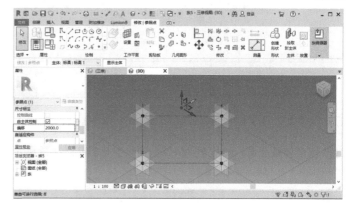

图5-36

05 选中参照线，并选中"三维捕捉"复选框，然后依次连接四个角点与中心点，如图5-37所示。

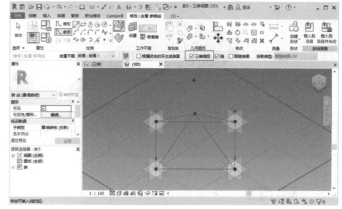

图5-37

实战：自定义体量表面填充构件

素材位置　素材文件>第5章>03.rfa
实例位置　实例文件>第5章>实战：自定义体量表面填充构件.rvt
视频位置　第5章>实战：自定义体量表面填充构件.mp4
难易指数　★★☆☆☆
技术掌握　掌握体量表面填充构件的创建方法

01 打开学习资源中的"素材文件>第5章>03.rfa"文件，单击"文件"按钮，执行"新建>族"命令，如图5-33所示。

图5-33

02 在打开的"新族-选择样板文件"对话框中选择"基于填充图案的公制常规模型"族样板，然后单击"打开"按钮，如图5-34所示。

图5-34

03 将图案网格替换为"菱形"，如图5-35所示。

04 选中参照点，在视图中心的位置单击放置。然后再次选中参照点，在"属性"面板中将"偏移"设置为2000，如图5-36所示。

06 选中其中一面的三条参照线，然后单击"创建形状"按钮，生成一个表面，如图5-38所示。

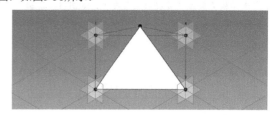

图5-38

07 按照相同的方法完成其他面的创建。各个面创建完成后，单击"载入到项目"按钮，如图5-39所示。

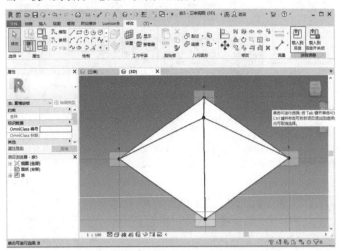

图5-39

技巧与提示

当参照线与面重叠时，可以使用Tab键进行切换，最终选择到参照线。

08 选中体量表面，然后在"属性"面板中将填充图案替换为"菱形族5"，如图5-40所示。

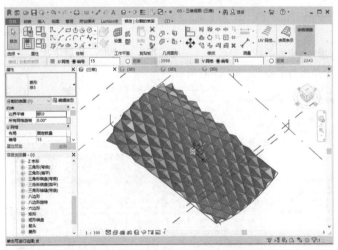

图5-40

经验分享

如果将族载入项目中后，并没有在填充图案中看到，通常是由于族类型出了问题。遇到这种情况时，只要在族编辑环境中选择族类型为"常规模型"即可，如图5-41所示。

图5-41

5.1.3 从其他应用程序中导入体量

可以使用三维设计软件（如3ds Max、TrimbleSketchUp或AutoDesSys）创建概念体量研究，然后使用Revit软件将主体图元（墙、屋顶等）与体量面关联。

为了使Revit软件能够将导入的几何图形视为体量对象，请使用设计软件创建设计模型，并将该设计模型导出为受Revit支持的文件格式（如DWG或SAT），然后再将该文件导入Revit的体量族中。此时，Revit就会将几何图形视为体量，并且可以选择体量构件的面，将其与Revit主体图元（如墙、楼板和屋顶）关联。

技巧与提示

导出的对象由镶嵌面组成，因此并不是平滑的。导出对象时，可以对曲线图元进行三角测量。

实战：导入SketchUp模型

素材位置　素材文件>第5章>04.skp
实例位置　实例文件>第5章>实战：导入SketchUp模型.rfa
视频位置　第5章>实战：导入SketchUp模型.mp4
难易指数　★★☆☆☆
技术掌握　掌握将三维模型导入Revit体量的方法与技巧

01 新建概念体量，然后单击"导入CAD"按钮，如图5-42所示。

图5-42

02 在打开的"导入CAD格式"对话框中，设置"文件类型"为"SketchUp文件（*.skp）"，然后选择需要导入的文件，单击"打开"按钮，如图5-43所示。

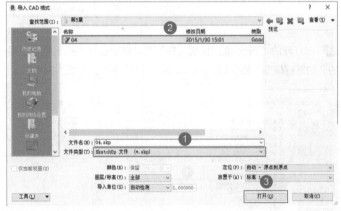

图5-43

经验分享

导入由SketchUp或3ds Max等软件创建的三维模型时，不建议用户导入特别精细的模型，否则会影响计算机的运行速度。当将导入的三维模型作为体量使用时，只参考其形体表面，因此一般只需要导入草图体块即可，细部深化在Revit中完成。

03 导入成功后，最终效果如图5-44所示。

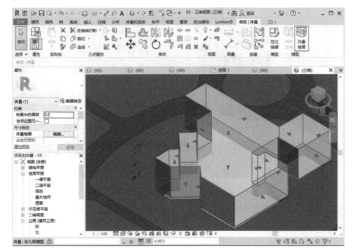

图5-44

5.1.4 体量楼层的应用

在Revit中，可以使用"体量楼层"工具划分体量，这对计算建筑楼板面积、容积率等非常有帮助。体量楼层将被创建在每一个标高处，它在三维视图中显示为一个在标高平面处穿过体量的切面。

实战：快速统计建筑面积

素材位置　素材文件>第5章>05.rvt
实例位置　实例文件>第5章>实战：快速统计建筑面积.rvt
视频位置　第5章>实战：快速统计建筑面积.mp4
导易指数　★★☆☆☆
技术掌握　掌握体量工具的使用方法及其作用

01 打开学习资源中的"素材文件>第5章>05.rvt"文件，如图5-45所示。

图5-45

02 选中体量模型，然后单击"体量楼层"按钮，如图5-46所示。接着选中所有需要创建楼层的标高，单击"确定"按钮，如图5-47所示。

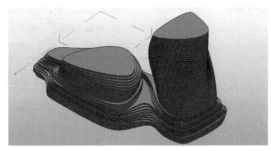

图5-47

03 体量楼层添加完成后的效果如图5-48所示。选中任一体量楼层，"属性"面板中将报告与该楼层相关的几何图形信息，如楼层周长、楼层面积、外表面积和楼层体积等，如图5-49所示。

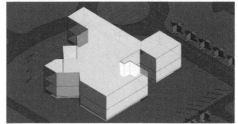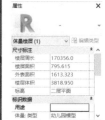

图5-48　　　　　　图5-49

04 切换至"视图"选项卡，单击"明细表"下拉菜单中的"明细表/数量"按钮，如图5-50所示。

图5-50

知识链接

明细表非常重要，我们将在第14章中对明细表进行详细讲解。

05 在"新建明细表"对话框中，选择"体量"类别下的"体量楼层"选项，然后单击"确定"按钮，如图5-51所示。

图5-51

06 在"明细表属性"对话框的"可用的字段"列表中，分别找到"标高""楼层面积""合计"这3个字段，然后依次双击，将它们添加至"明细表字段（按顺序排列）"中，如图5-52所示。

07 在"明细表属性"对话框中，切换至"排序/成组"选项卡，然后在"排序方式"下拉列表中选择"标高"，接着选中"总计"复选框，并选择"标题、合计和总数"选项，如图5-53所示。

图5-46

图5-52

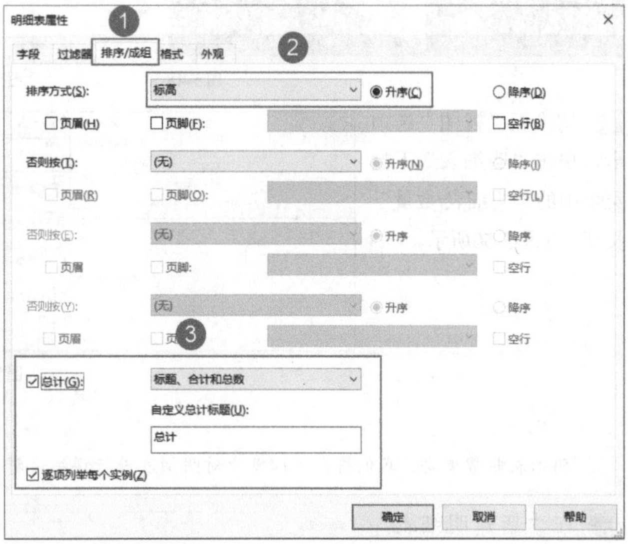

图5-53

08 切换至"格式"选项卡,在"字段"列表中选择"楼层面积"选项,然后选择"计算总数"选项,如图5-54所示。

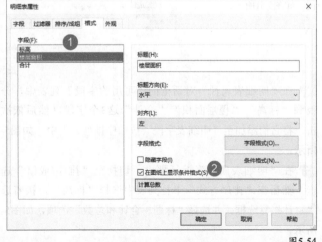

图5-54

09 单击"确定"按钮,生成"体量楼层明细表",效果如图5-55所示。

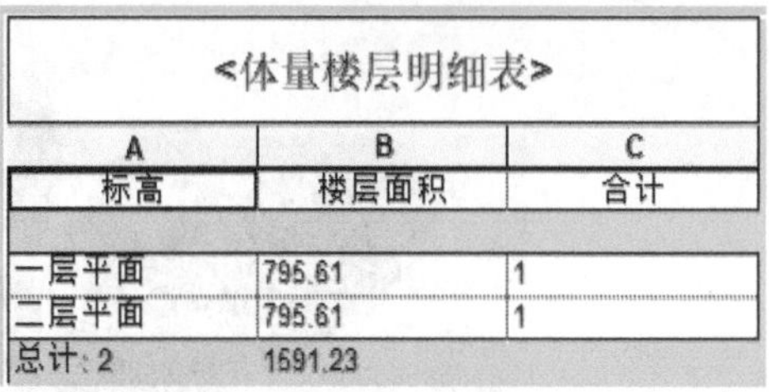

<体量楼层明细表>		
A	B	C
标高	楼层面积	合计
一层平面	795.61	1
二层平面	795.61	1
总计: 2	1591.23	

图5-55

5.2 从体量实例创建建筑图元

可以从体量实例、常规模型、导入的实体和多边形网格的面中创建建筑图元。

抽象模型:如果要对建筑进行抽象建模,或者要将总体积、总表面积和总楼层面积录入明细表,则使用体量实例。通过拾取面生成的图元,不会随体量形状的改变而自动更新。

常规模型:如果必须创建一个唯一的、与众不同的形状,并且不需要对整个建筑进行抽象建模,则使用常规模型。墙、屋顶和幕墙系统均可通过常规模型族中的面创建。

导入的实体:要从导入实体的面创建图元,则在创建体量族时必须将这些实体导入概念设计环境中;或者在创建常规模型时,必须将它们导入族编辑器中。

多边形网格:可以从各种文件类型中导入多边形网格对象。对于多边形网格几何图形,推荐使用常规模型族,因为体量族不能从多边形网格中提取体积信息。

实战: 通过概念体量创建图元

素材位置 素材文件>第5章>06.rvt
实例位置 实例文件>第5章>实战:通过概念体量创建图元.rvt
视频位置 第5章>实战:通过概念体量创建图元.mp4
难易指数 ★★☆☆☆
技术掌握 掌握拾取体量面创建建筑图元的方法与技巧

01 打开学习资源中的"素材文件>第5章>06.rvt"文件,如图5-56所示。

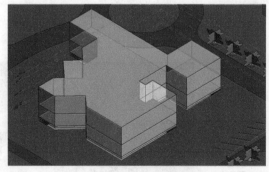

图5-56

02 切换至"体量和场地"选项卡,然后单击"楼板"按钮,如图5-57所示。

图5-57

03 在类型选择器中选择默认的楼板类型，然后在绘图区域内框选所有的新建体量楼层，接着单击"多重选择"面板中的"创建楼板"按钮，如图5-58所示。

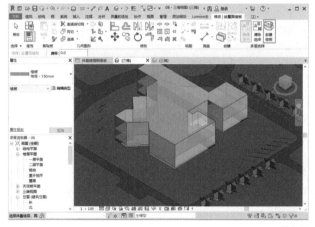

图5-58

04 按Esc键退出命令，楼板创建完成，如图5-59所示。

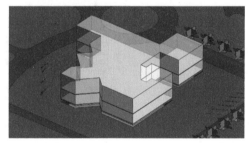

图5-59

 **技巧与提示**

编辑体量时，如果发现无法选择到面，可以检查选择工具是否开启了"按面选择图元"选项。如未打开，只需要正常开启此选项，就可以选择体量表面了。

05 切换至"体量和场地"选项卡，单击"幕墙系统"按钮，如图5-60所示。接着在类型选择器中选择默认的幕墙系统类型。

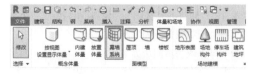

图5-60

06 选择体量实例中要添加到幕墙系统中的面，然后单击"创建系统"按钮，如图5-61所示。按Esc键退出命令，幕墙创建完成，如图5-62所示。

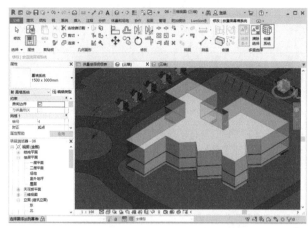

图5-61

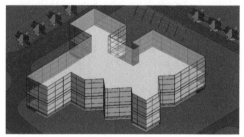

图5-62

07 单击"屋顶"按钮，拾取体量上表面，在"属性"面板中选择屋顶类型为"基本屋顶 常规-125mm"，然后单击"创建屋顶"按钮，如图5-63所示。

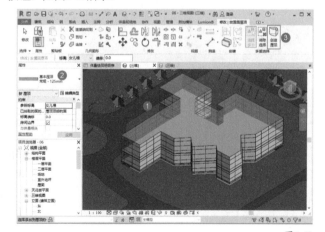

图5-63

08 按Esc键退出命令，屋顶创建完成，最终效果如图5-64所示。

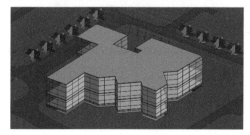

图5-64

第6章

结构设计

6.1 布置结构柱与建筑柱

在建筑设计的过程中，都需要排布柱网，柱包括结构柱和建筑柱。其中，结构柱应由结构工程师在经过专业计算后，确定截面尺寸；建筑柱不参与承重，主要起装饰的作用，因此由建筑师确定外观，并进行摆放。在Revit中，这两种柱的属性截然不同。下面对两种柱的属性进行详细讲解。

6.1.1 结构柱属性

结构柱用于建筑中的垂直承重图元建模。尽管结构柱与建筑柱有许多共同属性，但结构柱还具有许多由其自身配置和行业标准定义的其他属性。在行为方面，结构柱也与建筑柱不同。

🌐 **结构柱实例属性**--

通过修改结构柱的实例属性，可以更改标高偏移、几何图形对正、阶段化数据和其他属性等内容，如图6-1所示。

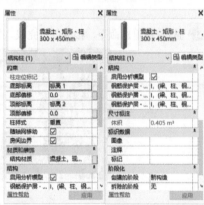

图6-1

结构柱实例属性参数介绍

柱定位标记：项目轴网上的垂直柱的坐标位置。

底部标高：柱底部标高的限制条件。

底部偏移：从底部标高到底部的偏移。

顶部标高：柱顶部标高的限制条件。

顶部偏移：从顶部标高到顶部的偏移。

柱样式：包括"垂直""倾斜-端点控制""倾斜-角度控制"3个选项。

随轴网移动：将垂直柱限制条件改为轴网。

房间边界：将柱限制条件改为房间边界条件。

已附着顶部：指定柱的顶部从中间连接到梁，或附着到结构楼板或屋顶，该参数为只读类型。

已附着底部：指定柱的底部从中间连接到梁，或附着到结构楼板或屋顶，该参数为只读类型。

基点附着对正：包括"最小相交""相交柱中线""最大相交""切点"4个选项。

从基点附着点偏移：柱底部与中间连接的梁或附着的图元之间的偏移。

顶部附着对正：包括"最小相交""相交柱中线""最大相交""切点"4个选项。

结构材质：控制结构柱所使用的材料信息及外观样式。

知识链接

关于材质的具体使用方法，请参阅第12章的"12.1 材质"，当中有详细介绍。

启用分析模型：显示分析模型，并将它包含在分析计算中，默认情况下处于选中状态。

钢筋保护层-顶面：设置柱顶面与柱顶钢筋之间的距离，只适用于混凝土柱。

钢筋保护层-底面：设置柱底面与柱底钢筋之间的距离，只适用于混凝土柱。

钢筋保护层-其他面：设置从柱到其他图元面间的钢筋保护层的距离，只适用于混凝土柱。

体积：所选柱的体积，该值为只读类型。

注释：添加用户注释。

标记：为柱所创建的标签，可以用于施工标记。对项目中的每个图元来说，该值都必须是唯一的。

创建的阶段：指明在哪一个阶段创建了柱构件。

拆除的阶段：指明在哪一个阶段拆除了柱构件。

技术专题 09 柱端点的截面样式

柱端点的截面样式即定义在柱末端未附着到图元时，柱末端的显示方式。柱末端的几何图形将按照它的"截面样式"属性选择的选项，相对其定位线进行剖切，如图6-2所示。可以通过修改"顶部延伸"或"底部延伸"属性，来偏移柱末端几何图形的剖切面。

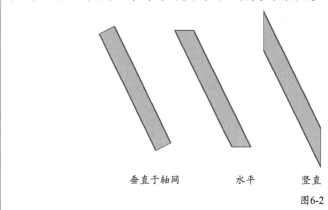

| 垂直于轴网 | 水平 | 竖直 |

图6-2

🌐 **结构柱类型属性-混凝土**------------------------------

通过修改结构柱的类型属性，可以更改混凝土柱截面的宽度、深度、标识数据和其他属性，如图6-3所示。

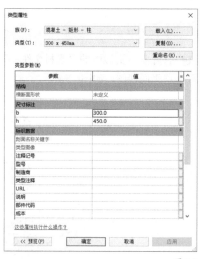

图6-3

混凝土结构柱参数介绍

b：设置柱的宽度。

h：设置柱的深度。

🌐 **结构柱类型属性-钢**-----------------------------------

通过修改结构柱的类型属性，可以更改钢柱的宽度、高度、腹杆厚度、腹杆圆角及其他属性，如图6-4所示。

图6-4

钢结构柱参数介绍

宽度：设置钢柱的公称宽度。

高度：设置钢柱的公称高度。

法兰厚度：设置钢柱的翼缘外表面之间的距离。

腹杆厚度：腹板外表面之间的距离。

腹杆圆角：腹板和翼缘之间的圆角半径。

质心水平：沿水平轴从剖面形状质心到左侧末端的距离。

质心垂直：沿垂直轴从剖面形状质心到下端的距离。

实战：**布置结构柱**

素材位置　素材文件>第6章>01.rvt
实例位置　实例文件>第6章>实战：布置结构柱.rvt
视频位置　第6章>实战：布置结构柱.mp4
难易指数　★★☆☆☆
技术掌握　掌握放置结构柱的方法与注意事项

01 打开学习资源中的"素材文件>第6章>01.rvt"文件，然后打开一层平面视图，如图6-5所示。

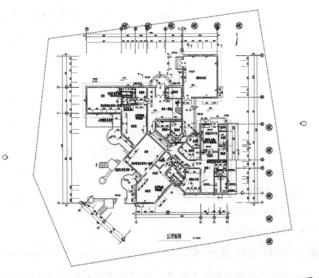

图6-5

02 切换至"结构"选项卡，单击"柱"按钮（快捷键CL），如图6-6所示。然后单击"载入族"按钮，如图6-7所示。

图6-6　　　　　　　　图6-7

03 在"载入族"对话框中选择"结构>柱>混凝土"文件，然后分别选中"混凝土-矩形-柱"和"混凝土-圆形-柱"文件，单击"打开"按钮，如图6-8所示。

图6-8

04 在"属性"面板中选择任意尺寸的混凝土-矩形-柱，然后单击"编辑类型"按钮，如图6-9所示。

图6-9

05 在"类型属性"对话框中单击"复制"按钮，然后输入新名称为"240×240mm"，单击"确定"按钮，如图6-10所示。

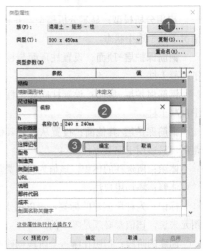

图6-10

06 族类型创建完成后，还需修改对应的参数。在b和h参数的位置分别输入240，b代表水平方向的长度，h代表垂直方向的长度，如图6-11所示，然后单击"确定"按钮。

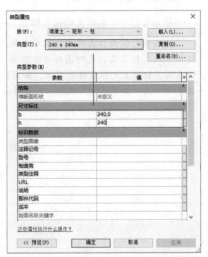

图6-11

07 开始放置结构柱前，还需要在工具选项栏中设置放置方式为"高度"，约束标高为"二层平面"，如图6-12所示。

图6-12

08 按照CAD图纸，依次在视图中单击放置结构柱，如图6-13所示。遇到有倾斜角度的结构柱时，可以按空格键调整放置角度，或者在放置完成后使用"对齐"工具手动对齐。

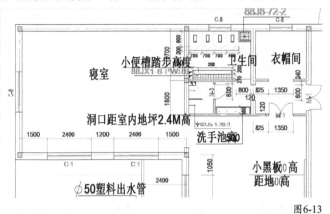

图6-13

　　基于绘制完成的轴网，可以在轴网交点处批量创建结构柱。同样，如果有绘制完成的建筑，也可以选择"在柱处"命令，批量布置结构柱。批量放置结构柱的方法仅适用于垂直柱，斜柱无法使用。

　　经验分享

　　在放置结构柱时，如果视图中的构件全部显示为粗线，因而影响了对放置位置的判断时，可以使用快捷键TL将视图调整为细线模式。

09　其余尺寸的结构柱按同样的方法进行布置即可。布置完成后，选中CAD图纸，使用快捷键HH将其临时隐藏，然后框选所有结构柱，在"属性"面板中将"底部标高"调整为"室外地坪"，如图6-14所示。

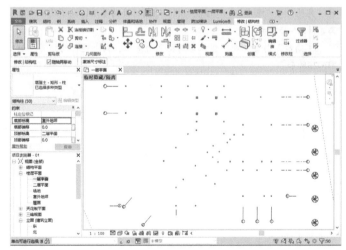

图6-14

10　打开二层平面视图，切换至"插入"选项卡，单击"链接CAD"按钮，如图6-15所示。

图6-15

11　在弹出的"链接CAD格式"对话框中，打开学习资源中的

"素材文件>第6章>CAD文件"文件夹，然后选择"二层平面图"，选中"仅当前视图"复选框，单击"打开"按钮，如图6-16所示。

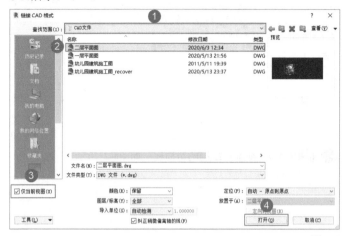

图6-16

12　链接完成后，选中CAD图纸，解锁并使用"对齐"工具将其与轴网对齐，如图6-17所示。

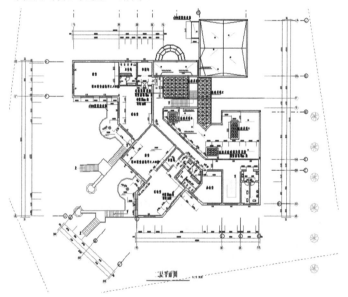

图6-17

13　返回一层平面，选中所有结构柱，单击"复制到剪贴板"按钮（快捷键Ctrl+C），如图6-18所示。

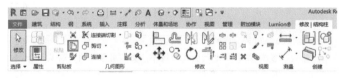

图6-18

14　进入二层平面，单击"粘贴"按钮下方的倒三角，然后在下拉菜单中选择"与选定的标高对齐"命令，如图6-19所示。

15　在"选择标高"对话框中，选择"二层平面"选项，单击"确定"按钮，如图6-20所示。此时，首层的结构柱就全部复制到二层了。

图6-19　　　　　　　图6-20

⑯ 根据CAD图纸调整二层的结构柱，如图6-21所示。

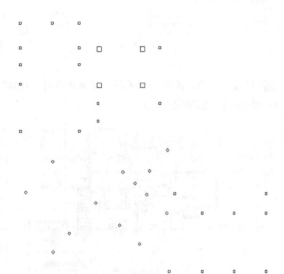

图6-21

⑰ 调整完成后，框选二层所有的结构柱，在"属性"面板中将"底部偏移"设置为0，如图6-22所示。

图6-22

技巧与提示

通过"复制/粘贴"方式生成的构件，会沿用原始构件的属性值。例如，当一层结构柱的高度与二层结构柱的高度不同时，可以将一层的结构柱粘贴到二层，此时软件就会通过"顶部偏移"或者"底部偏移"的方式，使二层与一层结构柱的高度保持一致。因此，在粘贴完成后，我们要检查所粘贴构件的高度参数是否正确。墙体、门窗等构件同样需要检查。

经验分享

如果需要修改结构柱的底部或顶部超过标高的一段距离，可以使用"底部偏移"和"顶部偏移"进行设定。"底部偏移"指结构柱在底部标高的基础上，向下延伸的部分；"顶部偏移"指在顶部标高的基础上，向上延伸的部分，如图6-23所示。

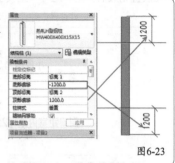

图6-23

⑱ 切换到三维视图，查看最终完成的效果，如图6-24所示。

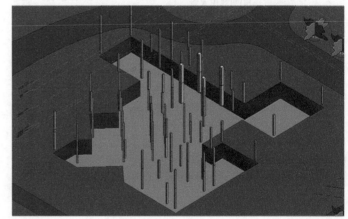

图6-24

技术专题 ⑩ 深度与高度的区别

无论放置建筑柱还是结构柱，选项栏中都提供了两个选项，分别是"高度"与"深度"。"深度"指以当前标高为基准，向下延伸的距离，如图6-25所示。

"高度"与之相反，指以当前标高为基准，向上延伸的距离，如图6-26所示。

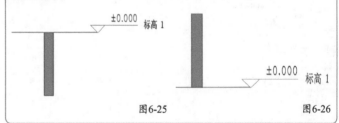

图6-25　　　　　　　图6-26

实战：附着结构柱

素材位置	素材文件>第6章>02.rvt
实例位置	实例文件>第6章>实战：附着结构柱.rvt
视频位置	第6章>实战：附着结构柱.mp4
难易指数	★★☆☆☆
技术掌握	掌握附着与分离结构柱的方法

结构柱不会自动附着到屋顶、楼板和天花板。选择一根柱（或多根柱）时，可以将其附着到屋顶、楼板、天花板、参照平面、结构框架构件及其他参照标高。

① 打开学习资源中的"素材文件>第6章>02.rvt"文件，如图6-27所示。

图6-27

02 切换至"建筑"选项卡，单击"参照平面"按钮，如图6-28所示。

图6-28

03 在立面视图中绘制一条倾斜的工作平面，如图6-29所示。

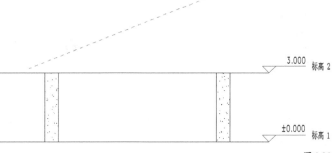

图6-29

04 选中视图中的结构柱，单击"附着顶部/底部"按钮，如图6-30所示。在工具选项栏中，设置"附着柱"为"顶"，"附着对正"为"最大相交"，如图6-31所示。

图6-30

图6-31

05 选择已绘制完成的参照平面，完成结构柱顶部附着，如图6-32所示。

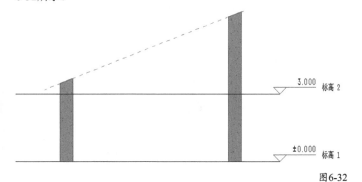

图6-32

06 此时，结构柱顶部将与参照平面联动。如果需要取消关联，可以单击"分离顶部/底部"按钮，然后选择参照平面，取消联动关系，如图6-33所示。最终完成的效果如图6-34所示。

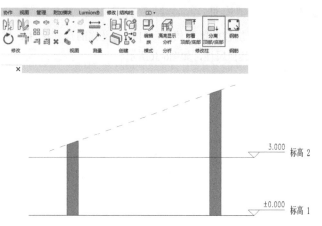

图6-33

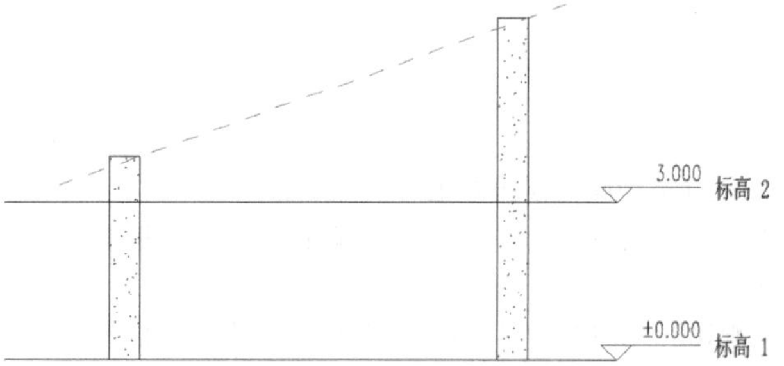

图6-34

6.1.2 建筑柱属性

建筑柱主要起装饰作用，并不参与结构计算。因此，其属性参数也与结构柱不同。

🔵 **建筑柱实例属性**

通过修改实例属性，可以更改柱底部和顶部的标高和偏移、附着设置及其他属性，如图6-35所示。

图6-35

建筑柱实例属性参数介绍

底部标高： 指定柱基准所在的标高，默认标高是标高1。

底部偏移： 指定距底部标高的距离，默认值为0。

顶部标高： 指定柱顶部所在的标高，默认值为1。

顶部偏移：指定距顶部标高的距离，默认值为0。

随轴网移动：柱随网格线移动。

房间边界：确定此柱是否是房间边界。

🌀 建筑柱类型属性------------------------------

通过修改建筑柱的类型属性，可以定义列的尺寸标注、材质、填充图案和其他属性，如图6-36所示。

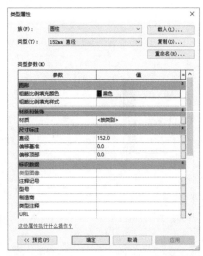

图6-36

建筑柱类型属性参数介绍

粗略比例填充颜色：指定在任一粗略平面视图中，粗略比例填充样式的颜色。

粗略比例填充样式：指定在任一粗略平面视图中，柱内显示的截面填充图案。

材质：指定柱的材质。

偏移基准：设置柱基准的偏移。

偏移顶部：设置柱顶部的偏移。

直径：设置柱的直径。

╭─ 技巧与提示 ─────

柱样式不同，建筑柱类型参数所涉及的参数也不同。当用户建立建筑柱族时，也可以根据实际情况添加不同参数。

实战：布置建筑柱

素材位置　无
实例位置　实例文件>第6章>实战：布置建筑柱.rvt
视频位置　第6章>实战：布置建筑柱.mp4
难易指数　★★☆☆☆
技术掌握　掌握建筑柱的放置方法

01▸ 新建项目文件，切换至"建筑"选项卡，然后选择"柱"下拉菜单中的"柱：建筑"命令，如图6-37所示。

图6-37

02▸ 单击"载入族"按钮，如图6-38所示。

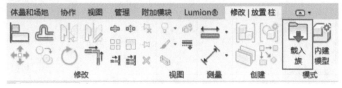

图6-38

03▸ 在"载入族"对话框中，进入"建筑>柱"文件夹，然后选择任意类型的建筑柱，单击"打开"按钮，如图6-39所示。

图6-39

04▸ 在"属性"面板的类型选择器中选择合适的建筑柱类型，然后在选项栏中设置参数，如图6-40所示。在绘制区域中单击放置，如图6-41所示。

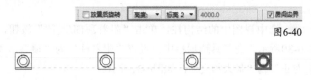

图6-40

图6-41

╭─ 💡 经验分享 ────

建筑柱通常只用于装饰，因此软件没有为建筑柱提供和结构柱一样的批量放置命令。

05▸ 切换到三维视图，查看布置完成后的效果，如图6-42所示。

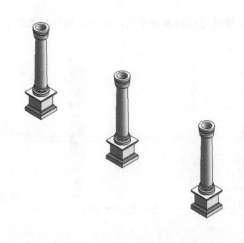

图6-42

6.2 结构柱与建筑柱的区别

结构柱与建筑柱本身存在物体属性方面的区别。结构柱主要用于承重，而建筑柱主要起装饰作用。在Revit中，结构柱与建筑柱的设定也有类似区别。结构柱由结构专业布置，并可以进行结构分析计算；建筑柱由建筑装饰布置，不参与结构计算，只起装饰作用。

建筑柱将继承连接到的其他图元的材质，墙的复合层包括建筑柱，而结构柱不具备此特性，如图6-43所示。

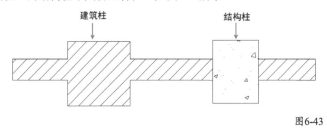

图6-43

6.3 绘制结构梁

结构梁一般不需要在建筑模型中绘制，通常由结构工程师创建完成后，链接到建筑模型中使用。如果没有结构模型，而建筑剖面图中又需要体现梁的截面大小，那么此时就需要建筑师在模型中绘制结构梁，供出图使用。较好的做法是，先添加轴网和柱，然后创建梁。将梁添加到平面视图中时，必须将底剪裁平面设置为低于当前标高，否则梁在该视图中不可见。但如果使用结构样板，则根据项目样板中预设的视图范围和可见性设置参数，梁可以正常显示在视图中。

Revit中提供混凝土与钢梁两种不同属性的梁，其属性参数也稍有不同。

6.3.1 结构梁实例属性

通过修改梁的实例属性，可以修改标高偏移、几何图形对正，以及阶段化数据等，如图6-44所示。

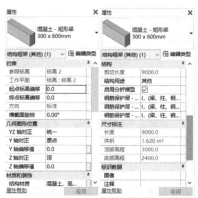

图6-44

结构梁实例属性参数介绍

参照标高：标高限制，该值为只读类型，取决于放置梁的工作平面。

工作平面：放置图元的当前平面，该参数为只读类型。

起点标高偏移：梁起点与参照标高间的距离，当锁定构件时，会重设此处输入的值。

终点标高偏移：梁终点与参照标高间的距离，当锁定构件时，会重设此处输入的值。

方向：梁相对图元所在的当前平面的方向。

横截面旋转：控制旋转梁和支撑，从梁的工作平面和中心参照平面方向测量旋转角度。

YZ轴对正：包括"统一"和"独立"两个选项。使用"统一"选项，可为梁的起点和终点设置相同的参数；使用"独立"选项，可为梁的起点和终点设置不同的参数。

Y轴对正：指定物理几何图形相对于定位线的位置为"原点""左侧""中心"或"右侧"。

Y轴偏移值：几何图形偏移的数值。在"Y轴对正"参数中设置的定位线与特性点之间的距离。

Z轴对正：指定物理几何图形相对于定位线的位置为"原点""顶部""中心"或"底部"。

Z轴偏移值：在"Z轴对正"参数中设置的定位线与特性点之间的距离。

结构材质：控制结构材质的属性。

剪切长度：显示梁的物理长度，该参数为只读类型。

结构用途：指定梁的用途，可以是"大梁""水平支撑""托梁""其他""檩条"或"弦"。

启用分析模型：显示分析模型，并将它包含在分析计算中，默认情况下处于选中状态。

钢筋保护层-顶面：只适用于混凝土梁，设置梁顶面与梁顶钢筋之间的距离。

钢筋保护层-底面：只适用于混凝土梁，设置梁底面与梁底钢筋之间的距离。

钢筋保护层-其他面：只适用于混凝土梁，设置从梁到邻近图元面之间的钢筋保护层距离。

长度：显示梁操纵柄之间的长度。

体积：显示所选梁的体积，该参数为只读类型。

注释：添加用户注释信息。

标记：为梁创建的标签。

6.3.2 结构梁类型属性

通过修改梁的类型属性，可以更改翼缘宽度、腹杆厚度、标识数据和其他属性。其中包括混凝土梁与钢梁两种族类型，如图6-45和图6-46所示。

图6-45

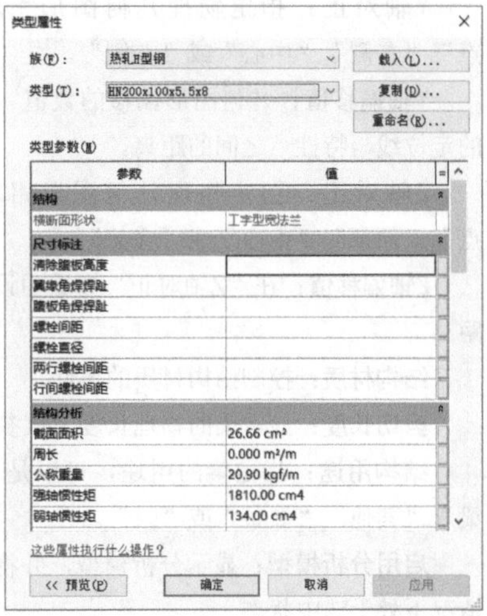

图6-46

混凝土梁属性参数介绍

b：设置梁截面的宽度，适用于混凝土梁。

h：设置梁截面的深度，适用于混凝土梁。

钢梁属性参数介绍

横断面形状：指定图元的结构剖面形状。

清除腹板高度：腹板角焊焊趾之间的详细深度。

翼缘角焊焊趾：从腹板中心到翼缘角焊焊趾的详细距离。

腹板角焊焊趾：翼缘外侧边与腹板角焊焊趾之间的距离。

螺栓间距：腹板两侧翼缘螺栓孔之间的标准距离。

螺栓直径：螺栓孔的最大直径。

两行螺栓间距：腹板两侧翼缘的两个螺栓孔之间的距离。

行间螺栓间距：腹板两侧翼缘的螺栓行之间的距离。

截面面积：横断面的面积（A或S）。

周长：单位长度（U）的绘画表面。

公称重量：每单位长度的单位重量（非体量），用于自重计算或数量测量（W或G）。

强轴惯性矩：绕主强轴的惯性矩（I）。

弱轴惯性矩：有关主弱轴的惯性矩（I）。

实战：布置结构梁

素材位置　素材文件>第6章>03.rvt
实例位置　实例文件>第6章>实战：布置结构梁.rvt
视频位置　第6章>实战：布置结构梁.mp4
难易指数　★★☆☆☆
技术掌握　掌握绘制结构梁的方法与技巧

01 打开学习资源中的"素材文件>第6章>03.rvt"文件，如图6-47所示。

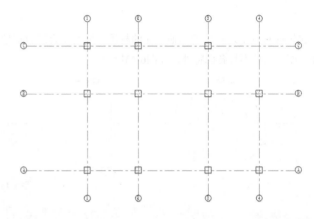

图6-47

02 切换至"结构"选项卡，单击"梁"按钮（快捷键BM），如图6-48所示。

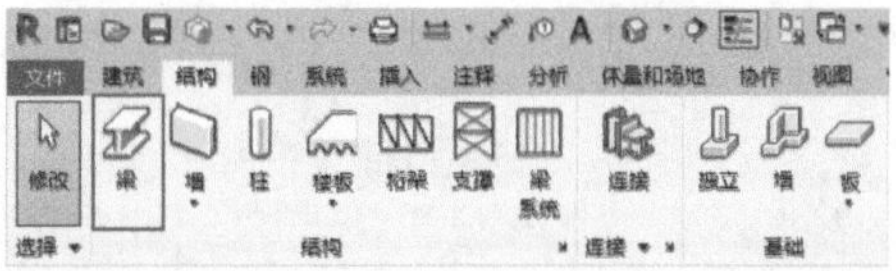

图6-48

03 选择梁的类型为"混凝土-矩形梁300×600mm"，然后在工具选项栏中设置梁的放置平面，如图6-49所示。

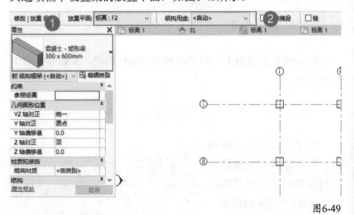

图6-49

技巧与提示

选项栏中提供了"链"参数供用户选择。当绘制完成一段梁后，可以连续绘制其他梁，进行首尾相接。当选择了三维捕捉后，可以在三维视图中捕捉结构柱的中点或边缘线进行结构梁的绘制。

04 选择"直线"工具，依次在图中绘制结构梁，如图6-50所示。

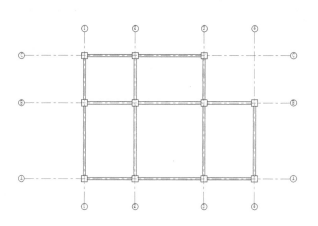

图6-50

05 选择"起点-终点-半径弧"绘制工具,如图6-51所示。绘制最后一根弧形梁,角度为90°,如图6-52所示。

图6-51

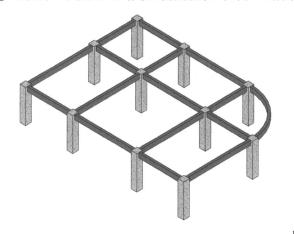

图6-52

06 切换到三维视图,查看最终完成效果,如图6-53所示。

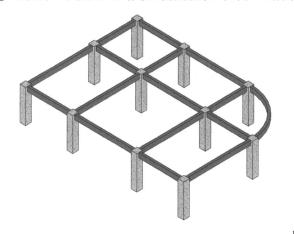

图6-53

6.4 钢结构

除了常规的混凝土结构外,钢结构也是一种较为主流的结构类型。钢结构是由钢制材料组成的结构,是主要的建筑结构类型之一。钢结构主要由型钢和钢板等制成的梁钢、钢柱、钢桁架等构件组成,并采用了硅烷化、纯锰磷化、水洗烘干、镀锌等除锈防锈工艺。各构件或部件之间通常采用焊缝、螺栓或铆钉连接。因其自重较轻,且施工简便,被广泛应用于大型厂房、场馆、超高层等场地。钢结构容易锈蚀,因此一般要除锈、镀锌或涂料,并且要定期维护。Revit中也单独提供了一些关于钢结构的工具。

6.4.1 钢结构连接

钢预制工具允许放置100多种类型的标准参数化结构连接,并在所需位置快速创建了自定义连接和钢预制图元。使用"钢"选项卡中的钢预制工具,可以高效地设计结构模型,如图6-54所示。

图6-54

标准连接 -

Revit中提供了130个标准钢连接,可以在自己的模型中加载并使用这些连接,具体内容如下表。

连接部位	连接类型
梁端点到端点	顶点拱腰
	曲柄梁到梁
	双顶点拱腰
	前板接头
	力矩柱接头
	拼合接头
柱-梁	梁支座T
	柱梁支座角钢
	柱梁支座T
	山墙端板
	腹板处使用板拱腰和端板的框隅撑
	栓接框隅撑,带拱腰
	使用板拱腰和端板的框隅撑
	力矩连接
	力矩翼缘板
	力矩翼缘T

连接部位	连接类型
柱-梁	立柱双梁
	支座梁连接
	加劲支座梁连接
常规支撑	支撑I形接头角钢-其他对象
	双支撑I形接头角钢
	单支撑I形接头角钢
	支撑I形接头板-其他对象
	双支撑I形接头板
	单支撑I形接头板
	直接螺栓
	使用张力螺栓的平面支撑
	使用张力螺栓的平面支撑-2个对角线
	使用张力螺栓和底板的平面支撑
	四个对角线-中间节点板
	1个对角线上的节点板（三角形）
	3个对角线上的节点板（可变）
	1个对角线上的节点板
	2个对角线上的节点板
	3个对角线上的节点板
	中心上的节点板
	柱和底板的节点板
	I形支撑接头完整节点-其他对象
	双I形支撑接头完整节点
	简单I形支撑接头完整节点
	重叠角钢
	重叠平面
其他	在规格线上栓接
	在规格线上栓接，2个轮廓
	嵌入梁支座
	嵌入板剪裁角度
	带螺栓的端板
	扶栏连接扶手
	扶栏立柱连接
	边扶栏连接螺栓
	顶部的楼梯角度
	带连接端切割的楼梯端板
梁处的板	底板
	底板剪切
	具有横穿特性的底板，栓接
	具有横穿特性的底板，焊缝
	绑定板
	转角底板
	端板
	管底板

连接部位	连接类型
平台梁	剪裁角度
	剪裁角度-倾斜
	双侧边剪裁角度
	具有安全螺栓的双侧边端板
	延伸的力矩端板
	力矩连接梁到梁
	力矩端板
	平台板
	平台T形
	剪力钢板*
	剪力接头板
	单侧边端板
	连通板
檩条和冷轧	使用角钢夹具的板的双屋檐梁隅撑
	使用端板的板的双屋檐梁隅撑
	使用折叠夹具的板的双屋檐梁隅撑
	使用角钢夹具的截面的双屋檐梁隅撑
	使用端板的截面的双屋檐梁隅撑
	使用折叠夹具的截面的双屋檐梁隅撑
	双檩条自定义夹具连接
	双檩条屋脊
	双檩条接头角钢连接
	双檩条接头折叠板连接
	双檩条接头板连接
	双檩条接头T形三通连接
	搭接檩条直接栓接
	搭接檩条板
	檩条连接
	使用板的檩条连接
	使用角钢夹具的板的单屋檐梁隅撑
	使用端板的板的单屋檐梁隅撑
	使用折叠夹具的板的单屋檐梁隅撑
	使用角钢夹具的截面的单屋檐梁隅撑
	使用端板的截面的单屋檐梁隅撑
	使用折叠夹具的截面的单屋檐梁隅撑
	单檩条角钢
	单檩条自定义夹具连接
	单檩条折叠板
	单檩条屋脊
	单檩条板
	单檩条T形三通
	修剪器底部夹具角钢
	修剪器底部夹具折叠板
	使用螺栓的两个檩条

（续表）

连接部位	连接类型
檩条和冷轧	使用焊缝的两个檩条
	垂直檩条板
管连接	双管支撑角钢
	双管支撑角钢和肾形孔
	双管支撑节点
	双管支撑节点和肾形孔
	单管支撑角钢
	单管支撑角钢和肾形孔
	单管支撑节点
	单管支撑节点和肾形孔
	三管支撑角钢
	三管支撑角钢和肾形孔
	三管支撑节点
	三管支撑节点和肾形孔
	管角钢支撑
	管角钢接头-其他对象
	双管角钢接头
	单管角钢接头
	使用夹层板的中间管连接
	使用折叠夹具的管连接
	使用夹层板的管连接
	使用夹层板的管连接-2个对角线
	使用夹层板的管连接-3个对角线
	使用夹层板的管连接-其他对象
	管端到端
	管板支撑

使用标准节点连接钢结构图元

1.选择需要连接的钢结构图元，切换至"钢"选项卡，单击"连接"按钮，如图6-55所示。

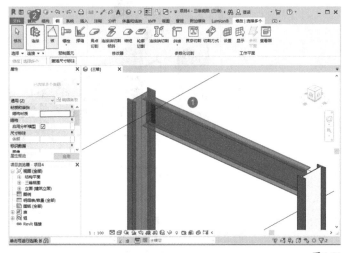

图6-55

2.单击"连接"按钮右下角的小箭头，如图6-56所示。此时会弹出"结构连接设置"对话框，在"连接组"的位置选择连接类型，然后在下方选择连接形式，单击"添加"按钮，或双击将其添加到"载入的连接"中，最后单击"确定"按钮，如图6-57所示。

图6-56

图6-57

3.选中之前创建好的标准连接，然后在"属性"面板中将其替换为刚载入的"力矩翼缘板"，同时将视图的详细程度调整为"精细"，即可看到最终的连接状态，如图6-58所示。

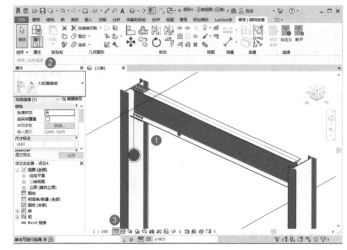

图6-58

4.如果要修改连接参数，可以在"属性"面板中单击"编辑类型"按钮，然后在"类型属性"对话框中单击"编辑"按钮，如图6-59所示。

5.可以根据实际情况修改右侧的相关参数，如图6-60所示。编辑完成后，单击"确定"按钮即可看到修改后的最终状态。

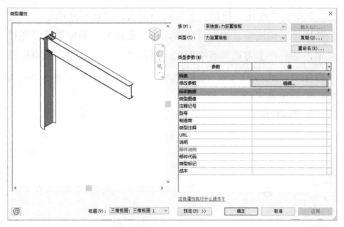

图6-59

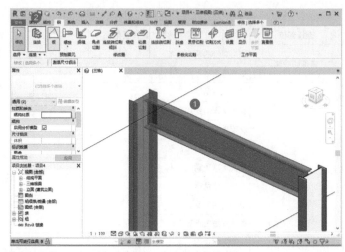

图6-62

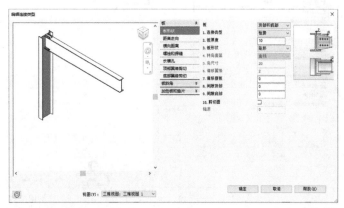

图6-60

自定义连接

自定义连接包括钢图元（如板、轮廓、螺栓和焊缝）和标准连接、参数化剪切或软件支持的钢结构柱，以及框架形状和族。可以组合任意钢零件、标准连接和参数化剪切以定义自定义连接，如图6-61所示。

自定义连接与标准连接一起保存于结构连接类型选择器中，使用方法相同。

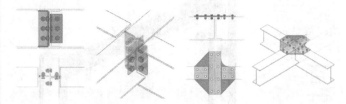

图6-61

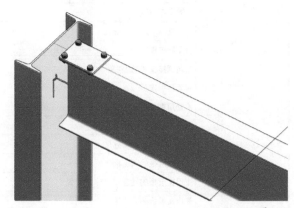

图6-63

创建自定义连接节点

1.选中需要连接的钢结构图元，切换至"钢"选项卡，单击"连接"按钮，如图6-62所示。

2.进入"钢"选项卡，添加任意钢连接预制件，如图6-63所示。

3.选中之前创建的常规连接，然后单击"自定义"按钮，如图6-64所示。在弹出的"创建自定义连接"对话框中输入名称，单击"确定"按钮，如图6-65所示。

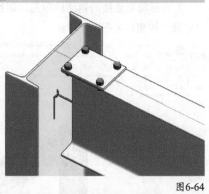

图6-64

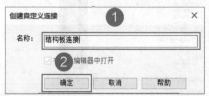

图6-65

4.拾取需要添加到连接的图元，然后单击"完成"按钮，如图6-66所示。

5.一个自定义的连接节点创建完成，如图6-67所示。

图6-66

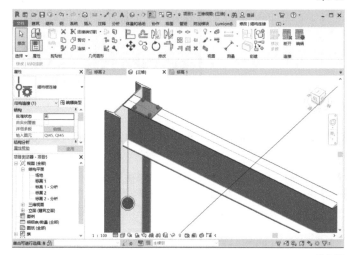

图6-67

Revit中提供了非常丰富的钢结构深化工具，下面将逐一介绍这些工具的使用方法。

🔵 创建结构板--------------------------------

01 切换至"钢"选项卡，单击"板"按钮，如图6-68所示。

图6-68

02 使用"绘制"面板中的绘制工具绘制板的形状，如图6-69所示。

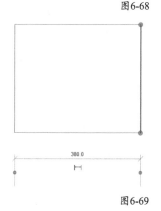

图6-69

03 单击"完成"按钮，完成结构板的创建，如图6-70所示。

图6-70

结构板实例属性

通过修改结构板的实例属性，可以更改结构的厚度、涂层等，如图6-71所示。

图6-71

结构材质： 为可能影响结构分析的图元指定材质。

厚度： 指定钢连接板的厚度。

涂层： 从通用钢涂层列表中指定钢板的涂层材质。

长度： 板的长度。

宽度： 板的宽度。

对正： 板相对于定义工作平面的位置。"对正"可以是0和1之间的任意值：1.00-上、0.50-中、0.00-下。

🔵 沿钢图元放置螺栓、锚固件、孔和剪力钉--------

01 切换至"钢"选项卡，单击"螺栓"按钮，如图6-72所示。

图6-72

02 在绘图区域中，选中要连接的钢图元，按Enter键确认。选择将要与螺栓图案垂直的图元表面，如图6-73所示。

图6-73

03 选择"矩形"或"环形"绘制工具，在图元表面绘制螺栓图案的形状，如图6-74所示。

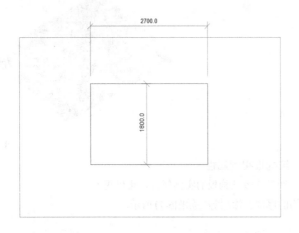

图6-74

04 绘制完成后，单击"完成"按钮，即可在三维视图中查看最终效果，如图6-75所示。

图6-75

05 除螺栓外，软件还提供了"锚固件""孔""剪力钉"等工具，如图6-76所示。其使用方法完全一致，限于篇幅，这里就不做重复介绍了。

图6-76

🌐 **在结构图元之间放置焊接**-------------------------

01 切换至"钢"选项卡，单击"焊缝"按钮，如图6-77所示。

图6-77

02 在绘图区域中，选中要连接的钢图元，拾取其中一个要连接的可用图元边放置焊接。当将鼠标指针悬停在图元上时，获得焊接的可用边将高亮显示。焊接在视图中显示为一个十字符号，可用于为文档添加标记，如图6-78所示。

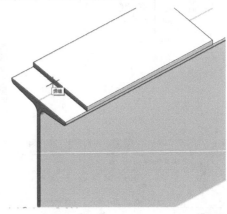

图6-78

🌐 **在结构板上创建切角**-------------------------

01 切换至"钢"选项卡，单击"角点切割"按钮，如图6-79所示。

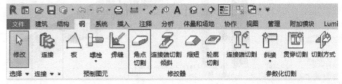

图6-79

02 单击结构板，剪切将放置于离板上单击位置最近的角上，如图6-80所示。

图6-80

🌐 **在钢框架图元上创建倾斜连接端切割**-------------

01 切换至"钢"选项卡，单击"连接端切割倾斜"按钮，如图6-81所示。

图6-81

02 单击结构图元的任意一端，如图6-82所示。

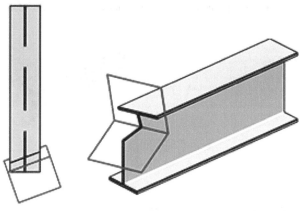

图6-82

图6-83

技巧与提示

剪切将创建在最接近选定结构图元的边缘和侧边、顶部或底部，创建后位置无法更改。

为钢预制缩短钢框架图元

01 切换至"钢"选项卡，单击"缩短"按钮，如图6-83所示。

图6-83

02 单击钢框架图元，剪切将被放置在距单击图元位置最近的端点上，如图6-84所示。

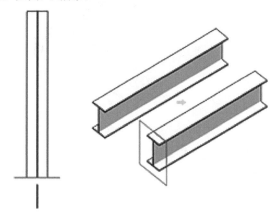

图6-84

在钢框架图元和板上创建轮廓切割

01 切换至"钢"选项卡，单击"轮廓切割"按钮，如图6-85所示。

图6-85

02 选中要绘制轮廓切割的钢图元表面。使用"绘制"面板中的绘制工具绘制轮廓形状，如图6-86所示。

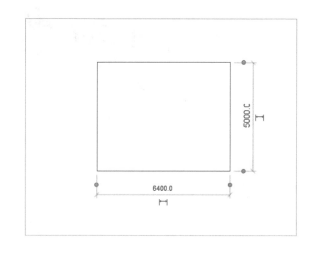

图6-86

03 选择"修改|创建轮廓"选项卡中的"模式"面板，单击"完成"按钮，如图6-87所示。

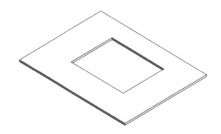

图6-87

用于钢预制的连接端切割钢框架图元

01 切换至"钢"选项卡，单击"连接端切割"按钮，如图6-88所示。

图6-88

02 选中要进行连接端切割的相交图元，按Enter键确认，如图6-89所示。

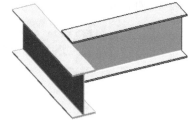

图6-89

03 此时即将创建连接端切割，且框架图元之间的子连接显示为虚线框，如图6-90所示。

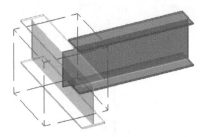

图6-90

为钢预制斜切钢图元

01 切换至"钢"选项卡，单击"斜接"按钮，如图6-91所示。

图6-91

02 选中要切割的钢梁，按Enter键确认，如图6-92所示。

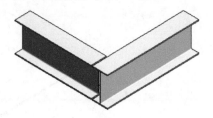

图6-92

03 斜切割已创建，图元之间的子连接显示为虚线框，如图6-93所示。

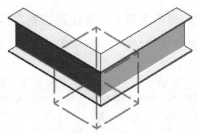

图6-93

剪切连接钢图元腹板处的钢图元

01 切换至"钢"选项卡，选择"斜接"下拉菜单中的"锯切-腹板"选项，如图6-94所示。

图6-94

02 选中要剪切的钢结构图元，按Enter键确认，如图6-95所示。

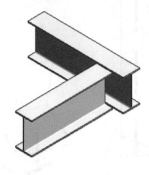

图6-95

03 该剪切创建于相交图元的腹板处，子连接显示为虚线框，如图6-96所示。

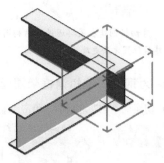

图6-96

04 选中连接框，可以访问实例和子连接的类型属性，如图6-97所示。

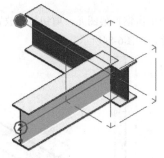

图6-97

> **技巧与提示**
>
> "锯切-腹板"剪切仅在视图的"细节级别"被设置为"精细"时可见。

在结构图元上剖切轮廓通孔

01 切换至"钢"选项卡，单击"贯穿切割"按钮，如图6-98所示。

图6-98

02 选中相交的钢图元，按Enter键确认，如图6-99所示。

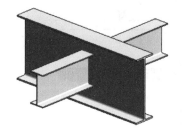

图6-99

03 在钢图元交点处创建剖切，如图6-100所示。

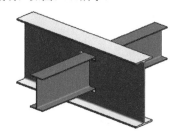

图6-100

04 图元间的焊接显示为一个十字符号，如图6-101所示。

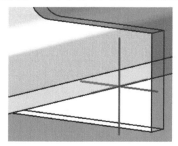

图6-101

05 选中"焊接十字符号"，在"属性"面板中访问其实例属性，如图6-102所示。

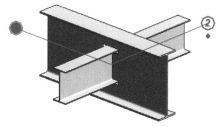

图6-102

🌐 使用相交结构图元的几何图形剪切结构图元---

01 切换至"钢"选项卡，单击"切割方式"按钮，如图6-103所示。

图6-103

02 选中相交的钢图元，按Enter键确认，如图6-104所示。

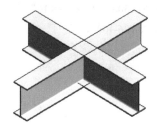

图6-104

03 剪切创建于相交处，如图6-105所示。

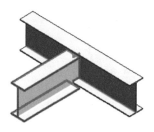

图6-105

04 图元间的子连接显示为虚线框，选中连接框可以访问实例和子连接的类型属性，如图6-106所示。

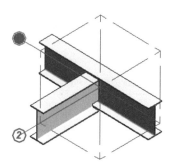

图6-106

实战：**创建钢结构连接节点**

素材位置　无
实例位置　实例文件>第6章>实战：创建钢结构连接节点.rvt
视频位置　第6章>实战：创建钢结构连接节点.mp4
难易指数　★★
技术掌握　掌握钢结构节点的创建与编辑方法

01 在软件的初始界面模型中，单击"新建"按钮，在弹出的"新建项目"对话框中选择"结构样板"，单击"确定"按钮，创建一个新的项目文件，如图6-107所示。

图6-107

02 执行结构柱命令，然后在类型选择器中设置柱类型为"热轧H型钢柱 HN500×200×10×16"，最后在视图中任意位置单击进行放置，如图6-108所示。

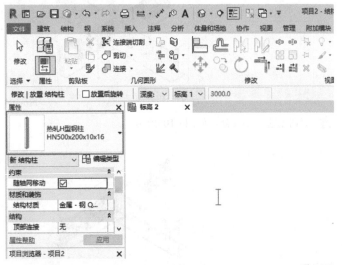

图6-108

03 使用"复制"工具向右侧复制一个钢柱，间距为4000mm。执行梁命令，设置梁类型为"热轧H型钢HW400×400×13×21"，在两个柱之间绘制钢梁，如图6-109所示。

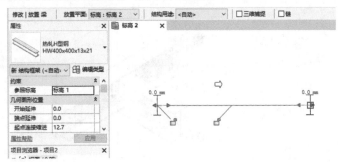

图6-109

04 切换至"钢"选项卡，单击"连接"按钮右下方的小箭头，如图6-110所示。

图6-110

05 在弹出的"结构连接设置"对话框中，设置"连接组"为"Column-Beam"，然后可以选择连接"Column beam seat angle"，单击"添加"按钮，将其添加到"载入的连接"中，如图6-111和图6-112所示。最后单击"确定"按钮。

06 切换至"钢"选项卡，单击"连接"按钮，如图6-113所示。

图6-111

图6-112

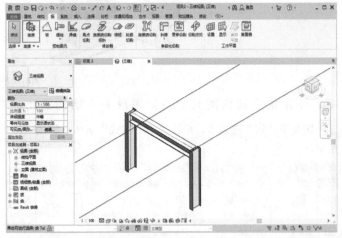

图6-113

07 在类型选择器中，选择刚添加的连接节点，然后选中钢柱与钢梁，按Enter键确认，如图6-114所示。

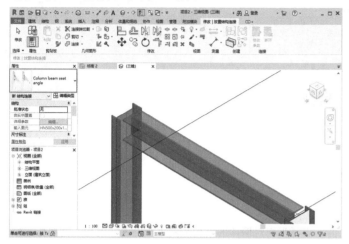

图6-114

08 将视图的详细程度调整为"精细"，选中生成的节点模型，然后单击"编辑类型"按钮，如图6-115所示。

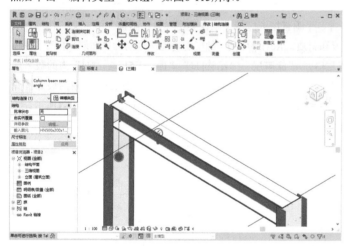

图6-115

09 在"类型属性"对话框中，单击"编辑"按钮，如图6-116所示。

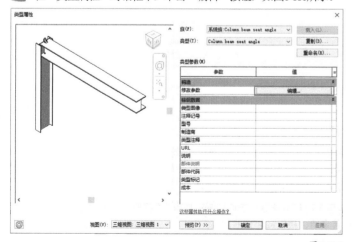

图6-116

10 在弹出的"编辑连接类型"对话框中，根据实际情况修改各项连接参数，修改完成后单击"确定"按钮，如图6-117所示。

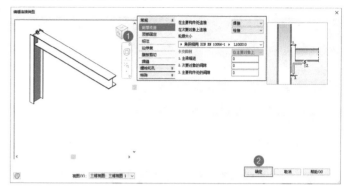

图6-117

11 观察修改后连接节点的状态，如图6-118所示。

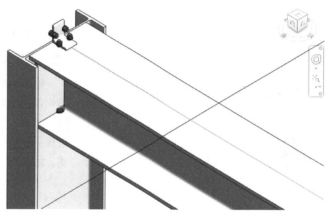

图6-118

第7章

墙体与门窗的建立

7.1 创建墙体

与建筑模型中的其他基本图元类似，墙也是预定义系统族类型的实例，是表示墙功能、组合和厚度的标准变化形式。通过修改墙的类型属性，可以添加或删除层、将层分割为多个区域，以及修改层的厚度或指定材质。在图纸中放置墙后，可以添加墙饰条或分隔缝、编辑墙的轮廓，以及插入主体构件，如门和窗等。

7.1.1 创建实体外墙

在创建墙体之前，需要我们对墙体的结构形式进行设置。例如，需要修改结构层的厚度，添加保温层、抗裂防护层与饰面层等。还可以在墙体形式中添加墙饰条、分隔缝等内容。

🟠 **墙体结构** ---

Revit中的墙包含多个垂直层或区域，墙在类型参数"结构"中定义了其每个层的位置、功能、厚度和材质。Revit预设了6种层的功能，分别为"面层1[4]""衬底[2]""保温层/空气层[3]""涂膜层""结构[1]""面层2[5]"。"[]"内的数字代表优先级，由此可见，"结构[1]"层具有最高优先级，"面层2[5]"则为最低优先级。Revit会首先连接优先级较高的层，然后再连接优先级低的层，如图7-1所示。

图7-1

预设层参数介绍

面层1[4]：通常是外层。

衬底[2]：作为其他材质基础的材质（如胶合板或石膏板）。

保温层/空气层[3]：用于隔绝并防止空气渗透。

涂膜层：通常是用于防止水蒸气渗透的薄膜，厚度一般为0。

结构[1]：支撑其余墙、楼板或屋顶的层。

面层2[5]：通常是内层。

墙的定位线

墙的定位线是指将墙体的一个平面作为绘制墙体的基准线，用于在绘图区域中绘制墙体路径。

墙的定位方式共有6种，包括"墙中心线"（默认）"核心层中心线""面层面：外部""面层面：内部""核心面：外部""核心面：内部"，如图7-2所示。墙的核心指其主结构层，在非复合的砖墙中，"墙中心线"和"核心层中心线"会重合。

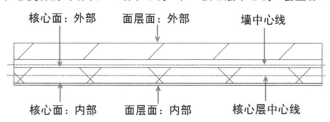

图7-2

实战：绘制建筑外墙

素材位置　素材文件>第7章>01.rvt
实例位置　实例文件>第7章>实战：绘制建筑外墙.rvt
视频位置　第7章>实战：绘制建筑外墙.mp4
难易指数　★★☆☆☆
技术掌握　掌握墙体结构的设置方法与定位线的使用技巧

01 打开学习资源中的"素材文件>第7章>01.rvt"文件，如图7-3所示。

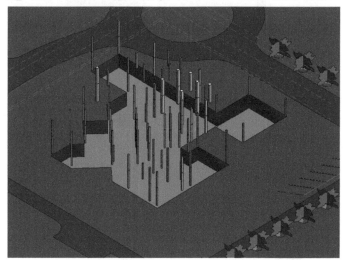

图7-3

02 打开一层平面视图，切换至"建筑"选项卡，单击"构建"面板中的"墙"按钮，如图7-4所示。

图7-4

03 在"属性"面板中设置类型为"基本墙常规-200mm"，然后单击"编辑类型"按钮，如图7-5所示。

图7-5

04 在"类型属性"对话框中单击"复制"按钮，然后输入相应名称，单击"编辑"按钮，打开墙体编辑器，如图7-6所示。

图7-6

05 打开"编辑部件"对话框后，单击"插入"按钮，分别插入"保温层"与"面层"，并设置厚度，然后通过"向上"和"向下"按钮调整当前层所在的位置，最后单击"确定"按钮，关闭当前对话框，如图7-7所示。

图7-7

如需删除现有墙层，可以选中任一墙层，然后单击"删除"按钮即可。

06 "保温层"与"面层"添加完成后，将鼠标指针移动至"结构"层"<按类别>"单元格中，单击 按钮，如图7-8所示，打开"材质浏览器"对话框。

图7-8

07 打开"材质浏览器"对话框后，在搜索框中输入"空心砖"，然后双击搜索结果中的"砖，空心"材质，将其添加到项目材质中。最后选择"砖，空心"，单击"确定"按钮，如图7-9所示。

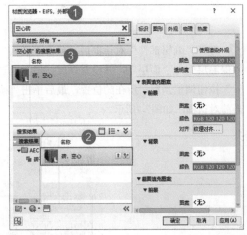

图7-9

知识链接

关于材质的编辑方法，请参阅第12章的"12.1.3 材质的添加与编辑"，该章节中有详细介绍。

08 按照相同的方法赋予"保温层"与"面层"不同的材质，如图7-10所示。

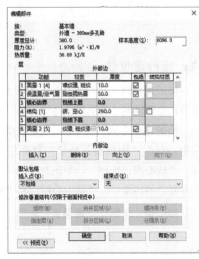

图7-10

09 单击"预览"按钮，设置"视图"为"剖面：修改类型属性"，如图7-11所示。

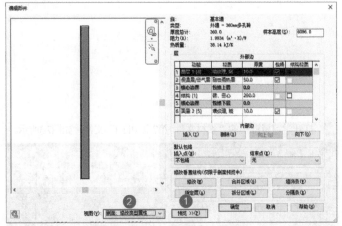

图7-11

10 单击"拆分区域"按钮，将鼠标指针移动到墙体拆分的位置后单击，如图7-12所示。

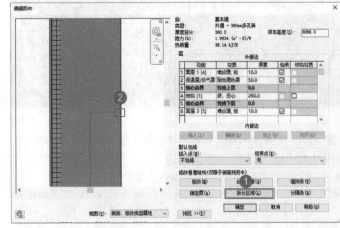

图7-12

11 如果折分墙面的高度不能满足要求，可以单击"修改"按钮，然后将鼠标指针移动到分割线上单击，将高度数值修改为1500，最后单击"确定"按钮，如图7-13所示。

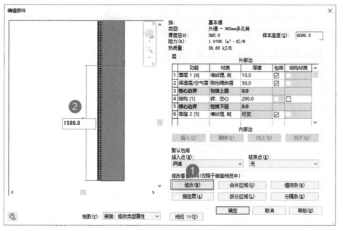

图7-13

⑫ 单击"插入"按钮，再次插入一个面层，将其材质设置为"瓷砖，瓷器"，如图7-14所示。

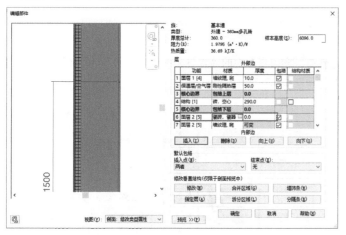

图7-14

⑬ 选择"面层2[5]>瓷砖，瓷器"选项，单击"指定层"按钮，将鼠标指针放置于墙体内侧下部并单击，然后单击"确定"按钮，如图7-15所示。

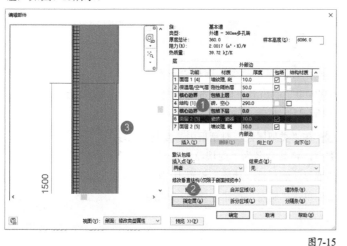

图7-15

⑭ 在"属性"面板中，设置"定位线"为"面层面：外部"，"底部约束"为"室外地坪"，"顶部约束"为"直到标高：二层平面"，如图7-16所示。

⑮ 在"绘制"面板中，选择"直线"工具，从视图的左上角开始，以顺时针方向开始绘制外墙，如图7-17所示。

图7-16

图7-17

技巧与提示

绘制墙体时，应该按顺时针方向绘制。如果采用相反的方向进行绘制，则绘制的墙体内侧将反转为外侧。如需调整墙体内外侧翻转，可以选中墙体，按Space键进行切换。

⑯ 除了360mm厚的外墙外，还有240mm厚的外墙。执行"墙"命令，然后选择"常规-200mm"墙类型，复制出新的类型为"外墙-240mm"，添加并设置墙体各个层的材质与厚度，如图7-18所示。

图7-18

⑰ 以顺时针方向绘制音体活动室与中庭部分的外墙，如图7-19所示。

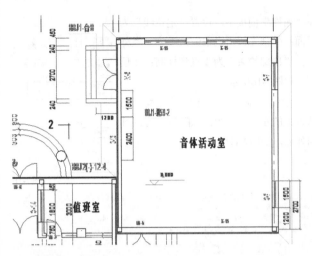

图7-19

⑱ 全部外墙绘制完成后，切换到三维视图中查看最终效果，如图7-20所示。按照相同的方法完成二层墙体的绘制。

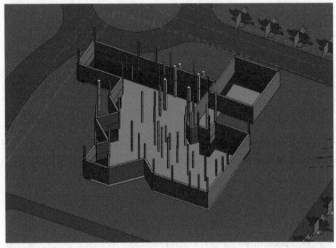

图7-20

⑲ 按照相同的方法继续完成二层墙体的绘制，最终效果如图7-21所示。

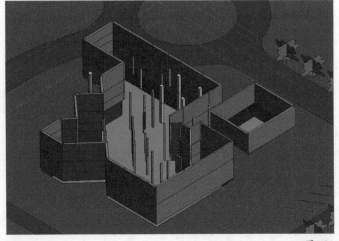

图7-21

7.1.2 创建室内墙体

室内隔墙与剪力墙的创建方法与外墙相同，只是在墙体构造的设置上稍有区别。同理，绘制剪力墙时也应使用结构墙绘制，以便项目后期，由结构专业工程师在此基础上进行计算、调整，以及进行配筋。结构墙"属性"面板如图7-22所示，建筑墙"属性"面板如图7-23所示。

图7-22　　　　图7-23

实战：绘制室内墙体

素材位置	素材文件>第7章>02.rvt
实例位置	实例文件>第7章>实战：绘制室内墙体.rvt
视频位置	第7章>实战：绘制室内墙体.mp4
难易指数	★★☆☆☆
技术掌握	掌握如何在绘制内墙时进行墙功能分类

⓵ 打开学习资源中的"素材文件>第7章>02.rvt"文件，进入首层平面，如图7-24所示。

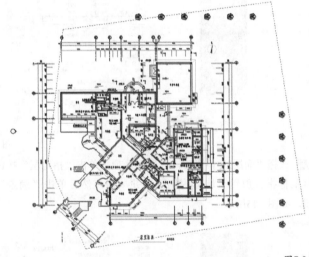

图7-24

⓶ 执行"墙"命令，选择"基本墙 常规-200mm"，然后单击"编辑类型"按钮，如图7-25所示。

⓷ 在"类型属性"对话框中，复制新的墙类型，将其命名为"内墙-240mm"，并修改墙厚，然后将"功能"设置为"内部"，最后单击"确定"按钮，如图7-26所示。

图7-25

图7-26

04 切换至"修改|放置墙"选项卡，选择"拾取线"工具，然后将"定位线"设置为"墙中心线"，如图7-27所示。

图7-27

05 在视图中拾取内墙中心线开始绘制内墙，结合延伸和修改工具，完成240mm厚的内墙的创建，如图7-28所示。

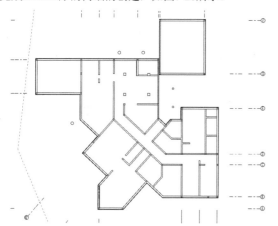

图7-28

06 基于240mm厚的内墙，复制出120mm厚的内墙，如图7-29所示。

图7-29

07 同样使用"拾取线"工具，完成其余部分120mm厚的内墙的绘制，如图7-30所示。

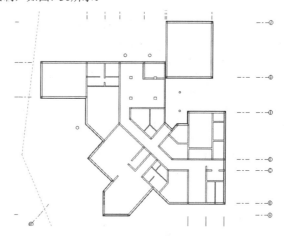

图7-30

08 选择墙类型为"幕墙"，使用"直线"绘制工具在入口位置完成一层最后一面内墙的绘制，如图7-31所示。

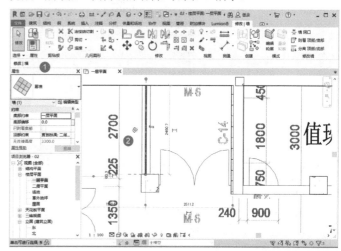

图7-31

09 按照同样的方法完成二层内墙的绘制，最后打开三维视图查看最终完成效果，如图7-32所示。

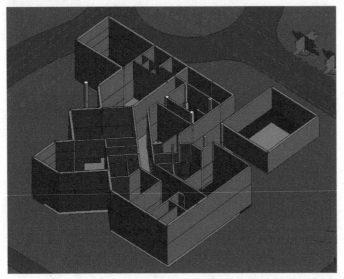

图7-32

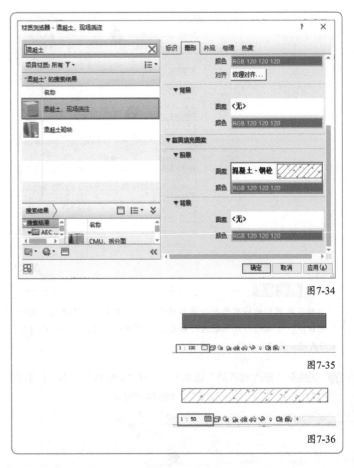

图7-34

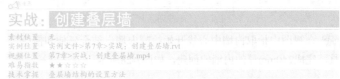

图7-35

图7-36

技术专题 ⑪ 控制剪力墙在不同视图中的显示样式

通常，高层或超高层建筑中都会用到框架剪力墙结构。基于出图考虑，剪力墙在平面视图与详图中表达的截面样式并不相同。由于Revit是基于一套模型完成整套施工图纸的，因此通过Revit对墙体进行设置，可以实现这样的效果。

在项目中选择"常规-300mm"墙体类型，复制为"剪力墙-300mm"。在"类型属性"对话框中，设置"粗略比例填充样式"为"实体填充"，"粗略比例填充颜色"为（R:128，G:128，B:128），如图7-33所示。当视图的"详细程度"为"精细"时，将显示这里定义的截面样式及颜色。

图7-33

编辑墙体结构，修改其结构层材质为"混凝土，现场浇注"，然后切换至"图形"选项卡，修改截面"填充图案"为"混凝土-钢砼"，如图7-34所示。当视图的"详细程度"为"精细"时，将显示结构材质中所定义的截面样式及颜色。

在普通平面图中，设置视图的"详细程度"为"粗略"，显示效果如图7-35所示。在详图平面图中，设置视图的"详细程度"为"精细"，显示效果如图7-36所示。

实战：创建叠层墙

素材位置：无
实例位置：实例文件>第7章>实战：创建叠层墙.rvt
视频位置：第7章>实战：创建叠层墙.mp4
难易指数：★★☆☆☆
技术掌握：叠层墙结构的设置方法

01 使用"建筑样板"新建项目文件，然后单击"墙体"按钮，在"属性"面板的类型选择器中选择"叠层墙"，如图7-37所示。

图7-37

02 单击"编辑类型"按钮，打开"类型属性"对话框，然后单击"编辑"按钮，编辑叠层墙的墙体结构，如图7-38所示。

03 单击"预览"按钮，即可预览当前墙体的结构，如图7-39所示。

图7-38

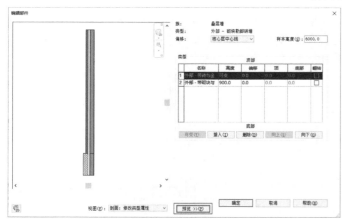

图7-39

图7-41

7.1.3 创建墙饰条

使用"墙饰条"工具可以为现有墙体添加踢脚线、装饰线条和散水等内容。在工业厂房项目中，还可以使用"墙饰条"工具创建墙皮檩条。基于墙的构件，只要具有一定规律且重复的内容，都可以使用"墙饰条"工具快速完成。但需注意的是，墙饰条都是通过轮廓族来进行创建的。如果所需创建的对象不是闭合的轮廓，则无法通过墙饰条来创建。

添加墙饰条有两种方法，分别是基于墙体构造添加和单独添加。

基于墙体构造添加：基于墙体构造添加多个墙饰条，可以控制不同墙饰条的高度及样式，绘制墙体时，墙饰随墙体一同出现。其优点是可以批量添加多个墙饰条，并可随墙体一同绘制，无须单独添加；缺点是无法单独控制，如果修改某一段墙饰条，必须通过修改墙体构件来修改。

单独添加：指建立完成墙体后，在某一面墙体上单独添加墙饰条。这种方法每次只能单独对一面墙体进行创建，如果要创建多条，就需要手动添加多次。其优点是灵活多变，可以随意更改墙饰条的位置及长短；缺点是无法批量添加，如果有多面墙体需要在同一位置添加墙饰条，则需要逐个拾取完成添加。

🌐 **墙饰条实例属性**--------------------------------

要修改墙饰条的实例属性，可按"墙饰条实例属性参数介绍"中所述，修改相应参数的值，如图7-42所示。

04 单击"插入"按钮，设置墙体类型为"外部-带砌块"，"高度"为900，"样本高度"为3000，单击"确定"按钮，如图7-40所示。

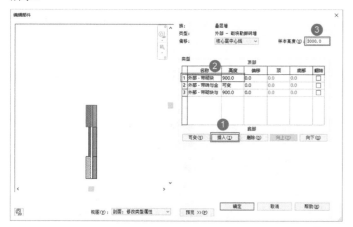

图7-40

图7-42

┌─── 💡 **经验分享** ──────────────────────

编辑叠层墙或普通墙体时，打开预览视图，都会有样本高度参数。样本高度参数主要控制当前所编辑的墙体类型在预览视图中显示的高度。在项目中绘制的墙体不受该参数控制。

墙饰条实例属性参数介绍

与墙的偏移：设置距墙面的距离。

05 在视图中创建墙体，最终效果如图7-41所示。

相对标高的偏移：设置距标高的墙饰条偏移。

长度：设置墙饰条的长度，该参数为只读类型。

🌐 **墙饰条类型属性**--

要修改墙饰条的类型属性，可按"墙饰条类型属性参数介绍"中所述，修改相应参数的值，如图7-43所示。

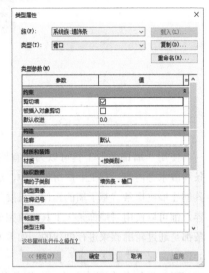

图7-43

墙饰条类型属性参数介绍

剪切墙：指定在几何图形和主体墙发生重叠时，墙饰条是否从主体墙中剪切掉几何图形。取消勾选此参数会提高带有许多墙饰条的大型建筑模型的性能。

被插入对象剪切：指定门和窗等插入对象是否会从墙饰条中剪切几何图形。

默认收进：指定墙饰条从每个相交的墙附属件收进的距离。

轮廓：指定用于创建墙饰条的轮廓族。

材质：设置墙饰条的材质。

实战：添加室外散水

素材位置	素材文件>第7章>03.rvt
实例位置	实例文件>第7章>实战：添加室外散水.rvt
视频位置	第7章>实战：添加室外散水.mp4
难易指数	★★☆☆☆
技术掌握	掌握使用墙构造批量添加装饰角线的方法

01 打开学习资源中的"素材文件>第7章>03.rvt"文件，切换至"插入"选项卡，单击"载入族"按钮，如图7-44所示。

图7-44

02 打开"载入族"对话框，选择"轮廓>常规轮廓>场地"文件夹，选择"散水"轮廓族，单击"打开"按钮，如图7-45所示。

图7-45

03 切换至"建筑"选项卡，单击"墙"按钮下方的小三角，在下拉菜单中选择"墙：饰条"选项，如图7-46所示。

04 在"属性"面板中，单击"编辑类型"按钮，如图7-47所示。

图7-46　　　　　　　　图7-47

05 单击"复制"按钮，在打开的"名称"对话框中，输入名称为"散水-800mm"，然后单击"确定"按钮，如图7-48所示。

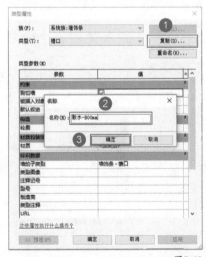

图7-48

06 在"类型属性"对话框中，设置"轮廓"为"散水：散水"，"材质"为"混凝土-现场浇注混凝土"，然后单击"确定"按钮，如图7-49所示。

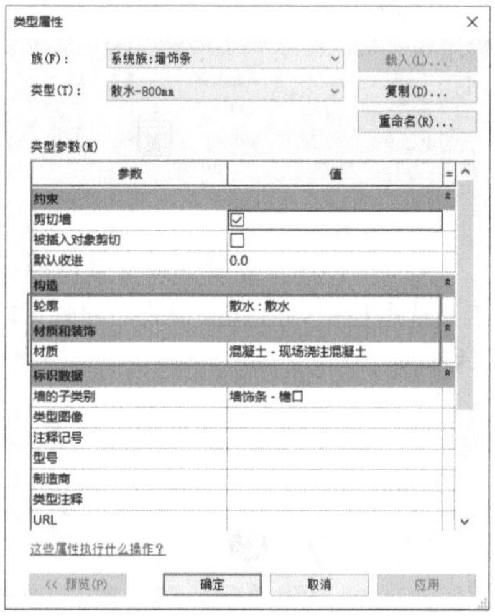

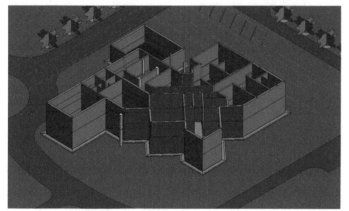

图7-49

07 在三维视图中，拾取外墙底边，单击进行放置，如图7-50
所示。

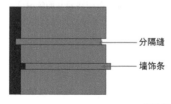

图7-50

7.1.4 创建分隔缝

　　分隔缝与墙饰条的创建方法相同，都是基于墙体进行创建。
并且，分隔缝与墙饰条所使用的部分轮廓族也可以通用。不同的
是，当分隔缝与墙饰条共用同一轮廓族时，所创建的效果正好相
反，如图7-51所示。

分隔缝

墙饰条

图7-51

经验分享

　　通过"公制轮廓"样板建立的轮廓族，可以同时用于"墙饰条"
与"分隔缝"两种命令中的"轮廓"参数。

实战：创建墙体凹槽

素材位置　素材文件>第7章>无
实例位置　实例文件>第7章>实战：创建墙体凹槽.rvt
视频位置　第7章>实战：创建墙体凹槽.mp4
难易指数　★★☆☆☆
技术掌握　掌握使用墙构造批量添加装饰槽的方法

01 使用"建筑样板"新建项目，然后绘制一面墙体，如图7-52
所示。

图7-52

02 选中该墙体，在"属性"面板中单击"编辑类型"按钮。
在"类型属性"对话框中，再次单击"编辑"按钮，打开"编辑
部件"对话框。在"编辑部件"对话框中，单击"预览"按钮，
并将"视图"修改为"剖面：修改类型属性"，最后单击"分隔
条"按钮，如图7-53所示。

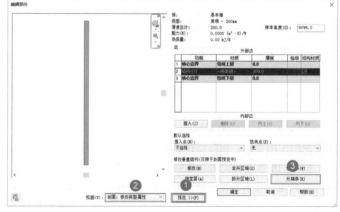

图7-53

知识链接

　　打开"编辑部件"对话框的具体方法，请参阅"实战：绘制建筑
外墙"中的相关步骤。

03 在弹出的"分隔条"对话框中，连续单击三次"添加"按
钮，添加三个分隔条，然后将这三个分隔条的轮廓设置为"分隔
条-砖层：1匹砖"，再将距离分别设置为1000、1100和1200，如
图7-54所示。

04 依次单击"确定"按钮，关闭所有对话框，查看最终完成效
果，如图7-55所示。

图7-54

图7-55

7.2 编辑墙

一般情况下，在墙体绘制完成后，还需要对其进行一些修改，以适应当前项目的具体要求。其中包括对墙体外轮廓形状、墙体连接方式、墙体附着等方面的调整。

7.2.1 墙连接与连接清理

默认情况下，在墙相交时，Revit会创建平接连接，并清理平面视图中的显示，删除连接的墙与其相应的构件层之间的可见边。在不同情况下，处理墙连接的方式不同。处理墙连接的方法分为清理连接和不清理连接两种，如图7-56所示。除了连接方式不同外，还可以限制墙体端点允许或不允许连接，以达到墙体之间保持较小间距的目的。

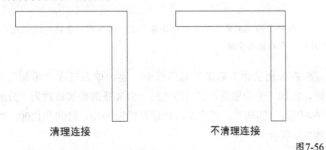

清理连接　　　　不清理连接

图7-56

1.切换至"修改"选项卡，单击"墙连接"按钮，如图7-57所示。

图7-57

2.将鼠标指针放置在需要修改墙连接的区域并单击，即可在工具选项栏中修改连接样式，同时可以在视图中进行预览，如图7-58所示。

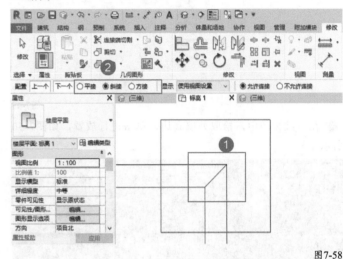

图7-58

7.2.2 编辑墙轮廓

在大多数情况下，放置直墙时，墙的轮廓为矩形。如果要求其他的轮廓形状，或要求墙中有洞口，此时就需要使用"编辑轮廓"命令来完成这部分工作。图7-59所示是一些不规则的墙体，且墙上有着不同形状的洞口。

图7-59

 技巧与提示

不能编辑弧形墙的立面轮廓时，要使用"墙洞口"工具在弧形墙上放置矩形洞口。"墙洞口"工具还可以用于在直墙上放置洞口。

实战：编辑外墙形状

素材位置　素材文件>第7章>04.rvt
实例位置　实例文件>第7章>实战：编辑外墙形状.rvt
视频位置　第7章>实战：编辑外墙形状.mp4
难易指数　★★☆☆☆
技术掌握　掌握编辑墙体形状的方法

01 打开学习资源中的"素材文件>第7章>04.rvt"文件，进入屋顶平面图，在"属性"面板中设置"范围：底部标高"为"二层平面"，如图7-60所示。

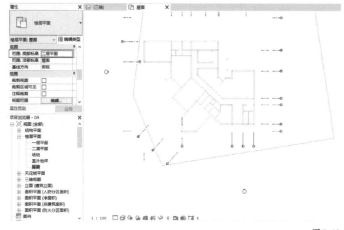

图7-60

02 切换至"插入"选项卡，单击"链接CAD"按钮。在弹出的对话框中选择"素材文件>第7章>CAD文件"文件夹，选择"屋顶平面图.dwg"文件，选中"仅当前视图"复选框，然后单击"打开"按钮，如图7-61所示。

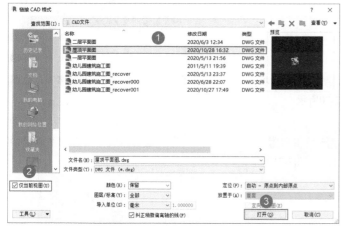

图7-61

03 先解锁导入的CAD图纸，然后使用"对齐"工具将CAD图纸与二层平面对齐，如图7-62所示。

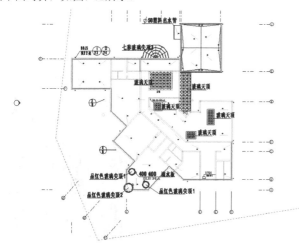

图7-62

04 切换至"建筑"选项卡，选择"墙"工具，然后选择任意墙体类型，单击"编辑类型"按钮。在"类型属性"对话框中，复制新的墙体类型为"女儿墙-240mm"，并修改对应的墙的厚度，如图7-63所示。

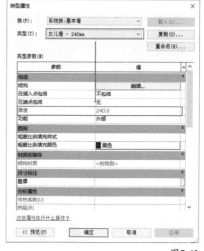

图7-63

05 为了方便绘制，可以将二层平面显示取消。然后按照屋顶平面图，绘制女儿墙及出屋面部分墙体，如图7-64所示。

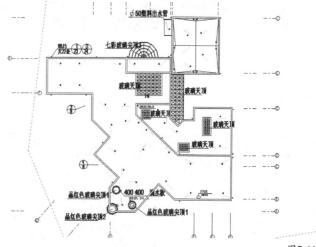

图7-64

06 女儿墙全部绘制完成后，首先进入北立面视图。然后选中一面墙体，单击"编辑轮廓"按钮，如图7-65所示。

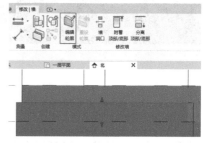

图7-65

07 进入轮廓编辑状态后，按照相对应的立面图信息绘制墙体轮廓，然后单击"完成"按钮，如图7-66所示。

08 其余位置的墙体也按相同的方法，在进入轮廓编辑状态后，按照相对应的立面图信息绘制墙体轮廓，如图7-67所示。

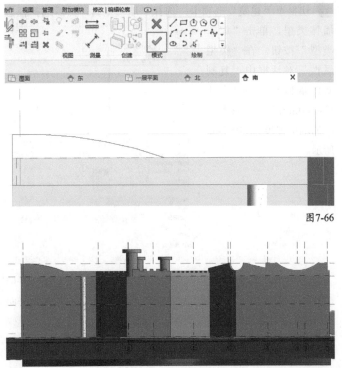

图7-66

图7-67

09 其他立面的墙体均按相同方式处理。弧形墙面无法编辑墙轮廓，后续章节中会详细介绍如何使用其他方法完成弧形墙体的形状编辑，最终完成效果如图7-68所示。

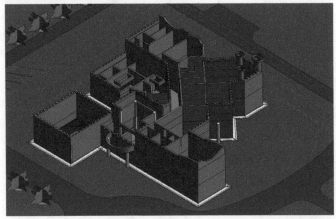

图7-68

7.2.3 墙附着与分离

放置墙之后，可以将其顶部或底部附着到同一个垂直面的图元上，并且替换其初始墙顶定位标高和墙底定位标高。附着的图元可以是楼板、屋顶、天花板及参照平面，或者位于正上方、正下方的其他墙，墙的高度会随着所附着图元高度的变化而变化。

实战：墙体附着到参照平面

素材位置　　素材文件>第7章>05.rvt
实例位置　　实例文件>第7章>实战：墙体附着到参照平面.rvt
视频位置　　第7章>实战：墙体附着到参照平面.mp4
难易指数　　★★☆☆☆
技术掌握　　掌握将墙体附着到参照平面的方法

01 打开学习资源中的"素材文件>第7章>05.rvt"文件，选中墙体并单击"修改|墙"选项卡中的"附着顶部/底部"按钮，如图7-69所示。

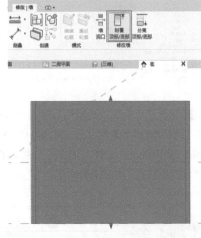

图7-69

02 在工具选项栏中，设置"附着墙"的方式为"顶部"，如图7-70所示。

图7-70

03 单击要附着的参照平面，将所选墙体底部附着到参照平面上，如图7-71所示。

图7-71

04 按照同样的方法，将另一面墙体也附着到参照平面上，最终三维效果如图7-72所示。

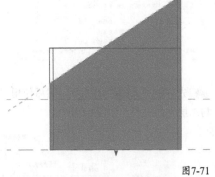

图7-72

实战：墙体从参照平面中分离

素材位置　素材文件>第7章>06.rvt
实例位置　实例文件>第7章>实战：墙体从参照平面中分离.rvt
视频位置　第7章>实战：墙体从参照平面中分离.mp4
难易指数　★★☆
技术掌握　掌握如何取消墙体对参照平面的附着关系

01 打开学习资源中的"素材文件>第7章>06.rvt"文件，选中墙体并切换至"修改|墙"选项卡，接着单击"分离顶部/底部"按钮，如图7-73所示。

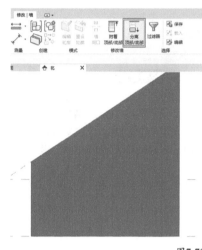

图7-73

02 单击参照平面，墙体即可从参照平面中分离，如图7-74所示。

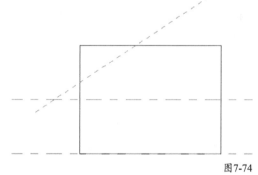

图7-74

技巧与提示

如果要同时从所有其他图元中分离选定的墙，单击选项栏中的"全部分离"按钮即可。

03 两面墙体同时与参照平面取消附着关系，最终三维效果如图7-75所示。

图7-75

7.3 创建玻璃幕墙

幕墙是一种外墙，附着到建筑结构，但不承担建筑的楼板或屋顶荷载。在一般应用中，幕墙常常被定义为薄的、通常带铝框的墙，包含填充的玻璃、金属嵌板或薄石。绘制幕墙时，单个嵌板可延伸墙的长度。如果所创建的幕墙具有自动幕墙网格，则该墙将被分为多个嵌板。

在幕墙中，网格线用以定义放置竖梃的位置。竖梃是分割相邻窗单元的结构图元，可通过选择幕墙并单击鼠标右键，访问关联菜单，从而修改该幕墙。关联菜单中有几个用于操作幕墙的选项，如嵌板和竖梃。

在Revit中，默认提供3种幕墙类型，它们分别表示复杂程度不同的幕墙。用户可在此基础上，根据实际情况对幕墙进行复制修改。

幕墙： 没有网格或竖梃，没有与此墙类型相关的规则，可以随意更改。

外部玻璃： 具有预设网格，简单预设了横向与纵向的幕墙网格的划分。

店面： 具有预设网格，并根据实际情况精确预设了幕墙网格的划分。

如果要修改实例属性，可以在"属性"面板中选择图元并进行修改，如图7-76所示。

图7-76

幕墙实例属性参数介绍

底部约束： 幕墙的底部标高。

底部偏移： 设置幕墙底部距离底部约束标高的距离。

已附着底部： 指示幕墙底部是否附着到另一个模型构件，如楼板。

顶部约束： 幕墙的顶部标高。

无连接高度： 绘制时幕墙的高度。

顶部偏移： 设置幕墙顶部距离顶部约束标高的距离。

已附着顶部： 指示幕墙顶部是否附着到另一个模型构件，如屋顶或天花板。

房间边界： 如果选中该项，则幕墙会成为房间边界的组成部分。

与体量相关： 指示图元是否是从体量图元创建的。

编号：如果将"垂直/水平网格样式"下的"布局"设置为"固定数量"，则可以在此输入幕墙实例上放置的幕墙网格的数量值，最大值为200。

对正：确定在网格间距无法平均分割幕墙图元面的长度时，Revit应如何沿幕墙图元面调整网格间距。

角度：将幕墙网格旋转到指定角度。

偏移：从起始点到开始放置幕墙网格的位置的距离。

幕墙的类型属性包括对幕墙嵌板、横梃和竖梃等参数的设置，如图7-77所示。

图7-77

幕墙类型属性参数介绍

功能：指明墙的作用，包括外墙、内墙、挡土墙、基础墙、檐底板和核心竖井6个类型。

自动嵌入：指示幕墙是否自动嵌入墙中。

幕墙嵌板：设置幕墙图元的幕墙嵌板族类型。

连接条件：设置幕墙图元的幕墙嵌板连接条件。

布局：沿幕墙长度设置幕墙网格线的自动垂直/水平布局方式。

间距：当把"布局"设置为"固定距离"或"最大间距"时启用，用以控制幕墙网格间的距离数值。

调整竖梃尺寸：调整竖梃网格线的位置，以确保幕墙嵌板的尺寸相等（如果可能）。

内部类型：指定内部垂直竖梃的竖梃族。

边界1类型：指定左边界上垂直或水平竖梃的竖梃族。

边界2类型：指定右边界上垂直或水平竖梃的竖梃族。

7.3.1 手动分割幕墙网格

绘制幕墙的方法与绘制墙体的方法相同，但幕墙与普通墙体的构造不同。普通墙体均是由结构层、面层等构件组成，而幕墙则是由幕墙网格、横梃、竖梃和幕墙嵌板等图元组成。其中，幕墙网格是最基础也是最重要的，主要用于控制整个幕墙的划分，如

横梃、竖梃及幕墙嵌板都由基础幕墙网格建立。进行幕墙网格划分的方式有两种，一种是自动划分，另一种是手动划分。

自动划分：设置网格之间固定的距离或固定的数量，然后通过软件自动进行幕墙网格分割。

手动划分：没有任何预设条件，通过手动操作的方式对幕墙网格进行添加。可以添加从上到下的垂直或水平网格线，也可以基于某个网格内部添加一段网格线，如图7-78所示。

图7-78

> 💡 **经验分享**
>
> 在划分幕墙网格时，除了水平或垂直方向外，不可以自由进行不规则分割。如果需要调整幕墙网格线的角度，只能在幕墙的实例属性中更改"角度"参数。更改完成后，所有垂直或水平网格都将遵循同一角度，不能再对单个网格线进行调整。如果需要对幕墙进行不规则分割，可以在体量环境中对体量表面进行分割，然后载入项目，将分割后的表面拾取生成幕墙，即可间接完成对幕墙表面的不规则分割。

实战：建立并分割幕墙

素材位置　素材文件>第7章>07.rvt
实例位置　实例文件>第7章>实战：建立并分割幕墙.rvt
视频位置　第7章>实战：建立并分割幕墙.mp4
难易指数　★★☆☆☆
技术掌握　掌握幕墙的创建方法与幕墙网格的分割方法

01 打开学习资源中的"素材文件>第7章>07.rvt"文件，如图7-79所示。

图7-79

02 执行"墙"命令，在类型选择器中选择"幕墙"，设置"顶部约束"为"直到标高：标高2"，如图7-80所示。

图7-80

03 选择"拾取线"绘制工具，然后将鼠标指针放置于详图线上，按Tab键选中全部线段，最后单击完成幕墙的创建，如图7-81所示。

图7-81

04 切换到南立面视图,然后切换至"建筑"选项卡,单击"构建"面板中的"幕墙网格"按钮,如图7-82所示。

图7-82

05 将鼠标指针移动到幕墙的垂直边上,生成水平网格线预览。待移动到满意的位置后,依次单击完成水平网格线的绘制,如图7-83所示。

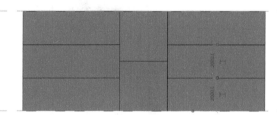

图7-83

06 在"修改|放置 幕墙网格"选项卡中,单击"放置"面板中的"一段"按钮,如图7-84所示。

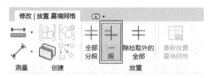

图7-84

07 将鼠标指针放置于幕墙的水平边上,依次单击完成垂直方向网格线的创建,如图7-85所示。

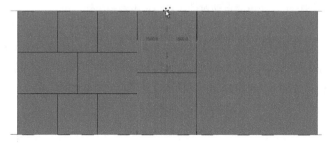

图7-85

08 按照同样的方法,完成对其余位置幕墙网格的划分。打开三维视图,查看最终三维效果,如图7-86所示。

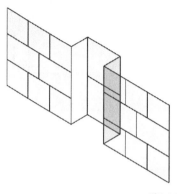

图7-86

7.3.2 设置幕墙嵌板

前面已经介绍过,在Revit中,幕墙是由幕墙嵌板、幕墙网格,以及横梃、竖梃等图元组成的,因此幕墙嵌板是幕墙中非常重要的一个组成部分。在Revit中,可以将幕墙嵌板修改为任意墙类型或嵌板。修改幕墙嵌板的方式有两种:一种是选择单个嵌板,在类型选择器中选择一种墙类型或嵌板;另一种是设置幕墙类型属性,从而实现嵌板的替换。嵌板的尺寸不能通过嵌板属性或拖曳方式控制,控制嵌板尺寸及外形的唯一方法是修改围绕嵌板的幕墙网格线。

实战: 修改幕墙网格并替换嵌板

素材位置 素材文件>第7章>08.rvt
实例位置 实例文件>第7章>实战:修改幕墙网格并替换嵌板.rvt
视频位置 第7章>实战:修改幕墙网格并替换嵌板.mp4
难易指数 ★★☆☆☆
技术掌握 学握编辑幕墙网格及替换幕墙嵌板的方法

01 打开学习资源中的"素材文件>第7章>08.rvt"文件,如图7-87所示。

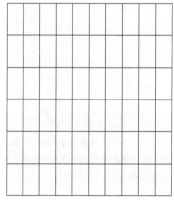

图7-87

02 选中水平方向的倒数第二条网格线,然后单击"添加/删除线段"按钮,如图7-88所示。

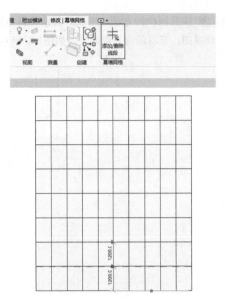

图7-88

03 将鼠标指针移动到幕墙网格线上单击，网格线将被删除，如图7-89所示。

图7-89

04 按照相同的方法完成对其他网格线的删除，完成后的效果如图7-90所示。

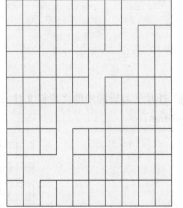

图7-90

　　添加幕墙网格线的方法与删除幕墙网格线的方法相同。选中幕墙网格线，然后单击整条线段中的虚线部分（没有网格线的地方），网格线就会在原先删除的地方重新生成。

05 将鼠标指针放置于梯形幕墙嵌板上，然后按Tab键切换选择。选中幕墙嵌板后，将其设置为"基本墙 常规-90mm砖"墙类型，如图7-91所示。最终完成效果如图7-92所示。

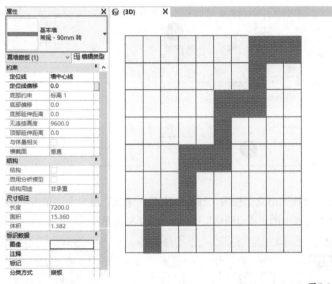

图7-91

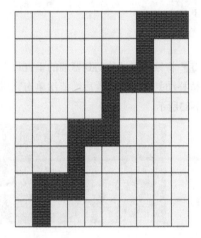

图7-92

7.3.3 添加幕墙横梃与竖梃

　　在之前创建的实例中，都没有添加横梃、竖梃，因为默认系统中所给的幕墙类型，都没有指定横梃、竖梃的类型，所以创建出来的幕墙自然也不会显示。竖梃都是基于幕墙网格创建的，若需要在某个位置添加竖梃，则要先创建幕墙网格。将竖梃添加到网格上时，竖梃将调整尺寸，以便与网格拟合。如果将竖梃添加到内部网格上，竖梃将位于网格的中心处；如果将竖梃添加到周长网格上，竖梃会自动对齐，以防止跑到幕墙外。

　　添加幕墙横梃、竖梃有两种方式：一种是通过修改当前使用的幕墙类型，在类型参数中设置横梃、竖梃的类型；另一种是创建完幕墙后，选择"竖梃"命令进行手动添加。当选择手动添加竖梃的时候，又可以选择不同的放置类型，分别是"网格线"按钮、"单段网格线"按钮与"全部风格线"按钮，如图7-93所示。

图7-93

网格线：创建当前选中的，连续的水平或垂直的网格线，从头到尾的竖梃。

单段网格线：创建当前网格线中所选网格内，其中一段的竖梃。

全部网格线：创建当前选中的幕墙中，全部网格线上的竖梃，如图7-94所示。

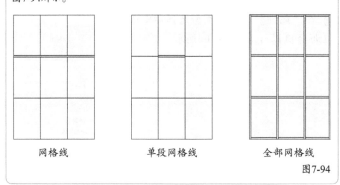

网格线　　　单段网格线　　　全部网格线

图7-94

角竖梃类型

角竖梃是单根竖梃，可放置在两个幕墙的端点之间或玻璃斜窗的窗脊之间，也可放置于弯曲幕墙图元（如弧形幕墙）的任何内部竖梃上。Revit中有4种角竖梃类型。

当使用角竖梃作为幕墙的内部竖梃时，只能通过竖梃命令手动添加。在幕墙属性中，无法直接将内部竖梃设置为角竖梃，只能选择常规竖梃类型。

L形角竖梃可以使幕墙嵌板或玻璃斜窗与竖梃的支脚端部相交，如图7-95所示。可以在竖梃的类型属性中，设置竖梃支脚的长度和厚度。

V形角竖梃可以使幕墙嵌板或玻璃斜窗与竖梃的支脚侧边相交，如图7-96所示。可以在竖梃的类型属性中，设置竖梃支脚的长度和厚度。

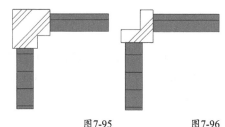

图7-95　　　　　　图7-96

四边形角竖梃可以使幕墙嵌板或玻璃斜窗与竖梃的支脚侧边相交，可以设置竖梃在两个部分内的深度。

如果两个竖梃部分相等，并且连接处不是90度角，则竖梃会呈现风筝形状，如图7-97所示。

如果两个竖梃部分相等，并且连接处是90度角，则竖梃是方形的，如图7-98所示。

梯形角竖梃可以使幕墙嵌板或玻璃斜窗与竖梃的侧边相交，如图7-99所示。可以在竖梃的类型属性中，设置与嵌板相交的侧边的中心宽度和长度。

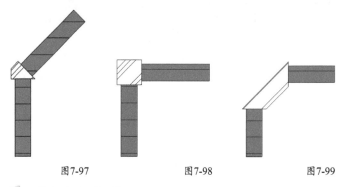

图7-97　　　　　　图7-98　　　　　　图7-99

常规竖梃类型

常规竖梃既可以应用于幕墙的边界竖梃，也可以用作幕墙的内部竖梃，系统没有对其进行功能方面的限制。Revit中有两种常规竖梃类型。

圆形竖梃一般在用作幕墙嵌板之间的分隔或幕墙边界时使用，截面形状为圆形，如图7-100所示。

矩形竖梃一般在作为幕墙嵌板之间的分隔或幕墙边界时使用，截面形状为矩形，如图7-101所示。

图7-100　　　　　　　　　　图7-101

圆形竖梃类型属性

圆形竖梃的类型属性包括对偏移、半径等参数的设置，如图7-102所示。

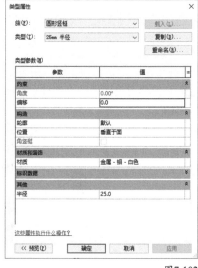

图7-102

圆形竖梃类型属性参数介绍

偏移：设置距幕墙图元嵌板的偏移。

半径：设置圆形竖梃的半径。

矩形竖梃类型属性

矩形竖梃的类型属性包括对偏移、角度和轮廓等参数的设置，如图7-103所示。

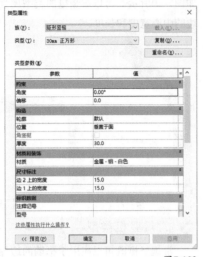

图7-103

矩形竖梃类型属性参数介绍

角度：放置竖梃后，沿y轴旋转的角度，默认值为0。

偏移：水平方向竖梃中心距幕墙网格的距离。

轮廓：设置竖梃的轮廓形状，用户可自定义。

位置：旋转竖梃轮廓，通常是"垂直于面"；"与地面平行"适用于倾斜幕墙嵌板，如玻璃斜窗。

角竖梃：表示竖梃是否为角竖梃。

厚度：设置矩形竖梃的宽度数值。

材质：竖梃的材质。

边2上的宽度：以网格中间为边界，竖梃右侧的宽度。

边1上的宽度：以网格中间为边界，竖梃左侧的宽度。

实战：创建幕墙竖梃

素材位置　素材文件>第7章>09.rvt
实例位置　实例文件>第7章>实战：创建幕墙竖梃.rvt
视频位置　第7章>实战：创建幕墙竖梃.mp4
难易指数　★★☆☆☆
技术掌握　掌握幕墙竖梃的添加方法

01 打开学习资源中的"素材文件>第7章>09.rvt"文件，如图7-104所示。

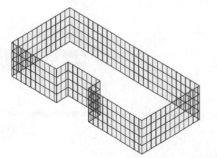

图7-104

02 切换至"建筑"选项卡，单击"构建"面板中的"竖梃"按钮，如图7-105所示。

图7-105

03 在"属性"面板的类型选择器中选择"L形竖梃1"，如图7-106所示。

图7-106

04 在"修改|放置 竖梃"选项卡中，单击"网格线"按钮，然后单击幕墙所有的垂直转角位置，用以创建转角竖梃，如图7-107所示。

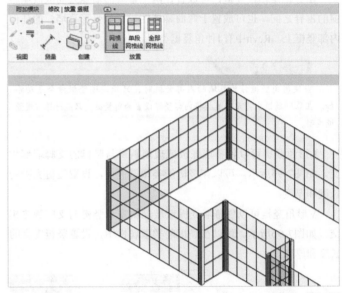

图7-107

05 垂直竖梃创建完成后，选择竖梃类型为"矩形竖梃50×150mm"。分别单击幕墙顶部和底部，创建边界横梃，如图7-108所示。

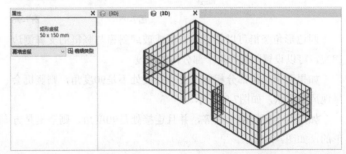

图7-108

知识链接

切换竖梃类型的方法，请参阅本实战中的步骤03。

06 选择竖梃类型为"矩形竖梃30mm正方形"，然后单击"编辑类型"按钮，如图7-109所示。

图7-109

07 在"类型属性"对话框中，单击"复制"按钮，然后在打开的"名称"对话框中，输入新的名称，单击"确定"按钮，如图7-110所示。

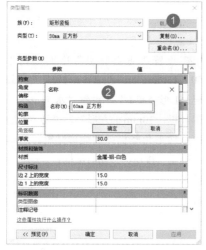

图7-110

08 在"类型属性"对话框中，设置"厚度"为60，"边1上的宽度"和"边2上的宽度"均为30，然后单击"确定"按钮，如图7-111所示。

图7-111

09 切换至"修改|放置 竖梃"选项卡，单击"全部网格线"按钮，然后将鼠标指针移动至幕墙表面并单击，完成其余横梃和竖梃的创建，如图7-112所示。

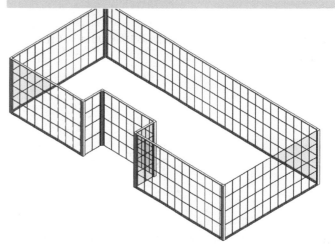

图7-112

10 其他位置的幕墙全部按照上述方法进行横梃和竖梃的创建，最终效果如图7-113所示。

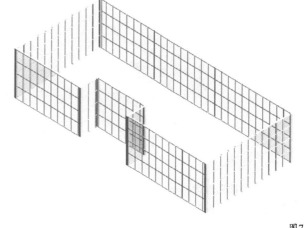

图7-113

7.3.4 自动修改幕墙

前面介绍了如何通过手动方式对幕墙进行编辑，包括如何建立幕墙，如何对幕墙进行网格划分，如何替换幕墙嵌板，以及如何添加与更改竖梃。手工修改幕墙的方式，一般适用于幕墙的局部修改。在某些情况下，幕墙的某些网格分割形式和嵌板类型与整个幕墙系统不同。这时，只能通过使用手动修改的方式达到需要的效果。在创建幕墙的初期阶段，尤其是创建大面积使用玻璃幕墙的项目时，不能用这种方式。在大多数情况下，大部分玻璃幕墙都有一定的分割规律，如固定的分割距离或固定的网格数量。基于这种情况，必须使用系统提供的参数来实现幕墙的自定义分割，包括幕墙嵌板的定义等。

实战：通过参数修改幕墙

素材位置	素材文件>第7章>10.rvt
实例位置	实例文件>第7章>实战：通过参数修改幕墙.rvt
视频位置	第7章>实战：通过参数修改幕墙.mp4
难易指数	★★☆☆☆
技术掌握	掌握如何通过参数完成幕墙的调整

01 打开学习资源中的"素材文件>第7章>10.rvt"文件，如图7-114所示。

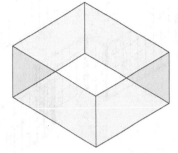

图7-114

02 选中其中一面幕墙，单击"编辑类型"按钮，如图7-115所示。

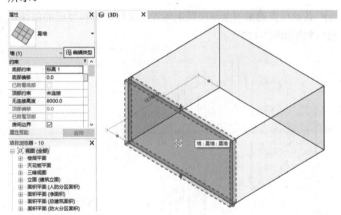

图7-115

03 在"类型属性"对话框中，设置"幕墙嵌板"为"系统嵌板：玻璃"，"连接条件"为"边界和垂直网格连续"，如图7-116所示。

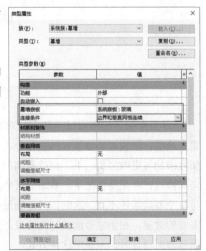

图7-116

04 设置垂直网格与水平网格的布局方式为"固定距离"，"间距"分别为1500和2000，如图7-117所示。

图7-117

05 设置"垂直竖梃"中的"内部类型"为"矩形竖梃：50×150mm"，"边界1类型"与"边界2类型"均为"L形角竖梃：L形竖梃1"。设置"水平竖梃"中的"内部类型"为"矩形竖梃：30mm正方形"，"边界1类型"与"边界2类型"均为"四边形角竖梃：四边形竖梃1"，如图7-118所示。最后单击"确定"按钮，关闭对话框。

图7-118

06 最终完成的三维效果如图7-119所示。如果需要对网格分布及竖梃类型配置进行修改，可以继续使用以上方法进行修改。

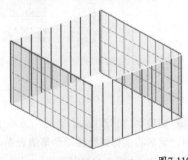

图7-119

120

技术专题 12 将幕墙嵌入普通墙体

在Revit中，幕墙与普通墙体都属于墙体。因此，在绘制过程中，如果在同一位置既要绘制普通墙体又要绘制幕墙的话，就可能发生墙体重叠的情况。但在实际项目中的一些情况下，幕墙需要嵌入普通墙体中充当窗户、门等构件。针对这种情况，Revit提供了"自动嵌入"的功能选项，如图7-120所示。选择"自动嵌入"选项后，所绘制的幕墙就可以直接嵌入墙体中了，如图7-121所示。

图7-120　　　图7-121

7.4 放置门窗

完成墙体创建后，下一个任务就是放置门窗。门窗在Revit中属于可载入族，因此可以在外部制作完成后，直接导入项目使用。门窗必须基于墙体才能放置，放置完成后墙上会自动剪切一个门窗"洞口"。平、立、剖和三维视图中，都可以放置门窗。

7.4.1 添加普通门窗

放置门窗后，可以通过修改属性参数更改门窗的规格和样式。门窗族提供了实例属性与类型属性，修改实例属性只会影响当前选中的实例文件，修改类型属性则会影响整个项目中相同名称的文件。以下小节将对门窗的实例属性和类型属性做详细介绍。

门实例属性

要修改门的实例属性，可按"门实例属性参数介绍"中所述，修改相应参数的值，如图7-122所示。

图7-122

门实例属性参数介绍

标高： 放置实例的标高。
底高度： 相对于放置实例的标高的实例底高度。
框架类型： 门框的类型。
框架材质： 框架使用的材质。
完成： 应用于框架和门的面层。
注释： 显示输入或从下拉列表中选择的注释。
标记： 添加自定义标识数据。
创建的阶段： 指定创建实例时的阶段。
拆除的阶段： 指定拆除实例时的阶段。
顶高度： 相对于放置实例的标高的实例顶高度。
防火等级： 设定当前门的防火等级。

门类型属性

要修改门的类型属性，可按"门类型属性参数介绍"中所述，修改相应参数的值，如图7-123所示。

图7-123

门类型属性参数介绍

功能： 指示门是内部的（默认值）还是外部的。
墙闭合： 门周围的层包络。
构造类型： 门的构造类型。
门材质： 门的材质（如金属或木质）。
框架材质： 门框架的材质。
厚度： 设置门的厚度。
高度： 设置门的高度。
贴面投影内部： 设置内部贴面的厚度。
贴面投影外部： 设置外部贴面的厚度。
贴面宽度： 设置门贴面的宽度。
宽度： 设置门的宽度。
粗略宽度： 设置门的粗略宽度。
粗略高度： 设置门的粗略高度。

窗实例属性

要修改窗的实例属性，可按"窗实例属性参数介绍"中所述，修改相应参数的值，如图7-124所示。

图7-124

窗实例属性参数介绍

标高：放置实例的标高。

底高度：相对于放置实例的标高的底高度。

🎯 **窗类型属性** -

要修改窗的类型属性，可按"窗类型属性参数介绍"中所述，修改相应参数的值，如图7-125所示。

图7-125

窗类型属性参数介绍

墙闭合：设置窗周围的层包络。

构造类型：窗的构造类型。

玻璃嵌板材质：设置窗中玻璃嵌板的材质。

窗扇：设置窗扇的材质。

高度：窗洞口的高度。

默认窗台高度：窗底部在标高以上的高度。

宽度：窗的宽度。

窗嵌入：将窗嵌入墙内部。

粗略宽度：窗的粗略洞口的宽度。

粗略高度：窗的粗略洞口的高度。

实战： 放置门窗

素材位置　素材文件>第7章>11.rvt
实例位置　实例文件>第7章>实战：放置门窗.rvt
视频位置　第7章>实战：放置门窗.mp4
难易指数　★★☆☆☆
技术掌握　掌握门窗的放置方法

01 打开学习资源中的"素材文件>第7章>11.rvt"文件，进入一层平面，如图7-126所示。

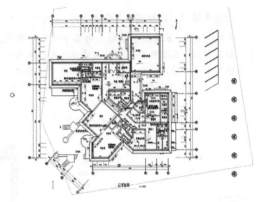

图7-126

02 选中CAD底图，然后在工具选项栏中选择"前景"选项，如图7-127所示。

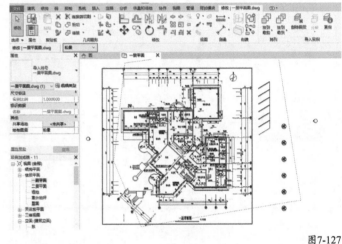

图7-127

03 切换至"插入"选项卡，单击"载入族"按钮，如图7-128所示。

图7-128

04 在"载入族"对话框中，选择"素材文件>第7章>族"文件夹，然后选中所有门窗族，单击"打开"按钮，如图7-129所示。

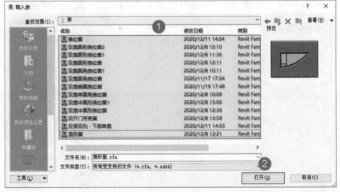

图7-129

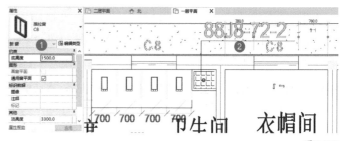

图7-133

图7-134

05 切换至"建筑"选项卡,单击"构建"面板中的"窗"按钮,如图7-130所示。

图7-130

06 在"属性"面板中选择"推拉窗1200×1500mm",然后单击"编辑类型"按钮,如图7-131所示。

图7-131

07 单击"复制"按钮,输入新的名称"C8",然后设置窗的"高度"为900,"宽度"为1200,最后单击"确定"按钮,如图7-132所示。

图7-132

08 在一层平面左上角的位置,找到"C-8"窗,在"属性"面板中设置其"底高度"为1500,然后将鼠标指针置于"C-8"窗的位置上,单击进行放置,如图7-133所示。

09 在"属性"面板中选择"双扇半圆形推拉窗1",然后单击"编辑类型"按钮,如图7-134所示。

10 在"类型属性"对话框中,复制新的族类型,命名为"C11",然后修改其"高度"为1500,"宽度"为3000,单击"确定"按钮,如图7-135所示。

图7-135

11 在视图中找到"C-6"窗的位置,设置其"底高度"为800,单击进行放置,如图7-136所示。

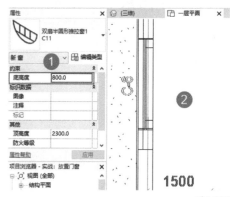

图7-136

⑫ 在"属性"面板中选择"双扇单圆角推拉窗"，然后单击"编辑类型"按钮，如图7-137所示。

图7-137

⑬ 在"类型属性"对话框中，复制新的族类型，命名为"C1"，然后修改"半径"为900，"固定扇高度"为600，"高度"为1800，"宽度"为2400，最后单击"确定"按钮，如图7-138所示。

图7-138

⑭ 找到"C-1"窗所在的位置，然后设置"底高度"为600，在视图中单击进行放置，如图7-139所示。

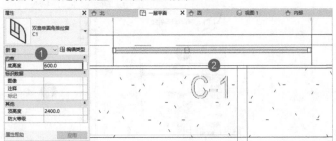

图7-139

⑮ 在"属性"面板中选择"双扇椭圆推拉窗"，然后单击"编辑类型"按钮，如图7-140所示。

图7-140

⑯ 在"类型属性"对话框中，复制新的族类型，将其命名为"C2"，然后修改"窗扇宽度"为1600，"窗扇高度"为1000，"高度"为1800，"宽度"为2400，最后单击"确定"按钮，如图7-141所示。

图7-141

⑰ 找到"C-2"窗所在的位置，设置"底高度"为600，在视图中单击进行放置，如图7-142所示。

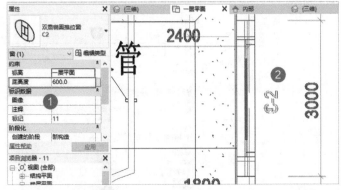

图7-142

⑱ 在视图中找到"C-10"窗所在的位置，发现这个窗是转角窗，如图7-143所示。

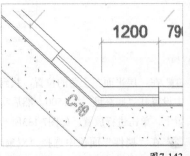

图7-143

124

19 当遇到这种非常规形状的窗时，可以使用"幕墙"工具执行创建。切换至"建筑"选项卡，单击"墙"工具，然后在"属性"面板中选择"幕墙"，单击"编辑类型"按钮，如图7-144所示。

图7-144

20 复制新的幕墙类型，并将其命名为"C-10"，然后选中"自动嵌入"复选框，设置"幕墙嵌板"为"系统嵌板：玻璃"，最后单击"确定"按钮，如图7-145所示。

图7-145

21 在平面视图中"C-10"窗的位置，完成幕墙绘制，如图7-146所示。

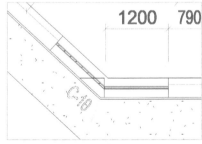

图7-146

22 进入南立面视图，选中任意一面幕墙，然后单击"编辑轮廓"按钮，如图7-147所示。

23 切换至"建筑"选项卡，单击"参照平面"按钮，如图7-148所示。绘制一条高于正负零标高、标高1800mm的参照平面线，如图7-149所示。

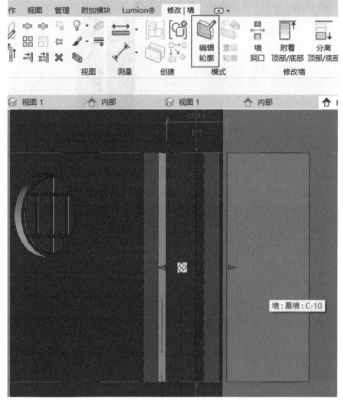

图7-147

图7-148

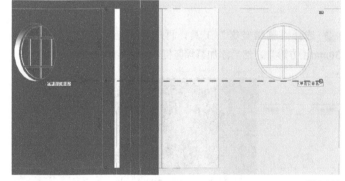

图7-149

24 使用"圆形"绘制工具，以参照平面线与轮廓线交点的位置为中心点，绘制一个半径为1200mm的圆形，如图7-150所示。

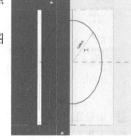

图7-150

25 使用"修剪"工具将其轮廓修剪为半圆，如图7-151所示。

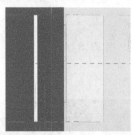

图7-151

26 使用相同的方法完成对另一部分幕墙轮廓的修改，同时修改实体墙的轮廓，最终完成效果如图7-152所示。

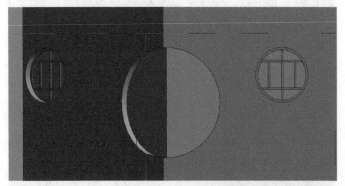

图7-152

27 切换至"建筑"选项卡，使用"幕墙网格"工具添加幕墙网格，设置水平和垂直方向的距离均为600mm，如图7-153所示。

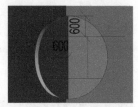

图7-153

28 选择"幕墙竖梃"工具，再选择竖梃类型为"矩形竖梃30mm正方形"，然后添加幕墙竖梃，如图7-154所示。

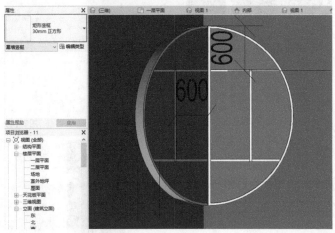

图7-154

29 切换至"插入"选项卡，单击"载入族"按钮。在打开的"载入族"对话框中，选择"建筑>门>普通门>平开门>单扇"文件夹，如图7-155所示。然后选择"单嵌板木门1"文件，单击"打开"按钮，如图7-156所示。

图7-155

图7-156

30 再次单击"载入族"按钮，在打开的"载入族"对话框中，选择"建筑>门>普通门>平开门>双扇"文件夹。然后选择"双面嵌板木门1"文件，单击"打开"按钮，如图7-157所示。

图7-157

31 再次单击"载入族"按钮，在打开的"载入族"对话框中，选择"建筑>门>其他>门洞"文件夹。然后选择"门洞"文件，单击"打开"按钮，如图7-158所示。

技巧与提示

　　如果要执行上一次操作，直接按Enter键快速执行上一次命令即可。

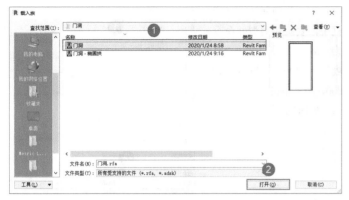

图7-158

32 在弹出的"指定类型"对话框中，选择"1200×2400mm"选项，单击"确定"按钮，如图7-159所示。

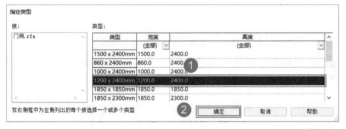

图7-159

33 再次单击"载入族"按钮，在打开的"载入族"对话框中，选择"素材文件>第7章>族"文件夹。选择"双开门带亮窗"文件，单击"打开"按钮，如图7-160所示。

图7-160

34 切换至"建筑"选项卡，单击"门"按钮，如图7-161所示。在打开的"载入族"对话框中，选择"建筑>门>普通门>平开门>单扇"文件夹，然后选择"单嵌板木门1"文件，单击"打开"按钮。

图7-161

35 在"属性"面板中选择"双开门带亮窗1800×2100mm"选项，单击"编辑类型"按钮，如图7-162所示。

图7-162

36 在"类型属性"对话框中，单击"复制"按钮，复制新类型，并命名为"M6"，然后修改"宽度"为2075，"高度"为2400，"门扇高度"为2000，"观察窗高度"为1000，"观察窗宽度"为300，"观察窗距地高度"为800，最后单击"确定"按钮，如图7-163所示。

图7-163

37 在视图的正上方找到"M-6"门所在的位置，通过移动鼠标指针控制门的开启方向，然后单击进行放置，如图7-164所示。

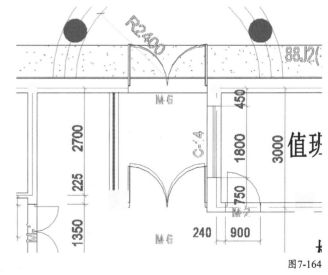

图7-164

38 在"属性"面板中选择"双面嵌板木门1 1500×2100mm"，然后单击"编辑类型"按钮，如图7-165所示。

图7-165

39 在"类型属性"对话框中，复制新类型并命名为"M1"，然后修改"高度"为2400，"宽度"为1350，最后单击"确定"按钮，如图7-166所示。

图7-166

40 在视图中找到"M-1"门的位置，单击进行放置，如图7-167所示。

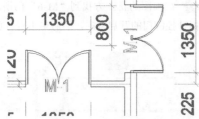

图7-167

41 在"属性"面板中选择"单嵌板木门1 800×2100mm"，然后单击"编辑类型"按钮，如图7-168所示。

图7-168

42 在"类型属性"对话框中，复制新类型并命令为"M3"，然后修改"高度"为2400，"宽度"为800，最后单击"确定"按钮，如图7-169所示。

图7-169

43 在视图中找到"M-3"门的位置，单击进行放置，如图7-170所示。

44 在"属性"面板中选择"门洞1200×2400mm"，然后单击"编辑类型"按钮，如图7-171所示。

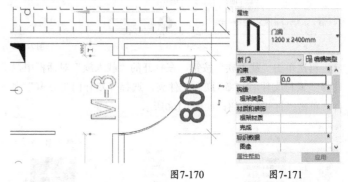

图7-170   图7-171

45 在"类型属性"对话框中，复制新类型并命名为"1350×2400mm"，然后修改"高度"为2400，"宽度"为1350，最后单击"确定"按钮，如图7-172所示。

图7-172

46 在视图中找到门洞的位置，单击进行放置，如图7-173所示。

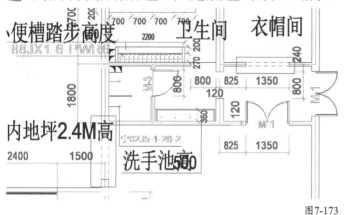

图7-173

47 按相同的方法完成其他类型门窗的放置，具体尺寸可参照CAD图纸中的门窗大样及门窗表，如图7-174和图7-175所示。

48 门窗全部放置完成后，进入三维视图查看最终效果，如图7-176所示。

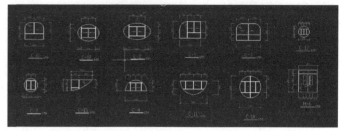

图7-175

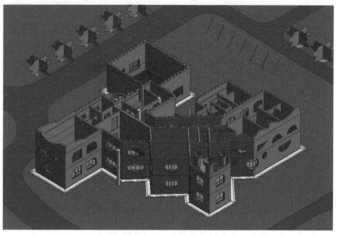

图7-176

门窗表

类别	设计编号	洞口尺寸（宽）	洞口尺寸（高）	数量	采用标准图集及编号	备注
窗	C-1	2400	1800	4	见详图	90系列铝合金窗内挂纱扇
	C-2	3000	1800	4	见详图	90系列铝合金窗内挂纱扇
	C-3	2700	1800	2	见详图	90系列铝合金窗内挂纱扇
	C-4	2400	1200	4	见详图	90系列铝合金窗内挂纱扇
	C-5	1200	1800	2	铝合金窗中空双层窗	90系列铝合金窗内挂纱扇
	C-6	2100	1800	12	见详图	90系列铝合金窗内挂纱扇
	C-7	1500	1500	4	见详图	90系列铝合金窗内挂纱扇
	C-8	1200	900	10	铝合金窗中空双层窗	90系列铝合金窗内挂纱扇
	C-9	1500	1800	3	铝合金窗中空双层窗	90系列铝合金窗内挂纱扇
	C-10	2400	2400	1	见详图	90系列铝合金窗内挂纱扇
	C-11	3000	1500	1	见详图	90系列铝合金窗内挂纱扇
	C-12	2400	1800	2	见详图	90系列铝合金窗内挂纱扇
	C-13	2400	1800	5	铝合金窗中空双层窗	90系列铝合金窗内挂纱扇
	C-14	1800	1800	1	铝合金窗中空双层窗	90系列铝合金窗内挂纱扇
	C-15	2400	1200	2	见详图	90系列铝合金窗内挂纱扇
	C-16	1500	2200	2	铝合金窗中空双层窗	90系列铝合金窗内挂纱扇
门	M-1	1350	2400	6		木门
	M-2	900	2400	14		木门
	M-3	800	2400	5		卫生间滚百叶
	M-4	1500	2400	1		木门
	M-5	1800	2400	2		木门
	M-6	2075	2400	2		木门

图7-174

技术专题 13 控制平面视图中窗的显示状态

在一般项目中，同一平面视图中放置的窗都可以通过调整剖切面的高度，剖切到当前平面的窗中，从而实现窗平面图形的显示。但如果是博物馆或电影院，可能存在个别窗底部高度高于剖切面的情况，因而造成平面中无法显示窗平面图形。这时，如果需要显示未被剖切的窗平面图形，可以按以下步骤进行操作。

第1步：选中窗底部高于剖切面的窗户，单击"编辑族"按钮，编辑族环境，如图7-177所示。

图7-177

第2步：切换到楼层平面参照标高视图，并将视觉样式调整为"隐藏线"，然后框选视图中的窗平面，单击"过滤器"按钮，如图7-178所示。

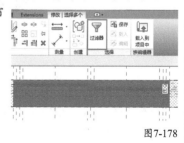

图7-178

第3步：在"过滤器"对话框中，单击"放弃全部"按钮，然后选中"线（平面打开方向-划线）"选项，单击"确定"按钮，如图7-179所示。

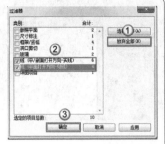

图7-179

第4步：单击"可见性设置"按钮，如图7-180所示，打开"族图元可见性设置"对话框。

图7-180

第5步：取消选中"仅当实例被剖切时显示"复选框，然后单击"确定"按钮，如图7-181所示。

图7-181

第6步：单击"载入到项目中"按钮，将族文件载入项目，如图7-182所示。覆盖之前的族文件，此时高于剖切面的窗平面图形也可以正常显示，如图7-183所示。

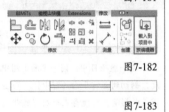

图7-182

图7-183

实战： 放置屋面天窗

素材位置	素材文件>第7章>12.rvt
实例位置	实例文件>第7章>实战：放置屋面天窗.rvt
视频位置	第7章>实战：放置屋面天窗.mp4
难易指数	★★☆☆☆
技术掌握	掌握天窗的放置方法

01 打开学习资源中的"素材文件>第7章>12.rvt"文件，如图7-184所示。

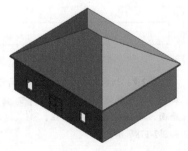

图7-184

02 切换至"插入"选项卡，单击"载入族"按钮。选择"建筑>窗>普通窗>天窗"文件夹，选择"天窗"族，然后单击"打开"按钮，如图7-185所示。

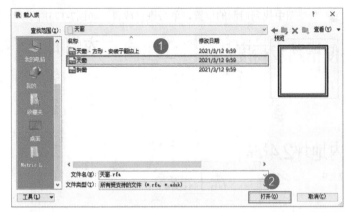

图7-185

知识链接

载入族的方法，请参阅本章"实战：放置门窗"中的步骤02和步骤03。

03 进入"标高2"平面，切换至"建筑"选项卡，单击"窗"按钮。选中刚载入的天窗，然后将鼠标指针放置于屋顶，单击放置天窗，如图7-186所示。回到三维视图，查看最终完成效果，如图7-187所示。

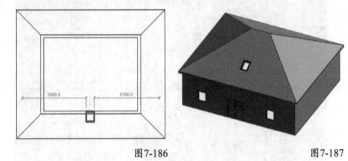

图7-186

图7-187

7.4.2 替换幕墙门窗嵌板

幕墙上的门窗与普通门窗不同。普通门窗可以直接插入墙内，并形成门窗洞口。但如果要在幕墙上放置门窗，就需要通过替换幕墙嵌板的方式才能完成。在幕墙中使用的门窗跟普通门窗不属于同一类别，因此无法共同使用。在幕墙中插入门窗的操作，都是通过更改嵌板实现的。在Revit中，系统提供了大量的门窗嵌板以便用户使用。

实战： 放置幕墙门窗

素材位置	素材文件>第7章>13.rvt
实例位置	实例文件>第7章>实战：放置幕墙门窗.rvt
视频位置	第7章>实战：放置幕墙门窗.mp4
难易指数	★★☆☆☆
技术掌握	掌握幕墙门窗的放置方法

01 打开学习资源中的"素材文件>第7章>13.rvt"文件，如图7-188所示。

02 进入南立面，选择凹面幕墙，然后使用"添加/删除线段"工具，删除多余的幕墙网格，完成后效果如图7-189所示。

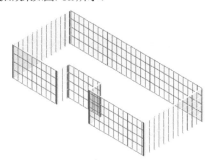

图7-188

图7-189

知识链接

编辑幕墙网格的方法，请参阅本章"实战：修改幕墙网格并替换嵌板"中的步骤02和步骤03。

03 按Tab键选择合并后的嵌板，然后在类型选择器中选择"70系列无横档"选项，如图7-190所示。

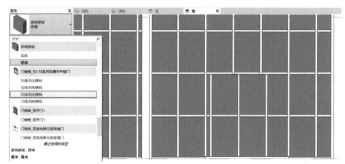

图7-190

04 按照相同的方法将其他部分的嵌板替换为窗嵌板，最终效果如图7-191所示。

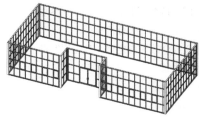

图7-191

实战：使用"匹配类型属性"工具替换嵌板

素材位置　素材文件>第7章>14.rvt
实例位置　实例文件>第7章>实战：使用"匹配类型属性"工具替换嵌板.rvt
视频位置　第7章>实战：使用"匹配类型属性"工具替换嵌板.mp4
难易指数　★★☆☆☆
技术掌握　掌握"匹配类型属性"工具的使用方法与技巧

01 打开学习资源中的"素材文件>第7章>14.rvt"文件，如图7-192所示。

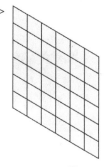

图7-192

02 选择其中一块嵌板，将其替换为"窗嵌板_50-70系列上悬铝窗50系列"，如图7-193所示。

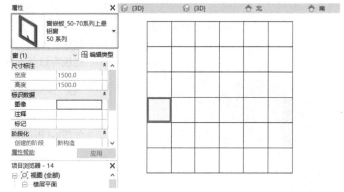

图7-193

03 切换至"修改1窗"选项卡，单击"剪贴板"面板中的"匹配类型属性"按钮（快捷键MA），如图7-194所示。

图7-194

04 单击初始幕墙嵌板，然后选择其他嵌板，其他的嵌板样式将匹配为初始嵌板的状态，如图7-195所示。

图7-195

05 单击同一行的所有嵌板，匹配完成的最终效果如图7-196所示。

技巧与提示

"匹配类型属性"工具同样适用于其他图元，任何图元都可以使用上述方法进行图元之间的匹配。

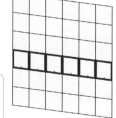

图7-196

第8章

楼板/天花板/屋顶的建立

8.1 绘制楼板

楼板作为建筑物中不可缺少的部分，起着重要的承重作用。Revit中提供了3种楼板类型，分别是建筑楼板、结构楼板和面楼板。同时，"楼板"命令中还提供了"楼板：楼板边"命令，供用户创建沿楼板边缘放置的构件，如结构设计中常用的圈梁。

8.1.1 创建室内楼板

创建室内楼板的方式有很多种，其中一种是通过拾取墙或使用"线"工具绘制楼板，从而创建楼板。在三维视图中同样可以绘制楼板，但需要注意的是，绘制的楼板可以基于标高或水平工作平面创建，但无法基于垂直或倾斜的工作平面创建。

🌑 **楼板实例属性**--

要修改楼板的实例属性，可按"楼板实例属性参数介绍"修改相应参数的值，如图8-1所示。

图8-1

楼板实例属性参数介绍

标高： 约束楼板的标高。

目标高的高度偏移： 楼板顶部相对于当前标高参数的高程。

房间边界： 表明楼板是否作为房间的边界图元。

与体量相关： 表明此图元是否是从体量图元中创建的，该参数为只读类型。

结构： 表明当前图元是否属于结构图元，并参与结构计算。

启用分析模型： 此图元有一个分析模型。

坡度： 将坡度定义线修改为指定值，且无须编辑草图。

周长： 设置楼板的周长。

面积： 设置楼板的面积。

厚度： 设置楼板的厚度。

🌑 **楼板类型属性**--

要修改楼板的类型属性，可按"楼板类型属性参数介绍"修改相应参数的值，如图8-2所示。

图8-2

楼板类型属性参数介绍

结构: 创建复合楼板层集。

默认的厚度: 显示楼板类型的厚度,通过累加楼板层的厚度得出。

功能: 指示楼板是内部的还是外部的。

粗略比例填充样式: 粗略比例视图中楼板的填充样式。

粗略比例填充颜色: 粗略比例视图中楼板填充样式应用的颜色。

素材位置　素材文件>第8章>01.rvt
实例位置　实例文件>第8章>实战: 绘制室内楼板.rvt
视频位置　第8章>实战: 绘制室内楼板.mp4
难易指数　★★☆☆☆
技术掌握　掌握楼板的绘制方法及技巧

01 打开学习资源中的"素材文件>第8章>01.rvt"文件,进入一层平面,如图8-3所示。

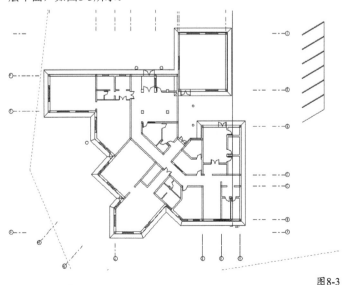

图8-3

02 切换至"建筑"选项卡,单击"楼板"按钮,如图8-4所示。

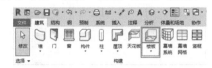

图8-4

03 在"属性"面板中选择楼板类型为"楼板 常规-150mm",然后单击"编辑类型"按钮,如图8-5所示。

图8-5

04 在"类型属性"对话框中,单击"复制"按钮,复制新楼板类型,然后输入名称"室内-150+50+1.5+35+4mm",单击"编辑"按钮,如图8-6所示。

图8-6

05 在"编辑部件"对话框中,单击"插入"按钮,分别插入4个结构层,然后单击"向上"按钮,将其移动至核心边界的上部,设置其余的结构层"功能"分别为"面层1[4]""衬底[2]""涂膜层""衬底[2]","厚度"分别为4、35、0和50,最后单击"确定"按钮,如图8-7所示。

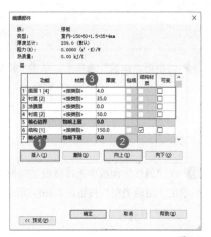

图8-7

[2]"，"厚度"分别为20和30，将结构层的"厚度"设置为120，最后单击"确定"按钮，如图8-10所示。

图8-9

06. 使用"线"工具或"拾取线"工具绘制楼板轮廓。如果选择拾取线的方式，可以使用"修剪"工具将其修剪为一个封闭的轮廓，然后单击"完成"按钮，如图8-8所示。

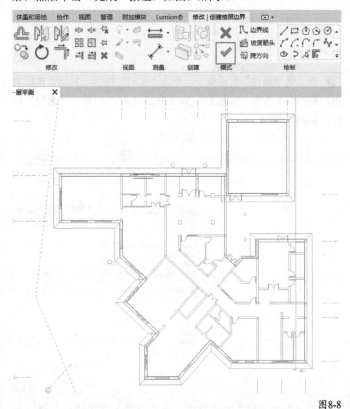

图8-8

07. 再次执行"楼板"命令，选择楼板类型为"常规-150mm"，然后单击"编辑类型"按钮，打开"类型属性"对话框。在"类型属性"对话框中复制新楼板类型，输入名称"室内2F-120+30+20mm"，然后单击"结构"后方的"编辑"按钮，如图8-9所示。

08. 在"编辑部件"对话框中，单击"插入"按钮，分别插入2个结构层，然后单击"向上"按钮，将其移动至核心边界的上部，设置其余的结构层"功能"分别为"面层1[4]""衬底

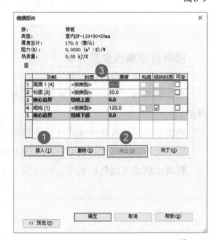

图8-10

09. 使用"线"工具或"拾取线"工具绘制楼板轮廓。如果使用拾取线的方式，可以使用"修剪"工具将其修剪为一个封闭的轮廓，然后单击"完成"按钮，如图8-11所示。

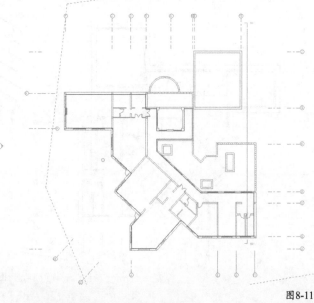

图8-11

10 当弹出"正在附着到楼板"对话框时，单击"不附着"按钮，如图8-12所示。

图8-12

11 打开三维视图，查看最终所完成的效果，如图8-13所示。

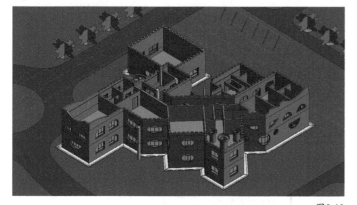

图8-13

实战 绘制卫生间楼板

素材位置　素材文件>第8章>02.rvt
实例位置　实例文件>第8章>实战：绘制卫生间楼板.rvt
视频位置　第8章>实战：绘制卫生间楼板.mp4
难易指数　★★★☆☆
技术掌握　掌握楼板形状编辑器的使用方法与技巧

01 打开学习资源中的"素材文件>第8章>02.rvt"文件，进入一层平面图，如图8-14所示。

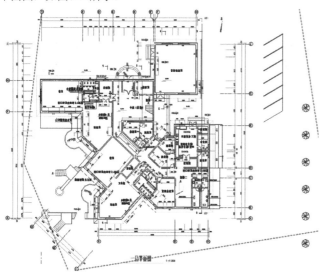

图8-14

02 选中楼板，双击进入编辑草图模式，然后使用"直线"工具修改楼板轮廓，将卫生间部分的楼板剔除，如图8-15所示。

03 切换至"建筑"选项卡，单击"楼板"按钮。选择楼板类型为"楼板 室内-150+50+1.5+35+4mm"，然后设置"目标高的高度偏移"为-20，开始绘制卫生间部分的楼板轮廓，如图8-16所示。绘制完成后，单击"完成"按钮。

图8-15

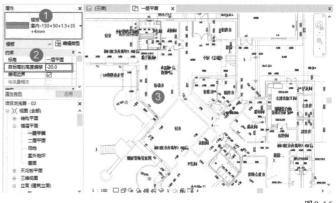

图8-16

04 选中卫生间的楼板，单击"添加点"按钮，如图8-17所示，然后向拖布池地漏的位置单击放置点，如图8-18所示。

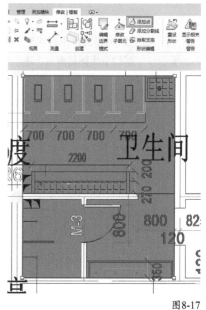

图8-17

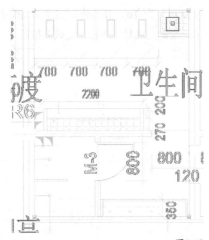

图8-18

05 单击"修改子图元"按钮，然后拾取刚放置的点，输入高程数值为-10，如图8-19所示。最后在空白处单击完成修改。

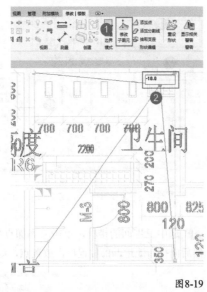

图8-19

06 另一处卫生间楼板也按相同的方法修改，最终完成效果如图8-20所示。二层的卫生间楼板按上述步骤完成编辑。

图8-20

8.1.2 创建室外楼板

室外楼板的创建方法与室内楼板相同，属性参数也保持一致。不同的是，室外楼板与室内楼板在楼板厚度、使用材料等方面有一定出入，其余部分的绘制方法都和室内楼板相同。

实战：绘制室外楼板

素材位置	素材文件>第8章>03.rvt
实例位置	实例文件>第8章>实战：绘制室外楼板.rvt
视频位置	第8章>实战：绘制室外楼板.mp4
难易指数	★★☆☆☆
技术掌握	掌握楼板的绘制方法及技巧

01 打开学习资源中的"素材文件>第8章>03.rvt"文件，进入一层平面图，如图8-21所示。

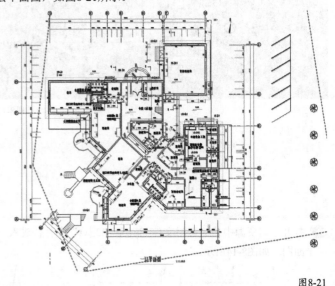

图8-21

02 切换至"建筑"选项卡，单击"楼板"按钮。然后选择楼板类型为"楼板 常规-150mm"，设置"目标高的高度偏移"为0，如图8-22所示。

图8-22

03 使用"拾取线"工具，配合"修剪"工具完成对室外楼板轮廓的绘制，然后单击"完成"按钮，如图8-23所示。

04 按照相同的方法完成对二层室外楼板轮廓的绘制，然后单击"完成"按钮，效果如图8-24所示。当弹出"正在附着到楼板"对话框时，单击"不附着"按钮，如图8-25所示。

图8-23

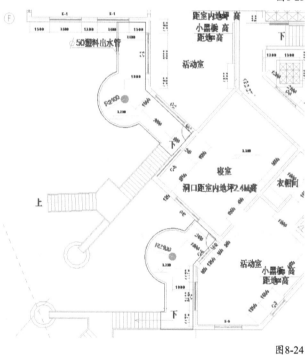

图8-24

图8-25

05. 打开三维视图，查看最终完成的效果，如图8-26所示。

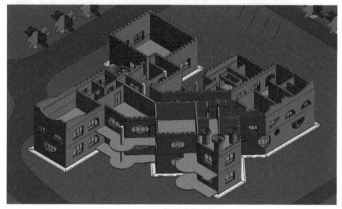

图8-26

8.1.3 带坡度的楼板与压型板

这一节主要介绍如何创建带坡度的楼板和压型板。关于带坡度的楼板，创建方法有以下3种。

第1种：在绘制或编辑楼层边界时，绘制一个坡度箭头。

第2种：使用"修改子图元"工具，分别调整楼板边界的高度。

第3种：指定单条楼板绘制线的"定义坡度"和"坡度"属性值。

实战： 绘制斜楼板

素材位置　素材文件>第8章>04.rvt
实例位置　实例文件>第8章>实战：绘制斜楼板.rvt
视频位置　第8章>实战：绘制斜楼板.mp4
难易指数　★★☆☆☆
技术掌握　掌握斜楼板的绘制方法及技巧

01. 打开学习资源中的"素材文件>第8章>04.rvt"文件，如图8-27所示。

图8-27

02. 进入"标高2"平面，单击"楼板"按钮，绘制底部两个立方体之间的楼板轮廓，如图8-28所示。

03. 选中左侧的轮廓线，然后在工具选项栏中选中"定义坡度"复选框，接着在"属性"面板中将"坡度"设置为14.50°，最后单击"完成"按钮，如图8-29所示。

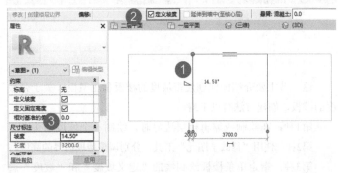

图8-28

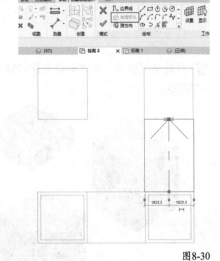

图8-29

04 绘制第二块楼板草图。在草图模式下单击"坡度箭头"按钮，然后在草图区域绘制一个方向箭头，如图8-30所示。

图8-30

所示，最后单击"完成"按钮。

图8-31

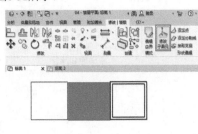

技巧与提示

指定参数有两个选项，一个是"尾高"，另一个是"坡度"，用户可以根据实际情况进行选择。

06 进入"标高1"平面，创建第三块楼板，创建完成后单击"修改子图元"按钮，如图8-32所示。

图8-32

07 选中楼板左右两条边界，然后设置"偏移"分别为1000和2000，如图8-33和图8-34所示。

图8-33   图8-34

技巧与提示

坡度箭头的起始点与结束点决定了当前楼板坡度实线开始与结束的位置。

05 选中坡度箭头，然后在"属性"面板中设置"指定"为"尾高"，"最低处标高"为"标高1"，"尾高度偏移"为3000，"最高处标高"为"标高1"，"头高度偏移"为2000，如图8-31

08 按Esc键退出编辑命令，查看最终的三维效果，如图8-35所示。

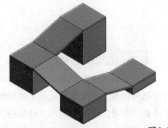

图8-35

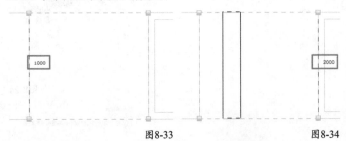

技术专题 14 使用"修改子图元"工具创建屋顶板

坡屋面的屋顶板存在双方向的坡度，对于这种形式的板，可以通过"修改子图元"工具实现。

第1步：选择一块已经绘制好的楼板，然后在"形状编辑"面板中单击"添加分割线"按钮，如图8-36所示。

图8-36

第2步：在楼板中间的位置绘制一条分割线，如图8-37所示。

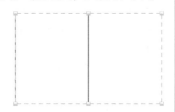

图8-37

第3步：单击"修改子图元"按钮，然后选中分割线，输入相应的高程数值，如图8-38所示。

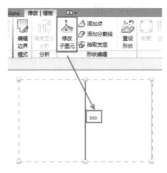

图8-38

第4步：转到三维视图，查看最终完成的效果，如图8-39所示。

图8-39

在钢结构建筑中，经常会用到组合楼板。组合楼板可以通过压型板与混凝土制成，下面学习如何创建组合楼板。

01 打开学习资源中的"素材文件>第8章>05.rvt"文件，如图8-40所示。

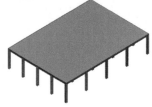

图8-40

02 选择当前视图中的楼板，然后单击"编辑类型"按钮，如图8-41所示。

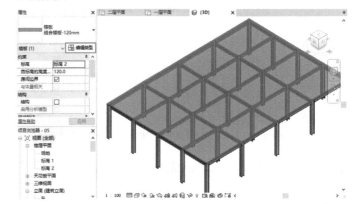

图8-41

03 在"类型属性"对话框中单击结构后方的"编辑"按钮，打开"编辑部件"对话框。然后单击"插入"按钮，插入新的结构层，设置"功能"为"压型板[1]"，如图8-42所示。

图8-42

实战：**创建压型板**

素材位置　素材文件>第8章>05.rvt
实例位置　实例文件>第8章>实战：创建压型板.rvt
视频位置　第8章>实战：创建压型板.mp4
难易指数　★★☆☆☆
技术掌握　掌握压型板的创建方法与技巧

◀ **知识链接** ▶

打开"编辑部件"对话框的方法，请参阅本章"实战：绘制室内楼板"中的步骤04。

04 在"编辑部件"对话框中，设置"压型板轮廓"及"压型板用途"，如图8-43所示。然后单击"确定"按钮，依次关闭对话框。

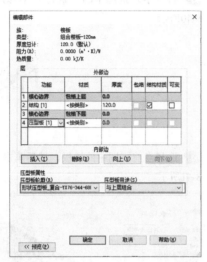

图8-43

05 打开立面视图，查看最终完成的效果，如图8-44所示。

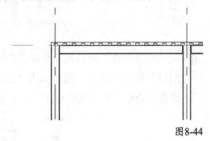

图8-44

8.1.4 创建楼板边缘

通常情况下，可以使用"楼板边"命令创建一些基于楼板边界的构件，如结构边梁、室外台阶等。创建楼板边的方式非常简单，可以在三维视图中拾取，也可以在平面或立面视图中拾取，还可以通过更改不同的轮廓样式创建不同形式的构件。

楼板边缘实例属性

楼板边缘的实例属性主要用于修改轮廓垂直及水平方向的偏移，以及显示长度与体积等数值，如图8-45所示。

图8-45

楼板边缘实例属性参数介绍

垂直轮廓偏移：以拾取的楼板边界为基准，向上和向下移动楼板边缘构件。

水平轮廓偏移：以拾取的楼板边界为基准，向前和向后移动楼板边缘构件。

钢筋保护层：设置钢筋保护层的厚度。

长度：显示所创建的楼板边缘的实际长度。

体积：显示楼板边缘的实际体积。

注释：用于添加有关楼板边缘的注释信息。

标记：为楼板边缘创建的标签。

角度：楼板边缘在垂直方向的旋转角度。

楼板边缘类型属性

楼板边缘的类型属性主要用于设置轮廓样式及对应材质的参数，如图8-46所示。

图8-46

楼板边缘类型属性参数介绍

轮廓：指定楼板边缘所使用的轮廓样式。

材质：楼板边缘所赋予的材质信息，包括颜色渲染样式等。

实战：创建室外台阶

素材位置　素材文件>第8章>06.rvt
实例位置　实例文件>第8章>实战：创建室外台阶.rvt
视频位置　第8章>实战：创建室外台阶.mp4
难易指数　★★☆☆☆
技术掌握　学握楼板边缘的创建方法及轮廓样式的更改方法

01 打开学习资源中的"素材文件>第8章>06.rvt"文件，如图8-47所示。

图8-47

02 切换至"插入"选项卡，单击"载入族"按钮，如图8-48所示。

图8-48

03 在弹出的"载入族"对话框中，选择"素材文件>第8章>族"文件夹，然后选择"台阶-两阶"族文件，单击"打开"按钮，如图8-49所示。

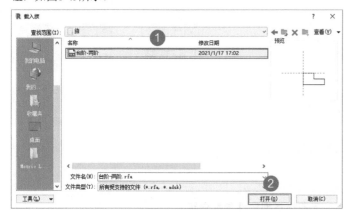

图8-49

04 切换至"建筑"选项卡，选择"楼板"下拉菜单中的"楼板：楼板边"选项，如图8-50所示。

图8-50

05 在"属性"面板中，单击"编辑类型"按钮，如图8-51所示。

图8-51

06 在"类型属性"对话框中，单击"复制"按钮，输入类型名称为"室外台阶-两阶"，然后设置"轮廓"为"台阶-两阶：台阶-两阶"，最后单击"确定"按钮，如图8-52所示。

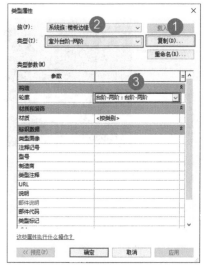

图8-52

07 进入一层平面，依次拾取室外台阶位置处的楼板边以创建台阶，如图8-53所示。

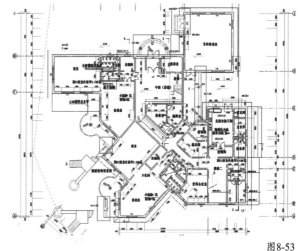

图8-53

08 对于左下角超出CAD底图台的台阶，可以通过拖曳控制柄调整台阶的长度，如图8-54所示。

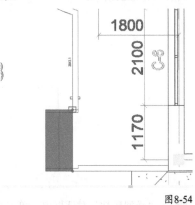

图8-54

09 返回三维视图，选中绘制好的室外台阶，在"属性"面板中将"垂直轮廓偏移"设置为-150，查看最终完成效果，如图8-55所示。

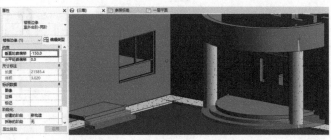

图8-55

8.2 创建天花板

天花板作为建筑室内装饰不可或缺的部分，有非常强的装饰作用。在室内设计中，更愿意称天花板为吊顶。天花板造型各异，不同场所的天花板所用的材料也不同。Revit中创建的天花板，比较适用于平顶或叠级顶。如果是异型的吊顶，则无法用"天花板"工具实现，需要借助其他工具。Revit提供了两种天花板的创建方法，分别是自动绘制与手动绘制。下面将作详细介绍。

8.2.1 自动绘制天花板

自动绘制天花板，即把鼠标指针放置于一个封闭的空间（房间）时，系统会根据房间边界自动生成天花板。这种方法适用于教室、办公室及卫生间等房间类型。因为此类房间的吊顶一般采用平顶设计，所以使用自动绘制方式更加方便、快捷。

天花板实例属性-------------------------------

要修改天花板的实例属性，可按"天花板实例属性参数介绍"中所述，修改相应参数的值，如图8-56所示。

图8-56

天花板实例属性参数介绍

标高： 放置天花板的标高。

房间边界： 控制天花板是否用于定义房间的边界条件。

坡度： 设置天花板的坡度值。

周长： 设置天花板边界总长。

面积： 设置天花板的平面面积。

体积： 设置天花板的体积。

天花板类型属性-------------------------------

要修改天花板的类型属性，可按"天花板类型属性参数介绍"中所述，修改相应参数的值，如图8-57所示。

图8-57

天花板类型属性参数介绍

结构： 设置天花板复合结构的层。

厚度： 设置天花板的总厚度。

粗略比例填充样式： 当前类型图元在"粗略"详细程度下显示时的填充样式。

粗略比例填充颜色： 在"粗略"比例视图中，当前类型图元填充样式的颜色。

实战： 绘制平级吊顶

素材位置　素材文件>第8章>07.rvt
实例位置　实例文件>第8章>实战：绘制平级吊顶.rvt
视频位置　第8章>实战：绘制平级吊顶.mp4
难易指数　★★☆☆☆
技术掌握　掌握自动创建天花板的方法及技巧

01 打开学习资源中的"素材文件>第8章>07.rvt"文件，进入天花板平面一层平面，如图8-58所示。

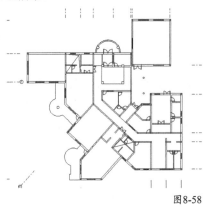

图8-58

02 切换至"建筑"选项卡，然后单击"天花板"按钮，如图8-59所示。

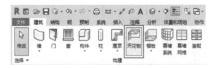

图8-59

03 在"属性"面板中，选择天花板类型为"基本天花板 常规"，然后设置"目标高的高度偏移"为3000，如图8-60所示。

图8-60

04 系统默认放置方式为"自动创建天花板"，将鼠标指针放置于房间内，然后单击创建天花板，如图8-61所示。

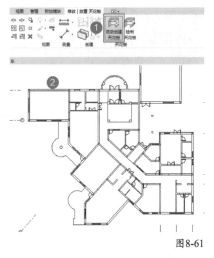

图8-61

> **经验分享**
>
> 天花板自动创建完成后，如果对自动生成的形状不满意，可以选中天花板后双击，或单击"编辑边界"按钮，进入编辑草图状态，编辑天花板轮廓。

05 按照相同的方法，将天花板放置于各个封闭的房间内，最终完成效果如图8-62所示。

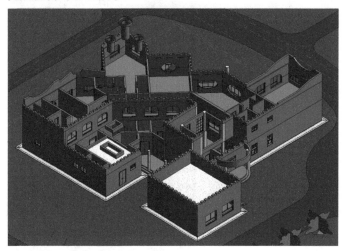

图8-62

8.2.2 手动绘制天花板

前面介绍了如何自动绘制天花板，下面主要介绍如何手动绘制天花板。在一些商业综合体或酒店等建筑类型中，吊顶样式一般都比较丰富。因此在此类建筑中，更适合用手动绘制的方法创建天花板，以满足设计师对吊顶样式的需求。

实战： 绘制跌级吊顶

素材位置	素材文件>第8章>08.rvt
实例位置	实例文件>第8章>实战：绘制跌级吊顶.rvt
视频位置	第8章>实战：绘制跌级吊顶.mp4
难易指数	★★☆☆☆
技术掌握	掌握手动绘制天花板的方法

01 打开学习资源中的"素材文件>第8章>08.rvt"文件，进入天花板平面一层平面，如图8-63所示。

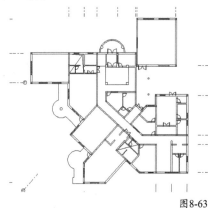

图8-63

02 切换至"建筑"选项卡，单击"天花板"按钮。然后在"属性"面板中选择"复合天花板 光面"，接着单击"编辑类型"按钮，如图8-64所示。

图8-64

03 在"类型属性"对话框中，单击"复制"按钮，输入新的类型名称为"轻钢龙骨吊顶"，然后单击"结构"后方的"编辑"按钮，如图8-65所示。

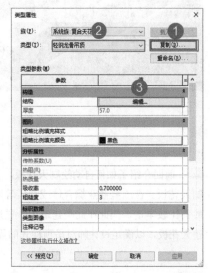

图8-65

04 设置第二项结构层的"厚度"为80，将第四项结构层的"功能"修改为"面层2[5]"，然后单击"确定"按钮，如图8-66所示。

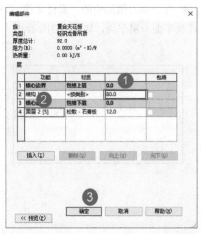

图8-66

05 切换至"修改|放置 天花板"选项卡，然后单击"绘制天花板"按钮，如图8-67所示。

图8-67

06 使用"直线"工具及"圆形"工具绘制天花板形状，然后在"属性"面板中设置"目标高的高度偏移"为2900，最后单击"完成"按钮，如图8-68所示。

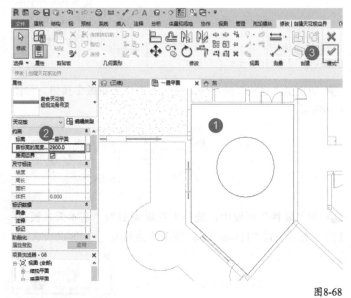

图8-68

> **经验分享**
>
> 天花板轮廓和楼板轮廓一样，必须是封闭的，不然无法完成创建。

07 继续执行"绘制天花板"命令，选择"拾取线"工具，在工具选项栏中设置"偏移"为100，然后拾取现有天花板轮廓，向外侧偏移进行创建，最后在"属性"面板中设置"目标高的高度偏移"为3000，单击"完成"按钮，如图8-69所示。

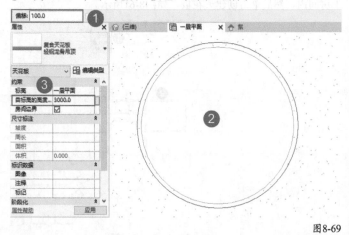

图8-69

08 选中绘制好的天花板，单击"选择框"按钮（快捷键BX），如图8-70所示。

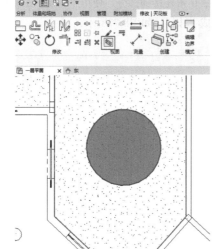

图8-70

09 拖曳剖面框控制柄，调整剖切范围。然后将视图旋转到合适的角度，观察天花板完成的最终效果，如图8-71所示。

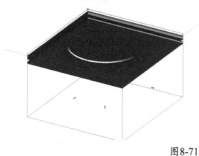

图8-71

8.3 创建屋顶

屋顶是建筑的普遍构成元素之一，有平顶和坡顶之分，主要用于防水。干旱地区的房屋多用平顶，湿润地区的房屋多用坡顶。多雨地区屋顶的坡度较大，坡顶又分为单坡、双坡和四坡等。Revit中提供了多种屋顶创建工具，分别是"迹线屋顶""拉伸屋顶"及"面屋顶"。除屋顶创建工具外，Revit还提供了"底板""封檐带""檐槽"工具，以便用户能够更加方便地创建屋顶相关图元。

8.3.1 迹线屋顶

本节主要介绍如何通过不同的创建方式创建不同样式的屋顶。其中最常用的方式为"迹线屋顶"，只有创建弧形或其他形状的屋顶时，才会采用"拉伸屋顶"方式。下面先简单介绍关于屋顶的属性参数。

屋顶实例属性

要修改屋顶的实例属性，可按"屋顶实例属性参数介绍"中所述，修改相应参数的值，如图8-72所示。

图8-72

屋顶实例属性参数介绍

工作平面：与拉伸屋顶关联的工作平面。

房间边界：控制是否将屋顶作为房间边界。

与体量相关：提示此图元是从体量图元中创建的。

拉伸起点：设置拉伸的起点。（仅为拉伸屋顶启用此参数）

拉伸终点：设置拉伸的终点。（仅为拉伸屋顶启用此参数）

参照标高：屋顶的参照标高，默认标高是项目中的最高标高。（仅为拉伸屋顶启用此参数）

标高偏移：从参照标高升高或降低屋顶。（仅为拉伸屋顶启用此参数）

封檐带深度：定义封檐带的线长。

椽截面：定义屋檐上的椽截面。

坡度：将坡度定义线的值修改为指定值，无须编辑草图。

厚度：显示屋顶的厚度。

体积：显示屋顶的体积。

面积：显示屋顶的面积。

底部标高：设置迹线或拉伸屋顶的标高。

自标高的底部偏移：设置高于或低于绘制时所处标高的屋顶高度。（仅当使用迹线创建屋顶时启用此属性）

截断标高：指定标高，在该标高上方，所有迹线屋顶几何图形都不会显示。

截断偏移：在"截断标高"的基础上，设置向上或向下的偏移值。

最大屋脊高度：屋顶顶部位于建筑物底部标高以上的最大高度。

屋顶类型属性

要修改屋顶的类型属性，可按"屋顶类型属性参数介绍"中所述，修改相应参数的值，如图8-73所示。

图8-73

屋顶类型属性参数介绍

结构：定义复合屋顶的结构层次。

默认的厚度：指示屋顶类型的厚度，通过累加各层的厚度得出。

粗略比例填充样式："粗略"详细程度下显示的屋顶填充图案。

粗略比例填充颜色："粗略"比例视图中的屋顶填充图案的颜色。

技术专题 15 椽截面样式的区别

Revit中一共提供了3种椽截面样式，分别是"垂直截面""垂直双截面""正方形双截面"，如图8-74所示。

垂直截面　　　垂直双截面　　　正方形双截面

图8-74

通过图8-74可以看出，每种椽截面的样式各不相同，其中"垂直双截面"和"正方形双截面"两种样式的区别非常小，基本看不出来。

实战：创建平屋顶及玻璃尖顶

素材位置	素材文件>第8章>09.rvt
实例位置	实例文件>第8章>实战：创建平屋顶及玻璃尖顶.rvt
视频位置	第8章>实战：创建平屋顶及玻璃尖顶.mp4
难易指数	★★★☆☆
技术掌握	掌握"边线屋顶"工具的使用方法及技巧

01 打开学习资源中的"素材文件>第8章>09.rvt"文件，进入屋顶楼层平面，如图8-75所示。

02 切换至"建筑"选项卡，然后单击"屋顶"按钮，如图8-76所示。

03 在"属性"面板中选择屋顶类型为"基本屋顶 常规-125mm"，然后单击"拾取线"按钮，在工具选项栏中取消选中"定义坡度"复选框，接着沿墙体内侧绘制屋顶轮廓，若有无

法正常连接的部分，使用"修剪"工具进行连接，最后单击"完成"按钮，如图8-77所示。

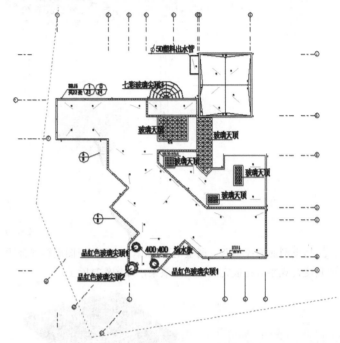

图8-75

图8-76

图8-77

技巧与提示

注意在玻璃尖顶要将洞口的位置预留出来，不然在后期绘制玻璃尖顶时会存在干涉问题。

04 继续单击"屋顶"按钮，在"属性"面板中设置"底部标高"为"二层平面"，其余参数不变，然后绘制其余部分的轮廓线，最后单击"完成"按钮，如图8-78和图8-79所示。

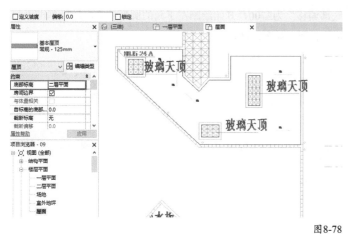

图8-78

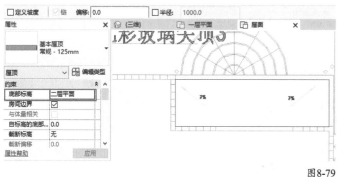

图8-79

技巧与提示

绘制屋顶轮廓时不能存在两个及以上的闭合轮廓，不然无法完成屋顶创建。如果需要创建多个独立的屋顶，需分别创建才行。

05 继续单击"屋顶"按钮，在"属性"面板中设置"底部标高"为"一层平面"，"自标高的底部偏移"为4500，然后绘制矩形屋顶轮廓，最后单击"完成"按钮，如图8-80所示。

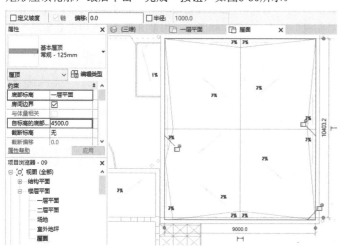

图8-80

06 继续单击"屋顶"按钮，在"属性"面板中单击"编辑类型"按钮，如图8-81所示。

图8-81

07 在"类型属性"对话框中，单击"复制"按钮，复制新屋顶类型为"品红色玻璃尖顶"，然后单击"结构"后方的"编辑"按钮，如图8-82所示。

图8-82

08 在"编辑部件"对话框中，设置结构层的"厚度"为10，然后单击"确定"按钮，如图8-83所示。

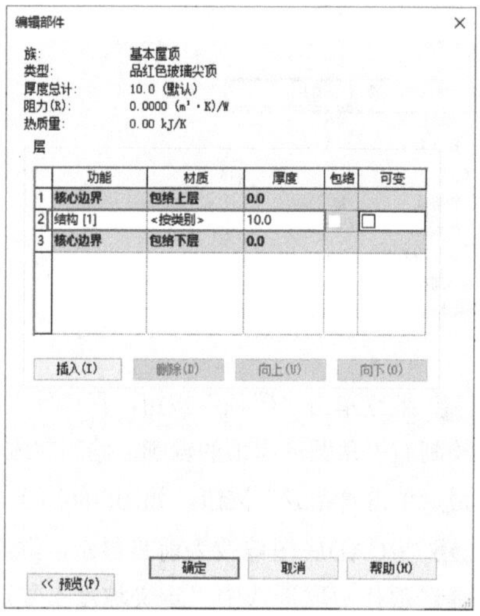

图8-83

09 在工具选项栏中选中"定义坡度"复选框，在"属性"面板中设置"底部标高"为"屋面"，"自标高的底部偏移"为2700，然后开始绘制左下角圆形屋顶的轮廓，绘制完成后单击坡度数值，将其修改为70°，最后单击"完成"按钮，如图8-84所示。

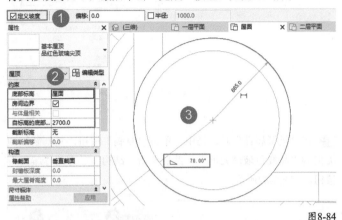

图8-84

技巧与提示

　　屋顶坡度既可以在编辑草图状态下修改，也可以待屋顶绘制完成后，选中屋顶进行修改。两种方法的区别在于，在编辑草图状态下，可以对单一轮廓线进行坡度的修改或取消；在完成状态下，修改坡度会影响整个屋顶。

10 继续单击"屋顶"按钮，在"属性"面板中设置"自标高的底部偏移"为1900，然后开始绘制左上角圆形屋顶的轮廓，绘制完成后修改其坡度数值为70°，最后单击"完成"按钮，如图8-85所示。

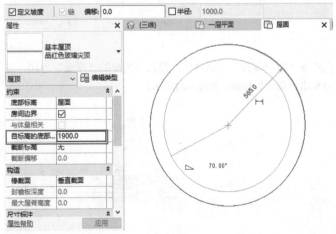

图8-85

11 继续单击"屋顶"按钮，保持预先设置的参数不变，然后开始绘制右下角圆形屋顶的轮廓，绘制完成后设置其坡度数值为70°，最后单击"完成"按钮，如图8-86所示。

12 将CAD底图修改为前景显示，继续单击"屋顶"按钮。在工具选项栏中取消选中"定义坡度"复选框，在"属性"面板中选择屋顶类型为"基本屋顶 常规-125mm"，然后设置"自标高的底部偏移"为2700，开始绘制左下角的圆形轮廓，最后单击"完成"按钮，如图8-87所示。

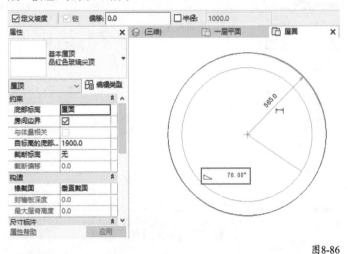

图8-86

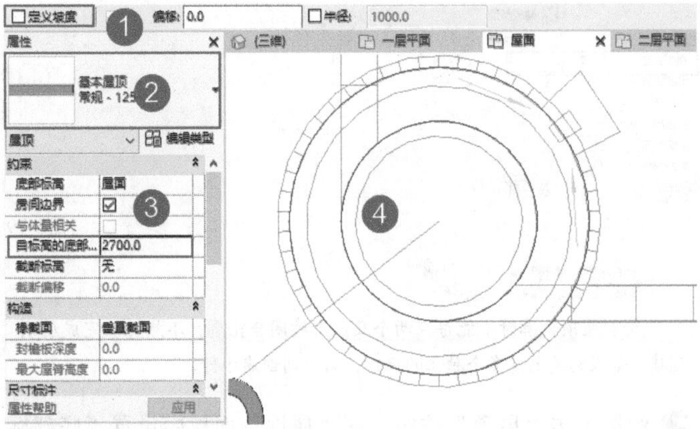

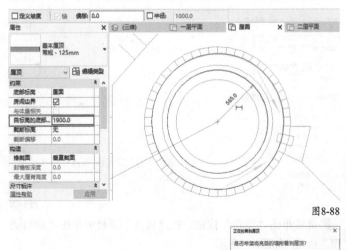

图8-87

13 继续单击"屋顶"按钮，在"属性"面板中设置"自标高的底部偏移"为1900，然后开始绘制左上角的圆形轮廓，最后单击"完成"按钮，如图8-88所示。如果出现"正在附着到屋顶"对话框，单击"不附着"按钮，如图8-89所示。

图8-88

图8-89

14 继续单击"屋顶"按钮,直接绘制右下角圆形屋顶的轮廓,然后单击"完成"按钮,如图8-90所示。

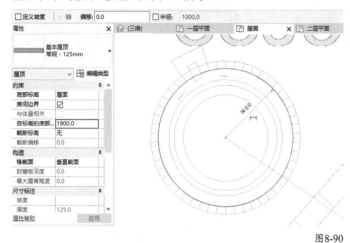

图8-90

15 进入二层平面图,单击"屋顶"按钮。然后在"属性"面板中选择"基本屋顶 品红色玻璃尖顶"选项,单击"编辑类型"按钮,如图8-91所示。

图8-91

16 在"类型属性"对话框中,单击"复制"按钮,复制新屋顶类型为"七彩玻璃尖顶",然后单击"确定"按钮,如图8-92所示。

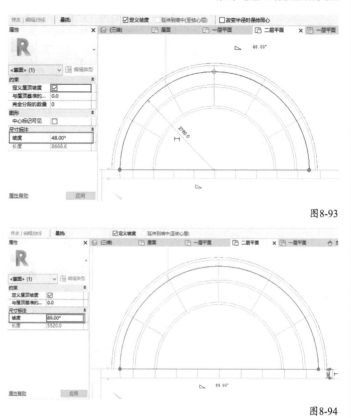

图8-93

图8-94

18 全部屋顶绘制完成后,进入三维视图。在"属性"面板中取消选中"剖面框"复选框,显示完整的模型内容,如图8-95所示。

图8-95

图8-92

17 在工具选项栏中选中"定义坡度"复选框,然后使用"拾取线"工具绘制屋顶轮廓。选中弧线轮廓,在"属性"面板中将"坡度"设置为48°,如图8-93所示。选中直线轮廓,在"属性"面板中将"坡度"设置为89°,单击"完成"按钮,如图8-94所示。

实战: 使用坡度箭头创建老虎窗

素材位置 无
实例位置 实例文件>第8章>实战:使用坡度箭头创建老虎窗.rvt
视频位置 第8章>实战:使用坡度箭头创建老虎窗.mp4
难易指数 ★★
技术掌握 掌握坡度箭头的使用方法

01 使用"建筑样板"创建项目文件,然后单击"迹线屋顶"工具,并选择"矩形"绘制工具,绘制屋面轮廓,如图8-96所示。

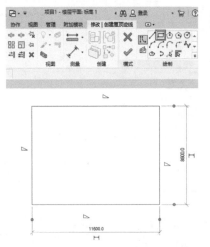

图8-96

02 在草图模式中，单击"拆分图元"按钮，然后在轮廓线中单击两点，拆分出一段线段，如图8-97所示。

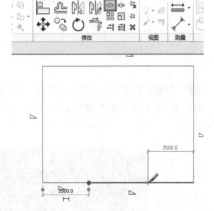

图8-97

03 取消中间线段的坡度定义，然后单击"坡度箭头"按钮，沿中间线段绘制两条对立的坡度箭头，如图8-98所示。

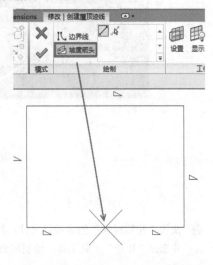

图8-98

04 选中两条坡度箭头，在"属性"面板中，设置"头高度偏移"为1500，如图8-99所示。

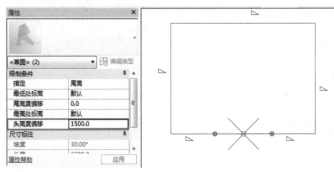

图8-99

05 单击"完成"按钮，最终完成效果如图8-100所示。

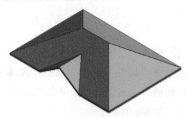

图8-100

8.3.2 拉伸屋顶

拉伸屋顶这种创建方法相对来说比较自由，用户可以随意编辑屋顶的截面形状，并将其定义为任意样式。这种屋顶创建方式比较适合一些非常规屋顶，如弧形顶等。在实际应用中，"拉伸屋顶"方式的使用率不是很高。用户需结合实际选择创建屋顶的方式。

实战： 创建拉伸屋顶

素材位置　素材文件>第8章>10.rvt
实例位置　实例文件>第8章>实战：创建拉伸屋顶.rvt
视频位置　第8章>实战：创建拉伸屋顶.mp4
难易指数　★★☆☆☆
技术掌握　掌握"拉伸屋顶"工具的使用方法及技巧

01 打开学习资源中的"素材文件>第8章>10.rvt"文件，如图8-101所示。

02 选择南立面视图，切换至"建筑"选项卡，选择"屋顶"下拉菜单中的"拉伸屋顶"选项，如图8-102所示。

图8-101　　　　　　　图8-102

03 在打开的"工作平面"对话框中，选中"拾取一个平面"单选按钮，然后单击"确定"按钮，如图8-103所示。

04 将鼠标指针放置于墙面并单击，在打开的"屋顶参照标高和偏移"对话框中，设置"标高"为"标高2"，"偏移"为0，然后单击"确定"按钮，如图8-104所示。

图8-104

05 选择"弧形"绘制工具，在视图中绘制屋顶截面的外轮廓，单击"完成"按钮，如图8-105所示。

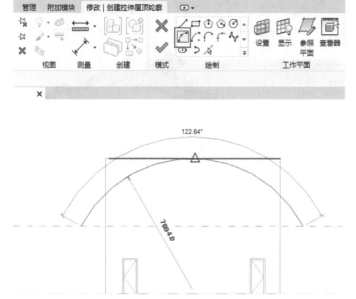

图8-105

06 回到三维视图，选中屋顶，在"属性"面板中设置"拉伸起点"与"拉伸终点"，也可以使用控制柄手动拖曳调整屋顶的形状，如图8-106所示。

07 选中全部墙体，然后附着于屋顶，最终完成效果如图8-107所示。

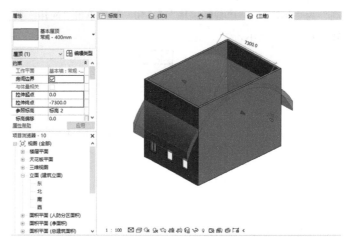

图8-106

图8-107

实战：复杂形式的屋顶创建

素材位置　无
实例位置　实例文件>第8章>实战：复杂形式的屋顶创建.rvt
视频位置　第8章>实战：复杂形式的屋顶创建.mp4
难易指数　★★★☆☆
技术掌握　掌握利用不同屋顶工具创建叠加屋顶的方法

01 新建项目文件，切换至"建筑"选项卡，单击"屋顶"按钮。进入"标高2"视图，设置"自标高的底部偏移"为350。再绘制屋顶右下方的迹线，单击"完成"按钮，如图8-108所示。

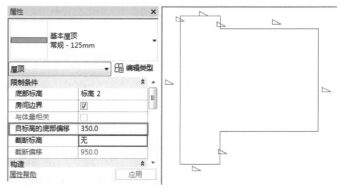

图8-108

02 单击"迹线屋顶"按钮，设置"自标高的底部偏移"为0，然后绘制屋顶并取消选中右边迹线的"定义坡度"复选框，接着单击"完成"按钮，如图8-109所示。

03 选中刚绘制完成的屋顶，在"属性"面板中设置"截断标高"为"标高2"，"截断偏移"为350，然后单击"应用"按钮，如图8-110所示。

8-113所示。

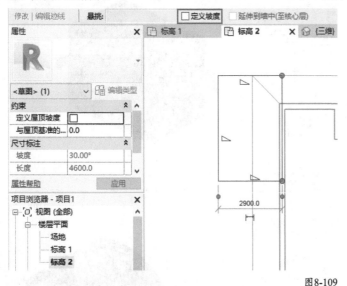

图8-109

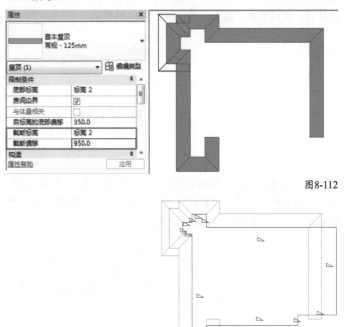

图8-112

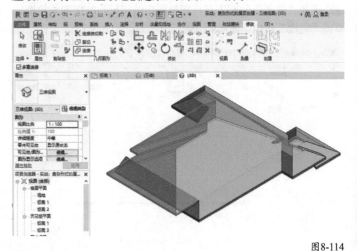

图8-113

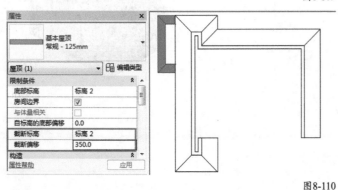

图8-110

07 切换至"修改"选项卡，单击"连接"按钮，依次拾取三个屋顶，并将三个屋顶连接起来，如图8-114所示。

04 选中之前绘制的屋顶，单击"编辑迹线"按钮，拾取小屋顶截断线修改屋顶迹线，然后单击"完成"按钮，如图8-111所示。

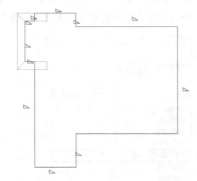

图8-111

05 选中编辑完成的屋顶，在"属性"面板中，设置"截断标高"为"标高2"，"截断偏移"为950，单击"应用"按钮，如图8-112所示。

06 单击"迹线屋顶"按钮，设置"自标高的底部偏移"为950，然后拾取屋顶截断线绘制屋顶，单击"完成"按钮，如图

08 单击"迹线屋顶"按钮，设置"自标高的底部偏移"为600，然后绘制屋顶，并取消选中上下两边迹线的"坡度定义"复选框，接着单击"完成"按钮，如图8-115所示。

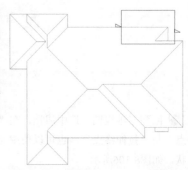

图8-115

09　切换至"修改"选项卡，单击"链接/取消屋顶连接"按钮，将刚绘制完成的屋顶连接至高亮显示的屋顶上，如图8-116所示。

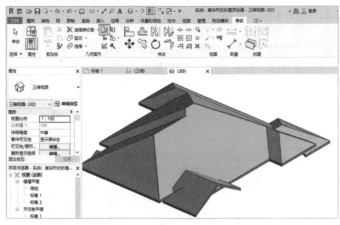

图8-116

　　如果需要取消两个屋顶的连接状态，可以直接单击"连接/取消屋顶连接"按钮，然后选择连接之后的拉伸屋顶。

10　屋顶开老虎窗洞口的操作见后续章节，最终完成效果如图8-117所示。

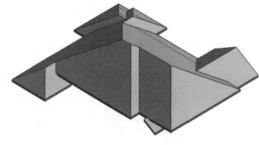

图8-117

8.3.3 面屋顶

　　面屋顶主要应用于一些异形屋面，如体育场馆、车站等。其屋面效果一般比较独特，因此使用常规创建方法无法完成。"面屋顶"命令通常配合体量或常规模型使用。由于面屋顶只能拾取现有的模型或体量面，因此既可以由Revit创建，也可以通过其他软件导入。

实战：创建玻璃天顶

素材位置　素材文件>第8章>11.rvt
实例位置　实例文件>第8章>实战：创建玻璃天顶.rvt
视频位置　第8章>实战：创建玻璃天顶.mp4
难易指数　★★★☆☆
技术掌握　掌握"面屋顶"工具的使用方法及技巧

01　打开学习资源中的"素材文件>第8章>11.rvt"文件，进入楼层平面的二层平面，如图8-118所示。

02　切换至"体量和场地"选项卡，单击"内建体量"按钮，如图8-119所示。

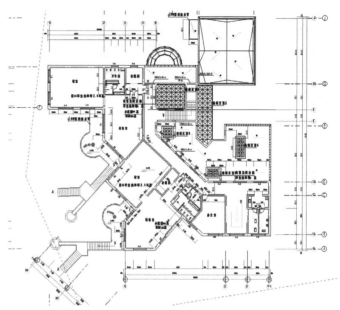

图8-118

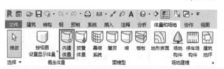

图8-119

03　在弹出的"名称"对话框中，输入名称为"玻璃天顶"，然后单击"确定"按钮，如图8-120所示。

图8-120

04　选中模型线，单击"在工作平面上绘制"按钮，依次绘制各个玻璃天顶的轮廓线，如图8-121所示。

图8-121

05　依次选中之前绘制好的模型线，然后单击"创建形状"按钮，如图8-122所示。

图8-122

06 打开三维视图，依次选中生成的体量形状，然后通过临时尺寸标注，将所有体量形状的高度修改为1，最后单击"完成体量"按钮，如图8-123所示。

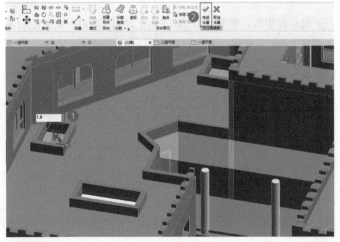

图8-123

07 切换至"建筑"选项卡，单击"屋顶"按钮下方的小三角，在下拉菜单中选择"面屋顶"选项，如图8-124所示。

图8-124

08 在"属性"面板中选择屋顶类型为"玻璃斜窗"，然后拾取各个体量表面，单击"创建屋顶"按钮，如图8-125所示。

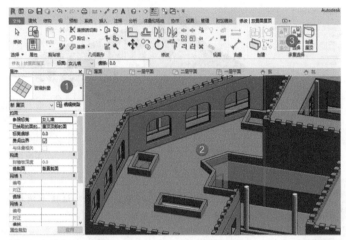

图8-125

09 对于没有创建成功的屋顶，可以再次拾取单独创建。然后选中已创建好的玻璃天顶，在"属性"面板中设置"已拾取的面的位置"为"屋顶底部的面"，如图8-126所示。

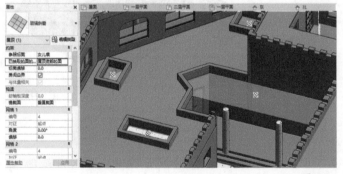

图8-126

10 打开二层平面图，在"建筑"选项卡中单击"幕墙网格"按钮，如图8-127所示。

图8-127

11 在楼层平面中，按照不同的屋顶网格划分方式，依次手动完成网格划分，如图8-128所示。

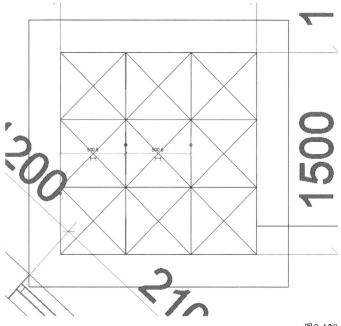

图8-128

12. 切换至"插入"选项卡，单击"载入族"按钮。在"载入族"对话框中，选择"素材文件>第8章>族"文件夹，选择"玻璃屋顶-嵌板"文件，然后单击"打开"按钮，如图8-129所示。

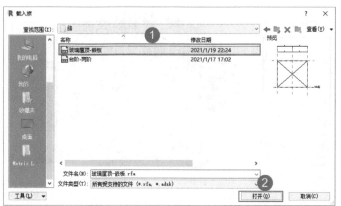

图8-129

13. 再次单击"面屋顶"按钮，然后在"属性"面板中选择"玻璃斜窗"，并单击"编辑类型"按钮，如图8-130所示。

图8-130

14. 将"幕墙嵌板"设置为"玻璃屋顶-嵌板：玻璃屋顶-嵌板"，然后将"网格1竖梃"和"网格2竖梃"全部设置为"矩形

竖梃：30mm正方形"，最后单击"确定"按钮，如图8-131和图8-132所示。

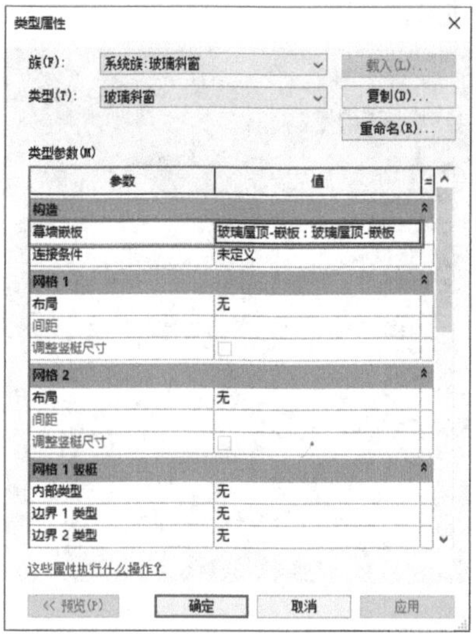

图8-131

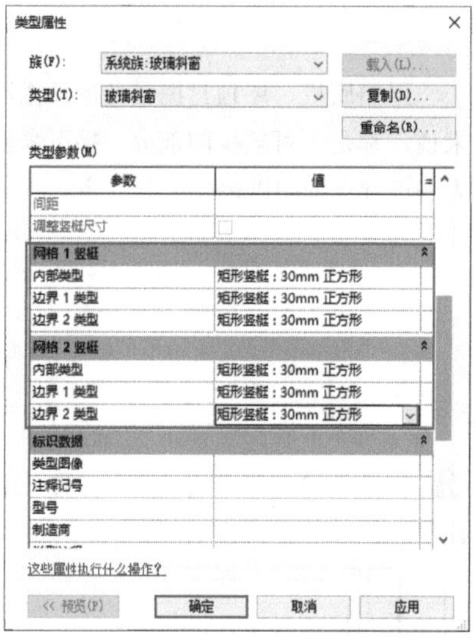

图8-132

15. 由于部分嵌板非矩形嵌板，因此无法使用刚载入的嵌板族。在弹出的对话框中，依次单击"删除类型""替换嵌板"按钮，如图8-133和图8-134所示。

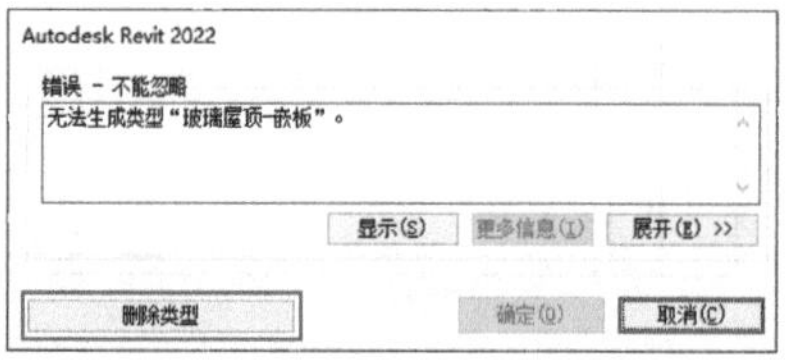

图8-133

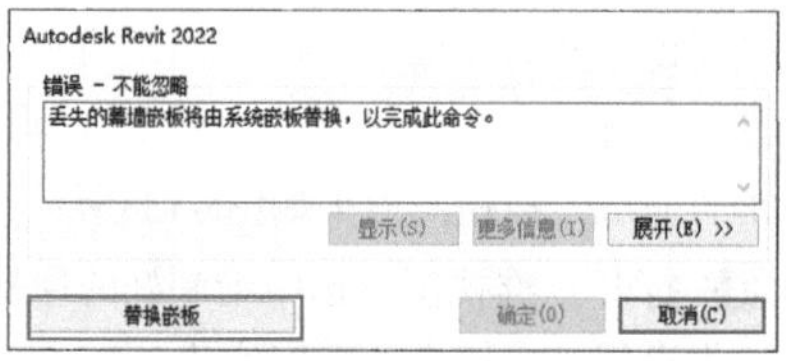

图8-134

155

16 进入三维视图，查看最终完成的玻璃天顶的效果，如图8-135所示。

图8-135

8.3.4 底板、封檐带和檐沟

屋檐底板、屋顶封檐带及屋顶檐沟对于一个完整的屋面系统来说，都是不可缺少的部分。接下来将对这些构件的添加和编辑方法进行详细的讲解。

实战：创建屋檐底板、封檐带及檐沟

素材位置　素材文件>第8章>12.rvt
实例位置　实例文件>第8章>实战：创建屋檐底板、封檐带及檐沟.rvt
视频位置　第8章>实战：创建屋檐底板、封檐带及檐沟.mp4
难易指数　★★☆☆☆
技术掌握　掌握屋顶各个构件的添加与编辑方法

01 打开学习资源中的"素材文件>第8章>12.rvt"文件，进入标高2楼层平面，如图8-136所示。

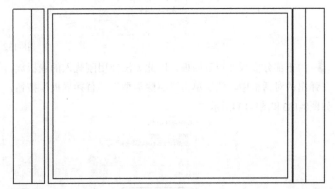

图8-136

02 切换至"建筑"选项卡，然后选择"屋顶"下拉菜单中的"屋檐：底板"选项，如图8-137所示。

03 选择"矩形"工具，绘制左右两侧屋檐底板的轮廓，然后单击"完成"按钮，效果如图8-138所示。

04 打开三维视图，选中绘制好的屋檐底板，然后在"属性"面板中设置"自标高的高度偏移"为-300，如图8-139所示。

图8-137

图8-138

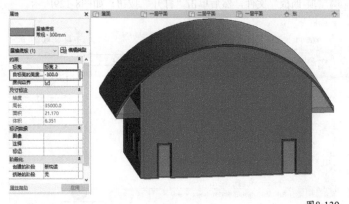

图8-139

05 在"建筑"选项卡中，选择"屋顶"下拉菜单中的"屋顶：封檐带"选项，如图8-140所示。

图8-140

06 在"属性"面板中选择"封檐板 封檐带",然后单击"编辑类型"按钮,如图8-141所示。在"类型属性"对话框中,选择轮廓为"封檐带-平板:19×286mm",单击"确定"按钮,如图8-142所示。

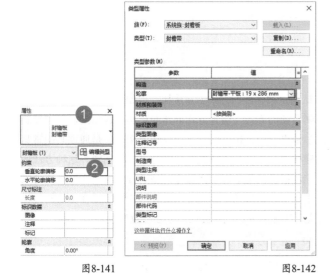

图8-141

图8-142

07 将鼠标指针移动到屋顶边界处单击,创建两侧的封檐带,如图8-143所示。

图8-143

 技巧与提示

选中创建完成的封檐带或檐沟,单击"添加/删除线段"按钮,即可对单独一段图元进行删除或添加操作。

08 在"建筑"选项卡中,选择"屋顶"下拉菜单中的"屋顶:檐槽"选项,如图8-144所示。

图8-144

09 拾取屋顶水平边界处,单击创建檐沟,如图8-145所示。

图8-145

10 全部内容创建完成后,最终效果如图8-146所示。

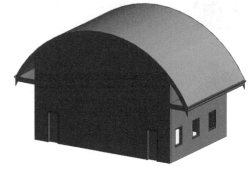

图8-146

 技巧与提示

檐沟轮廓的设置方法与封檐带的设置方法相同,均可在"类型属性"对话框中进行选择。

第9章

楼梯/坡道/栏杆/洞口的建立

9.1 创建楼梯

楼梯作为建筑物中楼层间垂直交通的构件，用于楼层之间高差较大时的交通联系。在设有电梯、自动梯的多层和高层建筑中，仍需保留楼梯供火灾时逃生之用。下面讲解如何在Revit中创建楼梯。

在Revit中，默认通过按构件的方式创建楼梯。但如果需要绘制形状比较特殊的楼梯，可以采用绘制草图的方式。两种方式创建的楼梯样式相同，但在绘制过程中的方法不同，因此参数设置效果也不同。按构件创建楼梯，是通过装配常见梯段、平台和支撑构件创建楼梯，在平面或三维视图中均可进行创建。这种方法适合创建常规样式的双跑或三跑楼梯。按草图创建楼梯，是通过定义楼梯梯段或绘制踢面线和边界线，在平面视图中创建楼梯，这种方法适合创建异形楼梯，可对楼梯的平面轮廓形状进行自定义。下面将介绍创建楼梯的主要参数信息。

🔴 楼梯实例属性

若要更改楼梯的实例属性，则选中楼梯，然后修改"属性"面板中相应参数的值，如图9-1所示。

图9-1

楼梯实例属性参数介绍

底部标高： 设置楼梯的基面。

底部偏移： 设置楼梯相对于底部标高的高度。

顶部标高： 设置楼梯的顶部。

顶部偏移： 设置楼梯相对于顶部标高的偏移量。

所需的楼梯高度： 按照现有的标高条件计算出的楼梯高度。

钢筋保护层： 钢筋保护层的设置。

所需踢面数： 踢面数是基于标高间的高度计算得出的。

实际踢面数： 该参数通常与所需踢面数相同。

实际踢面高度： 显示实际踢面的高度。

实际踏板深度： 设置此值以修改踏板深度。

踏板/踢面起始编号： 设置踏板/踢面编号的起始数值。

楼梯类型属性

若要更改楼梯的类型属性，则先选中楼梯，然后单击"属性"面板中的"编辑类型"按钮。在"类型属性"对话框中对参数进行设置，如图9-2所示。

图9-2

楼梯（按草图）类型属性参数介绍

最大踢面高度： 设置楼梯上每个踢面的最大高度。

最小踏板深度： 设置沿所有常用梯段的中心路径测量的最小踏板宽度（斜踏步、螺旋和直线）。

最小梯段宽度： 设置常用梯段的宽度的初始值。

计算规则： 单击"编辑"按钮以设置楼梯计算规则。

梯段类型： 定义楼梯图元中的所有梯段类型。

平台类型： 定义楼梯图元中的所有平台类型。

功能： 指示楼梯是内部的（默认值）还是外部的。

右侧支撑： 指定是否连同楼梯一起创建梯边梁（闭合）、支撑梁（开放），或没有右支撑；梯边梁将踏板和踢面围住，支撑梁将踏板和踢面露出。

右侧支撑类型： 定义用于楼梯的右支撑的类型。

右侧侧向偏移： 指定一个值，将右支撑从梯段边缘以水平方向偏移。

左侧支撑： 指定是否连同楼梯一起创建梯边梁（闭合）、支撑梁（开放），或没有左支撑；梯边梁将踏板和踢面围住，支撑梁将踏板和踢面露出。

左侧支撑类型： 定义用于楼梯的左支撑的类型。

左侧侧向偏移： 指定一个值，将左支撑从梯段边缘以水平方向偏移。

中间支撑： 指示是否在楼梯中应用中间支撑。

中间支撑类型： 定义用于楼梯的中间支撑的类型。

中间支撑数量： 定义用于楼梯的中间支撑的数量。

剪切标记类型： 指定显示在楼梯中的剪切标记的类型。

实战：创建室内楼梯

素材位置　素材文件>第9章>01.rvt
实例位置　实例文件>第9章>实战：创建室内楼梯.rvt
视频位置　第9章>实战：创建室内楼梯.mp4
难易指数　★★★☆☆
技术掌握　掌握楼梯的创建方法及技巧

01 打开学习资源中的"素材文件>第9章>01.rvt"文件，进入一层平面，如图9-3所示。

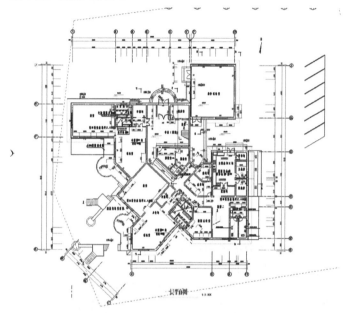

图9-3

02 切换至"建筑"选项卡，单击"楼梯"按钮，如图9-4所示。

图9-4

03 在选项栏中设置"定位线"为"梯段：左"，"实际梯段宽度"为1560，如图9-5所示。

| 定位线 | 梯段：左 | | 偏移：0.0 | 实际梯段宽度 1560.0 | ☑自动平台 |

图9-5

04 在"属性"面板中选择楼梯类型为"现场浇注楼梯 整体浇注楼梯"，然后设置"底部标高"为"一层平面"，"顶部标高"为"二层平面"，接着设置"所需踢面数"为22，"实际踏板深度"为260，如图9-6所示。

05 在平面中找到"楼梯一"的位置，拾取梯段右上角与墙体的交点作为起点，自上而下绘制第一跑梯段。当软件提示创建了7个梯面的时候，单击完成第一跑梯段，如图9-7所示。

图9-6

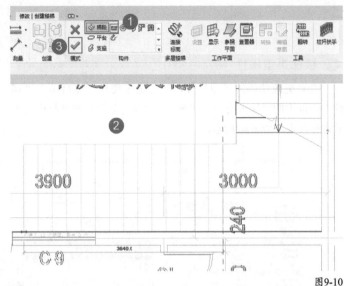

图9-10

09 找到"楼梯二"的位置，再次单击"楼梯"按钮。设置"定位线"为"梯段：右"，"实际梯段宽度"为1650，然后在"属性"面板中设置"所需踢面数"为22，"实际踏板深度"为260，如图9-11所示。

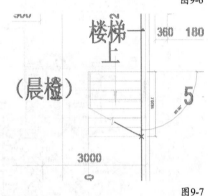

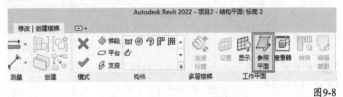

图9-7

06 在"修改|创建楼梯"选项卡中，单击"参照平面"按钮（快捷键RP），如图9-8所示。

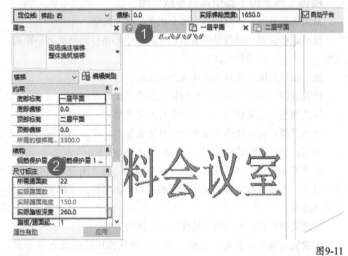

图9-8

07 在楼梯转折处绘制一个垂直方向的参照平面，然后选中该参照平面，修改临时尺寸标注为1810，如图9-9所示。

图9-11

10 以左上角梯段与墙体的交点为起点，开始绘制楼梯。第一跑和第二跑梯段的梯面数均为11，绘制完后单击"完成"按钮，如图9-12所示。

图9-9

08 单击"梯段"按钮，拾取参照平面与下方的墙体交点作为起点，向左侧开始绘制第二跑梯段，直至将剩余的梯面全部绘制完成，然后单击"完成"按钮，如图9-10所示。

图9-12

11. 删除两个楼梯沿墙一侧的扶手，然后选中"楼梯二"，单击"选择框"按钮（快捷键BX），如图9-13所示。

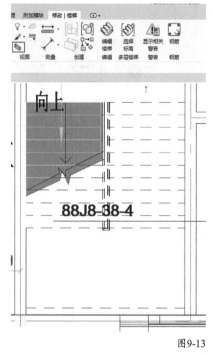

图9-13

12. 拖曳剖面框控制柄，显示楼梯的全部内容，最终效果如图9-14所示。

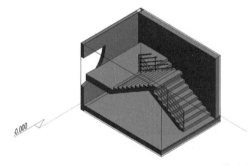

图9-14

技术专题 (16) 快速创建多层楼梯

在实际工作中会经常遇到商业综合体和住宅类项目，这类项目中存在很多标准层，而标准层的楼梯可以通过多层楼梯的命令快速创建。下面将介绍如何使用多层楼梯工具快速创建多层楼梯。

第1步：新建一个项目，创建一个标准样式的楼梯，如图9-15所示。

图9-15

第2步：打开立面视图，创建其他楼层的标高，如图9-16所示。

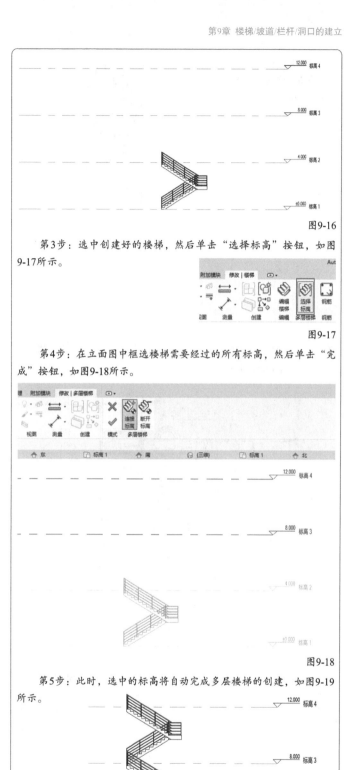

图9-16

第3步：选中创建好的楼梯，然后单击"选择标高"按钮，如图9-17所示。

图9-17

第4步：在立面图中框选楼梯需要经过的所有标高，然后单击"完成"按钮，如图9-18所示。

图9-18

第5步：此时，选中的标高将自动完成多层楼梯的创建，如图9-19所示。

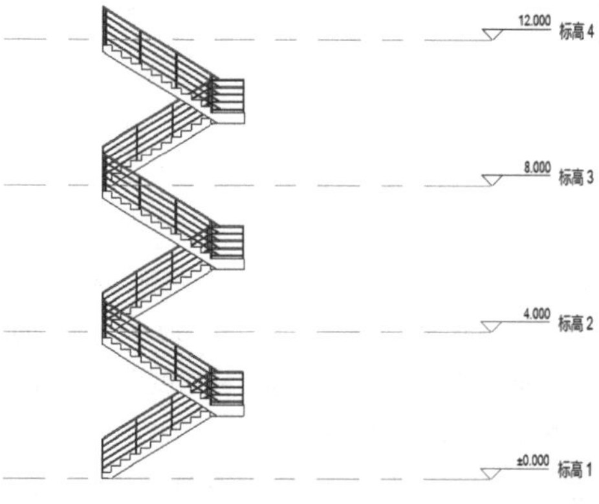

图9-19

第6步：打开三维视
图，查看最终完成效果，
如图9-20所示。

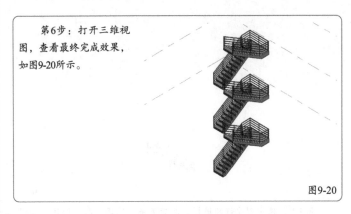

图9-20

实战：创建室外楼梯

素材位置　素材文件>第9章>02.rvt
实例位置　实例文件>第9章>实战：创建室外楼梯.rvt
视频位置　第9章>实战：创建室外楼梯.mp4
难易指数　★★★☆☆
技术掌握　掌握按构件创建楼梯的方法及技巧

01 打开学习资源中的"素材文件>第9章>02.rvt"文件，进入二
层平面，如图9-21所示。

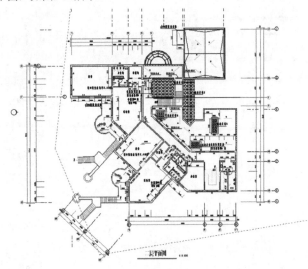

图9-21

02 切换至"建筑"选项卡，单击"楼梯"按钮，如图9-22所示。

图9-22

03 在"属性"面板中，选择"现场浇注楼梯 室外楼梯"，然后设
置"底部标高"为"室外地坪"，"顶部标高"为"二层平面"，
"所需踢面数"为33，"实际踏板深度"为260，最后单击"编辑
类型"按钮，如图9-23所示。

04 在"类型属性"对话框中，复制新的楼梯类型，命名为"室
外楼梯"，然后设置"功能"为"外部"，如图9-24所示。

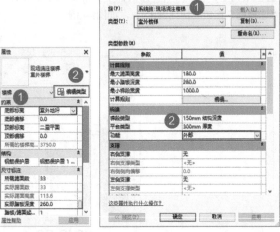

图9-23　　　　　　　　　　　　　　图9-24

05 单击平台类型后方的"浏览"按钮，如图9-25所示。

图9-25

06 复制新平台类型，命名为"150mm厚度"，然后修改"整体
厚度"为150，如图9-26所示，最后依次单击"确定"按钮关闭所
有对话框。

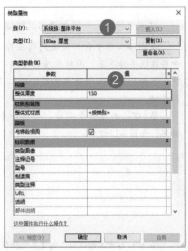

图9-26

07 在工具选项栏中，设置"定位线"为"梯段：中心"，"实际梯段宽度"为1300，取消选中"自动平台"复选框，如图9-27所示。

图9-27

08 按照楼梯平面图，分别绘制两跑的梯段，如图9-28所示。

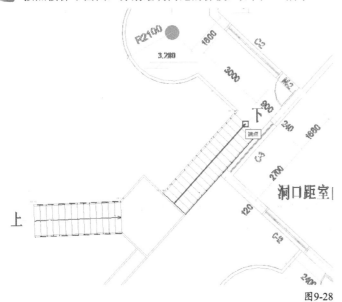

图9-28

09 在"修改│创建楼梯"选项卡中，单击"平台"中的"创建草图"按钮，如图9-29所示。

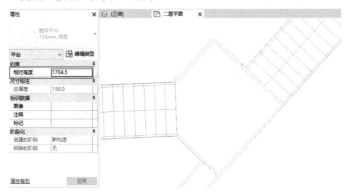

图9-29

10 使用"直线"工具或"拾取线"工具完成平台轮廓的绘制，然后在"属性"面板中设置"相对高度"为1704.5，最后单击"完成"按钮，如图9-30所示。

图9-30

11 再次单击"楼梯"按钮，在"属性"面板中，选择"现场浇注楼梯 室外楼梯"，然后设置"底部标高"为"室外地坪"，"顶部标高"为"二层平面"，"所需踢面数"为30，"实际踏板深度"为260，再在工具选项栏中设置"实际梯段宽度"为

1300，如图9-31所示。

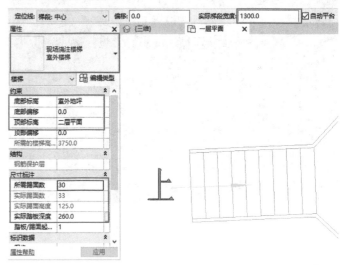

图9-31

12 按照楼梯平面图，依次绘制两跑梯段，如图9-32所示。

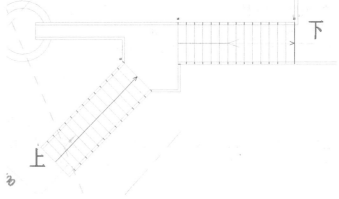

图9-32

13 单击"平台"中的"创建草图"按钮，使用"直线"工具完成平台轮廓的绘制，然后在"属性"面板中设置"相对高度"为1939.7，最后单击"完成"按钮，如图9-33所示。

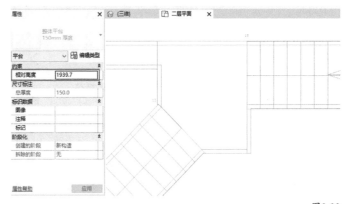

图9-33

14 室外楼梯全部绘制完成后，进入三维视图。在"属性"面板中取消选中"剖面框"，查看最终完成效果，如图9-34所示。

163

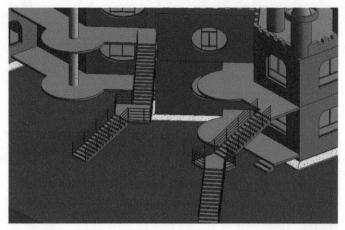

图9-34

实战：创建异型楼梯

素材位置	无
实例位置	实例文件>第9章>实战：创建异型楼梯.rvt
视频位置	第9章>实战：创建异型楼梯.mp4
难易指数	★★★☆☆
技术掌握	掌握按草图创建楼梯的方法及技巧

01 使用"建筑样板"新建一个空白项目文件，进入"标高1"平面。选择"建筑"选项卡，单击"楼梯"按钮。然后单击"梯段"中的"创建草图"按钮，如图9-35所示。

图9-35

02 选择"弧线"绘制工具，绘制两条弧形楼梯边界，然后再在起始位置分别绘制两段弧线，如图9-36和图9-37所示。

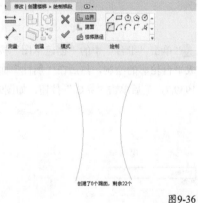

创建了0个踢面，剩余22个

图9-36

创建了0个踢面，剩余22个

图9-37

03 单击"踢面"按钮，然后分别使用"弧线"工具和"直线"工具绘制梯面，如图9-38所示。

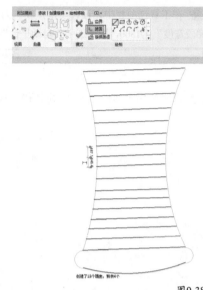

创建了18个踢面，剩余4个

图9-38

04 单击"楼梯路径"按钮，使用"直线"工具从上至下绘制一条贯通的线段，连接第一个踢面和最后一个踢面，如图9-39所示。

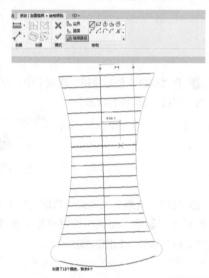

创建了18个踢面，剩余4个

图9-39

05 依次单击"完成"按钮，完成楼梯创建。单击翻转箭头可以改变楼梯的起始方向，如图9-40所示。

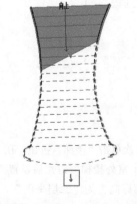

图9-40

06 打开三维视图，查看最终绘制完成的楼梯，如图9-41所示。

图9-41

技术专题 17 使用"转换"功能绘制T型楼梯

以上讲解了不同形式楼梯的创建方法。但对一些比较少见的楼梯形式，只使用某种绘制方法可能操作不便或很难实现。接下来将介绍如何使用构件楼梯中的"转换"功能，实现构件楼梯与草图楼梯优势的完美结合。

第1步：新建一个项目，使用构件楼梯创建如图9-42所示的楼梯样式。

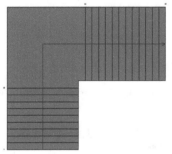

图9-42

第2步：选中右边的梯段，使用"镜像"工具拾取中间的线段，对左边的梯段做镜像，如图9-43所示。

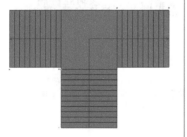

图9-43

第3步：选中歇脚平台，然后单击"转换"按钮，如图9-44所示。

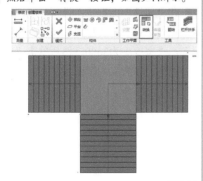

图9-44

第4步：单击"编辑草图"按钮，进行楼梯草图的编辑，如图9-45所示。

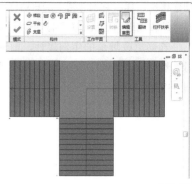

图9-45

第5步：选中歇脚平台的横向路径，延伸连接至另一梯段，如图9-46所示。然后单击"完成"按钮结束编辑。

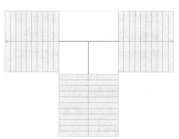

图9-46

第6步：按照同样的方法，转换第一段梯段并进行形状编辑，最终完成效果如图9-47所示。

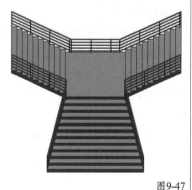

图9-47

9.2 创建坡道

在商场、医院、酒店和机场等公共场合中，经常会见到各式各样的坡道，其主要作用是连接高差地面、楼面的斜向交通通道，以及门口的垂直交通和竖向疏散措施。在建筑设计中，常用的坡道分为两种，一种是汽车坡道，另一种是残疾人坡道。

在Revit中建立坡道的方法与建立楼梯的方法非常类似。不同点在于，Revit只提供按草图创建坡道的方式，而楼梯有两种创建方式。当然，两者的构造也有着本质不同。使用草图创建坡道同创建楼梯一样，有着非常大的自由度，可以随意编辑坡道的形状，而不限于固定形式。

若要更改坡道的实例属性，则选中坡道，然后修改"属性"面板中的参数值，如图9-48所示。

图9-48

坡道实例属性参数介绍

底部标高： 设置坡道底部的基准标高。

底部偏移： 设置距底部标高的坡道高度。

顶部标高： 设置坡道的顶部标高。

顶部偏移： 设置距顶部标高的坡道高度。

多层顶部标高： 设置多层建筑中的坡道顶部。

文字（向上）： 设置平面中"向上"符号的文字。

文字（向下）： 设置平面中"向下"符号的文字。

向上标签： 显示或隐藏平面中的"向上"标签。

向下标签： 显示或隐藏平面中的"向下"标签。

在所有视图中显示向上箭头： 在所有项目视图中显示向上箭头。

宽度： 坡道的宽度。

若要更改坡道的类型属性，则选中坡道，单击"属性"面板中的"编辑类型"按钮。在"类型属性"对话框中进行参数设置，如图9-49所示。

图9-49

坡道类型属性参数介绍

造型： 坡道显示的形状，有结构板和实体两种形式。

厚度： 设置坡道的厚度。仅当"造型"属性设置为"结构板"时，才启用此属性。

功能： 指示坡道是内部的（默认值）还是外部的。

文字大小： 坡道向上文字和向下文字的字体大小。

文字字体： 坡道向上文字和向下文字的字体。

坡道材质： 为渲染而应用于坡道表面的材质。

最大斜坡长度： 允许的坡道最大长度。

坡道最大坡度（1/x）： 设置坡道的最大坡度。

实战： 创建室外坡道

素材位置　素材文件>第9章>03.rvt
实例位置　实例文件>第9章>实战：创建室外坡道.rvt
视频位置　第9章>实战：创建室外坡道.mp4
难易指数　★★☆☆☆
技术掌握　掌握"坡道"工具的使用方法及参数设置方法

01 打开学习资源中的"素材文件>第9章>03.rvt"文件，进入一层平面，放大坡道所在的位置，如图9-50所示。

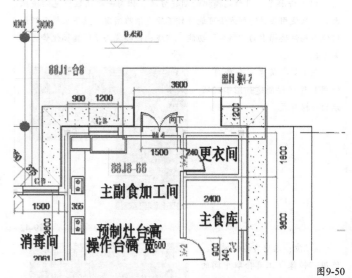

图9-50

02 切换至"建筑"选项卡，单击"坡道"按钮，如图9-51所示。

图9-51

03 在"属性"面板中，设置"底部标高"为"室外地坪"，"顶部标高"为"一层平面"，"宽度"为3600，然后单击"编辑类型"按钮，如图9-52所示。

图9-52

04 在"类型属性"对话框中，设置"造型"为"实体"，"坡道最大坡度（1/x）"为2，然后单击"确定"按钮，如图9-53所示。

图9-53

05 以从上到下的方式绘制坡道草图，绘制完成后，拖曳坡道梯段线将其延伸至墙边，然后单击"完成"按钮，如图9-54所示。

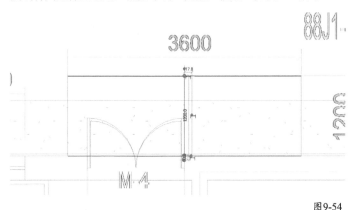

图9-54

06 打开三维视图，查看坡道完成的效果，如图9-55所示。

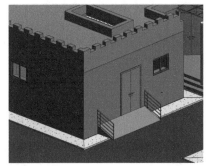

图9-55

💡 **经验分享**

绘制L形坡道或折反双坡道的方法与绘制楼梯的方法一样，需先绘制第一段梯段，然后绘制第二段梯段，中间部分会自动生成休息息平台。

实战：创建汽车坡道

素材位置　无
实例位置　实例文件>第9章>实战：创建汽车坡道.rvt
视频位置　第9章>实战：创建汽车坡道.mp4
难易指数　★★☆☆☆
技术掌握　掌握"坡道"工具的使用方法及参数设置方法

01 使用"建筑样板"新建项目文件，在"标高1"平面中绘制一块6000×6000的楼板，如图9-56所示。

图9-56

02 切换至"修改"选项卡，单击"复制到剪贴板"按钮，如图9-57所示。然后单击"粘贴"按钮下方的小三角，在下拉菜单中选择"与选定的标高对齐"选项，如图9-58所示。

图9-57　　　　　　　　图9-58

03 在"选择标高"对话框中，选择"标高2"选项，单击"确定"按钮，如图9-59所示。

图9-59

04 切换至"建筑"选项卡，单击"坡道"按钮，如图9-60所示。

图9-60

05 在"属性"面板中，设置"底部标高"为"标高1"，"顶部标高"为"标高2"，然后单击"编辑类型"按钮，如图9-61所示。

图9-61

06 在"类型属性"对话框中，复制新坡道类型为"汽车坡道"，然后设置"厚度"为120，"坡道最大坡度（1/x）"为1，最后单击"确定"按钮，如图9-62所示。

图9-62

07 单击"边界"按钮，然后单击"起点-终点-半径弧"按钮，分别绘制半径为6000和3000的两条边界线，如图9-63所示。

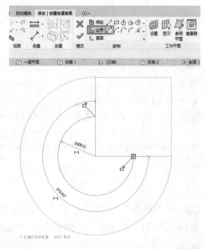

图9-63

08 单击"踢面"按钮，选择"直线"工具，在坡道两端分别绘制踢面线，然后单击"栏杆扶手"按钮，如图9-64所示。

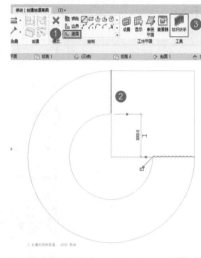

图9-64

09 在"栏杆扶手"对话框中，选择栏杆样式为"无"，然后单击"确定"按钮，如图9-65所示。最后单击"完成"按钮，完成坡道创建。

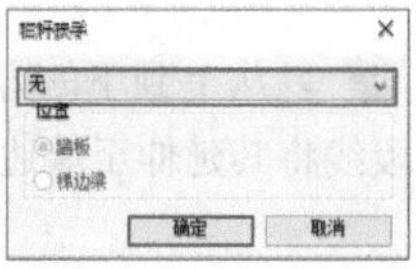

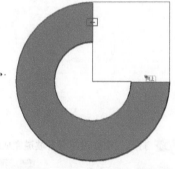

图9-65

10 选中绘制好的汽车坡道，然后单击翻转箭头，可以互换起点和终点方向，如图9-66所示。

图9-66

11 打开三维视图，查看最终绘制完成的坡道，如图9-67所示。

图9-67

9.3 创建栏杆

栏杆在实际生活中很常见，主要作用是保护人身安全，是用于建筑及桥梁上的安全措施，在楼梯两侧、残疾人坡道等区域都能见到。经过多年的发展，栏杆除了可以保护人身安全以外，还能起到分隔、导向的作用。设计好的栏杆，也有非常不错的装饰作用。本节主要介绍如何在Revit中创建栏杆。

9.3.1 创建室外栏杆

Revit提供了两种创建栏杆的方法，分别是使用"绘制路径"和"放置在主体上"命令进行创建。使用"绘制路径"命令，可以在平面或三维视图中的任意位置创建栏杆；而在使用"放置在主体上"命令时，必须先拾取主体才能创建栏杆。主体指楼梯和坡道两种构件。

🌀 **栏杆扶手实例属性**--------------------------------------

要修改实例属性，可按"栏杆扶手实例属性参数介绍"中所述，修改相应参数的值，如图9-68所示。

图9-68

栏杆扶手实例属性参数介绍

底部标高： 指定栏杆扶手系统不位于楼梯或坡道上时的底部标高。

底部偏移： 如果栏杆扶手系统不位于楼梯或坡道上，则此值是楼板或标高到栏杆扶手系统底部的距离。

长度： 栏杆扶手的实际长度。

图像： 设置当前图元所绑定的图像数据。

注释： 添加当前图元的注释信息。

标记： 应用于图元的标记，如显示在图元多类别标记中的标签。

创建的阶段： 设置图元创建的阶段。

拆除的阶段： 设置图元拆除的阶段。

🌀 **栏杆扶手类型属性**--------------------------------------

要修改类型属性，可在"属性"面板中单击"编辑类型"按

钮，然后在"类型属性"对话框中修改相应参数的值，如图9-69所示。

图9-69

栏杆扶手类型属性参数介绍

栏杆扶手高度： 设置栏杆扶手在系统中最高扶栏的高度。

扶栏结构（非连续）： 在打开的对话框中，可以设置每个扶栏的扶栏编号、高度、偏移、材质和轮廓族（形状）。

栏杆位置： 单独打开一个对话框，在其中定义栏杆位置。

栏杆偏移： 栏杆距扶栏绘制线的偏移。

使用平台高度调整： 控制平台栏杆扶手的高度。

平台高度调整： 基于中间平台或顶部平台"栏杆扶手高度"参数的指示值，用以提高或降低栏杆扶手高度。

斜接： 如果两段栏杆扶手在平面内相交成一定角度，且没有垂直连接，则可以选择任意一项斜接。

切线连接： 两段相切栏杆扶手在平面中共线或相切。

扶栏连接： 当Revit无法在栏杆扶手之间进行连接时创建斜接连接，可以选择修剪或焊接。

高度： 设置栏杆扶手系统中顶部扶栏的高度。

类型： 指定顶部扶栏的类型。

实战： 创建阳台栏杆

01 打开学习资源中的"素材文件>第9章>04.rvt"文件，进入楼层平面的一层平面，如图9-70所示。

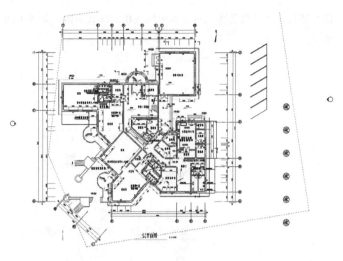

图9-70

02▸ 切换至"建筑"选项卡，然后单击"栏杆扶手"按钮，如图9-71所示。

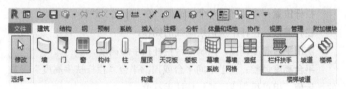

图9-71

03▸ 在"属性"面板中选择"栏杆扶手 900mm圆管"，然后单击"编辑类型"按钮，如图9-72所示。

图9-72

04▸ 在"类型属性"对话框中单击"复制"按钮，然后输入新类型的名称为"阳台栏杆-1200mm"，接着单击"扶栏结构（非连续）"后方的"编辑"按钮，如图9-73所示。

图9-73

05▸ 在打开的"编辑扶手（非连续）"对话框中，单击"插入"按钮，插入一个新的扶手，然后设置"高度"为900，"轮廓"为"圆形扶手：30mm"，最后单击"确定"按钮，如图9-74所示。

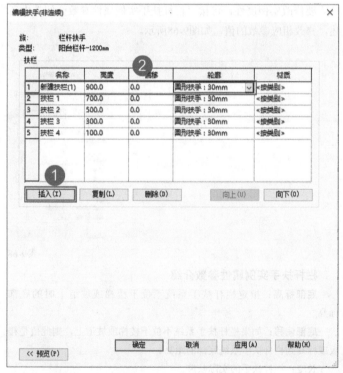

图9-74

06▸ 回到"类型属性"对话框，单击"栏杆位置"后面的"编辑"按钮，如图9-75所示。

07▸ 在"编辑栏杆位置"对话框中，设置"常规栏杆"为"圆形：20mm"，"相对前一栏杆的距离"为600，然后单击"确定"按钮，如图9-76所示。

图9-75

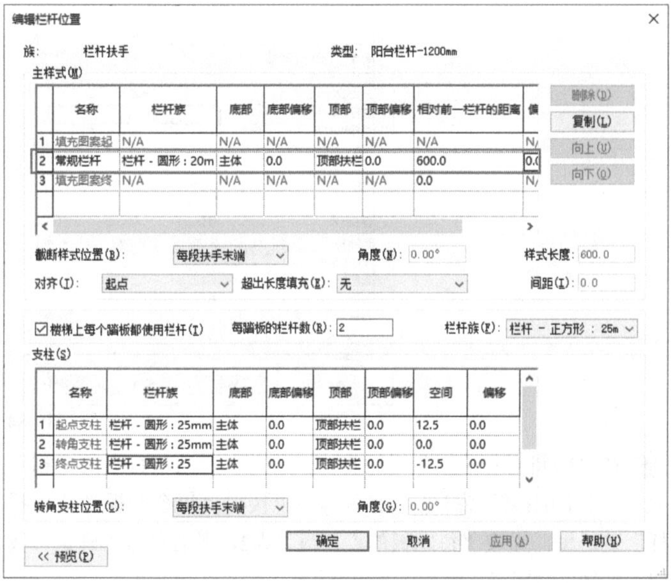

图9-76

08° 在"类型属性"对话框中，向下拖曳滑杆，设置"高度"为1200，如图9-77所示。

图9-77

09° 在工具选项栏中选中"链"复选框，然后使用"直线"工具和"弧线"工具完成栏杆路径的绘制，最后单击"完成"按钮，如图9-78所示。

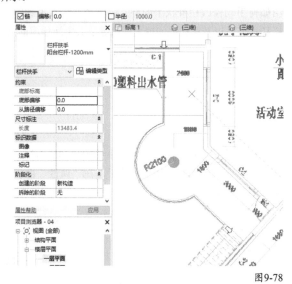

图9-78

技巧与提示

绘制栏杆路径时，只能绘制连接的线段。如果要绘制多段不连接的栏杆，则需多次使用栏杆命令进行创建。

10° 继续单击"栏杆扶手"按钮，绘制另一处的栏杆路径，然后单击"完成"按钮，如图9-79所示。

图9-79

11° 按照相同的方法完成二层阳台栏杆的绘制。打开三维视图，查看最终完成效果，如图9-80所示。

图9-80

9.3.2 自定义栏杆扶手样式

前面介绍了栏杆扶手的创建方法与样式调整，接下来主要介绍如何手动修改栏杆扶手的样式。例如，经常见到的残疾人坡道栏杆扶手，以及在楼梯间或地铁站等公共空间使用的沿墙扶手。

实战：创建楼梯扶手

素材位置	素材文件>第9章>05.rvt
实例位置	实例文件>第9章>实战：创建楼梯扶手.rvt
视频位置	第9章>实战：创建楼梯扶手.mp4
难易指数	★★★☆☆
技术掌握	掌握创建基于楼梯的栏杆扶手的方法

01 打开学习资源中的"素材文件>第9章>05.rvt"文件，进入二层平面。然后选中室外楼梯的扶手，在"属性"面板中单击"编辑类型"按钮，如图9-81所示。

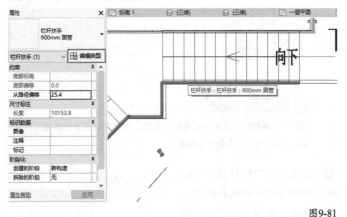

图9-81

02 在"类型属性"对话框中，复制新栏杆类型为"1050mm-楼梯扶手"，然后设置"高度"为1050，最后单击"扶栏结构（非连续）"后方的"编辑"按钮，如图9-82所示。

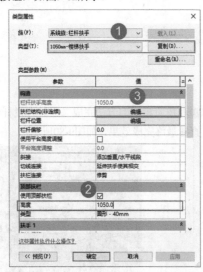

图9-82

03 在"编辑扶手（非连续）"对话框中，删除多余的扶栏，只保留扶栏1，并将"高度"设置为500，然后单击"确定"按钮，如图9-83所示。

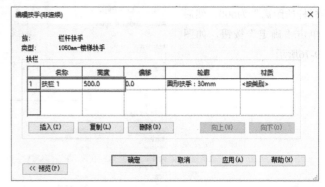

图9-83

04 返回"类型属性"对话框，单击"栏杆位置"后面的"编辑"按钮，如图9-84所示。

图9-84

05 在"编辑栏杆位置"对话框中，修改"常规栏杆"的"相对前一栏杆的距离"为100，然后选中"楼梯上每个踏板都使用栏杆"复选框，设置"每踏板的栏杆数"为2，最后单击"确定"按钮，如图9-85所示。

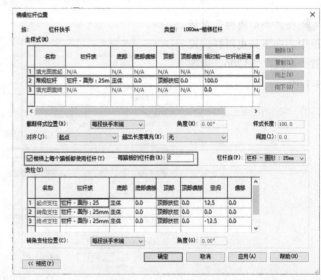

图9-85

172

06 选中最下方的室外楼梯扶手，双击进入编辑草图状态，然后拖曳扶栏路径至墙边，最后单击"完成"按钮，如图9-86所示。

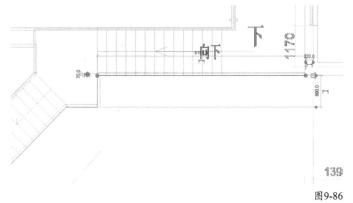

图9-86

07 打开三维视图，选中修改完成的扶手，然后单击"匹配类型属性"按钮（快捷键MA），如图9-87所示。

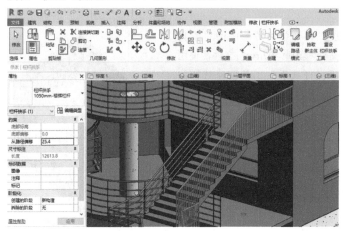

图9-87

08 依次拾取其他楼梯扶手进行类型匹配，最终的完成效果如图9-88所示。

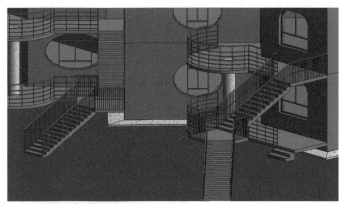

图9-88

实战：创建坡道栏杆

素材位置　素材文件>第9章>06.rvt
实例位置　实例文件>第9章>实战：创建坡道栏杆.rvt
视频位置　第9章>实战：创建坡道栏杆.mp4
难易指数　★★★☆☆
技术掌握　掌握创建基于主体的栏杆的方法与技巧

01 打开学习资源中的"素材文件>第9章>06.rvt"文件，进入一层平面，如图9-89所示。

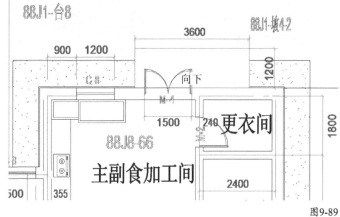

图9-89

02 切换至"建筑"选项卡，选择"栏杆扶手"下拉菜单中的"放置在楼梯/坡道上"选项，如图9-90所示。

图9-90

03 在"属性"面板中，选择"栏杆扶手 900mm圆管"，如图9-91所示。

图9-91

04 在平面视图中拾取坡道，将自动创建两侧的扶手。然后使用"移动"工具将两侧的扶手向内移动至合适的位置，如图9-92所示。

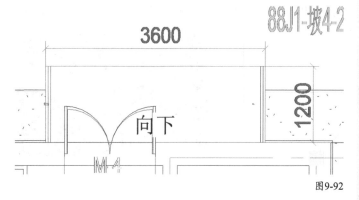

图9-92

05 打开三维视图，将鼠标指针放置于其中一侧的栏杆扶手上，按Tab键循环选择，直至选择到顶部扶手，然后单击视图中的"锁定"按钮进行解锁，如图9-93所示。

图9-93

06 解锁完成后，单击当前选项卡中的"编辑扶栏"按钮，如图9-94所示。然后单击"编辑路径"按钮，如图9-95所示。

图9-94

图9-95

07 分别使用"直线"工具与"弧形"工具完成扶手前端路径的绘制，然后单击"完成"按钮，如图9-96所示。

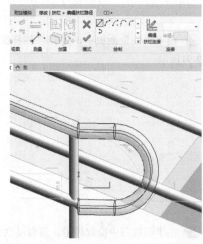

图9-96

08 使用同样的方法修改另一侧的扶手，最终完成效果如图9-97所示。

图9-97

技术专题 18 栏杆扶手参数详解

用Revit绘制栏杆扶手时，会涉及非常多的参数，如图9-98所示。

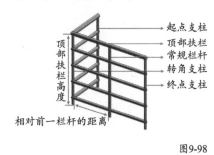

- 起点支柱
- 顶部扶栏
- 常规栏杆
- 转角支柱
- 终点支柱

顶部扶栏高度

相对前一栏杆的距离

图9-98

实战：创建沿墙扶手

素材位置　素材文件>第9章>07.rvt
实例位置　实例文件>第9章>实战：创建沿墙扶手.rvt
视频位置　第9章>实战：创建沿墙扶手.mp4
难易指数　★★☆☆☆
技术掌握　掌握沿墙扶手的创建方法与技巧

01 打开学习资源中的"素材文件>第9章>07.rvt"文件，使用"栏杆扶手"工具创建楼梯扶手，如图9-99所示。

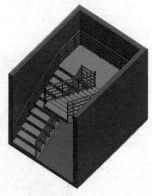

图9-99

知识链接

创建楼梯扶手的方法，请参阅本章"实战：创建楼梯扶手"中的步骤02和步骤03。

02 选中靠近墙面一侧的楼梯扶手，在"属性"面板中单击"编辑类型"按钮，如图9-100所示。

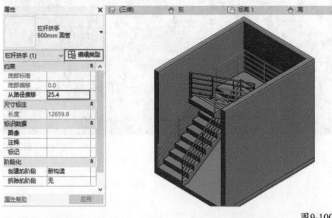

图9-100

03 在"类型属性"对话框中,复制新的扶手类型为"900mm-沿墙扶手",接着单击"扶栏结构(非连续)"后方的"编辑"按钮,如图9-101所示。

图9-101

04 在打开的"编辑扶手(非连续)"对话框中,依次选中所有扶栏,然后单击"删除"按钮,最后单击"确定"按钮,如图9-102所示。

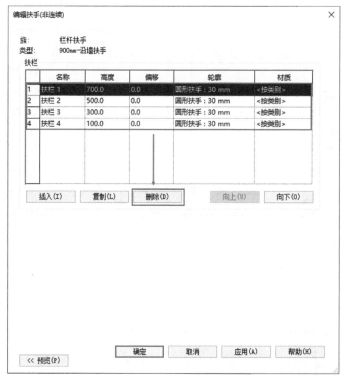

图9-102

05 返回"类型属性"对话框,单击"栏杆位置"后面的"编辑"按钮,然后在打开的"编辑栏杆位置"对话框中,将所有"栏杆族"均设置为"无",最后单击"确定"按钮,如图9-103所示。

06 在"类型属性"对话框中,取消选中"使用顶部扶栏杆"复选框,然后设置扶手1的"位置"为"左侧","类型"为"管道-墙式安装",最后单击"确定"按钮,如图9-104所示。

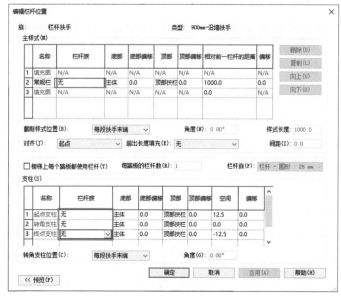

图9-103

图9-104

07 在"属性"面板中,设置"从路径偏移"为0,如图9-105所示。最终效果如图9-106所示。

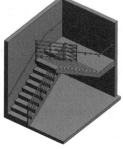

图9-105　　　　　　　　图9-106

技巧与提示

"从路径偏移"参数在软件中的默认数值为25.4，这个数值指栏杆距墙体的距离。只有在数值被修改为0的状态下，支座才能贴合墙体。

9.4 创建洞口

建筑中存在各式各样的洞口，包括门窗洞口、楼板洞口、天花板洞口和结构梁洞口等。在Revit中可以实现对不同类型洞口的创建，并且可以根据不同情况、不同构件选择不同的洞口工具与开洞方式。Revit共提供了5种洞口工具，分别是"按面""竖井""墙""垂直""老虎窗"，如图9-107所示。

图9-107

洞口工具介绍

按面：垂直于屋顶、楼板或天花板选定面的洞口。

竖井：跨多个标高的垂直洞口，通过贯穿其间的屋顶、楼板和天花板进行剪切。

墙：在直墙或弯曲墙中剪切一个矩形洞口。

垂直：贯穿屋顶、楼板或天花板的垂直洞口。

老虎窗：剪切屋顶，以便为老虎窗创建洞口。

9.4.1 创建竖井洞口

建筑设计中一般存在多种井道，包括电井、风井和电梯井等。这些井道往往会跨越多个标高，甚至跨越范围从头到尾。如果按照常规方法，必须在每一层楼板上单独开洞。遇到这种情况时，可以在Revit中使用"竖井洞口"命令实现多个楼层间的批量开洞。

实战：创建楼梯间洞口

素材位置	素材文件>第9章>08.rvt
实例位置	实例文件>第9章>实战：创建楼梯间洞口.rvt
视频位置	第9章>实战：创建楼梯间洞口.mp4
难易指数	★★☆☆☆
技术掌握	掌握"竖井洞口"工具的使用方法与技巧

楼梯间洞口与管井洞口相似，都是跨越了多个标高形成的垂直洞口，因此创建方法也相同。在这里，以常见的楼梯间洞口为例，介绍"竖井洞口"工具的使用方法与技巧。

01. 打开学习资源中的"素材文件>第9章>08.rvt"文件，进入二层平面，找到"楼梯一"的位置，如图9-108所示。

02. 切换至"建筑"选项卡，单击"竖井"按钮，如图9-109所示。

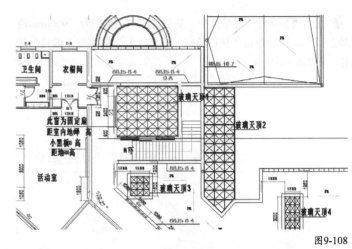

图9-108

图9-109

03. 在"属性"面板中，设置"底部约束"为"一层平面"，"顶部约束"为"直到标高：二层"，如图9-110所示。

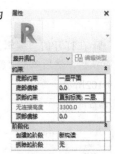

图9-110

04. 选择"直线"工具，在楼梯间的位置按照楼梯形状绘制竖井洞口轮廓，然后单击"完成"按钮，如图9-111所示。切换到三维视图，查看最终完成效果。

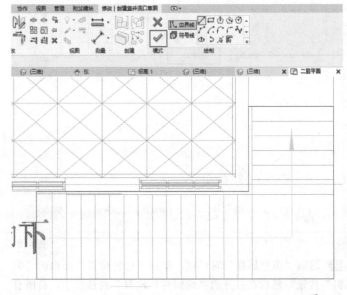

图9-111

05. 按照同样的方法，完成另一个楼梯间洞口的绘制，如图9-112所示。

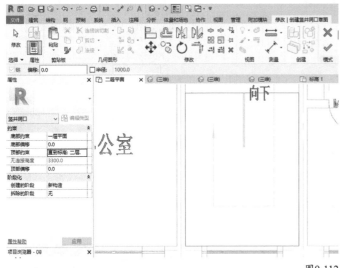

图9-112

前面学习了竖井洞口的创建方法，接下来主要学习其他洞口的创建方法，包括"面洞口""墙洞口""垂直洞口"及"老虎窗洞口"。除"老虎窗洞口"外的其他洞口，创建方法比较简单，因此本章节不作实例讲解。

面洞口 -

创建面洞口，只需在"建筑"选项卡中单击"按面"按钮，如图9-115所示。

图9-115

然后拾取需要开洞的面，绘制洞口轮廓草图即可开洞，如图9-116所示。

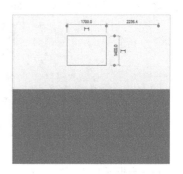

图9-116

技巧与提示

如果对创建完成的洞口不满意，可以在三维视图中选中竖井洞口，进行二次编辑。

06. 洞口创建完成后，选中"楼梯二"的楼梯扶手，双击进行编辑。使用"直线"工具完成二层平台位置扶手路径的绘制，然后单击"完成"按钮，如图9-113所示。

图9-113

经验分享

修改栏杆路径时，一定要注意箭头方向，箭头向内一端表示起始端，箭头向外一端表示末端。

07. 选中楼梯，单击"选择框"按钮（快捷键BX），进入局部三维视图。通过调整剖面框的位置，观察最终完成的楼梯间洞口，如图9-114所示。

图9-114

最后单击"完成"按钮，洞口就开好了，如图9-117所示。剖面图中的洞口效果，如图9-118所示。注意，使用"面洞口"工具开的洞口，其截面和开洞表面为垂直关系，而不是和地面为垂直关系。

图9-117

图9-118

图9-122

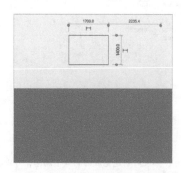

图9-123

最后单击"完成"按钮，洞口就开好了，如图9-124所示。剖面图中的洞口效果，如图9-125所示。与面洞口不同，垂直洞口和地面为垂直关系。

墙洞口

"墙洞口"工具只能针对墙体进行开洞，平行墙或弧形墙均可。但是洞口尺寸不支持参数修改，只能通过手动拖曳句柄的方式调整。在"建筑"选项卡中，单击"墙"按钮，如图9-119所示。

图9-119

然后在立面或平面视图中，拾取需要开洞的墙面，按住鼠标左键进行拖曳，即可创建洞口，如图9-120所示。

图9-120

在三维视图中查看效果，如图9-121所示。

图9-124

图9-121

垂直洞口

创建垂直洞口，只需先在"建筑"选项卡中单击"垂直"按钮，如图9-122所示。

然后拾取需要开洞的面，绘制洞口轮廓草图即可开洞，如图9-123所示。

图9-125

老虎窗洞口

老虎窗洞口主要针对屋面进行开洞，需要拾取屋面的边缘作为开洞的轮廓线，从而实现对屋顶的剪切，最终实现开洞的效果，如图9-126所示。

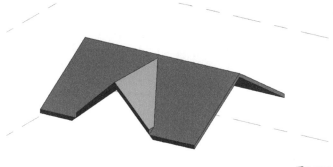

图9-126

实战：创建老虎窗洞口

素材位置　素材文件>第9章>09.rvt
实例位置　实例文件>第9章>实战：创建老虎窗洞口.rvt
视频位置　第9章>实战：创建老虎窗洞口.mp4
难易指数　★★☆☆☆
技术掌握　掌握"老虎窗洞口"工具的使用方法与技巧

01 打开学习资源中的"素材文件>第9章>09.rvt"文件。切换至"修改"选项卡，单击"连接/取消连接屋顶"按钮，然后拾取拉伸顶的截面，与基线屋顶的表面进行连接，如图9-127所示。

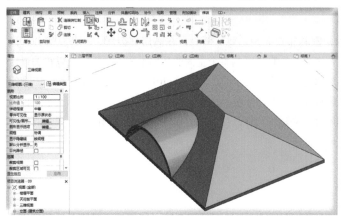

图9-127

02 切换至"建筑"选项卡，单击"老虎窗"按钮，如图9-128所示。

图9-128

03 先拾取主屋顶，然后拾取拉伸屋顶与迹线屋顶交界处的截面，接着单击"拾取屋顶/墙边缘"按钮，如图9-129所示。

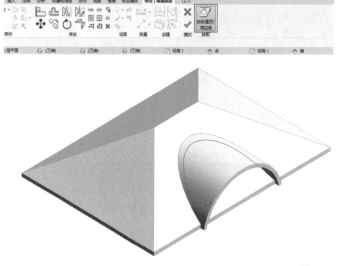

图9-129

04 单击"完成"按钮，查看最终完成的效果，如图9-130所示。

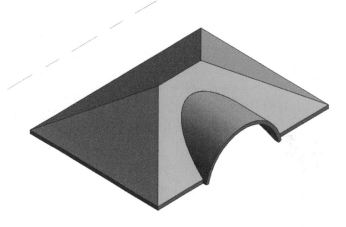

图9-130

> 💡 **经验分享**
>
> 　　如果生成洞口时出现错误，可以尝试将拉伸屋顶向前延伸一段距离，使其超出屋顶一定距离。这样的话，在生成老虎窗洞口时出现的错误就会消失。

第10章

放置与创建构件

Learning Objectives
本章学习要点↙

180页
构件的载入方式

182页
不同构件族的放置方法

184页
内建族的创建方法

10.1 室内空间布置

在Revit中，构件用于对通常需要现场交付和安装的建筑图元（如门、窗和家具等）进行建模。构件是可载入族的实例，以其他图元（即系统族的实例）为主体。例如，门以墙为主体，而桌子等独立式构件则以楼板或标高为主体，如图10-1所示。

图10-1

在室内设计中，家具布置尤为重要。例如，在酒店宴会厅、办公室等公共区域，桌椅的摆放是否合理，会直接影响整个空间的使用率和美观性。在以往的设计中，此类布置图都是通过二维平面表示的。但在Revit中，可以通过平面结合三维的方式，更直观地观察布置是否美观合理。

若要更改实例属性，先选中构件，然后在"属性"面板中修改相应参数的值，如图10-2所示。

图10-2

构件实例属性参数介绍

标高： 构件所在空间的标高位置。

主体： 构件底部附着的主体表面（楼板、表面和标高）。

与邻近图元一同移动： 控制构件是否要跟随最近的图元同步移动。

实战：布置活动室

素材位置　素材文件>第10章>01.rvt
实例位置　实例文件>第10章>实战：布置活动室.rvt
视频位置　第10章>实战：布置活动室.mp4
难易指数　★★☆☆☆
技术掌握　掌握常规构件的放置方法与参数调整

01 打开学习资源中的"素材文件>第10章>01.rvt"文件，进入一层平面，找到正下方的活动室的位置，如图10-3所示。

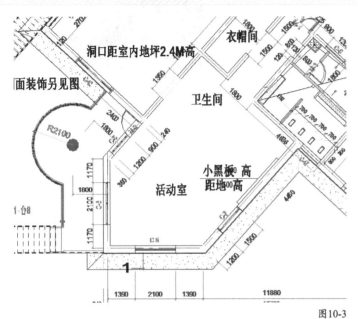

图10-3

02 切换至"插入"选项卡，单击"载入族"按钮，如图10-4所示。

图10-4

03 在打开的"载入族"对话框中，选择"素材文件>第10章>族"文件夹，然后选中所有族文件，单击"打开"按钮，如图10-5所示。

图10-5

04 切换至"建筑"选项卡，然后单击"构件"下拉菜单中的"放置构件"按钮，如图10-6所示。

图10-6

05 在"属性"面板中，选择刚刚载入的"黑板"族，然后设置"标高中的高程"为600，如图10-7所示。

图10-7

06 将鼠标指针移动至墙面位置，然后按空格键切换放置方向，最后单击完成放置，如图10-8所示。

07 继续单击"放置构件"按钮，在"属性"面板中选择"椅子zcm_yz_061"，如图10-9所示。

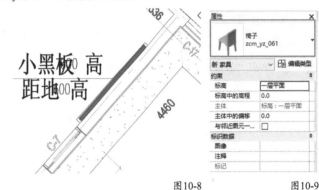

图10-8　　　　　　　　　　　图10-9

08 将鼠标指针移动至墙面位置，然后按空格键切换放置方向，最后将鼠标指针移动到合适的位置后，单击完成放置，如图10-10所示。

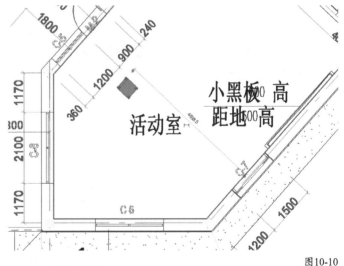

图10-10

💡 经验分享

　　如果使用空格键无法将构件调整至所需角度，可以将鼠标指针放置在希望与构件平行的墙体或工作平面上，再使用空格键切换角度，即可将构件调整至所需角度。

09 选中放置好的椅子，然后单击"阵列"按钮（快捷键AR），如图10-11所示。

图10-11

10 将椅子沿直线方向进行阵列，间距为500，数量为8，然后在空白处单击完成阵列，如图10-12所示。

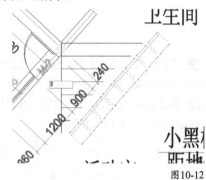

图10-12

11 继续单击"放置构件"按钮，在"属性"面板中选择"书柜W780*D450*H1800mm"，如图10-13所示。

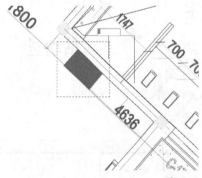

图10-13

12 沿右侧墙体布置书柜，然后使用"阵列"工具复制另外两个书柜，如图10-14所示。

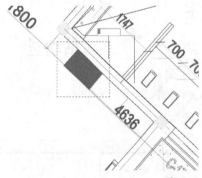

图10-14

13 选中绘制好的椅子、黑板和书柜，单击"选择框"按钮（快捷键BX），然后调整剖面框的范围，查看最终效果，如图10-15所示。

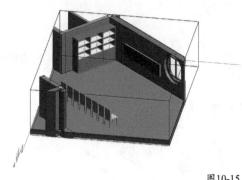

图10-15

10.2 放置卫浴装置

在建筑设计工作中，不论是公共建筑、居住建筑还是工业建筑，都离不开卫生间设计。卫生间是生活中经常使用的空间，卫生间设计直接关系日后建筑的实际居住或使用人员的舒适与便捷性。在接下来的内容中，将介绍如何使用Revit快速、合理地完成对卫生间的布置。

在"方案"阶段，建筑师可以选用二维卫生器具族对卫生间进行简单的平面布置，如图10-16所示。在"扩初"和"施工图"阶段，建筑师需要与给排水工程师紧密合作，并需要选用带连接件功能的三维卫生器具族，如图10-17所示。这样可以避免建筑师与给排水工程师做重复工作。

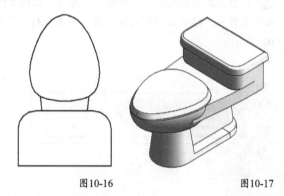

图10-16　　　　　　　　图10-17

实战：深化卫生间

素材位置　素材文件>第10章>02.rvt
实例位置　实例文件>第10章>实战：深化卫生间.rvt
视频位置　第10章>实战：深化卫生间.mp4
难易指数　★★★☆☆
技术掌握　掌握不同类型构件的放置方法与注意事项

01 打开学习资源中的"素材文件>第10章>02.rvt"文件，进入一层平面，放大卫生间的位置，如图10-18所示。

02 切换至"建筑"选项卡，然后单击"构件"下拉菜单中的"放置构件"按钮，如图10-19所示。

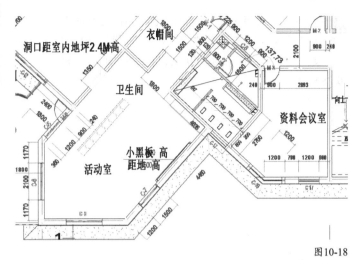

图10-18

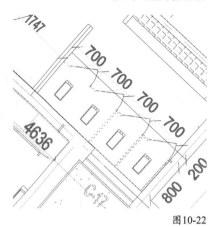

图10-22

图10-19

03 在"属性"面板中，选择"卫生间隔断 中间或靠墙（落地）"，设置"深"为800，"宽"为700，如图10-20所示。

图10-20

04 将鼠标指针放置在卫生间的墙上，移动鼠标指针至合适的位置后，单击放置卫生间隔断。放置完成后，可以通过拖曳控制柄实现对隔断尺寸的调整，如图10-21所示。接着，使用"阵列"工具完成其余隔断的放置，如图10-22所示。

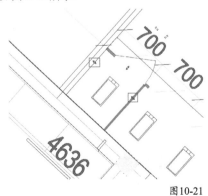

图10-21

疑难问答

如果在阵列时，软件提示"同一类型组包含不同成员，需要修复组"，在工具选项栏中取消选中"约束"选项即可解决该问题。

05 单击"放置构件"按钮，在"属性"面板中选择"蹲便器-自闭式冲洗阀 标准"。然后沿着卫生间墙体，将蹲便器放置在卫生间隔断的位置。放置完成后，通过拖曳控制句柄，调整蹲便器的尺寸，如图10-23所示。

图10-23

06 依然使用"阵列"工具完成对其余蹲便器的放置，如图10-24所示。

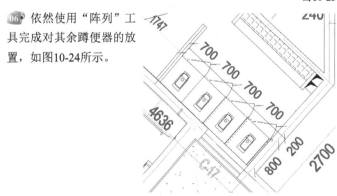

图10-24

07 切换到三维视图，使用剖面框选中卫生间部分，查看最终效果，如图10-25所示。

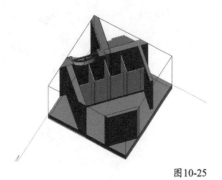

图10-25

技巧与提示

在放置构件时，如果出现无法放置的状态，一定要观看绘制区域下方的信息提示，决定要以什么方式才能正常放置。例如，马桶与面盆属于自由实例，可以在视图中的任意区域放置，但沐浴器属于基于墙的实例，所以必须拾取到墙才能完成放置。

10.3 内建模型

除了常规的家具、卫浴装置等，建筑中还存在雨棚、装饰构件等内容。这些图元并非通用的标准件，随着建筑风格的改变，其造型也会发生较大的变化。因此，这类构件一般只适用于当前项目。在建模时，我们经常采用内建模型的方式，完成对这类构件的创建。

实战：创建金属雨棚

素材位置　　素材文件>第10章>03.rvt
实例位置　　实例文件>第10章>实战：创建金属雨棚.rvt
视频位置　　第10章>实战：创建金属雨棚.mp4
难易指数　　★★★☆☆
技术掌握　　掌握内建模型的流程及形状工具的用法

01 打开学习资源中的"素材文件>第10章>03.rvt"文件，进入屋顶平面，如图10-26所示。

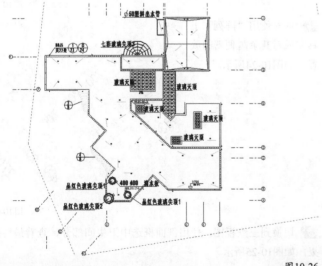

图10-26

02 在"属性"面板中单击"视图范围"后面的"编辑"按钮，如图10-27所示。在打开的"视图范围"对话框中，设置"视图深度"中的"偏移"为-300，然后单击"确定"按钮，如图10-28所示。

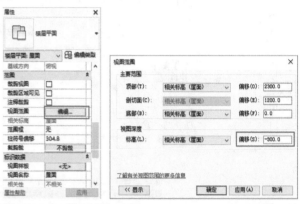

图10-27　　　　　　　　　　　　　　　图10-28

技巧与提示

这样设置，是为了能够在当前平面中显示当前标高以下的图元。例如，我们即将绘制的金属雨棚，其实际标高就在屋面标高下方。因此，为了能够让它在视图中正常显示，必须设置视图范围。

03 切换至"建筑"选项卡，然后单击"构件"下拉菜单中的"内建模型"按钮，如图10-29所示。

图10-29

04 在"族类别和族参数"对话框中，选择"常规模型"，然后单击"确定"按钮，如图10-30所示。

图10-30

经验分享

对于没有明确分类的构件，可以选择其类别为"常规模型"。

05· 在弹出的"名称"对话框中，输入名称为"金属雨棚"，然后单击"确定"按钮，如图10-31所示。

图10-31

06· 切换至"创建"选项卡，然后单击"拉伸"按钮，如图10-32所示。

图10-32

07· 在"属性"面板中设置"拉伸终点"为-180，然后使用"拾取线"工具完成对雨棚外檐轮廓的绘制，如图10-33所示。

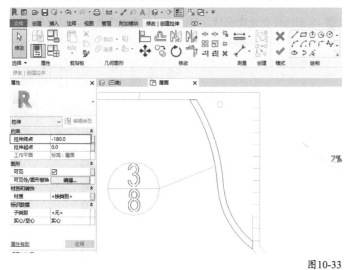

图10-33

08· 切换至"创建"选项卡，然后单击"放样"按钮，如图10-34所示。

图10-34

09· 切换至"修改|放样"选项卡，单击"绘制路径"按钮，如图10-35所示。

图10-35

10· 使用"直线"工具，沿平面角钢轮廓绘制一条水平线段，单击"完成"按钮，如图10-36所示。

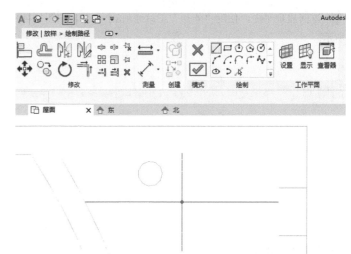

图10-36

11· 在"修改|放样"选项卡中，单击"编辑轮廓"按钮，如图10-37所示。

图10-37

12· 此时会弹出"转到视图"对话框，选择"立面：东"选项，单击"打开视图"按钮，如图10-38所示。

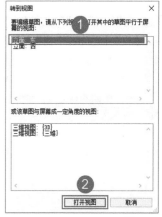

图10-38

13· 在距离中心点下方70mm的位置，绘制"60×60mm"规格的角钢轮廓，然后单击"完成"按钮，如图10-39所示。

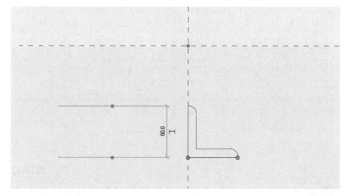

图10-39

⑭ 返回屋顶平面，使用"阵列"工具绘制8个角钢，如图10-40所示。

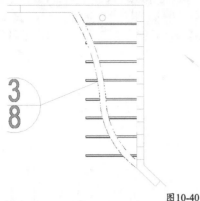

图10-40

⑮ 切换至"创建"选项卡，单击"空心形状"下拉菜单中的"空心拉伸"按钮，如图10-41所示。

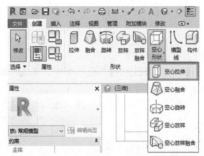

图10-41

⑯ 使用"拾取线"工具和"直线"工具完成对空心拉伸轮廓的绘制，单击"完成"按钮，如图10-42所示。

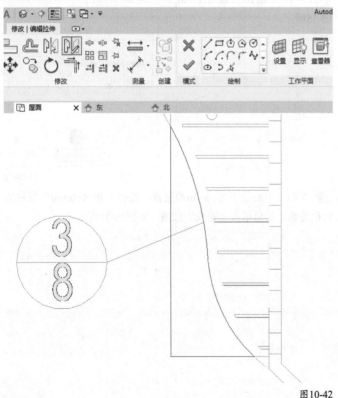

图10-42

⑰ 再次使用"拉伸"工具绘制雨棚顶部铝塑板的轮廓。在

"属性"面板中设置"拉伸终点"为-40，"拉伸起点"为-50，如图10-43所示。

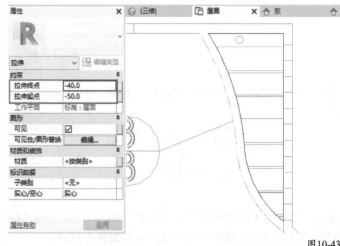

图10-43

⑱ 全部构件创建完成后，单击"完成模型"按钮，完成金属雨棚的创建，如图10-44所示。

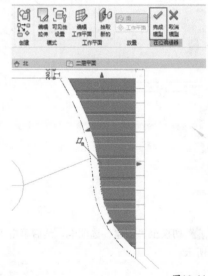

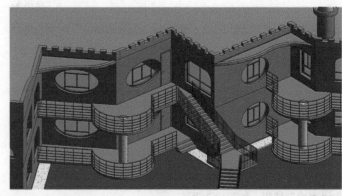

图10-44

⑲ 打开三维视图，取消选中"剖面框"选项，查看金属雨棚的完成效果，如图10-45所示。

图10-45

实战：**创建混凝土雨棚**

素材位置　素材文件>第10章>04.rvt
实例位置　实例文件>第10章>实战：创建混凝土雨棚.rvt
视频位置　第10章>实战：创建混凝土雨棚.mp4
难易指数　★★★☆☆
技术掌握　掌握系统族与内建模型结合使用的方法

01 打开学习资源中的"素材文件>第10章>04.rvt"文件，进入二层平面，放大混凝土雨棚的位置，如图10-46所示。

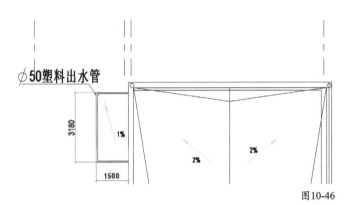

图10-46

02 切换至"建筑"选项卡，然后单击"楼板"按钮，如图10-47所示。

图10-47

03 在"属性"面板中选择"楼板 常规-150mm"，然后设置"自标高的高度偏移"为0，并单击"编辑类型"按钮，如图10-48所示。

图10-48

04 单击"复制"按钮，复制新类型为"雨篷-100mm"，然后修改楼板的"默认的厚度"为100，最后单击"确定"按钮，如图10-49所示。

05 当出现"正在附着到楼板"对话框时，单击"不附着"按钮，如图10-50所示。

图10-49

图10-50

06 选中楼板，单击"修改子图元"按钮，然后拾取左上角的角点，修改偏移值为-30，最后按Esc键退出编辑模式，如图10-51所示。

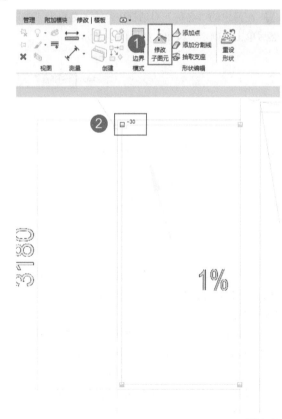

图10-51

187

07 切换至"建筑"选项卡，然后单击"构件"下拉菜单中的"内建模型"按钮，如图10-52所示。

图10-52

08 在"族类别和族参数"对话框中，选择"常规模型"，然后单击"确定"按钮，如图10-53所示。

图10-53

09 在弹出的"名称"对话框中，输入名称为"混凝土雨棚"，然后单击"确定"按钮，如图10-54所示。

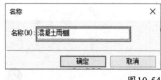

图10-54

10 切换至"创建"选项卡，单击"拉伸"按钮，如图10-55所示。

图10-55

11 绘制拉伸轮廓，然后在"属性"面板中设置"拉伸终点"为200，"拉伸起点"为"-100"，最后单击"完成"按钮，如图10-56所示。

12 进入西立面视图，再次单击"拉伸"按钮。弹出"工作平面"对话框，选中"拾取一个平面"单选按钮，然后单击"确定"按钮，如图10-57所示，绘制拉伸轮廓。在"属性"面板中，设置"拉伸终点"为200，"拉伸起点"为-100，单击"完成"按钮。

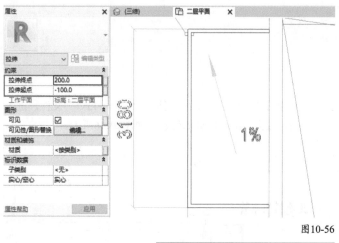

图10-56

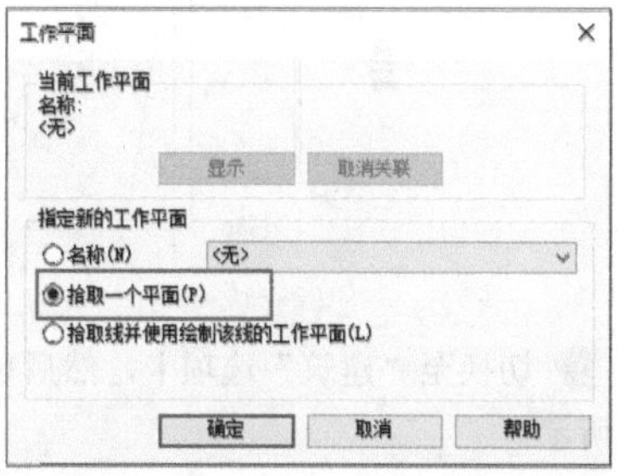

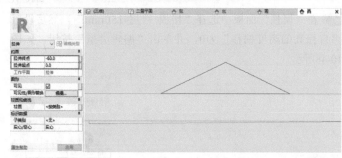

图10-57

13 拾取绘制好的雨棚作为工作平面，绘制雨棚立面轮廓。在"属性"面板中设置"拉伸终点"为-60，"拉伸起点"为0，然后单击"完成"按钮，如图10-58所示。

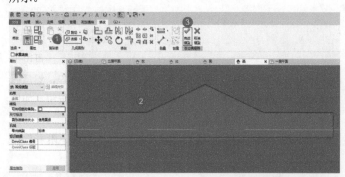

图10-58

14 切换至"修改"选项卡，单击"连接"按钮，依次拾取两个拉伸形状进行连接，然后单击"完成模型"按钮，如图10-59所示。

图10-59

15 进入一层平面，在"属性"面板中选择"基本墙 常规-200mm"，然后设置"底部约束"为"室外地坪"，"顶部约束"为"直到标高：一层平面"，最后单击"编辑类型"按钮，如图10-60所示。

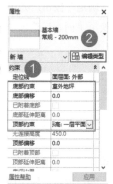

图10-60

16 在"类型属性"对话框中，复制新的墙体类型为"挡墙-240mm"，然后编辑墙体的"厚度"为240，最后单击"确定"按钮，如图10-61所示。★★★

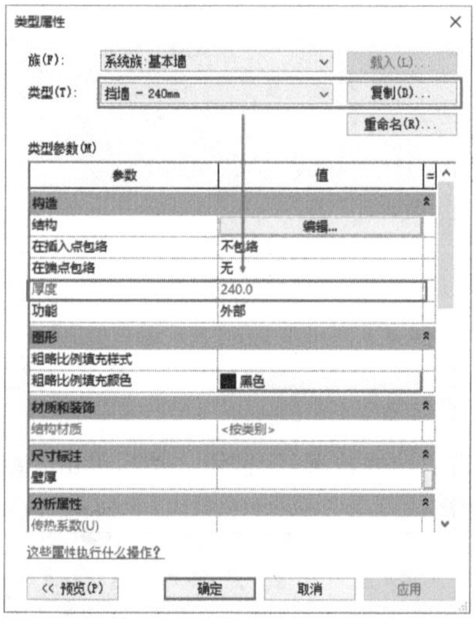

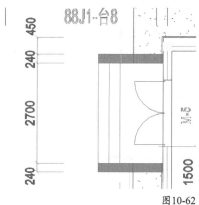

图10-61

17 使用"直线"工具绘制台阶两侧的挡墙，如图10-62所示。

图10-62

18 打开三维视图，查看最终绘制完成的混凝土雨棚，如图10-63所示。

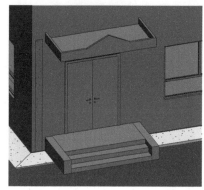

图10-63

实战：创建室外滑梯

素材位置　素材文件>第10章>05.rvt
实例位置　实例文件>第10章>实战：创建室外滑梯.rvt
视频位置　第10章>实战：创建室外滑梯.mp4
难易指数　★★★☆☆
技术掌握　掌握"放样融合"工具的使用方法

01 打开学习资源中的"素材文件>第10章>05.rvt"文件，进入一层平面，放大室外滑梯的位置，如图10-64所示。

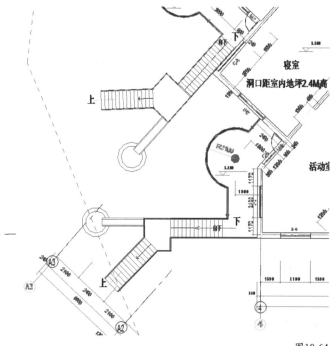

图10-64

02 切换至"视图"选项卡，然后单击"立面"按钮，如图10-65所示。

图10-65

03 将鼠标指针移动至歇脚平台的位置，当立面符号箭头方向与第二跑梯段保持一致时单击放置，如图10-66所示。

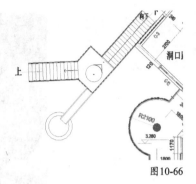

图10-66

04 选中立面符号的箭头，拖曳剖断线至楼梯的外侧，如图10-67所示。

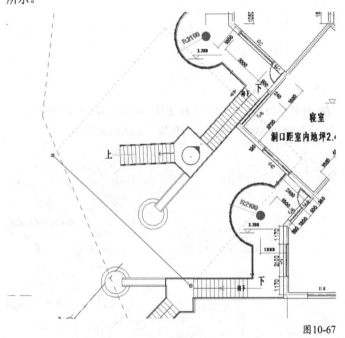

图10-67

05 切换至"建筑"选项卡，然后单击"构件"下拉菜单中的"放置构件"按钮，如图10-68所示。

图10-68

06 在"族类别和族参数"对话框中，选择"常规模型"，然后单击"确定"按钮，如图10-69所示。

图10-69

07 在弹出的"名称"对话框中，输入名称为"室外滑梯"，然后单击"确定"按钮，如图10-70所示。

08 切换至"创建"选项卡，单击"放样融合"按钮，如图10-71所示。

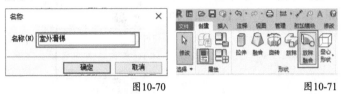

图10-70   图10-71

09 单击"绘制路径"按钮，沿着滑梯中心绘制一条直线，然后单击"完成"按钮，如图10-72所示。

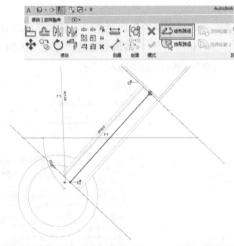

图10-72

10 单击"选择轮廓1"按钮，然后单击"编辑轮廓"按钮，如图10-73所示。

图10-73

11 这时会弹出"转到视图"对话框，选择"立面：立面1-a"选项，然后单击"打开视图"按钮，如图10-74所示。

12 以垂直参照平面为中心，室外地坪标高为最低点，绘制一个宽600、高260、厚度为60的截面轮廓，单击"完成"按钮，如图10-75所示。

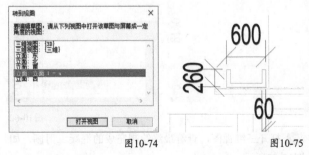

图10-74   图10-75

13 单击"选择轮廓2"按钮，然后单击"编辑轮廓"按钮，如

图10-76所示。

图10-76

⑭ 以垂直参照平面为中心，歇脚平台为最低点，绘制一个宽600、高1050、厚度为60的截面轮廓，单击"完成"按钮，如图10-77所示。然后依次单击"完成"按钮，最后单击"完成模型"按钮。

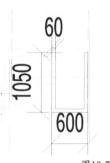

图10-77

⑮ 进入二层平面，双击楼梯右侧栏杆的扶手，将下半部分扶手的路径删除，然后单击"完成"按钮，如图10-78所示。

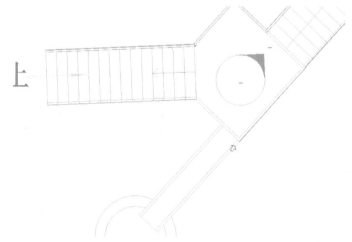

图10-78

⑯ 切换至"建筑"选项卡，单击"栏杆扶手"按钮。在"属性"面板中选择"栏杆扶手 1050mm-楼梯栏杆"，然后重新绘制栏杆路径，到滑梯边缘位置处结束，最后单击"完成"按钮，如图10-79所示。

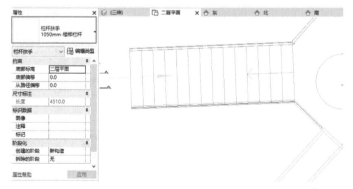

图10-79

⑰ 选中刚绘制完成的栏杆扶手，然后单击"拾取新主体"按钮，拾取楼梯作为主体，如图10-80所示。

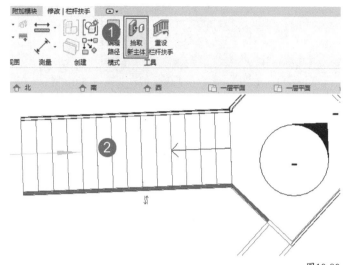

图10-80

⑱ 切换至"建筑"选项卡，单击"墙"按钮。在"属性"面板中选择"基本墙 挡墙-240mm"，然后设置"底部约束"为"室外地坪"，"顶部约束"为"直到标高：一层平面"，最后选择"拾取线"工具，拾取外墙线创建挡墙，如图10-81所示。

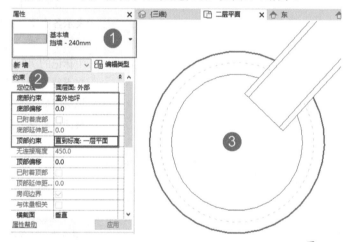

图10-81

⑲ 按相同的方法完成另一处滑梯的创建。创建完成后，打开三维视图查看滑梯的最终完成效果，如图10-82所示。

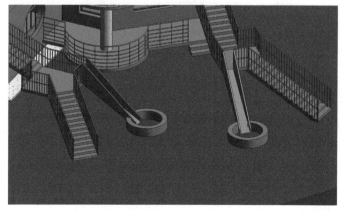

图10-82

第11章

房间和面积

193页
房间的放置与面积统计

195页
房间类型的划分

198页
区域划分与面积统计

11.1 房间和图例

在建筑物中，空间划分非常重要。不同类型的空间存在于不同的位置，并决定了每个房间的用途。在住宅项目中，通常将空间简单地划分为楼梯间、电梯间和走廊等。在每个独立户型的内部，又会划分客厅、厨房、卫生间和卧室等区域。在以往的二维绘制方式中，每个空间的面积都需要建筑师手动量取、计算，但在Revit中，这些操作变得简单了许多。建筑师只需在平面中对空间进行分割，Revit就可以自动计算各个房间的面积，以及各类型房间最终的总数。当空间布局或房间数量改变后，相应的统计数据也会自动更新。这便是Revit参数化的价值所在，不仅能够让建筑师更高效地完成设计任务，还可以通过添加图例的方式，表示各个房间的用途。

11.1.1 创建房间

在这节中，主要学习如何创建房间。建筑师在绘制建筑图纸时，都需要清楚地表示各个房间的位置，如卫生间、办公室和库房等。这些信息都需要在平面及剖面视图中，通过文字描述表达清楚。在二维绘图时代，信息往往不流通，因此平面图中标记的房间，到剖面图后，还需要根据平面图中房间的位置重新进行标记。有时在不经意间，就容易造成平面图与剖面图所表达的信息不一致。而在Revit中，标记房间显得非常轻松。建筑师在平面图中创建了房间信息，到了相应的剖面图中，视图信息就会自动添加，并且两者之间存在参数化联动关系。当平面视图中的房间信息修改后，剖面视图也会自动更新，避免了平面图与剖面图表达信息不一致的问题，极大地提高了工作效率。

技巧与提示

在Revit中放置房间时，还需要设置空间高度。因为如果要将建筑模型导入其他计算机软件中，必须要让房间充满整个空间才算有效。

若要修改实例属性，选中房间并在"属性"面板中修改相应的参数即可，如图11-1所示。

图11-1

房间实例属性参数介绍

标高： 当前房间所在的标高位置。

上限： 房间顶部所在的标高位置。

高度偏移： 以上限为基准向上移动的距离。

底部偏移： 以标高为基准向上移动的距离。

面积： 房间的面积。

周长： 房间的总长度。

房间标示高度： 设置的房间高度。

体积： 房间的体积数值。

编号： 指定的房间编号，该值对项目中的每个房间都必须是唯一的。

名称： 设置房间的名称，如"办公室"或"大厅"。

注释： 添加有关房间的信息。

占用： 房间的占用类型，如零售店。

部门： 设置使用当前房间的部门。

基面面层： 设置当前房间基面的面层信息。

天花板面层： 设置天花板的面层信息，如白色乳胶漆。

墙面面层： 设置墙面的面层信息，如涂料。

楼板面层： 设置楼板的面层信息，如木地板。

占用者： 设置使用当前房间的人、小组或组织的名称。

实战： 放置房间并计算面积

素材位置：素材文件>第11章>01.rvt
实例位置：实例文件>第11章>实战：放置房间并计算面积.rvt
视频位置：第11章>实战：放置房间并计算面积.mp4
难易指数：★★☆☆☆
技术掌握：掌握使用"房间"工具计算房间面积的方法

01 打开学习资源中的"素材文件>第11章>01.rvt"文件，进入一层平面，如图11-2所示。

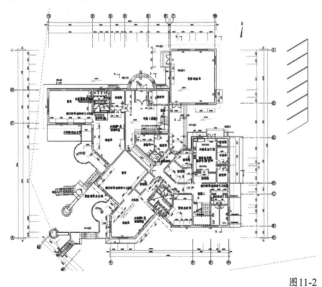

图11-2

02 切换至"建筑"选项卡，单击"房间"按钮（快捷键RM），如图11-3所示。

图11-3

03 将鼠标指针放置于寝室的封闭空间内，单击放置，如图11-4所示。

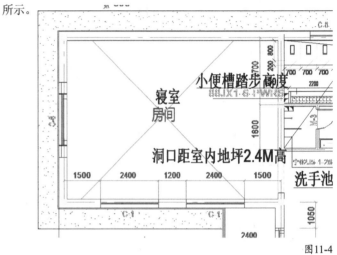

图11-4

04 双击房间名称，进入编辑状态，此时房间的边界以红色线段显示。输入房间名称"寝室"，按Enter键确认，如图11-5所示。

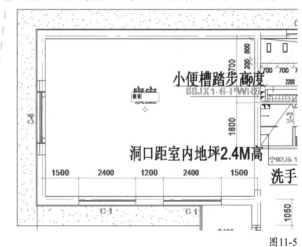

图11-5

05 再次单击"房间"按钮，然后单击"自动放置房间"按钮，如图11-6所示。此时，软件会提示已自动创建了多少个房间，如图11-7所示。

图11-6   图11-7

06 按照房间的实际用途，依次修改各个房间的名称，如图11-8所示。

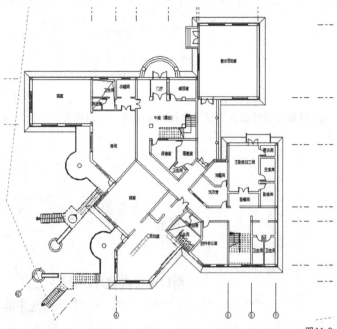

图11-8

07 切换至"建筑"选项卡，然后单击"房间分隔"按钮，如图11-9所示。

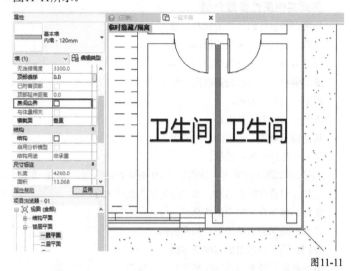

图11-9

08 在中庭和走廊交界的位置添加一条房间分隔线，用以将两个空间手动进行划分，如图11-10所示。可以按照相同的方法，完成对其余需要手动分隔的空间的操作。

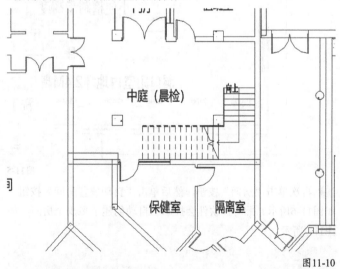

图11-10

技巧与提示

　　放置房间后，软件会自动在相应房间内放置房间标记。如果误将房间标记删除，可以通过单击"标记房间"按钮重新标记。

194

09 将鼠标指针移至视图右下角"卫生间"的位置，选中卫生间的隔墙，并在"属性"面板中取消选中"房间边界"复选框，如图11-11所示。

图11-11

经验分享

　　当需要合并两个房间时，可以将房间之间的分隔墙体的房间边界去掉，此时两个房间将合并为一个整体。

10 此时弹出"警告"对话框，单击"删除房间"按钮，如图11-12所示。然后在打开的对话框中，单击"确定"按钮，如图11-13所示。

图11-12

图11-13

11 此时，两个房间便合并成了一个房间，如图11-14所示。

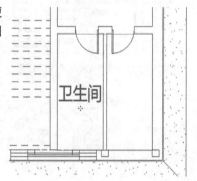

图11-14

12 选择任意一个房间标记，单击鼠标右键，在弹出的菜单中选择"选择全部实例>在视图中可见"选项，如图11-15所示。

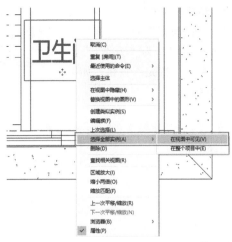

图11-15

13 此时，当前视图中的所有房间标记全部被选中。接着，在"属性"面板中，选择"标记-房间-有面积-施工-仿宋-3mm-0-80"选项，如图11-16所示。

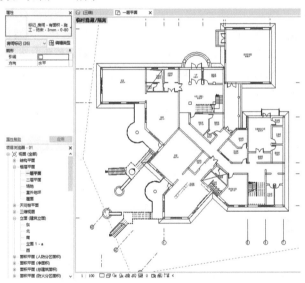

图11-16

14 至此，各个房间的名称与面积在视图中全部标记完成，如图11-17所示。可以按以上步骤自行完成二层平面房间的创建。

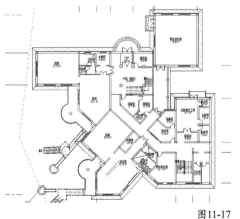

图11-17

技术专题 ⑲ 快速切换房间的使用面积与建筑面积

本次实例中的所有房间面积均为使用面积，如果需要统计建筑面积，可单击"房间和面积"面板下方的三角按钮，在下拉菜中单击"面积和体积计算"按钮，如图11-18所示。

图11-18

打开"面积和体积计算"对话框，在"房间面积计算"选项组中选中"在墙中心"单选按钮，如图11-19所示。然后单击"确定"按钮，便可直接将使用面积切换为建筑面积。

图11-19

11.1.2 房间图例

颜色方案可用于以不同的图形和颜色，来表示不同的空间类型。例如，可以按照房间名称、面积、占用或部门创建颜色方案。如果要在楼层平面中按部门填充房间的颜色，可以将每个房间的"部门"参数值设置为必需的值，然后根据"部门"参数值创建颜色方案。接着，可以添加颜色填充图例，以标识每种颜色所代表的部门。颜色方案可将指定的房间和区域颜色，应用到楼层平面视图或剖面视图中。可向已填充颜色的视图中添加颜色填充图例，以标识颜色所代表的含义。

实战：创建彩色平面图

素材位置 素材文件>第11章>02.rvt
实例位置 实例文件>第11章>实战：创建彩色平面图.rvt
视频位置 第11章>实战：创建彩色平面图.mp4
难易指数 ★★★☆☆
技术掌握 掌握图例工具的使用及设置方法

01 打开学习资源中的"素材文件>第11章>02.rvt"文件，然后在项目浏览器中找到一层平面。单击鼠标右键，在弹出的菜单中选择"复制视图>带细节复制"选项，如图11-20所示。

图11-20

```
经验分享
```

如果选择"复制"选项，那么只会复制视图模型部分内容。如果
想要保留视图中二维部分的内容，如注释、房间名称等，则需要选择
"带细节复制"选项。

02 选中刚复制的"一层平面 副本1"，单击鼠标右键，在弹出
的菜单中选择"重命名"选项，如图11-21所示。将其名称修改为
"一层平面（彩平图）"，如图11-22所示。

图11-21   图11-22

03 选中CAD底图，使用Delete键将其删除，如图11-23所示。

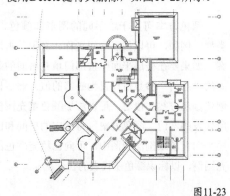

图11-23

04 切换至"注释"选项卡，然后单击"颜色填充 图例"按钮，
如图11-24所示。

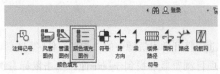

图11-24

05 在当前视图右侧的空白位置单击，然后在打开的"选择空间

类型和颜色方案"对话框中，设
置"空间类型"为"房间"，
"颜色方案"为"方案1"，
接着单击"确定"按钮，如图
11-25所示。

图11-25

06 选中刚新建的颜色图例，然后单击"编辑方案"按钮，如图
11-26所示。

图11-26

07 在打开的"编辑颜色方案"对话框中，选择"方案1"，然
后单击"复制"按钮，接着在打开的"新建颜色方案"对话框
中，输入名称为"房间类型"，最后单击"确定"按钮，如图
11-27所示。

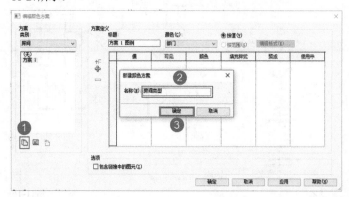

图11-27

08 设置标题的名称为"房间类型"，颜色为"名称"，然后在弹
出的对话框中，单击"确定"按钮，如图11-28所示。

图11-28

09 此时，软件将自动读取项目房间，并显示在当前房间列表中，然后单击"确定"按钮，如图11-29所示。如果对颜色不满意，还可以自行修改各个房间的颜色。

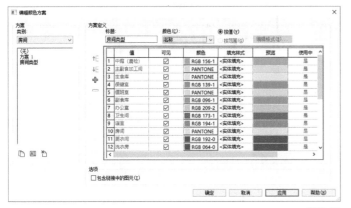

图11-29

技巧与提示

选中列表中的某一个房间时，可以通过↑键（向上）和↓键（向下）对位置进行调整，可以按"+"键（加）或"-"键（减）添加或删除房间图例。如果需要将颜色图例应用到链接文件中，那么可以选择对话框下方的"包含链接中的图元"选项。

10 选中颜色图例并将其拖曳至视图下方。通过拖曳控制柄，还可以改变图例的排列方向，如图11-30所示。

图11-30

11 将颜色图例的位置再做适当调整后，查看最终完成效果，如图11-31所示。

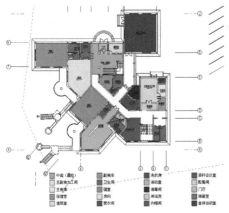

图11-31

技术专题 20 使用明细表删除多余房间

在实际项目的进行过程中，经常需要对模型进行修改，反反复复地添加与删除房间。但在处理过程中，有些房间虽然已经在视图中被删除，但实际导入模型或明细表统计时仍然存在。针对这种情况，目前比较好的处理方法就是通过明细表进行删除，下面介绍具体的操作方法。

打开一个项目文件，在项目浏览器中双击，打开"房间明细表"，可以看到明细表中存在很多多余的房间，如图11-32所示。

图11-32

选中处于"未放置"状态的房间，然后单击"删除"按钮，将多余的房间从项目中永久删除，如图11-33所示。

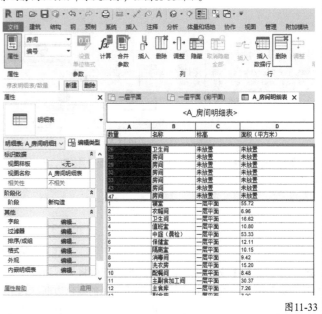

图11-33

通过该方法，不仅可以快速查找不需要的房间，还可以将其删除，方便了用户对项目的管理。

11.2 面积分析

　　通常，需要在建筑图纸上表示各楼层的建筑面积及防火分区面积等。在CAD二维绘制中，一般通过多段线来完成对整个区域面积的计算，如果楼层空间布局有变化，往往需要重新进行计算。Revit提供了面积分析工具，用于在建筑模型中定义空间关系，可以直接根据现有的模型自动计算建筑面积、各防火分区面积等。

　　Revit默认可以建立4种类型的面积平面，分别是"人防分区面积""净面积""总建筑面积""防火分区面积"。下面将通过两个实例，介绍如何使用Revit建立不同的面积平面及如何进行面积统计。

实战：创建总建筑面积

素材位置　素材文件>第11章>03.rvt
实例位置　实例文件>第11章>实战：创建总建筑面积.rvt
视频位置　第11章>实战：创建总建筑面积.mp4
难易指数　★★★☆☆
技术掌握　掌握面积工具的使用方法

01 打开学习资源中的"素材文件>第11章>03.rvt"文件。切换至"建筑"选项卡，单击"面积"下拉菜单中的"面积平面"按钮，如图11-34所示。

02 在弹出的"新建面积平面"对话框中，设置"类型"为"总建筑面积"，取消选中"不复制现有视图"复选框，然后选择"一层平面"，最后单击"确定"按钮，如图11-35所示。

图11-34　　　　　　　图11-35

03 在弹出的"Revit"对话框中，单击"是"按钮，如图11-36所示。

图11-36

04 软件将自动生成总面积平面图，平面图中将显示当前楼层的总建筑面积标记，如图11-37所示。图中显示的蓝色边框，为系统自动生成的面积边界线。依次类推，可分别计算其他各层的总建筑面积。

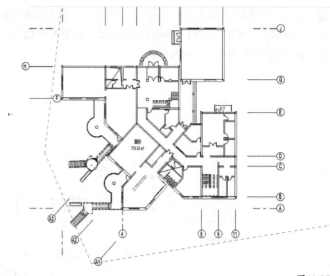

图11-37

技巧与提示

　　通过面积平面得到的总建筑面积或防火分区面积，只能计算单个楼层。如果需要计算整幢建筑的建筑平面，需要利用明细表统计。

实战：创建防火分区面积

素材位置　素材文件>第11章>04.rvt
实例位置　实例文件>第11章>实战：创建防火分区面积.rvt
视频位置　第11章>实战：创建防火分区面积.mp4
难易指数　★★★☆☆
技术掌握　掌握面积工具的使用方法

01 打开学习资源中的"素材文件>第11章>04.rvt"文件。切换至"建筑"选项卡，然后单击"面积"下拉菜单中的"面积平面"按钮，如图11-38所示。

02 在打开的"新建面积平面"对话框中，设置"类型"为"防火分区面积"，取消选中"不复制现有视图"复选框，然后选择"一层平面"，单击"确定"按钮，如图11-39所示。

图11-38　　　　　　　图11-39

03 在弹出的对话框中，单击"是"按钮，如图11-40所示。

图11-40

04 切换至"建筑"选项卡，然后单击"面积边界"按钮，如图11-41所示。

图11-41

05 选择"直线"工具，在当前面积平面中绘制防火分区边界线，如图11-42所示。

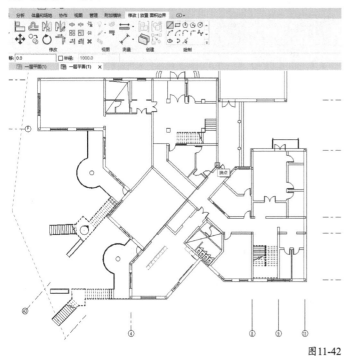

图11-42

06 切换至"建筑"选项卡，然后单击"面积"按钮，在下拉菜单中单击"面积"按钮，如图11-43所示。

图11-43

07 在视图中放置面积标记，并修改各个防火分区的名称，如图11-44所示。

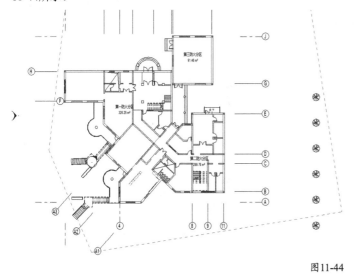

图11-44

技巧与提示

在项目中建立的各类面积平面视图，均可以在项目浏览器中查找。

08 切换至"注释"选项卡，单击"颜色填充图例"按钮，如图11-45所示。

图11-45

09 在视图中的任意位置单击放置颜色图例，然后在弹出的对话框中，设置"空间类型"为"面积（防火分区面积）"，"颜色方案"为"方案1"，如图11-46所示。

图11-46

10 选中放置好的颜色图例，然后单击"编辑方案"按钮，如图11-47所示。

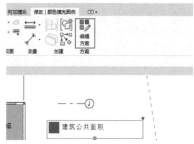

图11-47

11 在"编辑颜色方案"对话框中，设置"标题"为"防火分区面积"，"颜色"为"面积"，然后单击"应用"按钮，如图11-48所示。

图11-48

12 视图中的各个防火分区将出现不同颜色的色块，用于表示不同的面积区域，如图11-49所示。

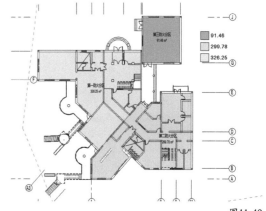

图11-49

199

第12章

静态表现与漫游

12.1 材质

　　Revit中的材质代表实际的材质，如混凝土、木材和玻璃。这些材质可应用于设计的各个部分，使对象具有真实的外观和行为。在部分设计环境中，由于项目的外观十分重要，因此材质具有详细的外观属性，如反射率和表面纹理。在其他情况下，材质的物理属性（如屈服强度和热传导率）更为重要，因此材质必须支持工程分析。

12.1.1 材质库

　　材质库是材质和相关资源的集合。Revit提供了部分库，其他库则由用户创建。用户可以通过创建库来组织材质，还可以与团队的其他用户共享库。

实战：添加材质库

素材位置	素材文件>第12章>01.rvt
实例位置	实例文件>第12章>实战：添加材质库.rvt
视频位置	第12章>实战：添加材质库.mp4
难易指数	★★☆☆☆
技术掌握	掌握材质库的添加与编辑方法

01 使用"建筑样板"新建项目文件，然后切换至"管理"选项卡，单击"材质"按钮，如图12-1所示。

图12-1

02 打开"材质浏览器"对话框，单击"库"按钮，在下拉菜单中选择"创建新库"选项，如图12-2所示。

图12-2

03 在打开的"选择文件"对话框中，输入文件名"建筑外立面材质"，然后单击"保存"按钮，如图12-3所示。

图12-3

04 在主视图列表中，将出现刚添加的"建筑外立面材质"库，如图12-4所示。

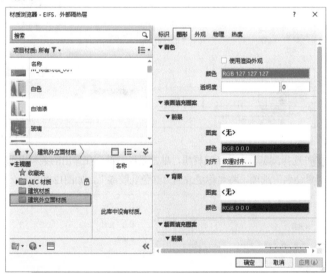

图12-4

可以根据项目需要，添加一些项目中常用的材质到对应的库中，以便在实际操作中调用。当其他项目需要调用之前所建立的材质库时，可以单击"库"按钮，在下拉菜单中选择"打开现有库"选项，加载之前所保存的库文件。

12.1.2 材质的属性

Revit中所提供的材质都包含若干个属性，这些属性分为5个类别，分别是"标识""图形""外观""物理""热度"，每个类别下的参数用于控制对象的不同属性。"标识"选项卡提供有关材质的常规信息，如说明、制造商和成本数据等，如图12-5所示。

在"图形"选项卡中可以修改定义材质在着色视图中的显示方式，以及材质外表面和截面在其他视图中的显示方式等，如图12-6所示。

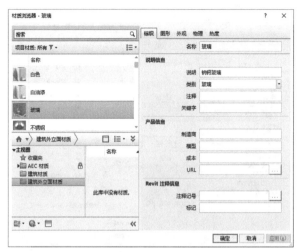

图12-5

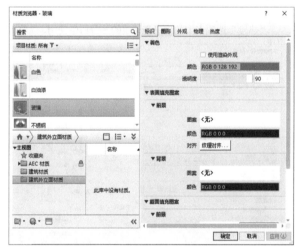

图12-6

"外观"选项卡中的信息用于控制材质在渲染中的显示方式，如图12-7所示。

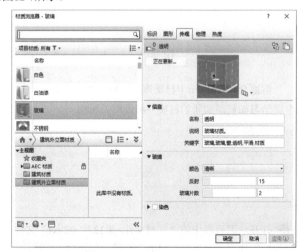

图12-7

"物理"选项卡中的信息在建筑的结构分析和建筑能耗分析中使用，如图12-8所示。

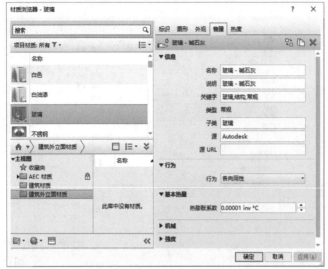

图12-8

"热度"选项卡中的信息在建筑的热分析中使用，如图12-9所示。

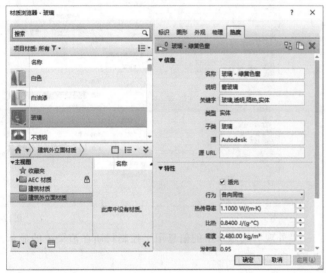

图12-9

12.1.3 材质的添加与编辑

前面介绍了Revit中材质库与材质属性的内容。在这一节中，主要学习如何添加新的材质并编辑相关属性。

实战：创建乳胶漆材质

素材位置	素材文件>第12章>02.rvt
实例文件	实例文件>第12章>实战：创建乳胶漆材质.rvt
视频位置	第12章>实战：创建乳胶漆材质.mp4
难易指数	★★★☆☆
技术掌握	掌握添加材质的方法

01 打开学习资源中的"素材文件>第12章>02.rvt"文件，切换至"管理"选项卡，单击"材质"按钮，如图12-10所示。

图12-10

02 在"材质浏览器"对话框中，单击"添加材质"按钮，在下拉菜单中选择"新建材质"选项，如图12-11所示。

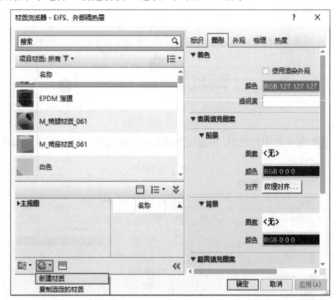

图12-11

03 选择浏览器中的新建材质，单击鼠标右键，在弹出的菜单中选择"重命名"选项，将名称更改为"红色乳胶漆"，如图12-12所示。

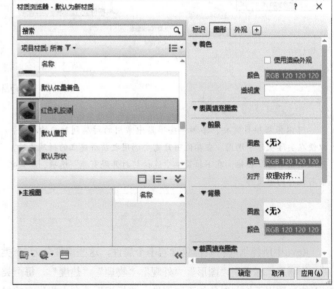

图12-12

04 选择当前材质，切换至"外观"选项卡，单击"图像"后方的空白区域设置贴图，如图12-13所示。

05 在"材质浏览器"对话框中，切换至"图形"选项卡，然后在

202

"着色"选项组中选中"使用渲染外观"复选框，如图12-14所示。

图12-13

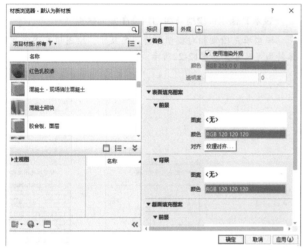

图12-14

06 在"表面填充图案"类别中，单击"图案"后的空白区域，然后在"填充样式"对话框中，选择"松散-砂浆/粉刷"选项，最后单击"确定"按钮，如图12-15所示。

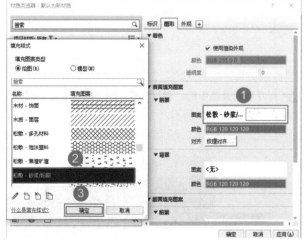

图12-15

技巧与提示

当视图中的图元被剖切时，如在平面视图和剖面视图中，图元将显示材质中的截面填充图案。如果视图中的图元没有被剖切，如在立面或三维视图中，则显示的是表面填充图案。

07 在"表面填充图案"类别中，单击"颜色"图例，然后在"颜色"对话框中选择黑色，最后单击"确定"按钮，如图12-16所示。

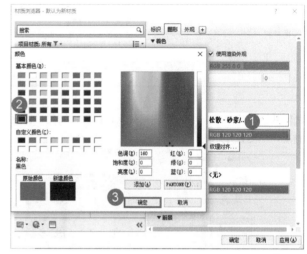

图12-16

08 返回"材质浏览器"对话框，选择刚创建的"红色乳胶漆"材质，单击鼠标右键，在弹出的菜单中选择"复制"选项，如图12-17所示。

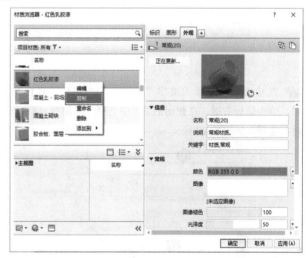

图12-17

09 将复制的材质名称修改为"黄色乳胶漆"，切换至"外观"选项卡，单击"复制此资源"按钮，然后分别修改"信息"选项组中的"名称"为"黄色乳胶漆"，"常规"选项组中的"颜色"为（RGB 255 128 0），最后单击"确定"按钮，如图12-18所示。

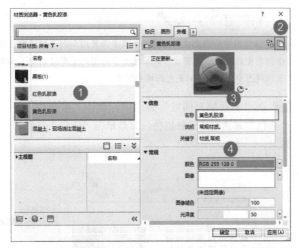

图12-18

10 重复以上操作，分别创建淡黄色、白色、绿色、蓝色乳胶漆材质，如图12-19所示。

图12-19

11 在检索框中搜索关键字"乳胶漆"，然后选择任意搜索结果，单击鼠标右键，在弹出的菜单中选择"添加到>建筑外立面材质"选项，如图12-20所示。

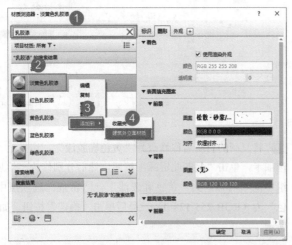

图12-20

12 将所有乳胶漆材质添加到"建筑外立面材质"库中的效果如图12-21所示。

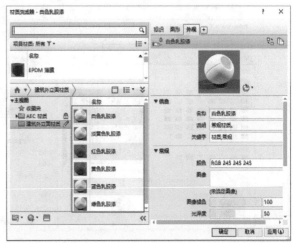

图12-21

技术专题 21 模型与绘图填充图案的区别

模型填充图案相对模型保持固定尺寸，绘图填充图案相对图纸保持固定尺寸，如图12-22所示。

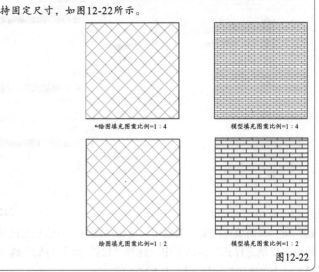

绘图填充图案比例=1∶4　　　　模型填充图案比例=1∶4

绘图填充图案比例=1∶2　　　　模型填充图案比例=1∶2

图12-22

实战：赋予外立面材质

素材位置　素材文件>第12章>03.rvt
实例位置　实例文件>第12章>实战：赋予外立面材质.rvt
视频位置　第12章>实战：赋予外立面材质.mp4
难易指数　★★★☆☆
技术掌握　掌握将材质赋予不同图元的方法

01 打开学习资源中的"素材文件>第12章>03.rvt"文件，进入南立面视图，如图12-23所示。

图12-23

02 选中任意外墙，然后在"属性"面板中单击"编辑类型"按钮，如图12-24所示。

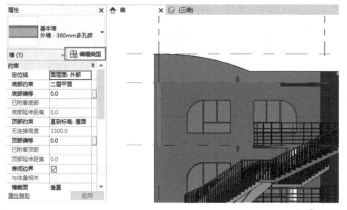

图12-24

03 在"类型属性"对话框中，单击"结构"后方的"编辑"按钮，如图12-25所示。

图12-25

04 在"编辑部件"对话框中，找到"面层1[4]"，然后单击"材质"下面的"浏览"按钮，如图12-26所示。

图12-26

05 在"材质浏览器"对话框中搜索"乳胶漆"，然后在搜索结果中选择"白色乳胶漆"材质，最后依次单击"确定"按钮，关闭所有对话框，如图12-27所示。

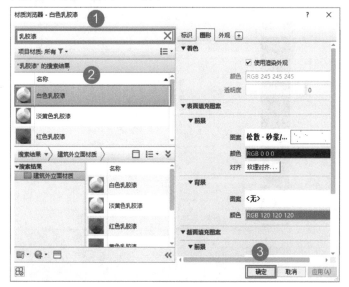

图12-27

06 选中女儿墙部分的墙体，执行相同操作，打开"编辑部件"对话框。插入新的结构层，设置其功能为"面层1[4]"，厚度为1，材质为"红色乳胶漆"，然后单击"确定"按钮，如图12-28所示。

图12-28

07 切换至"修改"选项卡，单击"拆分面"按钮（快捷键SF），如图12-29所示。

图12-29

08 拾取4轴至5轴之间的墙体，选择"直线"工具，绘制一条距离墙体顶部300mm的线段，然后单击"完成"按钮，如图12-30所示。

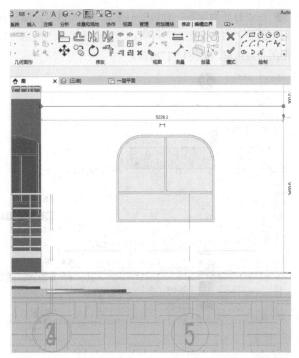

图12-30

技巧与提示

　　拆分面的轮廓线不能超过墙体轮廓，也不能和墙体轮廓重合。如果绘制的是单一线段，应注意首尾两端要和现有轮廓正确连接，保证能和现有轮廓形成封闭的区域。

09 在"修改"选项卡中，单击"填色"按钮（快捷键PT），如图12-31所示。

图12-31

10 在"材质浏览器"对话框中搜索"乳胶漆"，选择"黄色乳胶漆"材质，然后在视图中拾取墙体顶部的拆分面，单击"完成"按钮，如图12-32所示。

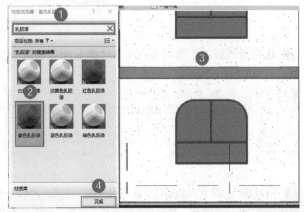

图12-32

11 如果发现墙面效果没有达到理想状态，可以打开一层平面，在"修改"选项卡中单击"墙连接"按钮，然后拾取墙角的位置，在工具选项栏选中"斜接"单选按钮，如图12-33所示。

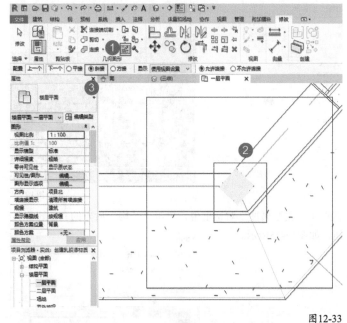

图12-33

12 返回南立面视图，此时会发现墙体连接状态已发生变化，如图12-34所示。

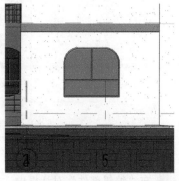

图12-34

13 切换至"修改"选项卡，单击"拆分面"按钮（快捷键SF）。拾取"8-11"轴位置的墙体，绘制一个半径为300mm的圆形，然后单击"完成"按钮，如图12-35所示。

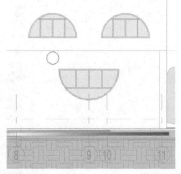

图12-35

14 选择绘制好的拆分面，单击"复制"按钮（快捷键CO），将拆分面复制到墙面的另外一侧，如图12-36所示。

图12-36

💡 **经验分享**

　　由于软件的限制，一次只能绘制一个拆分面的轮廓。如果在同一墙面中需要多个重复的拆分面，可以先完成其中一个，然后通过"复制"工具复制其他的。

⑮ 单击"填色"按钮（快捷键PT），在"材质浏览器"对话框中选择"红色乳胶漆"材质，然后拾取刚绘制的两个拆分面进行填色，单击"完成"按钮，如图12-37所示。

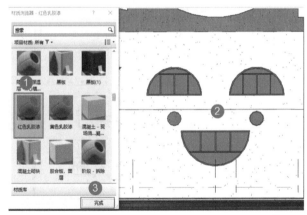

图12-37

⑯ 切换至"插入"选项卡，单击"载入族"按钮。在"载入族"对话框中，选择"素材文件>第12章>族"文件夹，选择"矩形轮廓"文件，然后单击"打开"按钮，如图12-38所示。

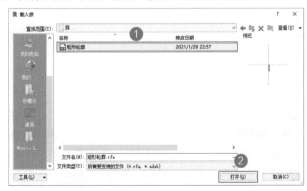

图12-38

⑰ 切换至"建筑"选项卡，单击"墙"按钮下方的小三角，在

下拉菜单中选择"墙：饰条"选项。在"属性"面板中单击"编辑类型"按钮，打开"类型属性"对话框。复制新类型为"墙面造型"，然后设置"轮廓"为"矩形轮廓：矩形轮廓"，"材质"为"蓝色乳胶漆"，最后单击"确定"按钮，如图12-39所示。

图12-39

⑱ 进入三维视图，分别拾取西立面和南立面二层顶部的墙体，创建装饰线脚，如图12-40所示。

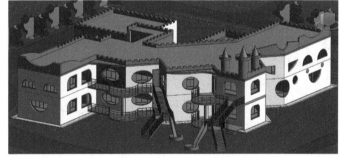

图12-40

⑲ 按照CAD立面图给出的材质信息，为其余图元赋予材质，最终完成效果如图12-41所示。

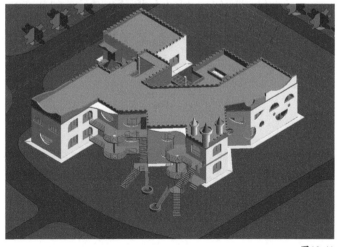

图12-41

12.2 漫游

在使用Revit完成建筑设计的过程中，"漫游"工具起到了非常重要的作用。传统的方案设计，都是先在SketchUp中完成方案模型，然后配合效果图向业主汇报设计方案。而在Revit中，前期的方案模型都由Revit完成，然后直接通过"漫游"工具制作一段建筑漫游动画向业主展示设计方案。并且在此期间，不需要借助其他软件也可以完成此项工作。整个过程相对传统的设计方式而言，效率有了极大的提高。延伸到后期，还可以基于Revit方案模型进行进一步深化，直接输出相应的建筑图纸。

Revit中的"漫游"指沿着定义的路径移动相机，此路径由帧和关键帧组成。关键帧指可修改相机方向和位置的可修改帧。在默认情况下，漫游可以创建为一系列透视图，也可以创建为正交三维视图。

实战：创建漫游路径

素材位置　素材文件>第12章>04.rvt
实例位置　实例文件>第12章>实战：创建漫游路径.rvt
视频位置　第12章>实战：创建漫游路径.mp4
难易指数　★☆☆☆☆
技术掌握　掌握创建漫游路径的方法

01 打开学习资源中的"素材文件>第12章>04.rvt"文件，进入"室外地坪"平面图，如图12-42所示。

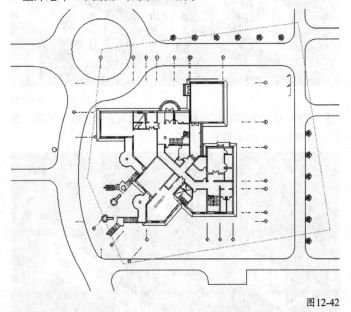

图12-42

02 切换至"视图"选项卡，单击"三维视图"下拉菜单中的"漫游"按钮，如图12-43所示。

03 在工具选项栏中，选中"透视图"复选框，然后设置"偏移"为1700，"自"为"室外地坪"，如图12-44所示。

图12-43

图12-44

技巧与提示

如果不选择"透视图"选项，那么通过漫游所创建的项目将成为三维正交图，而不是透视图。

04 在当前视图中，单击逐个放置关键帧。漫游路径绘制成功后，单击"完成漫游"按钮结束路径绘制，或者按Esc键结束绘制，如图12-45所示。

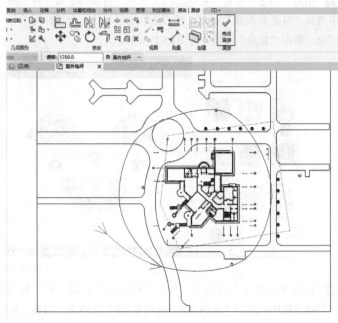

图12-45

实战：编辑漫游并导出

素材位置　素材文件>第12章>05.rvt
实例位置　实例文件>第12章>实战：编辑漫游并导出.rvt
视频位置　第12章>实战：编辑漫游并导出.mp4
难易指数　★★★☆☆
技术掌握　掌握漫游的编辑及导出方法

01 打开学习资源中的"素材文件>第12章>05.rvt"文件，然后在项目浏览器中双击"漫游1"，进入漫游视图，再选择当前视图裁切框，双击"室外地坪"，进入室外地坪平面视图，如图12-46所示。

02 进入室外地坪平面视图后，单击"编辑漫游"按钮，如图12-47所示。在工具选项栏中设置"控制"为"添加关键帧"，并在现有漫游路径上单击添加关键帧，如图12-48所示。

图12-46

径""添加关键帧""删除关键帧"。可以根据需求选择不同选项，从而对不同对象进行编辑。

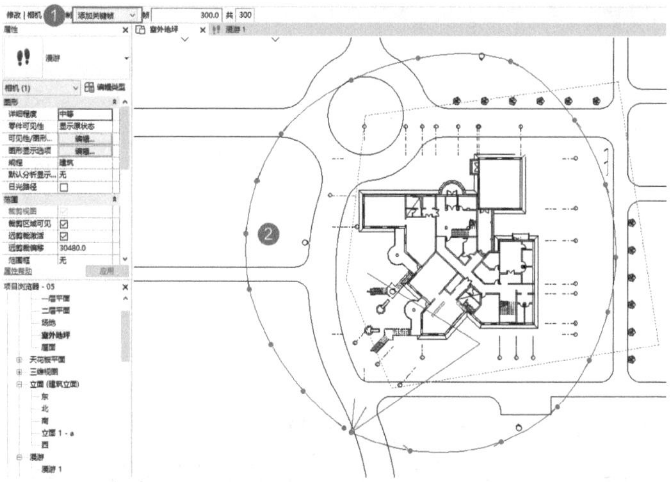

03 在工具选项栏中，单击"共"后面的300，打开"漫游帧"对话框，设置"总帧数"为300，"帧/秒"为10，并选中"指示器"复选框，设置"帧增量"为5，如图12-49所示。

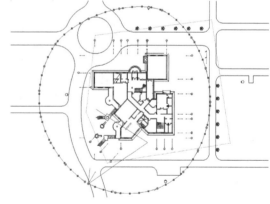

图12-49

技巧与提示

默认各个关键帧之间过渡所用的时间由软件自动分配。如果需要自定义每个关键帧之间过渡所用的时间，可以取消选中"匀速"复选框。在"加速器"列中，可以调整关键帧之间的过渡速度。

04 单击"确定"按钮，查看完成效果，如图12-50所示。在图中，红色的点代表自行设置的关键帧，蓝色的点代表系统添加的指示帧，如图12-51所示。

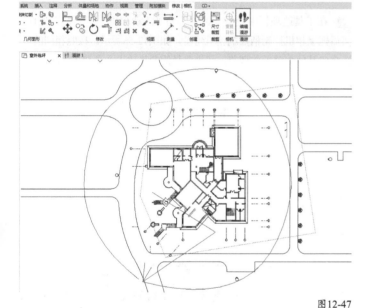

图12-47

图12-48

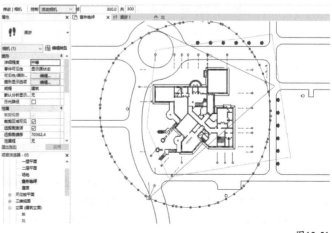

图12-50

图12-51

技巧与提示

工具选项栏中的控制选项共有4个，分别是"活动相机""路

05 在工具选项栏中，将"控制"设置为"活动相机"，然后在视图中拖曳相机的粉色小圆点，调整相机方向；拖曳蓝色小圆环，调整相机的可视范围，如图12-52所示。

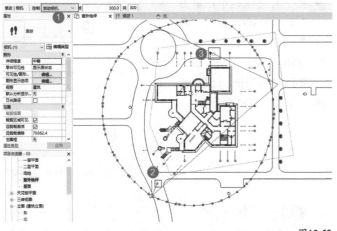

图12-52

06 调整好一个关键帧后，单击"下一关键帧"按钮，依次调整其他关键帧的相机状态，直到所有关键帧调整完成，如图12-53所示。

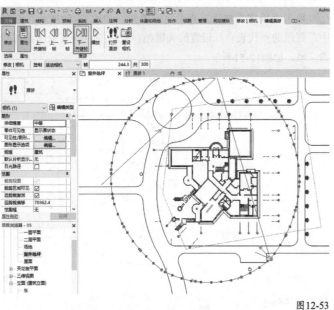

图12-53

技巧与提示

如果对当前相机所调整的角度不满意，可以单击"编辑漫游"选项卡中的"重设相机"按钮，相机角度将恢复到默认状态，如图12-54所示。

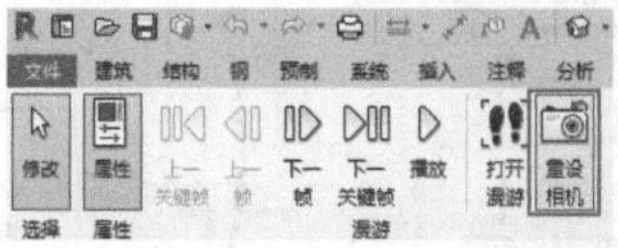

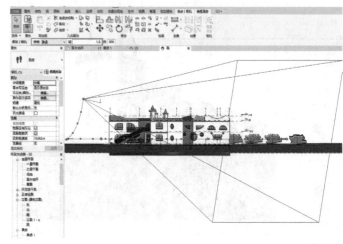

图12-54

07 进入南立面视图，单击"编辑漫游"按钮，进入"漫游编辑"模式。在工具选项栏中设置"控制"为"路径"，"帧"为1，然后向上拖曳第一个关键帧至指定位置，如图12-55所示。

图12-55

08 在工具选项栏中设置"控制"为"活动相机"，"帧"为1，然后拖曳相机控制柄控制相机角度，如图12-56所示。按照相同的方法完成其他关键帧的调节，相机路径的最终效果如图12-57所示。

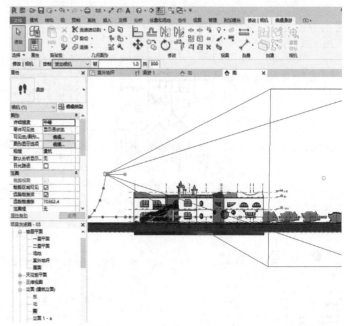

图12-56

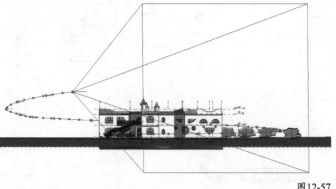

图12-57

09 切换至"编辑漫游"选项卡，单击"打开漫游"按钮，如图12-58所示。打开透视图后，拖曳四个方向的蓝色控制柄，直至完全显示主体建筑，然后单击"播放"按钮，预览漫游动画，如图12-59所示。

图12-58

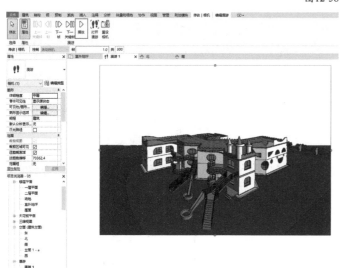

图12-59

10 播放预览结束后，单击"文件"按钮，然后执行"导出>图像和动画>漫游"命令，如图12-60所示。

图12-60

11 在打开的"长度/格式"对话框中，选中"全部帧"单选按钮，设置"视觉样式"为"真实"，"尺寸标注"为1280×915，然后单击"确定"按钮，如图12-61所示。

图12-61

> 💡 **经验分享**
>
> 如果只想导出某一个片段的漫游动画，可以选择输出长度为"帧范围"，设置起始点与终点的帧数值即可。

12 在"导出漫游"对话框中，选择保存路径，然后输入文件名，接着设置"文件类型"为"AVI文件"，最后单击"保存"按钮，如图12-62所示。

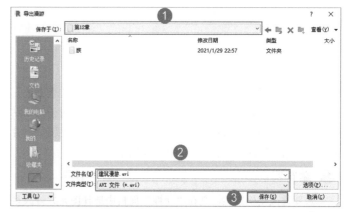

图12-62

13 在打开的"视频压缩"对话框中，设置"压缩程序"为"Intel IYUV编码解码器"，然后单击"确定"按钮，即可完成视频导出，如图12-63所示。

图12-63

> 💡 **经验分享**
>
> 选择全帧方式导出所生成的文件体积非常大，并且在大部分的播放器上播放时，会出现分屏现象，无法正常播放。推荐使用Intel压缩方式，可以使文件体积和画面清晰度都得到比较好的控制。

12.3 渲染

通常在建立模型后，就需要开始进行渲染了。在以往的项目中，渲染工作都由效果图公司完成，但当建筑师使用了Revit后，便可以直接在Revit中完成渲染工作。

Revit集成了第三方的AccuRender渲染引擎，可以在项目的三维视图中使用各种效果，创建照片级的真实图像。目前，Revit 2022提供了两种渲染方式，分别是本地渲染和云渲染。云渲染可以使用Autodesk 360，实现访问多个版本的渲染，将图像渲染为全景，更改渲染质量及为渲染的素材应用背景环境等。本地渲染相对云渲染而言，其优势在于对计算机硬件的要求不高，只要能打开Revit并能联网的计算机均可进行本地渲染。并且，只要能顺利完成模型上传，就可以继续工作。渲染工作都在"云"上完成，一般只需十几分钟就能看到渲染结果。在渲染的过程中，也可以随时在网站上进行调整，设置好后重新渲染。

本地渲染的优势在于其自定义的渲染选项更多，渲染尺寸更大，而云渲染则相对较少，且目前最大只支持2000dpi。

图12-65

12.3.1 贴花

使用"放置贴花"工具可将图像放置于建筑模型的表面进行渲染。例如，可以将贴花用于标志、绘画和广告牌。对于每个贴花，均可指定一个图像及反射率、亮度和纹理（凹凸贴图），并且可以将贴花放置于水平表面和圆筒形表面。

● 贴花实例属性--------------------------------------

若要修改实例属性，则在"属性"面板中选择图元并修改相关参数，如图12-64所示。

图12-64

贴花实例属性参数介绍

宽度：贴花的物理宽度。

高度：贴花的物理高度。

固定宽高比：确定是否保持高度和宽度之间的比例。如不勾选此选项，可单独修改"宽度"和"高度"的值。

● 贴花类型属性--------------------------------------

要修改类型属性，可在"属性"面板中单击"编辑类型"按钮。在"类型属性"对话框中单击"贴花属性"后方的"编辑"按钮，如图12-65所示。在弹出的"贴花类型"对话框中，修改相应参数的值，如图12-66所示。

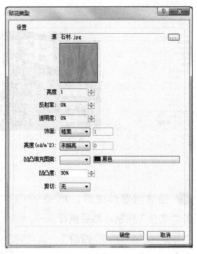

图12-66

贴花类型属性参数介绍

源：原始的图像文件。

亮度：设置图像的亮度。

反射率：设定贴花从其表面反射了多少光。

透明度：设定有多少光通过贴花。

饰面：贴花表面的光度。

亮度(cd/m²)：贴花表面反射的灯光，以"坎德拉/平方米"为单位。

凹凸填充图案：要在贴花表面使用的凹凸填充图案（附加纹理）。

凹凸度：凹凸的相对幅度，最大值为1。

剪切：剪切贴花表面的形状。

实战：绘制墙面卡通图案

素材位置	素材文件>第12章>06.rvt
实例位置	实例文件>第12章>实战：绘制墙面卡通图案.rvt
视频位置	第12章>实战：绘制墙面卡通图案.mp4
难易指数	★★☆☆☆
技术掌握	掌握贴花类型与尺寸的编辑方法

01 打开学习资源中的"素材文件>第12章>06.rvt"文件,进入北立面视图,如图12-67所示。

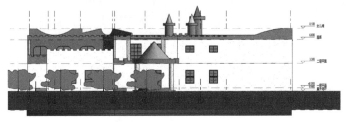

图12-67

02 切换至"插入"选项卡,然后单击"贴花"下拉菜单中的"放置贴花"按钮,如图12-68所示。

图12-68

03 在打开的"贴花类型"对话框中,单击左下角的"新建贴花"按钮,然后在打开的"新贴花"对话框中输入名称为"卡通图案",接着单击"确定"按钮,如图12-69所示。

图12-69

04 单击"Source"后面的 按钮,如图12-70所示。然后在打开的"选择文件"对话框中,选择"素材文件>第12章>卡通图案.png"图像文件,单击"打开"按钮,如图12-71所示。

图12-70

图12-71

05 在"贴花类型"对话框中,设置"Brightness"(亮度)为0.5,然后单击"确定"按钮,如图12-72所示。

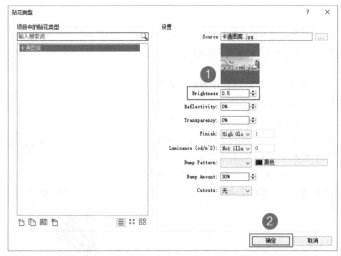

图12-72

06 将"视图样式"修改为"真实",在工具选项栏中设置贴花的"宽度"为8000,"高度"为2874,然后将鼠标指针放置于一层外墙右侧的位置,单击放置贴花,如图12-73所示。如果需要不等比缩放,则取消勾选"固定宽高比"选项。

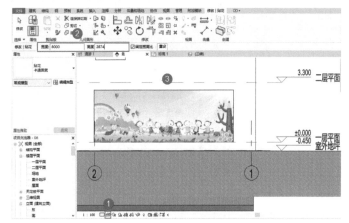

图12-73

贴花属于模型图元，在三维或其他视图中都可以正常使用，但要在真实状态下才能显示。

07 放置完成后，还可以选中贴花，通过拖曳控制柄手动调整大小，使其充满整个墙面，如图12-74所示。

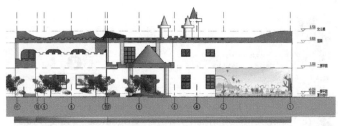

图12-74

贴花必须依附于单一模型面才能正常显示，如果超出当前模型面范围，则超出部分的内容无法显示。

技术专题 22 制作浮雕效果贴花

在实际项目中，有时可能需要制作浮雕模型，但使用Revit或其他建模软件直接建立浮雕模型会花费大量时间与精力。下面将介绍如何通过贴花功能实现对浮雕效果的制作。

第1步：新建项目文件，创建一面墙体或其他建筑构件，如图12-75所示。

图12-75

第2步：新建贴花类型，设置浮雕效果的图片，如图12-76所示。

图12-76

第3步：设置"凹凸填充图案"为"图像文件"，并选择与上述图

像文件相同的黑白或彩色图像，设置"凹凸度"为80%，如图12-77所示。

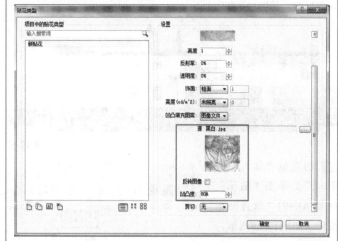

图12-77

第4步：将贴花放置于模型上，此时将显示图像的浮雕效果，如图12-78所示。

图12-78

选择凹凸贴图时建议使用对比度强烈的黑白贴图，这样显示的浮雕效果会更加立体。如果没有相对应的黑白贴图，可以用Photoshop将原图进行去色、增强对比度等处理。

12.3.2 本地渲染功能详解

前面的章节中介绍了使用贴花功能的方法，本节将着重介绍如何进行本地渲染操作。本地渲染操作可分为5个步骤。

第1步：创建三维视图。

第2步：（可选）指定材质的渲染外观，并将材质应用于模型中。

第3步：定义照明。

第4步：渲染设置。

第5步：开始渲染并保存图像。

实战：室内夜景渲染

素材位置	素材文件>第12章>07.rvt
实例位置	实例文件>第12章>实战：室内夜景渲染.rvt
视频位置	第12章>实战：室内夜景渲染.mp4
难易指数	★★★☆☆
技术掌握	掌握光源布置与渲染参数调整的方法

01 打开学习资源中的"素材文件>第12章>07.rvt"文件，进入天花板平面的一层平面，如图12-79所示。

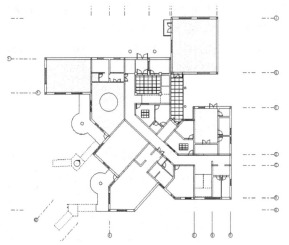

图12-79

02 切换至"插入"选项卡，单击"载入族"按钮。在"载入族"对话框中，选择"建筑>照明设备>吊灯"文件夹，选择"悬挂式长条状1"文件，然后单击"打开"按钮，如图12-80所示。

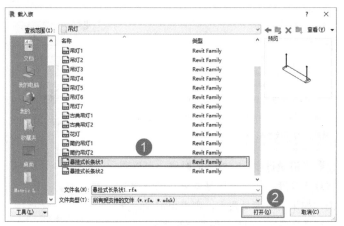

图12-80

03 切换至"建筑"选项卡，单击"放置构件"按钮（快捷键CM）。在"属性"面板中，选择"悬挂式长条状1"选项，然后在视图左下角房间的任意位置单击放置灯具，如图12-81所示。

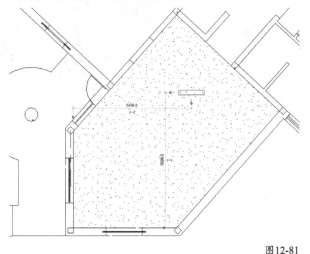

图12-81

04 放置完成后，先使用"对齐"工具（快捷键AL）将灯具与墙面对齐，再使用"移动"工具（快捷键MV）移动其位置，如图12-82所示。接着使用"阵列"工具（快捷键AR）阵列6个灯具，如图12-83所示。

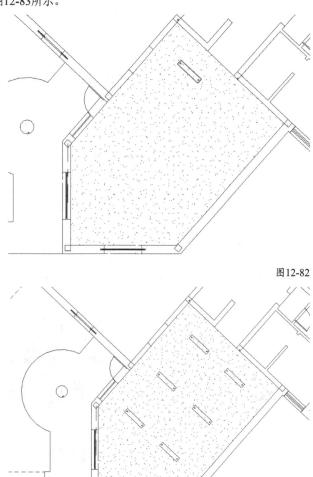

图12-82

图12-83

05 进入楼层平面的一层平面，切换至"视图"选项卡，单击"三维视图"下拉菜单中的"相机"按钮，如图12-84所示。

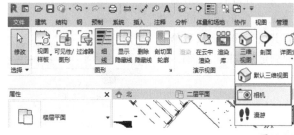

图12-84

06 在工具选项栏中设置"偏移"为1600，然后将鼠标指针移到活动室中，在门洞位置单击第一点，确定相机的起始点位置，向小黑板位置移动鼠标指针，再次单击确定相机目标点的位置，如图12-85所示。

215

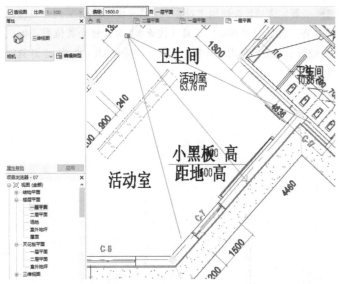

图12-85

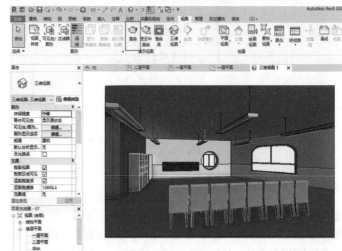

图12-88

如图12-88所示。打开"渲染"对话框,在"质量"选项组中设置"设置"为"高",在"照明"选项组中设置"方案"为"室内:仅人造光",然后单击"渲染"按钮开始渲染,如图12-89所示。

07 拖曳相机视图范围框直至合适的大小,然后设置视图的"视觉样式"为"真实","详细程度"为"精细",接着选中视图中的长条灯,单击"编辑类型"按钮,如图12-86所示。

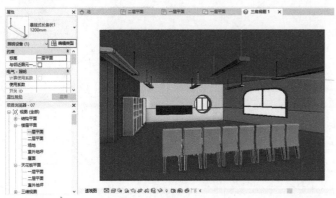

图12-86

08 在"类型属性"对话框中,单击"初始亮度"后面的按钮,打开"初始亮度"对话框,然后选中"瓦特"单选按钮,设置其值为70W,接着单击"确定"按钮,如图12-87所示。

图12-87

09 切换至"视图"选项卡,单击"渲染"按钮(快捷键RR),

> **技巧与提示**
>
> 如果要进行更精细的渲染,可以将"质量"设置为"编辑"模式,这样就可以进一步调整渲染效果的相关参数。

10 当渲染进度达到20%的时候,可以观察灯光亮度,如果能满足要求,则继续渲染;如果不能满足要求,则退出渲染。先进行灯光亮度的调整,如图12-90所示。

图12-89

图12-90

> **经验分享**
>
> 一般来说,在第一次渲染的时候,质量参数及分辨率选择最低的即可。因为初次渲染基本为"草渲",仅用于测试材质、灯光是否能达到理想效果,而不会用于最终出图,所以选择最低参数即可。这样做的好处在于可以节省时间,为后续的渲染调整、后期处理等工作保留更多时间。

图12-91

11 渲染完成后，单击"渲染"对话框中的"保存到项目中"按钮，如图12-91所示，将渲染完成的图像保存到项目中。

12 在打开的"保存到项目中"对话框中，输入名称为"活动室"，然后单击"确定"按钮，如图12-92所示。随后关闭"渲染"对话框。

图12-92

13 在项目浏览器中，展开"渲染"卷展栏，双击"活动室"即可查看渲染的最终效果，如图12-93所示。

图12-93

实战：室外日景渲染

素材位置　素材文件>第12章>08.rvt
实例位置　实例文件>第12章>实战：室外日景渲染.rvt
视频位置　第12章>实战：室外日景渲染.mp4
难易指数　★★★★☆
技术掌握　掌握渲染图像润色与调整明暗度的方法

01 打开学习资源中的"素材文件>第12章>08.rvt"文件，进入楼层平面的室外地坪，如图12-94所示。

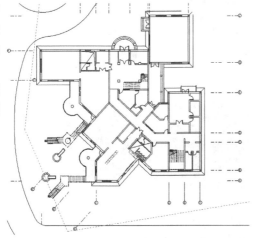

图12-94

02 切换至"视图"选项卡，单击"三维视图"下拉菜单中的"相机"按钮，如图12-95所示。

图12-95

03 在视图左下角单击确定相机位置，向右上角移动鼠标指针，再次单击确定目标点的位置，如图12-96所示。

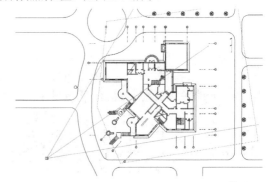

图12-96

04 此时会自动进入相机视图。将"视觉样式"设置为"真实"，然后拖曳四个蓝色触点，直至调整到合适的大小，如图12-97所示。

图12-97

技巧与提示

Revit将按照创建的顺序为视图指定名称为"三维视图1""三维视图2"等。在项目浏览器中的该视图上单击鼠标右键，选择"重命名"命令，即可重新命名该视图。如果对视图角度不满意，可以按Shift键并滚动鼠标中键转动视图。

05 使用快捷键RR打开"渲染"对话框，在"质量"选项组中设置"设置"为"高"，然后设置"分辨率"为"打印机"，并将参数设置为"150 DPI",接着设置"照明"选项组中的"方案"为"室外:日光和人造光",再设置"背景"选项组中的"样式"为"天空:少云",最后单击"渲染"按钮进行渲染,如图12-98所示。最终渲染效果如图12-99所示。

图12-98

图12-101

图12-99

技巧与提示

如果只需要渲染当前视图中的某部分区域,可以选择"渲染"对话框中的"区域"选项,然后在视图中选中需要渲染的区域即可。

技巧与提示

文中提到的参数只针对本次渲染的结果。大家在做练习时,要注意观察自己的渲染结果,根据渲染出的图像,来调整图像的明暗关系及色相饱和度。一定要做到灵活运用,不可生搬硬套。

06 单击"渲染"对话框中的"调整曝光"按钮,打开"曝光控制"对话框,然后设置"曝光值"为13.5,"高亮显示"为0.3,"饱和度"为1.3,"白点"为7000,接着单击"应用"按钮,如图12-100所示。确认效果没问题后,单击"确定"按钮,查看最终渲染效果,如图12-101所示。

07 在"渲染"对话框中单击"保存到项目中"按钮,在弹出的对话框中输入名称"室外人视",单击"确定"按钮,将已渲染完成的图像保存至项目中,如图12-102所示。

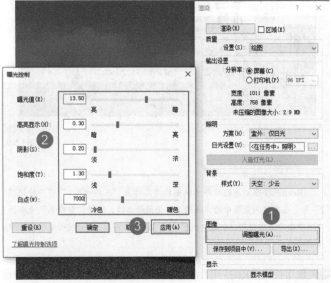

图12-100

图12-102

08 在项目浏览器中双击"室外人视",打开渲染图像查看最终效果,如图12-103所示。

图12-103

实战：**导出渲染图像**

素材位置　素材文件>第12章>09.rvt
实例位置　实例文件>第12章>导出渲染图像.JPG
视频位置　第12章>实战：导出渲染图像.mp4
难易指数　★☆☆☆☆
技术掌握　掌握图像导出的方法与参数设置

01 打开学习资源中的"素材文件>第12章>09.rvt"文件，然后单击"文件"按钮，执行"导出>图像和动画>图像"命令，如图12-104所示。

图12-104

02 在"导出图像"对话框中，单击"修改"按钮，修改保存图像的路径，然后设置"图像尺寸"为2000像素，"格式"为"JPEG（无失真）"，最后单击"确定"按钮，保存图像，如图12-105所示。

03 通过看图软件打开保存后的图像，效果如图12-106所示。

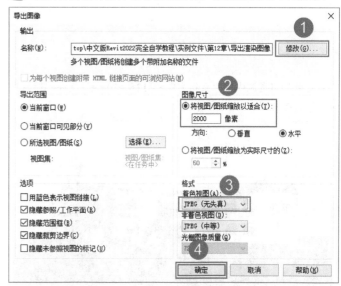

图12-105

图12-106

12.3.3 云渲染

使用Autodesk 360中的渲染，可在任意计算机上创建照片级真实的图像和全景。从联机渲染库中，可以访问渲染的多个版本，渲染图像为全景图，更改渲染质量及将背景环境应用于渲染素材。云渲染的优势在于方便、快捷，以及完全不占用本地资源。云渲染的整个渲染过程相较于本地渲染而言，会节省大约2/3的时间。但目前，使用Autodesk 360云渲染功能，需要用户向软件方付费成为速博用户。并且在渲染图像时，根据图像的不同，要按要求扣除相应的云积分，云积分用完后则需要再次付费向欧特克购买。

使用云渲染功能分为以下3个步骤。

第1步：登录Autodesk 360。

第2步：渲染设置（视图、输出类型和渲染质量等）。

第3步：查看渲染效果并做相应调整。

实战：静态图像的云渲染

素材位置　素材文件>第12章>10.rvt
实例位置　实例文件>第12章>实战：静态图像的云渲染.jpg
视频位置　第12章>实战：静态图像的云渲染.mp4
难易指数　★★★☆☆
技术掌握　掌握固定视角效果图的云渲染流程与注意事项

01 打开学习资源中的"素材文件>第12章>10.rvt"文件，然后打开三维视图2，如图12-107所示。

图12-107

02 单击标题栏中的"登录"按钮，选择"登录到Autodesk Account"选项，如图12-108所示。打开"登录"对话框，输入电子邮件地址（Autodesk的网络账户），然后单击"下一步"按钮，如图12-109所示。接着，输入密码，单击"登录"按钮，如图12-110所示。

图12-108

图12-109

图12-110

03 随后可能会出现"Autodesk-双重认证"对话框，系统会自动向账户绑定的手机号发送验证码，输入相应的短信验证码，然后单击"输入代码"按钮，如图12-111所示。

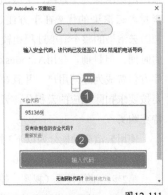

图12-111

技巧与提示

如果没有Autodesk账户，可以单击"创建账户"进行注册，注册之后会赠送一定数量的云积分用于云渲染与云端分析。

04 登录成功后，切换至"视图"选项卡，然后单击"在云中渲染"按钮（快捷键RD），如图12-112所示。

图12-112

05 "在Cloud中渲染"对话框中提示了渲染步骤，单击"继续"按钮，如图12-113所示。

图12-113

06 在"在Cloud中渲染"对话框中配置渲染条件。在"三维视图"中可以选择多个视图上传，然后设置"输出类型"为"静态图像"，"渲染质量"为"标准"，"图像尺寸"为"小（.25兆像素）"，"曝光"为"高级"，最后单击"渲染"按钮，如图12-114所示。

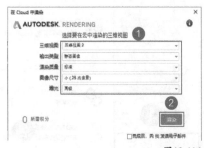

图12-114

07 单击"渲染"后，开始上传渲染文件到云服务器。在等待过程中，为了不影响其他工作，可单击"在后台继续"按钮，如图12-115所示。

图12-115

08 切换至"视图"选项卡，单击"渲染库"按钮（快捷键RG），如图12-116所示，可以联机查看和下载完成的图像。

220

图12-116

09. 将鼠标指针移动至预览图像的位置，单击选择"View Project"选项，页面中将显示渲染后的图像，如图12-117所示。

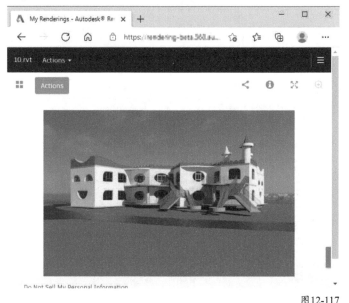

图12-118

图12-119

图12-117

技巧与提示

在网页缩略图中，单击Actions按钮，打开下拉菜单，可以进行图像下载和调整曝光等操作。

图12-120

04. 渲染完成后，单击"渲染库"，选择刚刚渲染好的场景。浏览界面中会出现一个弯曲的双向箭头图标，按住鼠标左键的同时移动鼠标指针，就可以实现对全景视图的观察，如图12-121所示。

实战：交互式全景的云渲染

素材位置　素材文件>第12章>11.rvt
实例位置　实例文件>第12章>实战：交互式全景的云渲染.rvt
视频位置　第12章>实战：交互式全景的云渲染.mp4
难易指数　★★★☆☆
技术掌握　掌握全景效果图的云渲染流程与注意事项

在云端，不仅可以渲染静止的图像，还可以渲染交互式全景。交互式全景指可导航的、360度的素材。如果需要360度全景式渲染图像，可在"在Cloud中渲染"对话框中，选择输出类型为"立体全景"；也可以在静态图像渲染后，登陆Autodesk 360，然后选择重新渲染为"全景"。

01. 打开学习资源中的"素材文件>第12章>11.rvt"文件，打开三维视图1，如图12-118所示。

02. 切换至"视图"选项卡，单击"在云中渲染"按钮（快捷键RD），如图12-119所示。

03. 在打开的"在Cloud中渲染"对话框中，单击"继续"按钮。然后可以在"三维视图"中选择多个视图上传，并设置"输出类型"为"立体全景"，"渲染质量"为"标准"，"曝光"为"高级"，"宽度"为"1024像素"，最后单击"渲染"按钮，如图12-120所示。

图12-121

第13章

施工图设计

Learning Objectives
本章学习要点 ↙

226页
不同类型视图的建立方法

230页
添加视图的注释信息

239页
立面图的绘制方法

243页
剖面图的绘制方法

13.1 视图基本设置

　　在开始绘制施工图前，首先要根据实际施工图纸的规范要求，设置各个对象在视图中的线型图案及颜色。在传统的AutoCAD平台中绘制时，都是通过"图层"的方式对不同图元进行归类、显示样式等的设定。而Revit取消了图层的概念，将图层转换为"对象类型"与"子类别"，从而对不同构件进行颜色、线型等的设置，如图13-1所示。

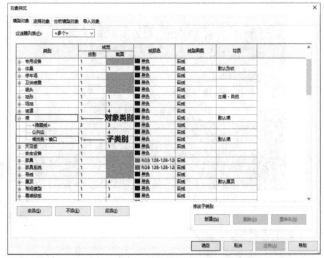

图13-1

　　设置图元样式的方法有两种，分别是通过"对象样式"和"可见性/图形替换"工具来实现。但这两种工具的设置不能同时使用，在默认状态下，各个视图均按照"对象样式"中的设置执行。如果在视图中启用了"可见性/图形替换"设置，那么"对象样式"则在当前视图中不起作用。

13.1.1 对象样式管理

　　本节主要学习对象样式的管理。目前国内各家设计院都有自己的制图规范与标准，因此需要根据各家设计院内部的一些制图标准设定Revit中的对象样式，以满足现有的国家标准，并同时满足内部设计的制图标准。但目前设计院的制图标准还是针对CAD平台制定的，因此当需要出图时，还是要根据CAD的制图标准设定Revit中对象的颜色、线型和线宽等。下面通过两个实例，详细介绍如何在视图中设定对象样式。

实战：设置线型与线宽

素材位置	素材文件>第13章>01.rvt
实例位置	实例文件>第13章>实战：设置线型与线宽.rvt
视频位置	第13章>实战：设置线型与线宽.mp4
难易指数	★★★☆☆
技术掌握	掌握线型图案及宽度的设置方法与技巧

01 打开学习资源中的"素材文件>第13章>01.rvt"文件，打开一层平面图。切换至"管理"选项卡，单击"其他设置"下拉菜单中的"线型图案"按钮，如图13-2所示。

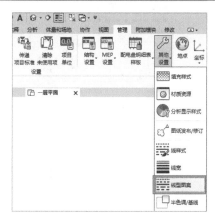

图13-2

02 在“线型图案”对话框中，单击“新建”按钮，如图13-3所示。在打开的“线型图案属性”对话框中，设置“名称”为“GB轴网”，接着设置第一行“类型”为“划线”，“值”为10mm；第二行“类型”为“空间”，“值”为2mm；第三行“类型”为“划线”，“值”为1mm；第四行“类型”为“空间”，“值”为2mm，最后单击“确定”按钮，如图13-4所示。

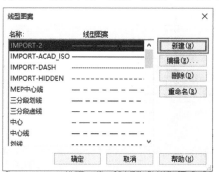

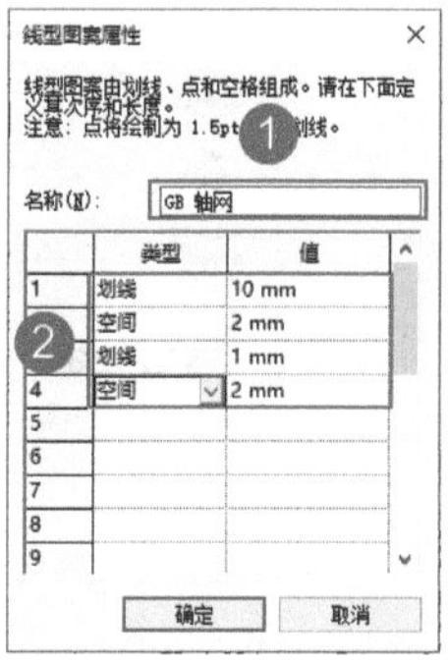

图13-3　　图13-4

03 在视图中选中任意轴线，然后设置“轴线末段宽度”为2，“轴线末段颜色”为“红色”，“轴线末段填充图案”为“GB 轴网”，最后单击“确定”按钮，如图13-5所示。

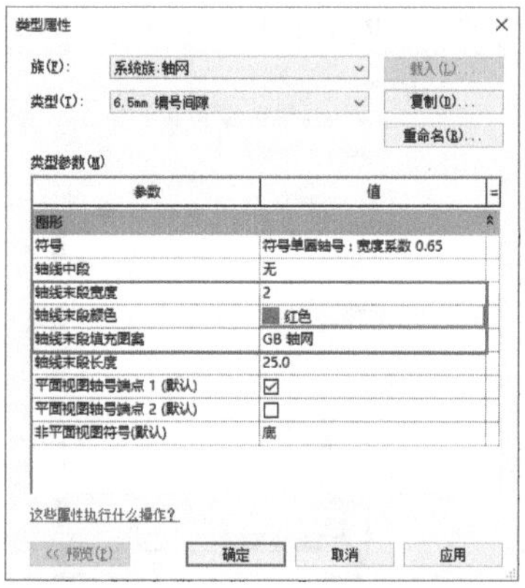

图13-5

04 在“管理”选项卡中，单击“其他设置”下拉菜单中的“线宽”按钮，如图13-6所示。

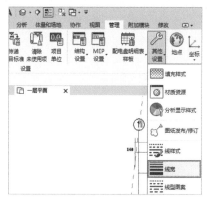

图13-6

05 在“线宽”对话框中，可以看到Revit提供了不同类型的视图比例共16种，每种类型值的前方都有序号，即该类型线宽的代号，如图13-7所示。选择“注释线宽”选项卡，分别设置1、2序号的线宽数值，如图13-8所示。

	1：10	1：20	1：50	1：100	1：200	1：500
1	0.1400 mm	0.1400 mm	0.1400 mm	0.1400 mm	0.1400 mm	0.1400 mm
2	0.1750 mm	0.1750 mm	0.1750 mm	0.1750 mm	0.1750 mm	0.1750 mm
3	0.2500 mm	0.2500 mm	0.2500 mm	0.2500 mm	0.2500 mm	0.2500 mm
4	0.5000 mm	0.5000 mm	0.5000 mm	0.5000 mm	0.5000 mm	0.5000 mm
5	0.6000 mm	0.6000 mm	0.6000 mm	0.6000 mm	0.6000 mm	0.6000 mm
6	0.7500 mm	0.7500 mm	0.7500 mm	0.7500 mm	0.7500 mm	0.7500 mm
7	1.0000 mm	1.4000 mm	1.4000 mm	1.0000 mm	0.8000 mm	0.8000 mm
8	1.0000 mm	2.0000 mm	2.0000 mm	1.4000 mm	1.0000 mm	1.0000 mm
9	4.0000 mm	2.8000 mm	2.8000 mm	2.0000 mm	1.4000 mm	1.4000 mm
10	5.0000 mm	4.0000 mm	4.0000 mm	2.8000 mm	2.0000 mm	1.4000 mm
11	6.0000 mm	5.0000 mm	5.0000 mm	4.0000 mm	2.8000 mm	2.0000 mm
12	7.0000 mm	6.0000 mm	6.0000 mm	5.0000 mm	4.0000 mm	2.8000 mm
13	8.0000 mm	7.0000 mm	7.0000 mm	6.0000 mm	5.0000 mm	4.0000 mm
14	9.0000 mm	8.0000 mm	8.0000 mm	7.0000 mm	6.0000 mm	5.0000 mm
15	9.0000 mm	9.0000 mm	9.0000 mm	8.0000 mm	7.0000 mm	6.0000 mm
16	9.0000 mm	9.0000 mm	9.0000 mm	9.0000 mm	8.0000 mm	7.0000 mm

图13-7

1	0.1mm
2	0.18mm
3	0.2500 mm
4	0.5000 mm
5	0.6000 mm
6	0.7500 mm
7	1.0000 mm
8	1.4000 mm
9	2.0000 mm
10	2.8000 mm
11	4.0000 mm
12	5.0000 mm
13	6.0000 mm
14	7.0000 mm
15	8.0000 mm
16	10.0000 mm

图13-8

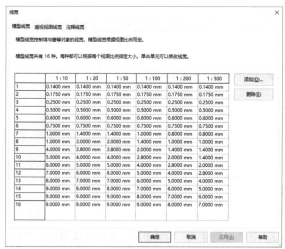

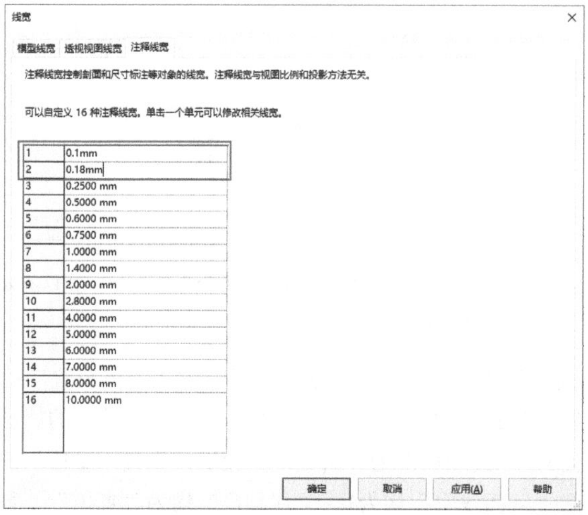

06 临时隐藏视图中的CAD底图，查看修改后的轴线最终效果，如图13-9所示。

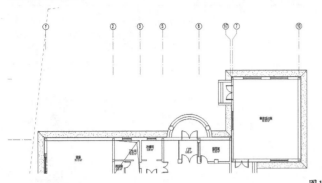

图13-9

实战：设置对象样式

素材位置	素材文件>第13章>02.rvt
实例位置	实例文件>第13章>实战：设置对象样式.rvt
视频位置	第13章>实战：设置对象样式.mp4
难易指数	★★★☆☆
技术掌握	掌握对象样式的设置方法及注意事项

01 打开学习资源中的"素材文件>第13章>02.rvt"文件，局部放大右上角"楼梯二"的位置。切换至"管理"选项卡，单击"对象样式"按钮，如图13-10所示。

图13-10

02 在"对象样式"对话框中，选中过滤器列表中的"建筑"复选框，并取消选中其余选项，如图13-11所示。

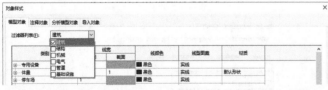

图13-11

03 在"对象样式"对话框中，设置"卫浴装置"的"投影线宽"为2，"线颜色"为"紫色"。设置"墙"的"截面线宽"为5，"线颜色"为"黄色"。接着，设置"幕墙"的"投影"和"截面线宽"均为1，"线颜色"均为"青色"。最后，设置"窗""门"的"投影"和"截面线宽"均为2，"线颜色"均为青色，如图13-12和图13-13所示。

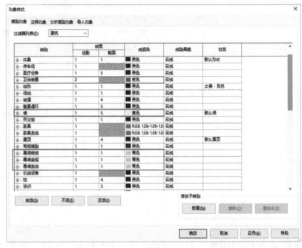

图13-12

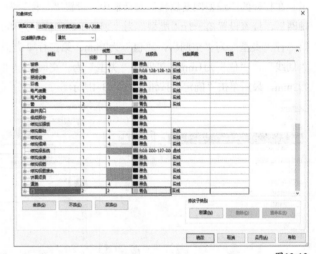

图13-13

04 展开"楼梯"卷展栏，设置"楼梯"及其子类别的"截面"为2，然后将除"隐藏线"外的其他子类别的"线颜色"设置为（RGB 114-153-076），如图13-14所示。

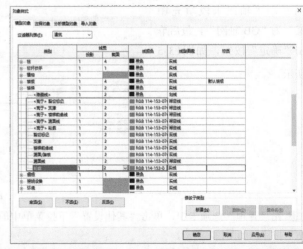

图13-14

为了方便以后能够重复使用自定义添加的颜色，可以在"颜色"对话框中单击"添加"按钮，将其添加到"自定义颜色"列表中，如图13-15所示。此外，除了可以修改现有的线宽数值以外，还可以在"模型线宽"选项卡中，添加新的比例线宽。

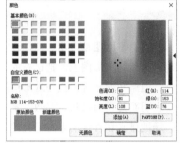

图13-15

05 切换至"注释对象"选项卡，设置"标高标头"的"投影线宽"为2，"线颜色"为"绿色"，然后展开"楼梯路径"卷展栏，设置"楼梯路径"及向上、向下子类别的"投影线宽"为1，"线颜色"为"绿色"，最后单击"确定"按钮，如图13-16所示。

图13-16

06 隐藏CAD底图后，查看最终完成效果，如图13-17所示。

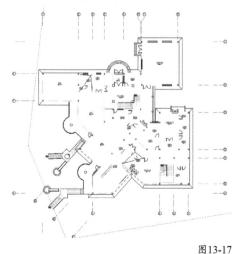

图13-17

13.1.2 视图控制管理

视图控制的主要设置分为两方面，一方面是在视图"属性"面板中设置关于当前视图的比例、视图范围等内容；另一方面是关于图元在视图中的显示样式，及各构件是否需要在当前视图中显示。其中，在实际项目中经常用到的工具是"视图范围"与"图形可见性替换"。掌握好这两个工具，即可满足大多数项目的基本出图要求。

若要更改实例属性，则进入平面视图，然后修改"属性"面板中的参数值，如图13-18所示。

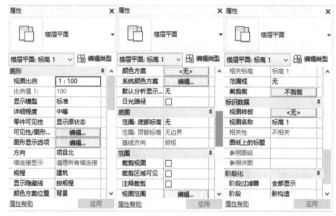

图13-18

楼层平面实例属性参数介绍

视图比例：修改视图在图纸上显示的比例，从列表中选择比例值。

比例值1：定义自定义比例值，选择"自定义"作为"视图比例"后，即启用此属性。

显示模型：在详图视图中隐藏模型。通常情况下，"标准"设置显示所有图元。

详细程度：用于设置视图的详细程度，有"粗略""中等""精细"3个选项可供选择。

零件可见性：指定零件、从中衍生零件的原始图元，或者零件和原始图元在视图中是否可见。

可见性/图形替换：单击"编辑"按钮，可访问"可见性/图形"对话框。

图形显示选项：单击"编辑"按钮，可以访问"图形显示选项"对话框，在该对话框中可以设置阴影和侧轮廓线。

方向：在"项目北"和"正北"之间切换视图中项目的方向。

墙连接显示：设置清理墙连接的默认行为。

规程：确定图元在视图中的显示方式。

显示隐藏线：共有三个选项，分别是"无""按规程""全部"，默认为"按规程"。

颜色方案位置：在平面视图或剖面视图中，选择"背景"选项，可将颜色方案应用于视图的背景；选择"前景"选项，可将颜色方案应用于视图中的所有模型图元。

颜色方案：在平面视图或剖面视图中，用于各项的颜色方案。

默认分析显示样式：选择视图的默认分析显示样式。

日光路径：选择该选项后，可以打开当前视图的日光路径。

范围（底部标高）：通过设置"范围：底部标高"可以控制当前视图中底图的底部限制标高。

范围（顶部标高）：通过设置"范围：顶部标高"可以控制当前视图中底图的顶部限制标高。

基线方向：设定底图范围的视图方向。如果将该值指定为"俯视"，底图显示时就如同从上方查看平面视图一样进行查看；如果将该值指定为"仰视"，底图显示时就如同从下方查看天花板投影平面一样进行查看。

裁剪视图：选中"裁剪视图"复选框，可启用模型周围的裁剪边界。

裁剪区域可见：显示或隐藏裁剪区域。

注释裁剪：注释图元的裁剪范围框。

视图范围：在任何平面视图的视图属性中，都可以设置视图范围。

相关标高：与平面视图关联的标高。

范围框：如果在视图中绘制范围框，则可将视图的裁剪区域与该范围框关联，这样裁剪区域可见，并可与范围框的范围匹配。

截裁剪：设置不同方式的裁剪效果。

视图样板：标识指定给视图的视图样板。

视图名称：活动视图的名称。

相关性：显示与其相关的视图。

图纸上的标题：出现在图纸上的视图的名称。

参照图纸：请参阅随后的"参照详图"说明。

参照详图：该值来自放置在图纸上的参照视图。

阶段过滤器：应用于视图的特定阶段过滤器。

阶段：视图的特定阶段，与"阶段过滤器"配合使用，可确定哪些模型构件（按阶段）在视图中可见。

13.2 图纸深化

建筑施工图简称"建施"，一般由设计部门的建筑专业人员进行设计绘制。建筑施工图主要反映了一个工程的总体布局，表明建筑物的外部形状、内部布置情况，以及建筑构造、装修、材料和施工要求等，用来作为施工定位放线、内外装饰做法的依据，同时也是结构施工图和设备施工图的依据。建筑施工图包括设备说明、建筑总平面图、建筑平面、立体图和剖面图等基本图纸，还有墙身剖面图、楼梯、门窗、台阶、散水和浴厕等详图及材料做法说明等。

关于图纸深化的内容一共分为5个部分，分别是绘制总平面图、绘制平面图、绘制立面图、绘制剖面图及大样图、详图和门窗表的绘制。通过学习这5个部分的内容，读者可以掌握使用Revit出图的一些操作及技巧。

13.2.1 绘制总平面图

建筑总平面图是表明一项建设工程总体布置情况的图纸，是在建设基地的地形图上，把已有的、新建的及拟建的建筑物、构筑物、道路和绿化等，按与地形图同样的比例绘制的平面图。其主要表明新建平面形状、层数、室内外地面标高、新建道路、绿化、场地排水和管线的布置情况等，并表明原有建筑、道路、绿化和新建筑的相互关系及环境保护方面的要求等。由于建设工程的性质、规模及所在基地的地形、地貌的不同，建筑总平面图包含的内容有的较为简单，有的较为复杂，因此必要时还可分项绘制竖向布置图、管线综合布置图和绿化布置图等。下面将通过简单的实例，介绍如何在Revit中绘制总平面图。

实战：添加信息标注

素材位置	素材文件>第13章>04.rvt
实例位置	实例文件>第13章>实战：添加信息标注.rvt
视频位置	第13章>实战：添加信息标注.mp4
难易指数	★★★☆☆
技术掌握	掌握高程点及高程点坐标的使用方法

01 打开学习资源中的"素材文件>第13章>04.rvt"文件，进入"场地"平面，将视图的"视觉样式"设置为"隐藏线"，如图13-19所示。

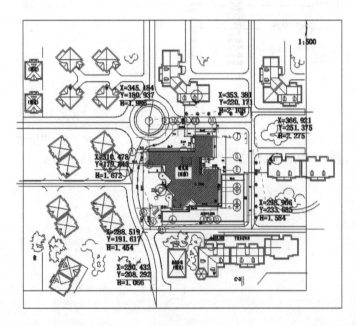

图13-19

02 将CAD底图删除，然后选中中间部分的轴线，使用快捷键HH将其永久隐藏，只保留两侧的轴线，如图13-20所示。

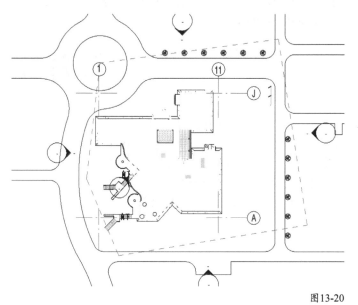

图13-20

修改类型属性参数时，最好复制一个新的类型，以免在修改时覆盖之后的参数。如果项目中存在多种高程点坐标格式，建议建立多种类型，防止修改参数时互相覆盖。

05 向下拖曳滑杆，设置"文字字体"为"仿宋"，"文字大小"为3.5mm，"文字背景"为"透明"，再设置"北/南指示器"为"X="，"东/西指示器"为"Y="，接着选中"包括高程"复选框，设置"高程指示器"为"H="，最后单击"单位格式"后的按钮，如图13-23所示。

图13-23

删除锁定的图元时，一定要先解锁，然后才能进行删除。解锁的快捷键是UP。

03 切换至"注释"选项卡，单击"高程点坐标"按钮，如图13-21所示。

图13-21

04 在"属性"面板中，单击"编辑类型"按钮，打开"类型属性"对话框。然后复制一个新的类型为"总图坐标"，在列表中设置"引线箭头"为"无"，"符号"为"无"，"颜色"为"绿色"，如图13-22所示。

图13-22

06 在"格式"对话框中，取消选中"使用项目设置"复选框，然后设置"单位"为"米"，如图13-24所示。依次单击"确定"按钮，关闭所有对话框。

图13-24

07 在视图中建筑红线的各交点处单击并移动光标进行标注，如图13-25所示。标注完成后，拖曳标注的文字坐标点至引线的中心位置，如图13-26所示。

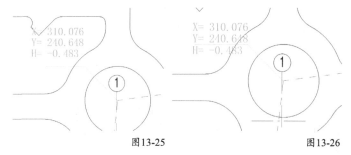

图13-25　　　　　　　　　　　图13-26

经验分享

直接拾取建筑红线交点进行标注时，高程点会显示为0。建筑红线是二维图元，不具备高度。因此，如果想要标注坐标点的实际高程，在拾取标注点时，可以距离建筑红线稍偏移1mm左右。

08 切换至“插入”选项卡，然后单击“载入族”按钮。在“载入族”对话框中，选择“注释>符号>建筑”文件夹，选择“高程点-外部填充”符号族，然后单击“打开”按钮，如图13-27所示。

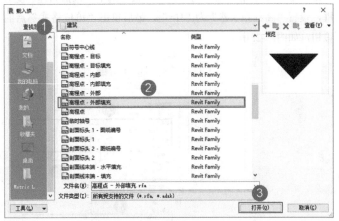

图13-27

09 切换至“注释”选项卡，单击“高程点”按钮（快捷键EL），如图13-28所示。在工具选项栏中，取消选中“引线”复选框，如图13-29所示。

图13-28

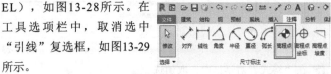

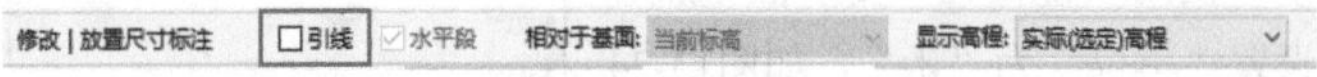

图13-29

10 在“属性”面板中单击“编辑类型”按钮。在“类型属性”对话框中，复制一个新的坐标类型为“三角形（总图）”，然后设置“引线箭头”为“无”，“颜色”为“绿色”，“符号”为“高程点-外部填充”，最后单击“确定”按钮，如图13-30所示。

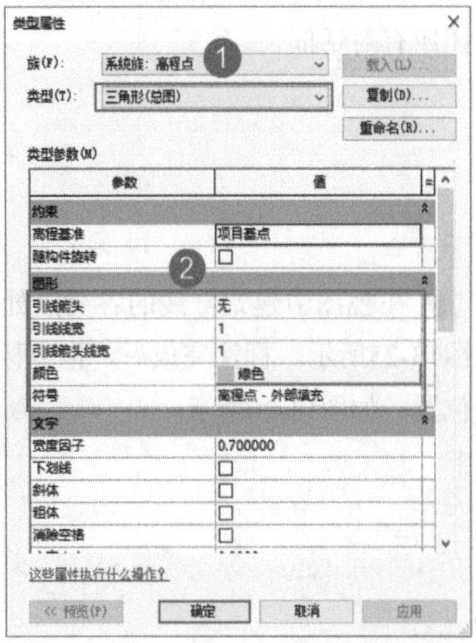

图13-30

11 在绘图区域单击，确定需要标注高程的位置，再次单击确定标高符号的方向。放置完成后，将高程点数值拖曳至符号上方，如图13-31所示。

12 切换至“注释”选项卡，然后单击“文字”按钮（快捷键TX），如图13-32所示。

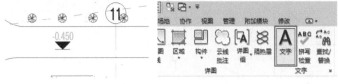

图13-31

图13-32

13 在“属性”面板中选择文字类型为“仿宋_3.5mm”，然后在建筑中心位置单击输入文字“幼儿园（四班）”，接着选择文字类型为“宋体 3mm”，在最上方入口位置单击，输入文字“主入口”，最后在右侧入口位置单击，输入文字“次入口”，如图13-33所示。

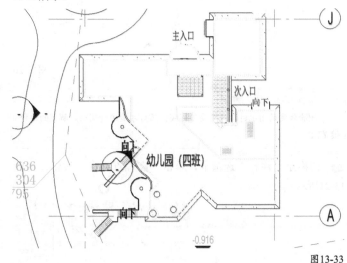

图13-33

14 将视图缩放至合适大小，查看最终完成效果，如图13-34所示。

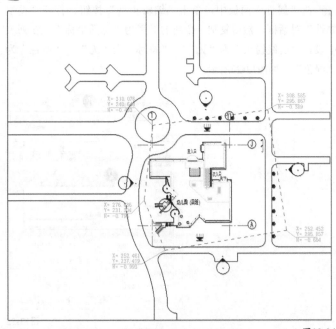

图13-34

13.2.2 绘制平面图

建筑平面图表示建筑的平面形式、尺寸大小、房间布置、建筑入口、门厅和楼梯布置等方面的内容，表明墙和柱的位置、厚度、所用材料及门窗的类型、位置等情况。主要图纸有首层平面图、二层平面图（或标准层平面图）、顶层平面图和屋顶平面图等。其中，屋顶平面图是在房屋的上方，向下作屋顶外形的水平正投影而得到的平面图。

Revit中的平面图分为两种，一种是楼层平面，另一种是天花板平面。不论是哪种平面视图，在Revit中都是基于标高所创建的，标高删除后，相对应的平面视图也会被删除。

实战：调整视图范围

素材位置　素材文件>第13章>05.rvt
实例位置　实例文件>第13章>实战：调整视图范围.rvt
视频位置　第13章>实战：调整视图范围.mp4
难易指数　★★☆☆☆
技术掌握　掌握视图范围的调整方法

01 打开学习资源中的"素材文件>第13章>05.rvt"文件，进入一层平面，删除CAD底图，如图13-35所示。

图13-35

02 切换至"视图"选项卡，单击"平面视图"下拉菜单中的"平面区域"按钮，如图13-36所示。

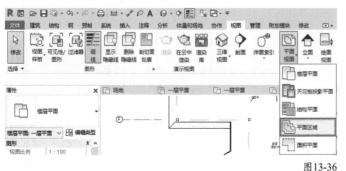

图13-36

03 选择"矩形"绘制工具，在视图右下角的位置绘制矩形轮廓，然后单击"完成"按钮，如图13-37所示。

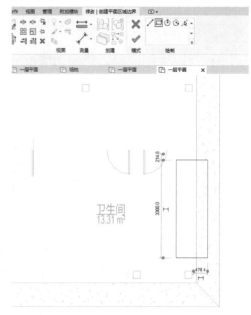

图13-37

04 选中刚绘制好的轮廓，在"属性"面板中单击"视图范围"后面的"编辑"按钮，如图13-38所示。

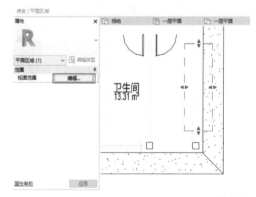

图13-38

05 在"视图范围"对话框中设置剖切面的"偏移"为1800，单击"确定"按钮，如图13-39所示。

图13-39

06 此时，在此处之前没有被剖切的窗，现在重新显示在视图中，如图13-40所示。如果不希望在视图中看到平面范围框，可以选中并将其永久隐藏。

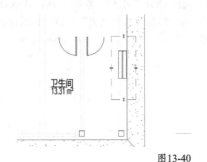

图13-40

实战：添加平面尺寸标注

素材位置	素材文件>第13章>06.rvt
实例位置	实例文件>第13章>实战：添加平面尺寸标注.rvt
视频位置	第13章>实战：添加平面尺寸标注.mp4
难易指数	★★☆☆☆
技术掌握	掌握手动标注与自动标注的实现方法

01 打开学习资源中的"素材文件>第13章>06.rvt"文件，进入一层平面，将植被与停车位永久性隐藏，如图13-41所示。

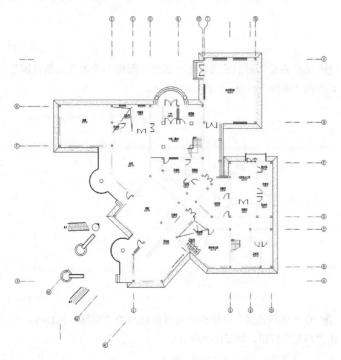

图13-41

02 切换至"注释"选项卡，单击"对齐"按钮（快捷键DI），如图13-42所示。

图13-42

03 在"属性"面板中单击"编辑类型"按钮，然后在"类型属性"对话框中，复制新的尺寸标注类型为"对角线-3.5mm"，并设置"线宽"为2，"记号线宽"为5，如图13-43所示。

图13-43

04 向下拖曳滑杆，设置"颜色"为"绿色"，"文字大小"为3.5mm，"文字偏移"为0.25mm，"文字字体"为"华文仿宋"，"文字背景"为"透明"，然后单击"确定"按钮，如图13-44所示。

图13-44

05 在工具选项栏中，设置首选参照为"参照墙面"，"拾取"为"整个墙"，然后单击后面的"选项"按钮，如图13-45所示。在打开的"自动尺寸标注选项"对话框中，选中"洞口"和"相交轴网"复选框，并设置"洞口"为"宽度"，如图13-46所示。

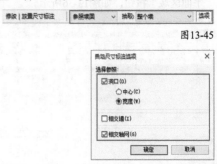

图13-45

图13-46

06 在绘制区域中，单击拾取上方的墙体，自动生成尺寸标注，移动鼠标指针至合适的位置，再次单击完成尺寸标注的放置，如图13-47所示。

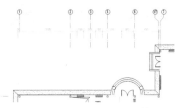

图13-47

07 由于自动标注的结果并没有完全达到实际效果，需要再次选择尺寸标注，然后单击"编辑尺寸界线"按钮，如图13-48所示。

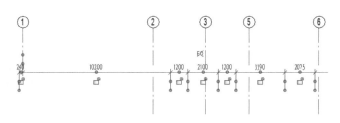

图13-48

08 进入编辑模式后，拾取最左侧的外墙墙面，取消第一段的尺寸标注，然后分别拾取轴线及右上方的窗洞和轴线进行标注，如图13-49所示。按照同样的方法，将其他部分也进行标注。标注完成后，将鼠标指针移动到空白处单击完成编辑。

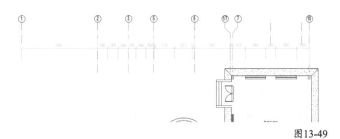

图13-49

09 进行第二层轴网标注。在工具选项栏中设置"拾取"方式为"单个参照点"，然后在视图中依次单击各条轴线进行标注，如图13-50所示。如果在捕捉对象时，没有捕捉到合适的捕捉点，可以按Tab键进行切换。

图13-50

10 按照相同的方法完成第三层整体的标注，如图13-51所示。按上述步骤完成其他区域的尺寸标注。

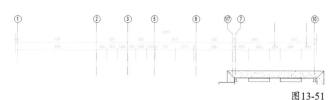

图13-51

图13-52

11 标注完成后，单击视图栏中的"不裁剪视图"和"显示裁剪区域"按钮。选中其中任意一条轴线（默认轴线为3D状态），如图13-53所示。

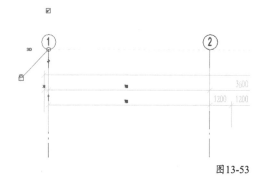

图13-53

12 适当调整裁剪框的范围，然后将轴线拖曳至裁剪框外，松开鼠标左键，如图13-54所示。将轴线拖曳至裁剪框内合适的位置，如图13-55所示。此时轴线更改为2D状态。

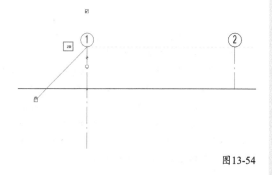

图13-54

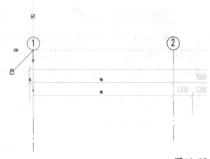

图13-55

除了文中所介绍的方法外，用户也可选择依次单击3D字符，轴线将由3D状态转换为2D状态。但此方法仅适用于少量轴线的情况，如项目体量较大，推荐大家使用文中所介绍的方法。

13. 依次拖曳其他方向的轴线，将其状态更改为2D状态，然后放置于合适的位置，最后单击"隐藏裁切区域"按钮关闭裁切框，最终效果如图13-56所示。

图13-56

技术专题 23 2D模式与3D模式的区别

前面提到批量将轴线的3D模式转换为2D模式，接下来将详细讲解3D模式与2D模式的区别，以及在实际项目中的应用。

3D模式：当轴线或标高处于3D状态时，在任一视图中更改其他长度，均会影响其他视图并同步更新。例如，在F1平面拖曳轴线改变其长度，那么F2平面将同步进行更改，如图13-57所示。

2D模式：当轴线或标高处于2D状态时，在任一视图中更改其他长度，不会影响其他视图。例如，在F1平面拖曳轴线改变其长度，F2平面将不作任何更改，如图13-58所示。

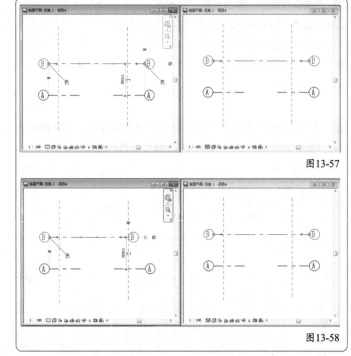

图13-57

图13-58

实战：添加室内高程与指北针

素材位置　素材文件>第13章>07.rvt
实例位置　实例文件>第13章>实战：添加室内高程与指北针.rvt
视频位置　第13章>实战：添加室内高程与指北针.mp4
难易指数　★★☆☆☆
技术掌握　掌握"符号工具"与"高程点"工具的使用方法

01. 打开学习资源中的"素材文件>第13章>07.rvt"文件，切换至"注释"选项卡，单击"符号"按钮，如图13-59所示。

图13-59

02. 在"属性"面板中，选择"标高_卫生间"符号，然后在"卫生间"房间中单击进行放置，如图13-60所示。

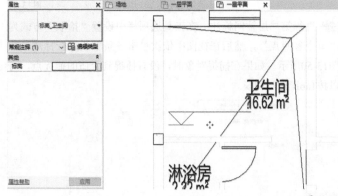

图13-60

03. 选中刚放置的高程点符号，然后在"属性"面板中设置"标高"为-0.03，如图13-61所示。

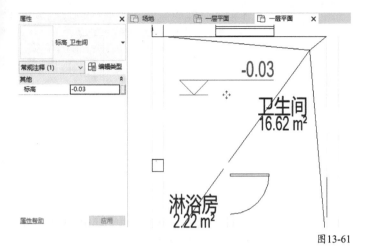

图13-61

04 保持高程点符号的选择状态，然后单击鼠标右键，在弹出的菜单中选择"创建类似实例"命令，如图13-62所示。依次在其他名为"卫生间"的房间进行放置。

图13-62

05 切换至"注释"选项卡，单击"高程点"按钮（快捷键EL），如图13-63所示。

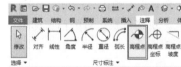

图13-63

06 在工具选项栏中设置"显示高程"为"实际（选定）高程"，如图13-64所示。在"属性"面板中，选择"高程点 三角形（项目）"，如图13-65所示。

图13-64

图13-65

技巧与提示

Revit共提供了4种高程点显示方式，"实际（选定）高程"指显示当前所拾取的构件捕捉点的实际高程数值；"顶部高程"与"底部高程"则分别显示当前构件的顶部高程数值与底部高程数值；"顶部高程和底部高程"则同时显示当前构件的顶部与底部高程数值。

07 在楼梯歇脚平面上单击放置高程点，再次单击确定放置方向。放置完成后，将高程点数值拖曳至合适的位置，如图13-66所示。按照同样的方法，标注其他楼梯的高程。

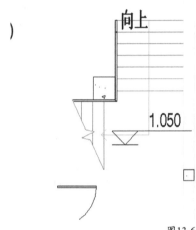

图13-66

08 切换至"注释"选项卡，单击"符号"按钮。在"属性"面板中，选择"符号_指北针 填充"，如图13-67所示。在工具选项栏中，选中"放置后旋转"复选框，如图13-68所示。

图13-67

图13-68

09 在绘制区域的右上角位置单击，确定放置点，然后向右旋转，输入数值-8，如图13-69所示。接着按Enter键，确认旋转角度，最终完成效果如图13-70所示。

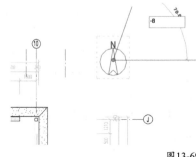

图13-69

图13-70

实战：添加门窗标记与文字注释

素材位置　素材文件>第13章>08.rvt
实例位置　实例文件>第13章>实战：添加门窗标记与文字注释.rvt
视频位置　第13章>实战：添加门窗标记与文字注释.mp4
难易指数　★★★☆☆
技术掌握　掌握标记族及"文字"工具的使用方法

01 打开学习资源中的"素材文件>第13章>08.rvt"文件，选择"注释"选项卡，单击"全部标记"按钮，如图13-71所示。

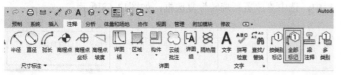

图13-71

02 在打开的"标记所有未标记的对象"对话框中，选择"窗标记"与"门标记"两个类型，然后单击"确定"按钮，如图13-72所示。

图13-72

03 当前视图中，大部分门窗均自动生成标记，但由于个别门窗并非垂直或水平布置，所以生成的门窗标记与门窗方向会不一致。因此需要先选中该标记，然后单击"编辑族"按钮，如图13-73所示。

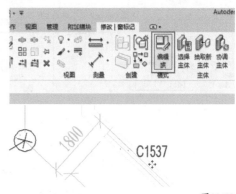

图13-73

04 进入族环境之后，在"属性"面板中选中"随构件旋转"复选框，单击"载入到项目"按钮，如图13-74所示。门标记按同样的方法进行编辑。

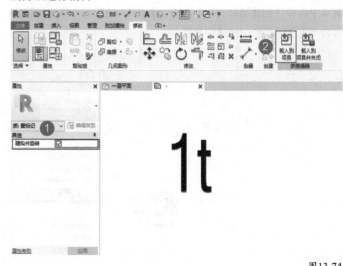

图13-74

05 在"族已存在"对话框中，选择"覆盖现有版本"选项，如图13-75所示。观察替换之后的门窗标记，如图13-76所示。

图13-75

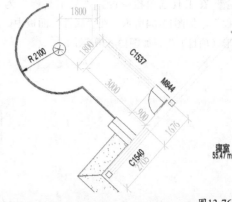

图13-76

06 发现门窗标记的编号都存在问题，在"属性"面板中单击"编辑类型"按钮。在"类型属性"对话框中，将"类型标记"参数的名称修改为与"类型"参数一致，然后单击"确定"按钮，如图13-77所示。

图13-77

07 将完成的门窗标记移动到合适的位置。如果需要变换方向，可以按空格键。最终完成效果如图13-78所示。

图13-78

> **经验分享**
>
> 如果觉得通过"类型属性"对话框修改类型标记参数过于烦琐，可以在视图中直接修改生成好的标记名称，这样同样可以实现修改类型标记的效果。

08 切换至"注释"选项卡，单击"按类别标记"按钮（快捷键TG），如图13-79所示，对未生成标记的门窗进行手动标记。

图13-79

09 拾取没有生成标记的族，软件将生成对应的标记，然后修改标记名称，如图13-80所示。

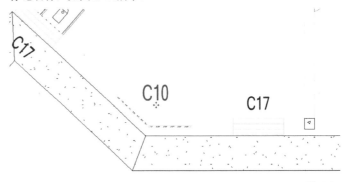

图13-80

10 在"注释"选项卡中，单击"文字"按钮（快捷键TX），如图13-81所示。

图13-81

11 在视图最上方楼梯的位置处输入文字"楼梯一"，然后在空白处单击完成输入，接着将文字拖曳至合适的位置，如图13-82所示。

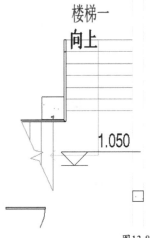

图13-82

12 将输入完成的文字复制到视图下方楼梯间的位置，然后双击文字进入编辑模式，输入文字"楼梯二"，接着在空白区域单击完成修改，如图13-83所示。按照相同的方法，完成其他区域的文字注释。

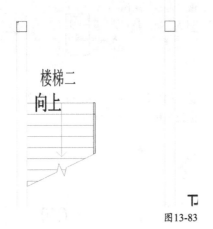

图13-83

实战：创建首层平面视图样板

素材位置	素材文件>第13章>03.rvt
实例位置	实例文件>第13章>实战：创建首层平面视图样板.rvt
视频位置	第13章>实战：创建首层平面视图样板.mp4
难易指数	★★★☆☆
技术掌握	掌握视图范围及"可见性\图形"工具的使用方法

01 打开学习资源中的"素材文件>第13章>03.rvt"文件，切换至"视图"选项卡，单击"可见性/图形"按钮（快捷键VV或VG），如图13-84所示。

图13-84

02 在"可见性/图形替换"对话框中，取消选中"地形""场地"复选框，然后选中"家具"复选框，接着选中"半色调"复选框，如图13-85所示。

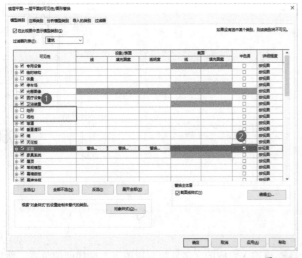

图13-85

03 展开"楼梯"卷展栏，取消选中"<高于>"系列子类别，如图13-86所示。按照同样的方法，取消选中"栏杆扶手"的"<高

于>"系列子类别，如图13-87所示。

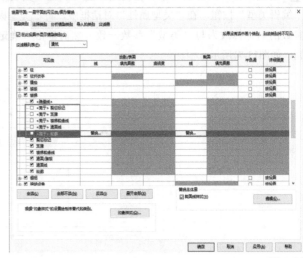

图13-86

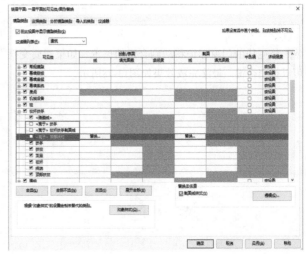

图13-87

04 切换至"注释类别"选项卡，取消选中"参照平面""参照点""参照线"复选框，单击"确定"按钮，如图13-88所示。

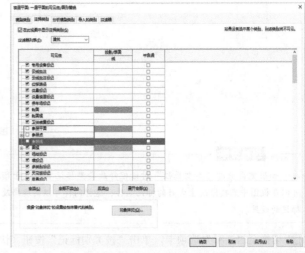

图13-88

05 在"视图"选项卡中，单击"视图样板"下拉菜单中的"从当前视图创建样板"按钮，如图13-89所示。

图13-89

06 在打开的"新视图样板"对话框中，输入名称为"首层平面"，然后单击"确定"按钮，如图13-90所示。

图13-90

07 在弹出的"视图样板"对话框中选择"首层平面"，在右侧设置样板中需要控制的参数类别，然后单击"确定"按钮，如图13-91所示。

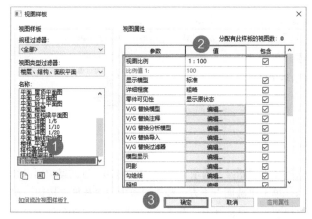

图13-91

08 在当前视图的"属性"面板中，找到"视图样板"参数，单击后方的"<无>"按钮，如图13-92所示。

图13-92

09 在"指定视图样板"对话框中，选择"首层平面"视图样板，单击"确定"按钮，如图13-93所示。

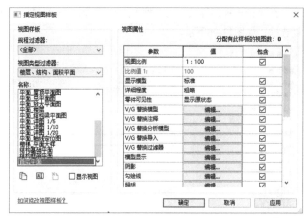

图13-93

10 临时隐藏CAD图纸，查看应用视图样板后的视图样式，如图13-94所示。

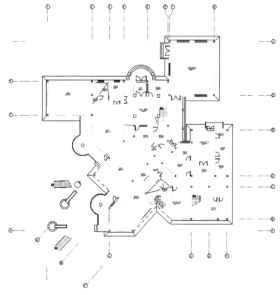

图13-94

实战：视图过滤器的应用

素材位置：素材文件>第13章>09.rvt
实例位置：实例文件>第13章>实战：视图过滤器的应用.rvt
视频位置：第13章>实战：视图过滤器的应用.mp4
难易指数：★★☆☆☆
技术掌握：掌握视图过滤器的使用方法

01 打开学习资源中的"素材文件>第13章>09.rvt"文件，在"属性"面板中单击"视图样板"后面的"首层平面"，如图13-95所示。

图13-95

237

02 在"指定视图样板"对话框中，取消选中"V/G替换过滤器"复选框，如图13-96所示。

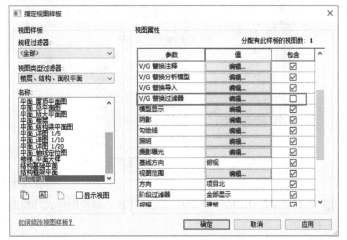

图13-96

03 使用快捷键VV或VG打开"可见性/图形替换"对话框，切换至"过滤器"选项卡，单击"添加"按钮，如图13-97所示。

图13-97

04 在打开的"添加过滤器"对话框中，单击"编辑/新建"按钮，如图13-98所示。

图13-98

05 单击"过滤器"对话框中的"新建"按钮，在"过滤器名称"对话框中输入名称为"隔墙120"，单击"确定"按钮，如图13-99所示。

图13-99

06 在"过滤器"列表中选择"隔墙120"选项，然后在"类别"列表中选择"墙"，接着在"过滤器规则"选项组中设置过滤条件为墙"厚度""等于""120"，最后单击"确定"按钮，如图13-100所示。

图13-100

07 返回"添加过滤器"对话框，选择"隔墙120"选项，单击"确定"按钮，如图13-101所示。

图13-101

08 在"过滤器"选项卡中，"隔墙120"过滤器类别已经添加成功。单击"截面"下方"线"参数中的"替换"按钮，在打开的"线图形"对话框中，设置"宽度"为4，"颜色"为"蓝色"，然后单击"确定"按钮，如图13-102所示。

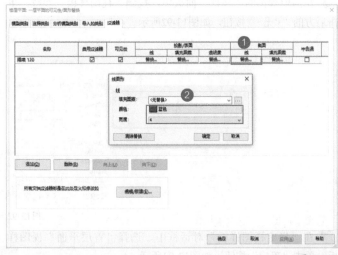

图13-102

09 观察视图中的墙体，厚度为120的内墙线段的颜色全部替换为了蓝色，如图13-103所示。

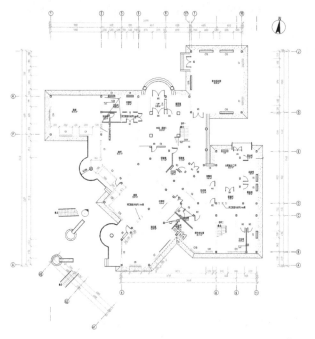

图13-103

技巧与提示

视图过滤器除了可以替换颜色以外，还可以控制过滤对象的可见性。当需要在视图中取消类别构件的显示时，可以通过过滤器进行筛选，然后取消选中相应过滤器的可见性选项，即可实现取消显示的目的。

13.2.3 绘制立面图

一座建筑物是否美观，很大程度上取决于其在主要立面上的艺术处理，包括造型与装修等。在与房屋立面平行的投影面上所作的房屋的正投影图被称为建筑立面图，简称立面图。在设计阶段，立面图主要用于研究这种艺术处理；在施工图中，立面图主要反映房屋的外貌和立面装修的做法。

在Revit中，立面视图是默认样板的一部分。当使用默认样板创建项目时，项目将包含东、西、南、北4个立面视图。除了可以使用样板提供的立面外，用户也可以通过新建的方法自行创建立面。样板中提供了两种立面视图类型，一种是建筑立面，另一种是内部立面。建筑立面指建筑施工图中的外立面图纸，而内部立面则指装饰图的内墙装饰立面图纸。

实战：创建立面图

素材位置　素材文件>第13章>10.rvt
实例位置　实例文件>第13章>实战：创建立面图.rvt
视频位置　第13章>实战：创建立面图.mp4
难易指数　★★★
技术掌握　掌握"立面"工具的使用方法及技巧

一般情况下，我们不需要单独创建立面视图，因为在样板中已经默认创建了四个方向的立面。但随着建筑的复杂程度越来越高，在一些比较特殊的项目中，仅仅依靠系统默认的四个立面已经无法满足要求。在这种情况下，我们可以自行创建立面，并控制立面的视图范围。

01 打开学习资源中的"素材文件>第13章>10.rvt"文件，切换至"视图"选项卡，单击"立面"按钮，如图13-104所示。

图13-104

02 在"属性"面板中选择立面类型为"立面 建筑立面"，如图13-105所示。

图13-105

03 在视图右侧找到G轴与E轴之间的位置，在正南方向单击放置立面符号，如图13-106所示。

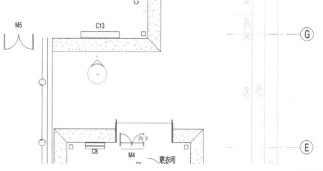

图13-106

04 选中立面符号中的圆圈部分，并选中下方的复选框，如图13-107所示。

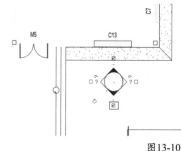

图13-107

05 选中立面符号上方的方向箭头，拖动剖切线及视图范围框，调整立面视图的可视范围，如图13-108所示。选中立面符号下方的方向箭头，进行同样的调整，如图13-109所示。

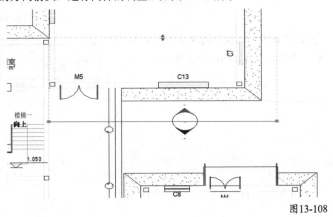

图13-108

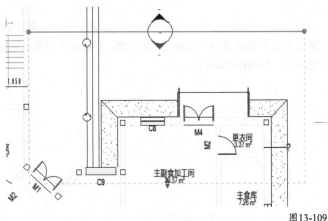

图13-109

06 双击立面符号的方向箭头，还可以快速打开对应的立面视图，如图13-110所示。

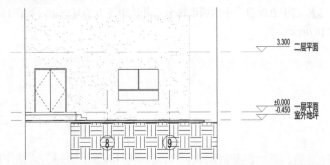

图13-110

07 在项目浏览器中，打开"立面（建筑立面）"卷展栏，双击打开东立面，然后在"东"立面位置单击鼠标右键，在弹出的菜单中选择"重命名"命令，如图13-111所示。

图13-111

08 输入名称为"A-J立面图"，然后在空白区域单击，完成视图重命名，如图13-112所示。

图13-112

09 按照相同方法完成其他立面视图的重命名工作，最终完成效果如图13-113所示。

图13-113

实战：深化立面图

素材位置	素材文件>第13章>11.rvt
实例位置	实例文件>第13章>实战：深化立面图.rvt
视频位置	第13章>实战：深化立面图.mp4
难易指数	★★★☆☆
技术掌握	掌握裁剪框及"标高"工具的设置方法与技巧

01 打开学习资源中的"素材文件>第13章>11.rvt"文件，选择任意标高，在"属性"面板中单击"编辑类型"按钮，如图13-114所示。

图13-114

02 在"类型属性"对话框中，设置"颜色"为"绿色"，选中"端点1处的默认符号"复选框，单击"确定"按钮，如图13-115所示。

图13-115

03 选择视图中的任意轴网，在"属性"面板中单击"编辑类型"按钮。在"类型属性"对话框中，设置"非平面视图符号（默认）"为"底"，然后单击"确定"按钮，如图13-116所示。

图13-116

04 选中H-B轴线，使用快捷键EH将图元在视图中永久隐藏，只保留两侧的轴线，如图13-117所示。

图13-117

05 显示裁剪框，并将裁剪框下方的控制柄拖曳至室外地坪标高的位置，如图13-118所示。在立面视图中，将地下部分的图形裁剪掉。

图13-118

06 使用快捷键VV打开"可见性/图形替换"对话框，取消选中"植物"复选框，然后单击"确定"按钮，如图13-119所示。

图13-119

07 关闭裁剪框的显示，查看最终完成的立面图效果，如图13-120所示。其他立面视图按同样的方法进行操作。

图13-120

 疑难问答 ?

对于需要重复设置的视图属性，可以将其作为视图样板供其他视图使用。这样可以减少很多重复性工作，提高工作效率。

实战：立面图标注

素材位置	素材文件>第13章>12.rvt
实例位置	实例文件>第13章>实战：立面图标注.rvt
视频位置	第13章>实战：立面图标注.mp4
难易指数	★★☆☆☆
技术掌握	掌握立面图尺寸标注和材料标注的方法与技巧

01 打开学习资源中的"素材文件>第13章>12.rvt"文件，显示裁剪框，然后拖曳裁剪框两侧，将标高置于裁剪框外，转换为2D模

式，如图13-121所示。单击"隐藏裁剪区域"按钮，关闭裁剪框。

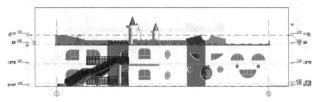

图13-121

02 如果在视图中发现"室外地坪"标高与"一层平面"标高距离过近，可以选中"室外地坪"标高，在"属性"面板中将其替换为"标高 下标头"，如图13-122所示。

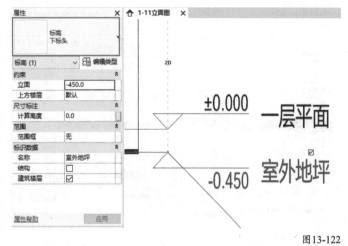

图13-122

03 切换至"注释"选项卡，然后单击"对齐"按钮（快捷键DI），接着在"属性"面板中选择"对角线-3.5mm"样式，在视图中进行尺寸标注，如图13-123所示。

图13-123

04 在"注释"选项卡中单击"高程点"按钮（快捷键EL），在"属性"面板中选择"立面高程"样式，然后在视图中放置高程点标注，如图13-124所示。

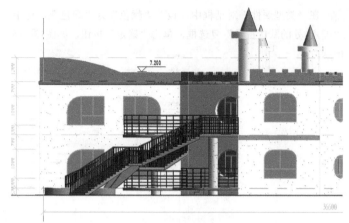

图13-124

05 切换至"注释"选项卡，单击"材质标记"按钮，如图13-125所示。在工具选项栏中，选中"引线"复选框，如图13-126所示。

图13-125

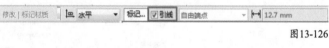

图13-126

06 单击拾取视图中需要标记的对象，然后向上移动鼠标指针，单击确定放置点，再向右移动鼠标指针，单击完成标记放置，如图13-127所示。

图13-127

07 缩放视图，查看标注完成的最终效果。然后向上移动鼠标指针，单击确定放置点，再向右移动鼠标指针并单击完成标记放置，如图13-128所示。按照同样的方式完成其他立面图的标注。

图13-128

实战：绘制立面轮廓

素材位置	素材文件>第13章>13.rvt
实例位置	实例文件>第13章>实战：绘制立面轮廓.rvt
视频位置	第13章>实战：绘制立面轮廓.mp4
难易指数	★★★☆☆
技术掌握	掌握添加子类别的方法

01 打开学习资源中的"素材文件>第13章>13.rvt"文件，切换至"管理"选项卡，单击"其他设置"下拉菜单中的"线样式"按钮，如图13-129所示。

图13-129

02 在"线样式"对话框中，单击"新建"按钮，然后在打开的"新建子类别"对话框中，输入名称为"立面轮廓线"，最后单击"确定"按钮，如图13-130所示。

图13-130

03 返回"线样式"对话框，设置"立面图轮廓"类别的"投影"为6，"线颜色"为"蓝色"，然后单击"确定"按钮，如图13-131所示。

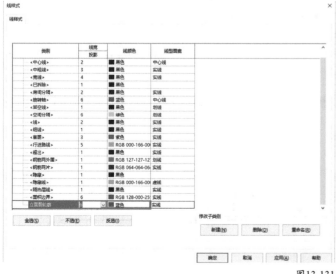

图13-131

04 切换至"注释"选项卡，单击"详图线"按钮（快捷键DL），如图13-132所示。

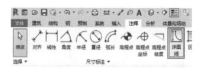

图13-132

05 在"修改|放置 详图线"选项卡中，选择"线样式"为"立面轮廓线"，并选择"直线"工具，如图13-133所示。

图13-133

06 单击快速访问工具中的"细线"工具或使用快捷键TL，关闭视图细线显示模式。沿着立面外轮廓绘制立面轮廓线，如图13-134所示。按照同样的方式完成其他立面。

图13-134

13.2.4 绘制剖面图

用一个或多个垂直于外墙轴线的铅垂剖切面，将房屋剖开所得的投影图称为建筑剖面图，简称剖面图。剖面图用以表示房屋内部的结构或构造形式、分层情况，以及各部位的联系、材料和高度等，是与平面图和立面图相互配合的、不可缺少的重要图样。

按照传统方式在CAD图中绘制剖面图，通常需要先在平面图中确定要剖切的位置，然后根据平面图剖切位置作引线，以保证能够准确地绘制相对应的剖面图。整个绘制过程非常烦琐，并且不能完全保证与平面图的吻合性。在平面视图中，所剖切的位置发生更改，则相应的剖面图必须重新绘制或更改。但如果使用Revit生成剖面图，则相对而言会方便很多。例如，用户只需绘制好平面视图，然后放置剖切符号，即可生成相应的剖面图；只需适当做一些二维修饰，即可满足施工图的要求。最重要的是，当平面视图发生更改或剖切位置改变后，剖切图会自动更新，不需要重新绘制或更改。因此，使用Revit生成剖面图，真正意义上达到了一处更改，处处更新的效果。

243

实战：创建并深化剖面图

素材位置　素材文件>第13章>14.rvt
实例位置　实例文件>第13章>实战：创建并深化剖面图.rvt
视频位置　第13章>实战：创建并深化剖面图.mp4
难易指数　★★★☆☆
技术掌握　掌握剖面符号的使用方法及技巧

01 打开学习资源中的"素材文件>第13章>14.rvt"文件，打开一层平面。然后切换至"视图"选项卡，单击"剖面"按钮，如图13-135所示。

图13-135

02 在"属性"面板中，选择"剖面 建筑剖面"类型，如图13-136所示。然后将鼠标指针定位于3轴与5轴之间，单击确定起点，向下移动鼠标指针，再次单击确定终点，如图13-137所示。

图13-136

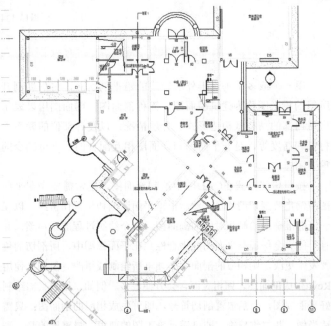

图13-137

03 剖面符号绘制完成后，单击翻转箭头，将剖面视图方向翻转到左侧，如图13-138所示。

04 双击剖面符号的蓝色标头，进入相应的剖面视图，如图13-139所示。使用快捷键VV，打开"可见性/图形替换"对话框，分别设置"楼板""屋顶""结构框架"的截面"填充图案"为"黑色-实体填充"，如图13-140所示。

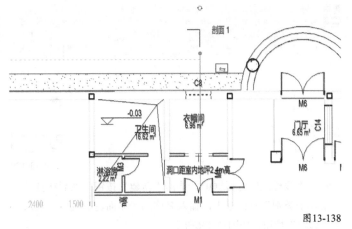

图13-138

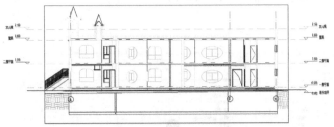

图13-139

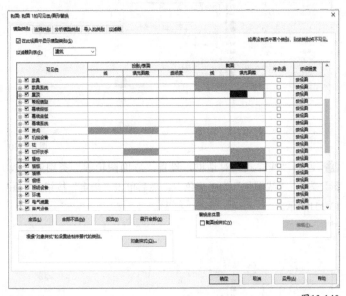

图13-140

05 使用快捷键EH，在视图中永久隐藏室外楼梯部分，如图13-141所示。

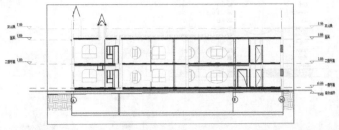

图13-141

244

06 切换至"建筑"选项卡，选择"标记房间"下拉菜单中的"标记所有未标记的对象"选项，如图13-142所示。在打开的"标记所有未标记的对象"对话框中，选中"房间标记"复选框，单击"确定"按钮，如图13-143所示。

图13-142

图13-143

07 拖曳轴线标头至合适的位置，然后调整裁剪框，裁剪室外地坪以下的部分，最后关闭裁剪框显示。切换至"注释"选项卡，单击"对齐"按钮，进行剖面视图的尺寸标注，如图13-144所示。

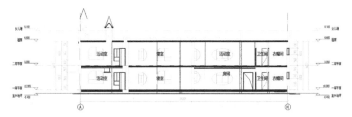

图13-144

08 在"注释"选项卡中，单击"高程点"按钮，在视图中添加高程点，如图13-145所示。随后在项目浏览器中将视图名称修改为"1-1剖面图"。

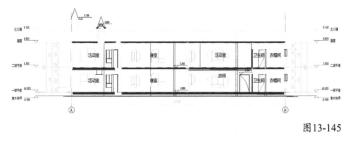

图13-145

13.2.5 详图和门窗表的绘制

详图是由于在原图纸上无法进行表述，因而进行详细制作的图纸，也叫节点大样等。门窗表指门窗编号、门窗尺寸及做法，这对大家在结构中计算荷载是必不可少的。

本节主要介绍上述提到的两部分内容。在实际建筑设计的过程中，这两项内容也是必不可少的。希望通过本节的学习，读者能够对使用Revit绘制施工图的方法有进一步了解。

实战：创建墙身详图

素材位置：素材文件>第13章>15.rvt
实例位置：实例文件>第13章>实战：创建墙身详图.rvt
视频位置：第13章>实战：创建墙身详图.mp4
难易指数：★★★☆☆
技术掌握：掌握"填充区域"工具的使用方法

01 打开学习资源中的"素材文件>第13章>15.rvt"文件，打开一层平面。切换至"视图"选项卡，然后单击"剖面"按钮，在"属性"面板中选择"详图视图 详图"，如图13-146所示。

02 在视图中2-3轴与H轴交叉的位置单击，确定剖切标头的位置。将鼠标指针移动至墙体，再次单击确定剖切线的位置。完成后将显示范围框拖曳至合适的位置，如图13-147所示。

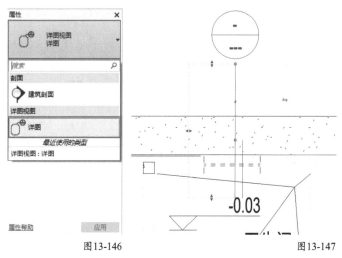

图13-146   图13-147

03 双击标头进入剖面视图，将视图显示模型调整为"精细"，然后拖曳裁剪框至合适的大小，如图13-148所示。

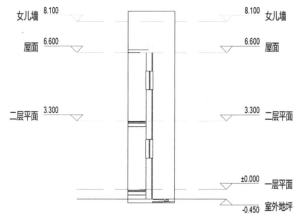

图13-148

04 切换至"注释"选项卡，单击"符号"按钮。接着在"属性"面板中选择"符号剖断线"，如图13-149所示。

图13-149

图13-153

05 单击"隐藏裁剪区域"按钮，关闭裁剪框。然后在视图左侧剖切处放置"符号-剖断线"，如图13-150所示。

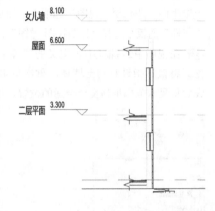

图13-150

06 选中横向剖断线，在"属性"面板中设置"虚线长度"为8，并将其拖曳至合适的位置，如图13-151所示。

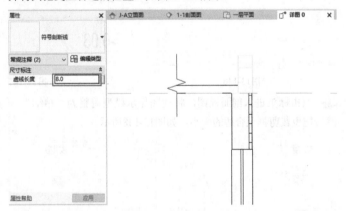

图13-151

07 在"注释"选项卡中单击"区域"下拉菜单中的"填充区域"按钮，如图13-152所示。

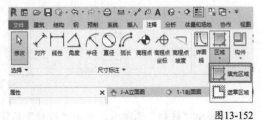

图13-152

08 在"属性"面板中选择"填充区域 混凝土_钢砼"，如图13-153所示。

09 选择"直线"绘制工具，开始绘制填充区域的轮廓线，然后单击"完成"按钮，如图13-154所示。

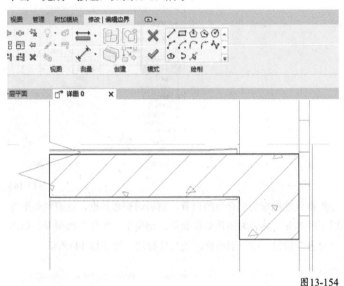

图13-154

技巧与提示

注意，填充轮廓线必须为完全封闭的状态，不然无法完成应用。

10 选中任意轴线，取消选中左侧的"显示标头"复选框，然后隐藏轴线标头，调整标高线的长度，如图13-155所示。其余标头均按上述步骤操作。

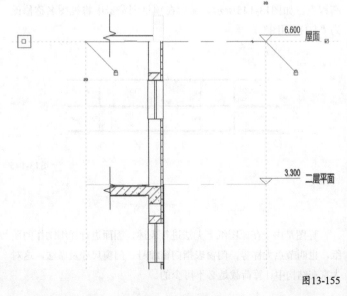

图13-155

技巧与提示

按空格键可以调整符号的方向。

11 将视图比例调整为"1∶50",然后对视图进行尺寸标注,并修改视图名称为"墙身大样1",完成后查看最终效果,如图13-156所示。

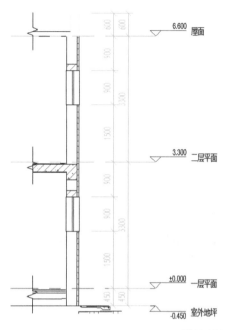

图13-156

实战：**创建楼梯平面详图**

素材位置　素材文件>第13章>16.rvt
实例位置　实例文件>第13章>实战：创建楼梯平面详图.rvt
视频位置　第13章>实战：创建楼梯平面详图.mp4
难易指数　★★☆☆☆
技术掌握　掌握创建详图视图的方法

01 打开学习资源中的"素材文件>第13章>16.rvt"文件,打开一层平面。切换至"视图"选项卡,单击"详图索引"按钮,如图13-157所示。在"属性"面板中选择"楼层平面",如图13-158所示。

图13-157

图13-158

02 在平面视图中找到"楼梯二"所在的位置,拖曳鼠标并单击,创建详图索引范围框,如图13-159所示。

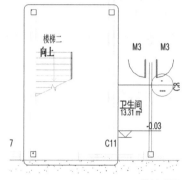

图13-159

03 双击蓝色标头进入楼梯详图,然后切换至"注释"选项卡,单击"符号"按钮,接着放置剖断线,最后单击"隐藏裁剪区域"按钮,隐藏裁剪框,如图13-160所示。

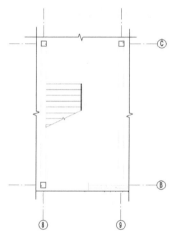

图13-160

04 将视图详细程度调整为"精细",然后添加尺寸标注与高程点,如图13-161所示。

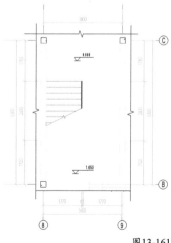

图13-161

247

05 双击楼梯标注中段数值，在打开的"尺寸标注文字"对话框中，设置"尺寸标注值"为"以文字替换"，输入"10×260=2600"，单击"确定"按钮，如图13-162所示。

图13-162

06 使用同样的方法修改另外一侧的尺寸标注，修改完成后查看最终效果，如图13-163所示。

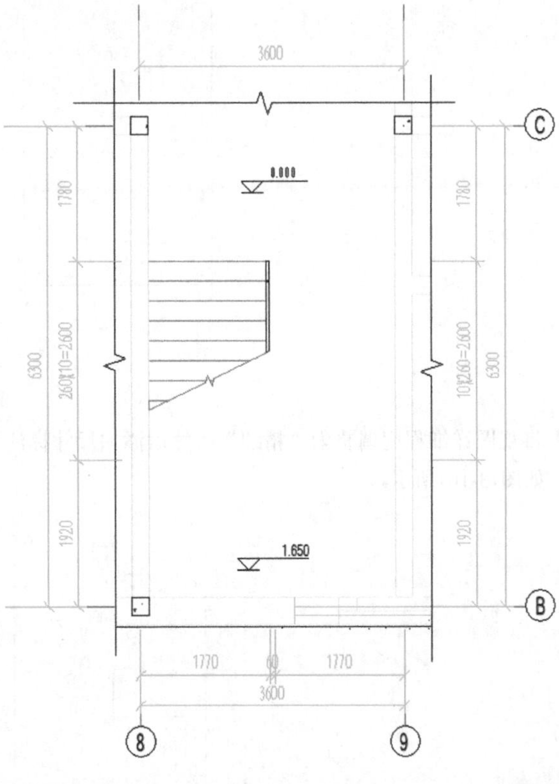

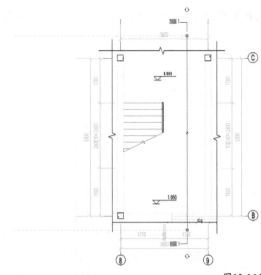

图13-164

02 双击剖面符号标头，进入楼梯剖面图，将视图详细程度调整为"精细"，然后拖曳裁剪框至合适的大小，如图13-165所示。

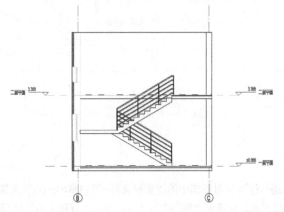

图13-165

03 单击"隐藏裁剪区域"按钮，关闭剪裁框。切换至"注释"选项卡，单击"符号"按钮，依次在墙体截断位置处放置"剖断线"符号，如图13-166所示。

图13-163

实战：创建楼梯剖面详图

素材位置　素材文件>第13章>17.rvt
实例位置　实例文件>第13章>实战：创建楼梯剖面详图.rvt
视频位置　第13章>实战：创建楼梯剖面详图.mp4
难易指数　★★☆☆☆
技术掌握　掌握"剖切面轮廓"工具的使用方法

01 打开学习资源中的"素材文件>第13章>17.rvt"文件，切换至"视图"选项卡，单击"剖面"按钮，在楼梯右侧绘制剖面符号，如图13-164所示。

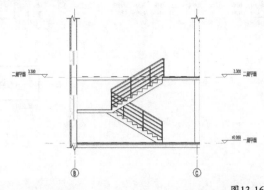

图13-166

04 单击"对齐"及"高程点"按钮，分别添加尺寸标注与高程点，如图13-167所示。

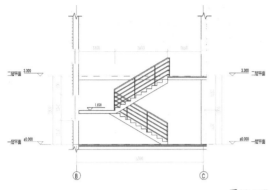

图13-167

05 设置梯段标注数值分别为"11×150=1650""11×150=1650"，如图13-168所示。

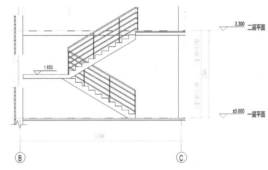

图13-168

06 使用快捷键VV打开"可见性/图形替换"对话框，将"楼板""楼梯"的截面填充图案修改为"混凝土-钢砼"，如图13-169所示。

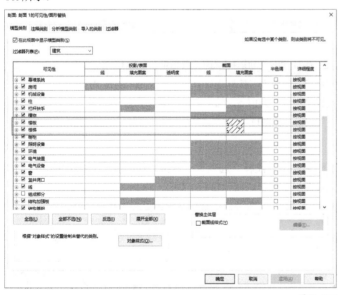

图13-169

07 切换至"视图"选项卡，单击"剖切面轮廓"按钮，如图13-170所示。

图13-170

08 拾取楼梯歇脚平面，进入绘制草图模式。使用"直线"工具，以顺时针方向绘制梯梁轮廓，然后单击"完成"按钮，如图13-171所示。

图13-171

技巧与提示

绘制剖切面轮廓线时，最好以顺时针方向绘制。如果是以逆时针方向绘制，那么绘制的轮廓填充将无法正常显示。这时，可以单击轮廓线，编辑草图状态下的"翻转箭头" ┿ ，使其箭头方向朝内侧，方可正常显示轮廓填充。

09 按照同样的方法添加其他位置的梯梁，完成后的最终效果如图13-172所示。

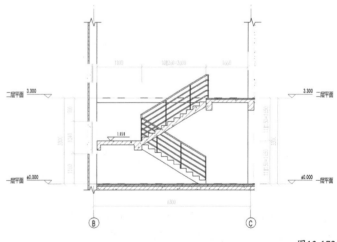

图13-172

实战：创建节点详图

素材位置　素材文件>第13章>18.rvt
实例位置　实例文件>第13章>实战：创建节点详图.rvt
视频位置　第13章>实战：创建节点详图.mp4
难易指数　★☆☆☆☆
技术掌握　掌握绘图视图的使用方法

01 打开学习资源中的"素材文件>第13章>18.rvt"文件，切换至"插入"选项卡，单击"载入族"按钮。在"载入族"对话框中，选择"素材文件>第13章>族"文件夹，然后选择"索引图号"，单击"打开"按钮，如图13-173所示。

图13-173

02 切换至"注释"选项卡，单击"符号"按钮，在视图中栏杆的上方放置索引符号，如图13-174所示。

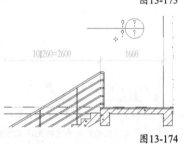

图13-174

03 选中刚创建的索引符号，单击"添加"按钮，然后将引线端点移动至楼梯扶手的位置，如图13-175所示。

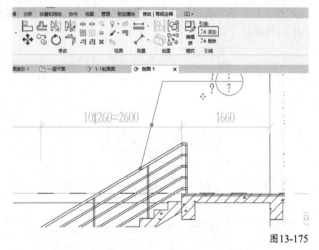

图13-175

04 拖曳引线的位置，使其指向栏杆，然后选择索引符号族，在"属性"面板中输入相关信息，如图13-176所示。

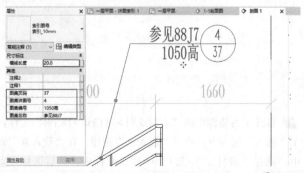

图13-176

05 切换至"插入"选项卡，单击"作为组载入"按钮，如图13-177所示。

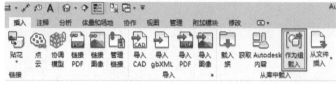

图13-177

06 在"将文件作为组载入"对话框中，依次选择"素材文件>第13章"文件夹，选择"楼梯踏步"文件，单击"打开"按钮，如图13-178所示。

图13-178

07 切换至"视图"选项卡，单击"绘图视图"按钮，如图13-179所示。

图13-179

08 在打开的"新绘图视图"对话框中，输入名称为"楼梯踏步节点"，设置"比例"为1∶5，然后单击"确定"按钮，如图13-180所示。

图13-180

09 切换至"注释"选项卡，单击"详图组"下拉菜单中的"放置详图组"按钮，如图13-181所示。

图13-181

10 在"属性"面板中选择"详图组 楼梯踏步"，然后在视图中单击放置详图组,如图13-182所示。

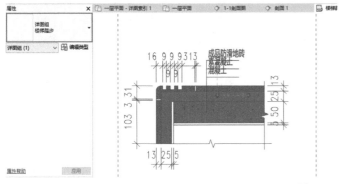

图13-182

11 返回"剖面1"视图,切换至"视图"选项卡,单击"详图索引"按钮。在工具选项栏中选中"参照其他视图"复选框,然后选择"绘图视图:楼梯踏步节点"选项,如图13-183所示。

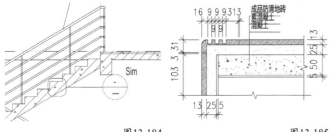

图13-183

12 将鼠标指针定位于楼梯踏步处,拖曳鼠标创建详图索引框,如图13-184所示。

13 双击详图索引符号的蓝色标头,自动切换到楼梯踏步节点,如图13-185所示。最终完成效果如图13-186所示。

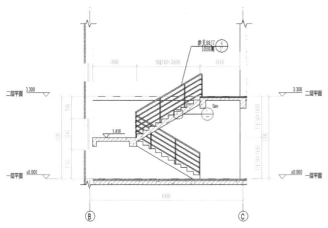

图13-184   图13-185

图13-186

实战: 创建门窗大样

素材位置 素材文件>第13章>19.rvt
实例位置 实例文件>第13章>实战:创建门窗大样.rvt
视频位置 第13章>实战:创建门窗大样.mp4
难易指数 ★★☆☆☆
技术掌握 掌握"图例"工具的使用方法

01 打开学习资源中的"素材文件>第13章>19.rvt"文件,切换至"视图"选项卡,单击"图例"下拉菜单中的"图例"按钮,如图13-187所示。

02 在打开的"新图例视图"对话框中,输入名称为"门窗大样",然后设置"比例"为1:20,最后单击"确定"按钮,如图13-188所示。

图13-187   图13-188

03 切换至"注释"选项卡,单击"构件"下拉菜单中的"图例构件"按钮,如图13-189所示。

图13-189

04 在工具选项栏中设置"族"为"窗:双扇圆角推拉窗:C6","视图"为"立面:前",如图13-190所示。

图13-190

05 在视图中单击放置,并进行尺寸标注,如图13-191所示。按照同样的方法添加其他门窗图例。

图13-191

技巧与提示

为方便后期出图,一般一个图例视图只放置一个门窗图例。这样方便后期在Revit图框中放置门窗图例时,生成独立的门窗编号。

知识链接

关于向图框内添加视图的具体操作方法,请参阅"第15章 布图与打印"的相关内容。

251

第14章

明细表详解

14.1 构件明细表

明细表可以帮助用户统计模型中的任意构件，如门、窗和墙体等。明细表所统计的内容，由构件本身的参数提供。用户在创建明细表时，只需选择需要统计的关键字即可。

Revit中的明细表共6种类别，分别是"明细表/数量"🞂、"图形柱明细表"🞂、"材质提取"🞂、"图纸列表"🞂、"注释块"🞂和"视图列表"🞂。在实例项目中，经常用到"明细表/数量"明细表，通过"明细表/数量"明细表统计的数值，可以作为项目"概预算"的工程量使用。

14.1.1 明细表/数量

明细表可以包含多个具有相同特征的项目。例如，房间明细表中可能包含150个地板、天花板和基面面层均相同的房间。读者不必在明细表中手动输入这150个房间的信息，只需定义关键字，即可自动填充信息。如果房间有已定义的关键字，那么当这个房间被添加到明细表中时，明细表中的相关字段将自动更新，以减少生成明细表所需的时间。

可以使用关键字明细表定义关键字。除了按照规范定义关键字外，关键字明细表看起来类似于构件明细表。创建关键字时，关键字会作为图元的实例属性列出；当应用关键字的值时，关键字的属性将应用到图元中。

实战：创建家具明细表

素材位置　素材文件>第14章>01.rvt
实例位置　实例文件>第14章>实战：创建家具明细表.rvt
视频位置　第14章>实战：创建家具明细表.mp4
难易指数　★★★☆☆
技术掌握　掌握明细表关键字的添加与编辑

01✦ 打开学习资源中的"素材文件>第14章>01.rvt"文件，打开一层平面，然后选中活动室的椅子，单击"解组"按钮（快捷键UG）进行解组，如图14-1所示。

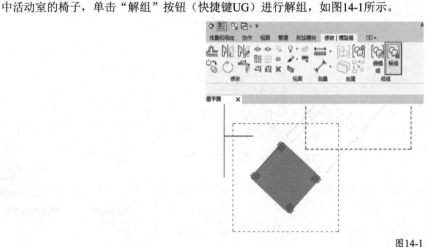

图14-1

02✦ 选中椅子，在"属性"面板中单击"图像"后方的▢▢按钮，如图14-2所示。

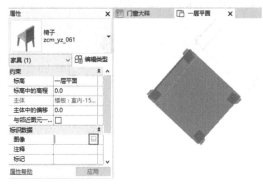

图14-2

03 在"管理图像"对话框中，单击"添加"按钮，如图14-3所示。

图14-3

04 在打开的"导入图像"对话框中，选择"素材文件>第14章"文件夹，选择"椅子"文件，然后单击"打开"按钮，如图14-4所示。接着单击"确定"按钮，关闭所有对话框。

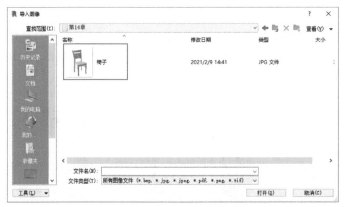

图14-4

05 切换至"视图"选项卡，然后选择"明细表"下拉菜单中的"明细表/数量"选项，如图14-5所示。

图14-5

06 在打开的"新建明细表"对话框中，选择"类别"为"家具"，单击"确定"按钮，如图14-6所示。

图14-6

07 在"明细表属性"对话框的"可用的字段"列表中，分别双击"族""标高""图像""合计"字段，将其添加到"明细表字段"列表中，如图14-7所示。

图14-7

如果需要统计链接文件中的图元,选择"包含链接中的图元"选项即可。

08 切换至"过滤器"选项卡,设置"过滤条件"为"标高""等于""一层平面",此时,明细表中将只统计一层标高的相关构件,如图14-8所示。

图14-8

09 单击"确定"按钮后,将自动生成家具明细表,如图14-9所示。

10 在"属性"面板中单击"排序/成组"后方的"编辑"按钮,如图14-10所示。

图14-9

图14-10

11 在打开的"明细表属性"对话框中,设置"排序方式"为"族",选中"总计"复选框,然后取消选中"逐项列举每个实例"复选框,最后单击"确定"按钮,如图14-11所示。

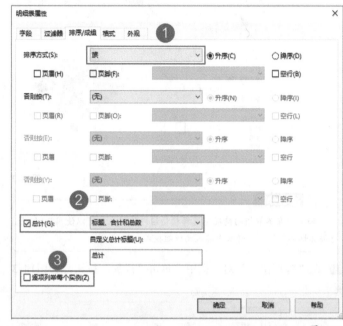

图14-11

12 最终完成的明细表效果如图14-12所示。

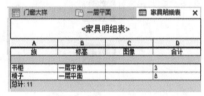

图14-12

在明细表视图中,默认不显示图像文件。只有当明细表被放置到图纸中时,图像才会正常显示。

实战:使用明细表公式

素材位置　素材文件>第14章>02.rvt
实例位置　实例文件>第14章>实战:使用明细表公式.rvt
视频位置　第14章>实战:使用明细表公式.mp4
难易指数　★★★☆☆
技术掌握　掌握明细表添加参数与计算参数的使用方法

01 打开学习资源中的"素材文件>第14章>02.rvt"文件,然后在项目浏览器中双击"B_外墙明细表",打开明细表视图,如图14-13所示。

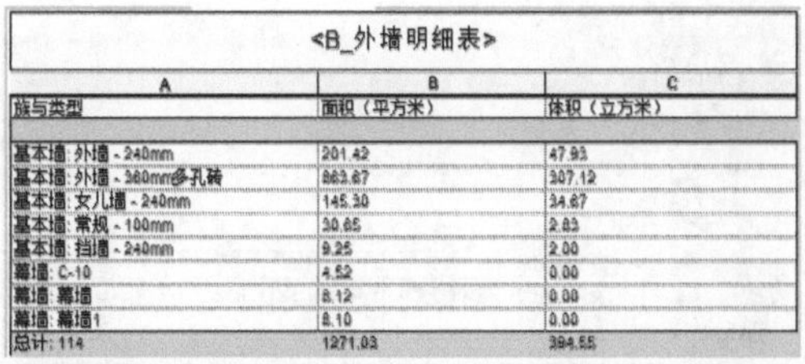

图14-13

02 在"属性"面板中，单击"字段"属性后的"编辑"按钮，然后在打开的"明细表属性"对话框中，单击"新建参数"按钮，如图14-14所示。

图14-14

03 在"参数属性"对话框中，设置"名称"为"单价"，然后选中"类型"单选按钮，接着设置"参数类型"为"货币"，最后单击"确定"按钮，如图14-15所示。

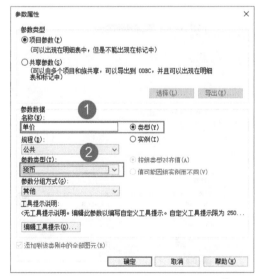

图14-15

04 在"明细表属性"对话框中，单击"添加计算参数"按钮，如图14-16所示。

05 在打开的"计算值"对话框中，设置"名称"为"总价"，"类型"为"体积"，"公式"为"体积*单价"，然后单击"确定"按钮，如图14-17所示。

图14-16

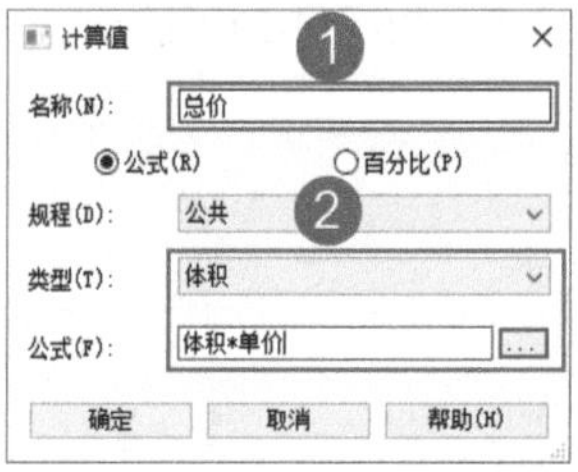

图14-17

技巧与提示

公式中引用的参数值既可以手动输入，也可以单击后方的"浏览"按钮选择。

06 返回"明细表属性"对话框，切换至"格式"选项卡，选择"总价"选项，然后选择计算方式为"计算总数"，最后单击"确定"按钮，如图14-18所示。

图14-18

07. 在明细表视图中，设置"单价"列为120，此时系统会自动计算总价的数值，最终完成效果如图14-19所示。

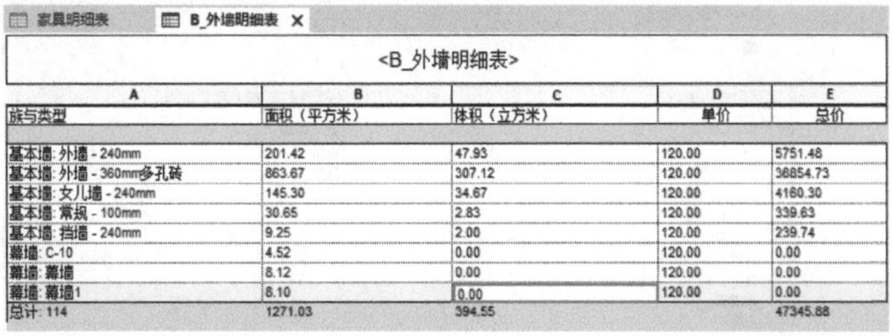

族与类型	面积（平方米）	体积（立方米）	单价	总价
	A	B	C	D	E
基本墙: 外墙 - 240mm	201.42	47.93	120.00	5751.48
基本墙: 外墙 - 360mm多孔砖	863.67	307.12	120.00	36854.73
基本墙: 女儿墙 - 240mm	145.30	34.67	120.00	4180.30
基本墙: 常规 - 100mm	30.65	2.83	120.00	339.63
基本墙: 挡墙 - 240mm	9.25	2.00	120.00	239.74
幕墙: C-10	4.52	0.00	120.00	0.00
幕墙: 幕墙	8.12	0.00	120.00	0.00
幕墙: 幕墙1	8.10	0.00	120.00	0.00
总计: 114	1271.03	394.55		47345.88

（表格标题：<B_外墙明细表>，选项卡：家具明细表、B_外墙明细表）

图14-19

实战：创建门窗表

素材位置　素材文件>第14章>03.rvt
实例位置　实例文件>第14章>实战：创建门窗表.rvt
视频位置　第14章>实战：创建门窗表.mp4
难易指数　★★★☆☆
技术掌握　掌握使用插件创建国标明细表的方法

01. 打开学习资源中的"素材文件>第14章>03.rvt"文件，切换至"视图"选项卡，选择"明细表"下拉菜单中的"明细表/数量"选项，如图14-20所示。

图14-20

02. 在"新建明细表"对话框中，选择"窗"选项，将"名称"修改为"门窗表"，然后单击"确定"按钮，如图14-21所示。

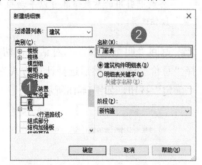

图14-21

03. 在"明细表属性"对话框中，依次添加"类型""合计""注释""说明"字段，如图14-22所示。

04. 在"明细表属性"对话框中，单击"合并参数"按钮，如图14-23所示。

05. 在"合并参数"对话框中，输入"合并参数名称"为"洞口尺寸（mm）"，然后依次双击"宽度""高度"参数，将其添加到"合并的参数"选项组中，并添加"宽度"参数的"后缀"为"×"，删除"分隔符"列的内容，最后单击"确定"按钮，如图14-24所示。

图14-22

图14-23

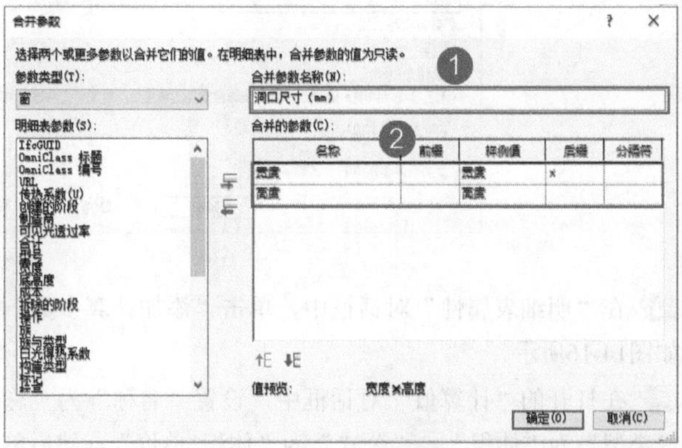

图14-24

06 返回"明细表属性"对话框，选择"洞口尺寸（mm）"字段，单击"上移参数"按钮，将其移动至"类型"字段的下方，如图14-25所示。

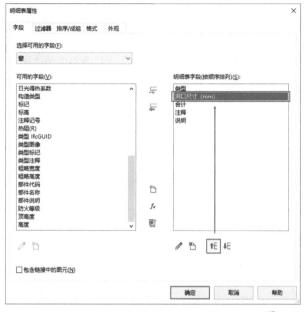

图14-25

07 切换至"排序/成组"选项卡，然后修改"排序方式"为"类型"，取消选中"逐项列举每个实例"复选框，最后单击"确定"按钮，如图14-26所示。

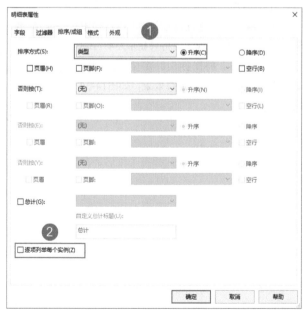

图14-26

08 切换至"格式"选项卡，选中全部字段，然后设置"对齐"方式为"中心线"，如图14-27所示。

09 切换至"外观"选项卡，取消选中"数据前的空行"复选框，然后单击"确定"按钮，如图14-28所示。

图14-27

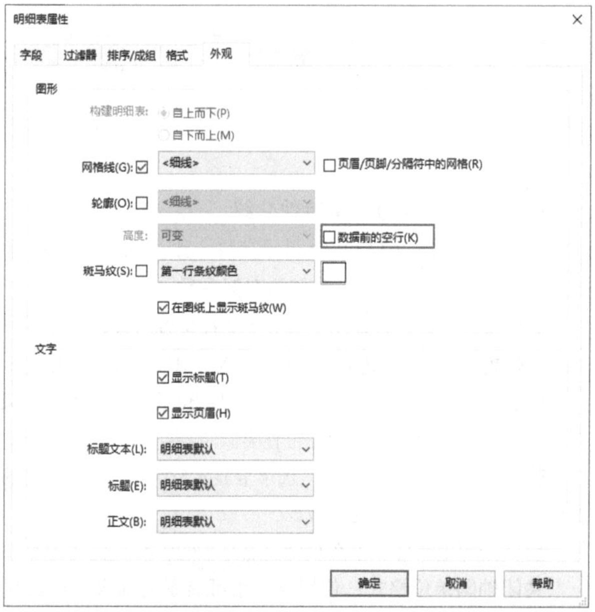

图14-28

10 根据实际情况修改列标题名称及输入其他内容，最终完成效果如图14-29所示。

<门窗表>				
A	B	C	D	E
设计编号	洞口尺寸（mm）	数量	采用标注图集及编号	备注
C1	2400×1800	4	见详图	90系列铝合金窗内挂纱扇
C2	3000×1800	4	见详图	90系列铝合金窗内挂纱扇
C3	2700×1800	2	见详图	90系列铝合金窗内挂纱扇
C4	2400×1200	4	见详图	90系列铝合金窗内挂纱扇
C5	1200×1800	2	铝合金中空双层窗	90系列铝合金窗内挂纱扇
C6	2100×1800	11	见详图	90系列铝合金窗内挂纱扇
C7	1500×1500	4	见详图	90系列铝合金窗内挂纱扇
C8	1200×900	10	铝合金中空双层窗	90系列铝合金窗内挂纱扇
C9	1500×1800	2	铝合金中空双层窗	90系列铝合金窗内挂纱扇
C11	3000×1500	2	见详图	90系列铝合金窗内挂纱扇
C12	2400×1800	2	见详图	90系列铝合金窗内挂纱扇
C13	2400×1800	5	见详图	90系列铝合金窗内挂纱扇
C14	1800×1800	1	见详图	90系列铝合金窗内挂纱扇
C15	2400×1200	2	见详图	90系列铝合金窗内挂纱扇
C17	1200×1200	2	铝合金中空双层窗	90系列铝合金窗内挂纱扇

图14-29

14.1.2 图形柱明细表

图形柱在柱明细表中通过相交轴线及其顶部、底部的约束和偏移来标识。图形柱明细表的使用频率不高，主要作用是将项目中所有的结构柱显示在图表中。图表中包括结构柱的标高、位置和图样等参数。

若要修改视图参数，需打开图形柱明细表，在"属性"面板中进行修改，如图14-30所示。

图14-30

图形柱明细表的视图参数介绍

由于大部分参数与其他图元参数一致，因此不做重复介绍。这里只介绍图形柱明细表特有的实例参数。

总柱位置： 该参数显示明细表中的柱位置总数。

柱位置/部分： 定义每行的柱位置数，默认设置为50。

对类似位置成组： 对视图中的类似柱位置进行成组，如果柱之间存在一对一的对应关系，则柱位置类似。

轴网外观： "轴网外观"选项卡显示5个用于调整轴网的"水平宽度"和"垂直高度"的参数。

包括关闭轴网柱： 未在轴网交点对齐的轴网将包括在明细表中。

关闭轴网单位格式： 使用该按钮可显示明细表当前的尺寸标注格式。

文字外观： 柱形图明细表中使用的文字类型包括"标题"文字、"标高"文字和"柱位置"文字。

隐藏标高： 打开"隐藏在柱形图明细表中的标高"对话框，选择不应用于该明细表的标高。

顶部标高： 此参数默认设置为"<顶>"，但可将项目中的任意标高指定为顶部标高。

底部标高： 此参数默认设置为"<底>"，但可将项目中的任意标高指定为底部标高。

柱位置起点： 指定视图起始的柱。

柱位置终点： 指定视图结束的柱。

材质类型： 单击"编辑"按钮，将显示"钢""混凝土""预制混凝土""木材""其他"5个选项的对话框。

实战： 创建图形柱明细表

素材位置　素材文件>第14章>04.rvt
实例位置　实例文件>第14章>实战：创建图形柱明细表.rvt
视频位置　第14章>实战：创建图形柱明细表.mp4
难易指数　★★☆☆☆
技术掌握　掌握图形柱明细表参数的设置方法

01 打开学习资源中的"素材文件>第14章>04.rvt"文件，选择"视图"选项卡，单击"明细表"下拉菜单中的"图形柱明细表"按钮，如图14-31所示。

图14-31

02 软件将自动生成图形柱明细表，将视图详细程度调整为"精细"，效果如图14-32所示。

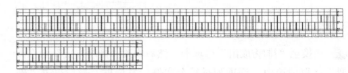

图14-32

03 在"属性"面板中，设置"柱位置起点"为A-4，"柱位置终点"为B-8，如图14-33所示。此时，视图中将只显示A-4与B-8区间的结构柱。将鼠标指针定位于绘制区域，查看设置完成后的最终效果，如图14-34所示。

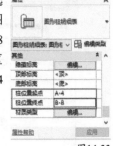

图14-33

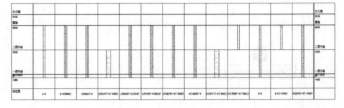

图14-34

14.2 材料统计

材质提取明细表列出了所有Revit族的子构件或材质，并且该表具有其他明细表视图的所有功能和特征，可更详细地显示构件部件的信息。Revit构件的任何材质都可以显示在明细表中。

实战：统计墙材质

素材位置　素材文件>第14章>05.rvt
实例位置　实例文件>第14章>实战：统计墙材质.rvt
视频位置　第14章>实战：统计墙材质.mp4
难易指数　★★☆☆☆
技术掌握　掌握材料提取明细表的使用方法

01 打开学习资源中的"素材文件>第14章>05.rvt"文件，切换至"视图"选项卡，单击"明细表"下拉菜单中的"材质提取"按钮，如图14-35所示。

图14-35

02 在打开的"新建材质提取"对话框中，选择"墙"类别，然后单击"确定"按钮，如图14-36所示。

图14-36

03 在打开的"材质提取属性"对话框中，分别添加"材质：名称""材质：标记""材质：体积""材质：面积"字段，如图14-37所示。

图14-37

04 切换至"排序/成组"选项卡，设置"排序方式"为"材质：名称"，取消选中"逐项列举每个实例"复选框，如图14-38所示。

图14-38

05 切换至"格式"选项卡，选择"材质：体积""材质：面积"字段，然后选择计算方式为"计算总数"，最后单击"确定"按钮，如图14-39所示。

图14-39

06 最终完成的"墙材质提取"明细表效果如图14-40所示。

<墙材质提取>			
A	**B**	**C**	**D**
材质:名称	材质:标记	材质:体积	材质:面积
刚性隔热层		48.32	1047.92
墙纹理,斑纹漆		7.11	711.65
淡黄色乳胶漆		0.00	24.77
瓷砖, 瓷器, 4		3.50	349.90
白色乳胶漆		10.45	1060.80
砖, 空心		285.67	1063.89
红色乳胶漆		0.14	144.72
黄色乳胶漆		0.00	10.25
默认墙		235.19	1090.32

图14-40

第15章

布图与打印

Learning Objectives
本章学习要点ㄴ

260页
图纸的布置

263页
图纸的修订

264页
打印与导出设置

15.1 图纸布图

图纸布置是设计过程的最后一个阶段,需将比例不同的图纸放置到图框内并填写必要的信息,最终打印出图。

布置图的方式有3种:第1种方式是在设计打印图纸时,将事先准备好的标准图框,在CAD软件模型空间中按照视图需要的比例进行缩放,直至视图内容可以完全放置到图框中;第2种方式由于视图表达的建筑长度较长,通常需要使用加长图框;第3种方式是设计师将图框放置在CAD布局空间,然后通过视口的方式进行视图比例缩放,最终确定图纸的比例。目前,国内设计师比较常用的是前两种布置图的方式,而国外的设计师比较常用的是第3种方式。

15.1.1 图纸布置

在Revit中布置图纸与在AutoCAD中布置图纸略有不同。Revit中的视图都有不同的视图比例,因此在布置图纸时,只需要选择大小合适的图框即可。Revit中使用的图框被称为标题栏族。

实战:图纸布置

素材位置	素材文件>第15章>01.rvt
实例位置	实例文件>第15章>实战:图纸布置.rvt
视频位置	第15章>实战:图纸布置.mp4
难易指数	★★★☆☆
技术掌握	掌握"导向轴网"工具的使用方法

01 打开学习资源中的"素材文件>第15章>01.rvt"文件,切换至"插入"选项卡,单击"载入族"按钮。在"载入族"对话框中,选择"素材文件>第15章>族"文件夹,选择"视图标题_名称""图框A1"两个族文件,如图15-1所示。

图15-1

02 切换至"视图"选项卡,单击"图纸"按钮,如图15-2所示。

图15-2

03 在打开的"新建图纸"对话框中，选择"图框A1"，然后单击"确定"按钮，如图15-3所示。

图15-3

04 在"视图"选项卡中单击"视图"按钮，如图15-4所示。

图15-4

05 在打开的"视图"对话框中，选择"楼层平面：一层平面"，然后单击"在图纸中添加视图"按钮，如图15-5所示。

图15-5

06 将鼠标指针移动到合适的位置，然后单击放置，如图15-6所示。如果对放置的位置不满意，可以选中视图继续拖曳。

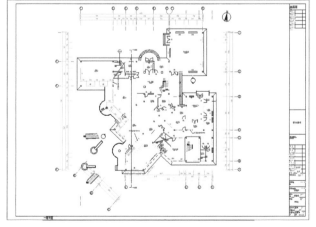

图15-6

07 选中刚放置的视图，在"属性"面板中单击"编辑类型"按钮。在"类型属性"对话框中，复制新类型为"视图标题-名称"，并修改"标题"的参数值为"视图标题_名称"，然后单击"确定"按钮，如图15-7所示。

图15-7

08 选中视图，然后在"属性"面板中选择"视口 视图标题-名称"类型，接着设置"图纸上的标题"为"首层平面图"，如图15-8所示。

图15-8

📐 **技巧与提示**

修改"图纸上的标题"参数，将只更改图纸中的视图名称，而不会关联修改其他地方。

09 选中视口范围框，视口标题中的延伸线两端将出现长度控制点，然后拖曳两侧的控制点，更改延伸线的长度，如图15-9所示。

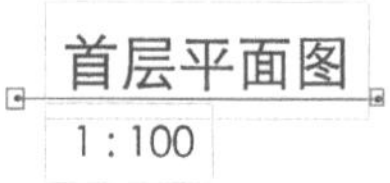

首层平面图

1：100

图15-9

10 单独选中视口标题，然后将其拖曳到图纸下方的中心位置，如图15-10所示。

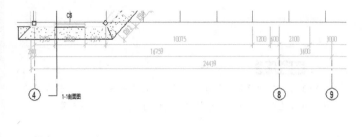

首层平面图

1:100

图15-10

11 在"视图"选项卡中，单击"导向轴网"按钮，如图15-11所示。

图15-11

12 在打开的"指定导向轴网"对话框中，选中"创建新轴网"单选按钮，输入名称为"轴线定位"，然后单击"确定"按钮，如图15-12所示。

图15-12

技巧与提示

可以在未放置视图的状态下先生成导向轴网，这样方便在放置视图时以共同的基准点准确定位。

13 拖曳导向轴网的四个控制点，使其边界与各个方向的边缘位置的轴线对齐，如图15-13所示。

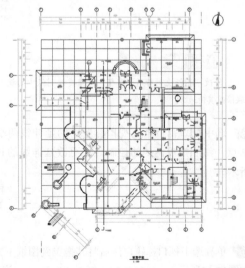

图15-13

14 按照上述步骤新建一张图纸，然后单击"导向轴网"按钮，在打开的"指定导向轴网"对话框中，选中"选择现有轴网"单选按钮，接着选中之前创建好的"轴线定位"，最后单击"确定"按钮，如图15-14所示。

图15-14

15 添加"楼层平面：二层平面"视图至当前图纸，然后拖曳视口，使其与导向轴网对齐，如图15-15所示。

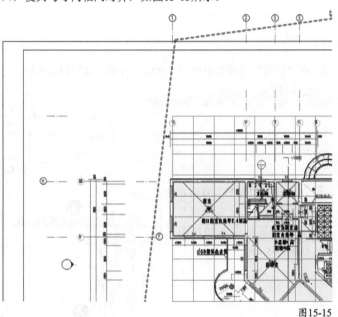

图15-15

16 双击视口进入"编辑视图"状态，然后根据实际情况调整视图中各图元的可见性及显示状态，完成效果如图15-16所示。

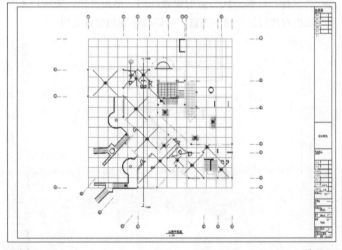

图15-16

17 在项目浏览器中，选择相应图纸进行重命名，输入编号为

"建施-01"，名称为"首层平面图"，如图15-17所示。

图15-17

18 修改视图名称，然后删除或隐藏导向轴网，查看最终效果，如图15-18所示。

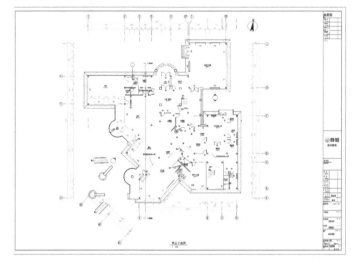

图15-18

15.1.2 项目信息设置

项目专有信息在所有的项目图纸上都保持相同的数据。项目特定的数据，包括项目发布日期和状态、客户名称，以及项目的地址、名称和编号。通过设置项目信息，可以将这些参数更新到图框中。

实战：设置项目信息

01 打开学习资源中的"素材文件>第15章>02.rvt"文件，切换至"管理"选项卡，单击"项目信息"按钮，如图15-19所示。

图15-19

02 在打开的"项目信息"对话框中，根据实际项目情况输入相关信息，然后单击"确定"按钮，如图15-20所示。

03 单击"确定"按钮后，在"项目信息"对话框中输入的参数会自动更新显示到图框中，如图15-21所示。剩余的信息可以通过选中图框，在实例与类型参数中进行添加。

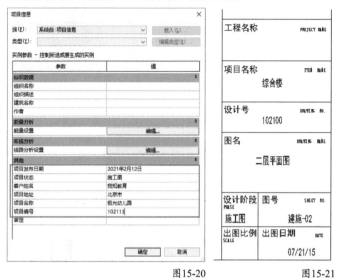

图15-20　　　　　　图15-21

15.1.3 图纸的修订及版本控制

绘制完所有图纸后，通常会对图纸进行审核，以满足客户或规范的要求，同时也需要追踪这些修订以供将来参考。例如，可能要检查修订历史记录以确定进行修改的时间、原因和执行者。Revit提供了一些工具用于追踪修订，并将这些修订信息反映在施工图文档集中的图纸上。

修订追踪指在发布图纸之后，记录对建筑模型所做的修改的过程。可以使用云线批注、标记和明细表追踪修订，并且可以把这些修订信息发布到图纸上。

实战：修订图纸

01 打开学习资源中的"素材文件>第15章>03.rvt"文件，切换至"视图"选项卡，单击"修订"按钮，如图15-22所示。

图15-22

02 在打开的"图纸发布/修订"对话框中，单击"添加"按钮，然后输入相关信息，如图15-23所示。

03 切换至"注释"选项卡，单击"云线批注"按钮，如图15-24所示。

图15-23

图15-24

04 在"属性"面板中，设置"修订"为"序列2"，如图15-25所示。

图15-25

05 选择绘制工具为"样式曲线"，在视图中绘制云线，然后单击"完成"按钮，如图15-26所示。

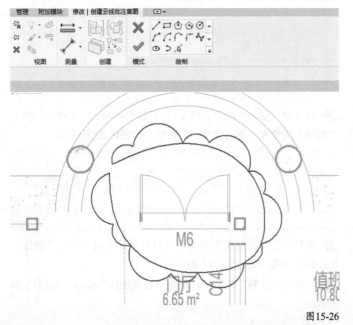

图15-26

06 选中绘制好的云线批注，即可在"属性"面板中查看相关批注信息，如图15-27所示。

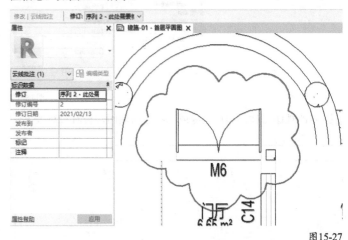

图15-27

15.2 打印与图纸导出

一般在完成图纸布置后，即可进行图纸打印，或导出CAD或其他格式的文件，以便各方交换设计成果。下面将分别向读者介绍Revit打印与导出操作的步骤及相关注意事项。

15.2.1 打印

通过"打印"工具可打印当前窗口的可见部分或所选视图和图纸。可以将所需图形发送到打印机，生成PRN文件、PLT文件或PDF文件。一般情况下，会将图纸先生成PDF文件，因为PDF文件体积较小，非常便于存储与传送。在实际项目中，经常以PDF文件进行文件传递。目前，Revit没有提供直接创建PDF文件的工具，因此需要用户自行安装第三方PDF虚拟打印机。

实战：打印图纸

素材位置	素材文件>第15章>04.rvt
实例位置	实例文件>第15章>实战：打印图纸.pdf
视频位置	第15章>实战：打印图纸.mp4
难易指数	★★☆☆☆
技术掌握	掌握图纸打印的方法及参数设置

01 打开学习资源中的"素材文件>第15章>04.rvt"文件，然后单击"文件"按钮，接着执行"打印>打印"命令（快捷键Ctrl+P），如图15-28所示。

02 在"打印"对话框中，选择PDF打印机，然后单击后面的"属性"按钮，如图15-29所示。

如果需要生成PLT文件进行打印，可以选择"打印到文件"选项，然后选择PLT文件。而后选择文件保存路径，即可使用PLT文件进行打印。

图15-28

图15-31

纸"，然后单击"选择"按钮，接着在打开的"视图/图纸集"对话框中，选中"图纸：建施-01-首层平面图"与"图纸：建施-02-二层平面图"复选框，最后单击"确定"按钮，如图15-31所示。

05 此时，系统会弹出"保存设置"对话框，单击"否"按钮，如图15-32所示。

图15-32

图15-29

03 在打印机的"属性"对话框中，设置"方向"为"横向"，"页面大小"为"A1"，然后单击"确定"按钮，如图15-30所示。

06 返回"打印"对话框，单击"确定"按钮开始打印。打印完成后，生成的PDF文档效果如图15-33所示。

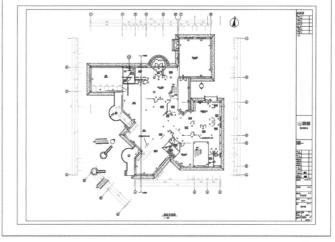

图15-33

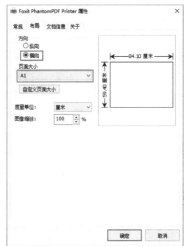

图15-30

04 在"打印"对话框中，设置"打印范围"为"所选视图/图

15.2.2 导出与设置

在建筑设计过程中，需要多个专业互相配合。因此，当建筑专业使用Revit完成设计时，将要求其他专业也使用Revit，才能进行资料传递共享。但在现有情况下，其他专业（如结构、电气、暖通、给排水）还无法掌握使用Revit进行设计出图的方法，因此

只能由建筑专业人士导出CAD文件，才能与其他专业配合进行设计。下面学习如何使用Revit导出与设计和现有CAD标准相符的DWG文件。

实战：导出DWG文件

素材位置	素材文件>第15章>05.rvt
实例位置	实例文件>第15章>实战：导出DWG文件.rvt
视频位置	第15章>实战：导出DWG文件.mp4
难易指数	★★★☆☆
技术掌握	掌握导出CAD图纸参数设置的方法

01 打开学习资源中的"素材文件>第15章>05.rvt"文件，单击"文件"按钮，然后执行"导出>CAD格式>DWG"命令，如图15-34所示。

图15-34

02 在打开的"DWG导出"对话框中，单击"任务中的导出设置"后面的 按钮，如图15-35所示。

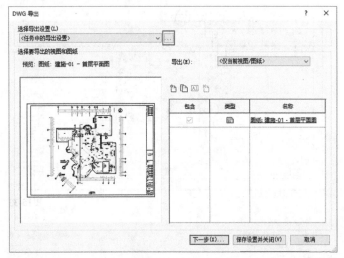

图15-35

03 在打开的"修改DWG/DXF导出设置"对话框中，设置"根据标准加载图层"为"从以下文件加载设置"，如图15-36所示。

然后在弹出的对话框中，单击"是"按钮，如图15-37所示。

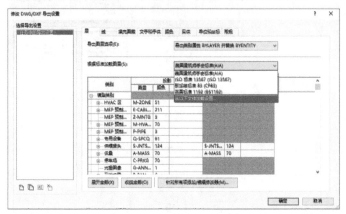

图15-36

图15-37

04 选择"素材文件>第15章"文件夹，选择"CAD导出设置.txt"文件，然后单击"打开"按钮，如图15-38所示。按照设计与图层规范要求，分别设置各个构件的CAD图层及颜色信息，然后单击"确定"按钮，如图15-39所示。

图15-38

图15-39

除了图层设置外，Revit还提供了许多其他选项的设定，如线段、填充图案等。可以根据实际情况，切换至不同选项卡进行设置。

05 在"DWG导出"对话框中，设置"导出"为"任务中的视图/图纸集"，"按列表显示"为"模型中的所有视图和图纸"，然后选中"楼层平面：一层平面"复选框，最后单击"下一步"按钮，如图15-40所示。

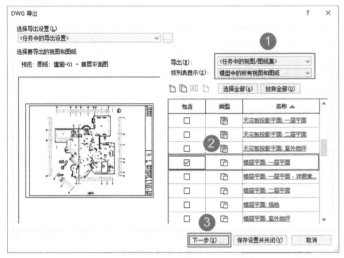

图15-40

06 在打开的"导出CAD格式-保存到目标文件夹"对话框中，选择进入需要导出文件的文件夹，然后输入文件名并设置文件类型，取消选中"将图纸上的视图和链接作为外部参照导出"复选框，最后单击"确定"按钮，如图15-41所示。

图15-41

07 导出完成后，打开导出的CAD图纸查看最终效果，如图15-42所示。

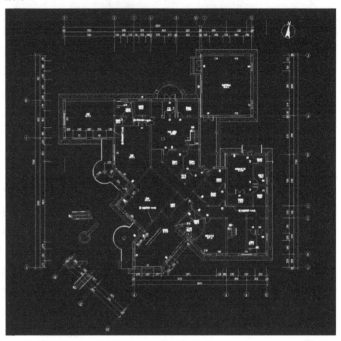

图15-42

在Revit中的视图比例是1:100，而导出CAD文件后，在模型空间中的显示状态为1:1。因此，轴线将由点划线变成虚线。解决方法是，在CAD的图纸空间中，绘制一个与Revit图框尺寸相同的视口，使用"视口缩放"工具，将视图比例调整为1:100，则所有线型图案均与Revit中的状态显示一致。或者在模型空间中，选中所有CAD线段，将线型比例值调为100，也可显示为正常状态。

第16章

族的制作

16.1 族的基本概念

族是组成项目的构件，也是参数信息的载体。在Revit中进行建筑设计时，不可避免地要调用、修改或新建族。因此，熟练掌握族的创建和使用方法，是有效运用Revit的关键。Revit中有3种类型的族，分别是系统族、可载入族和内建族。在项目中创建的大多数图元都是系统族或可载入族，而非标准图元或自定义图元则是使用内建族创建的。

系统族包含用于创建基本建筑的图元，如建筑模型中的"墙""楼板""天花板""楼梯"等的族类型。系统族也包括项目和系统设置，而这些设置会影响项目环境。系统族还包含如"标高""轴网""图纸"和"视口"等图元类型。系统族已经在Revit中预定义并且保存在了样板和项目中，并不是从外部文件中载入样板和项目的。不能创建、复制、修改或删除系统族，但可以复制和修改系统族中的类型，以便创建自定义系统族类型。系统族中可以只保留一个系统族类型，除此之外的系统族类型通通可以删除，这是因为每个族至少需要一个类型才能创建新的系统族类型。

可载入族是在外部RFA文件中创建的，可以导入（载入）项目中。可载入族是用于创建下列构件的族，如窗、门、橱柜、装置、家具和植物等，以及常规自定义的一些注释图元，如符号和标题栏等。由于可载入族具有高度可自定义的特征，所以可载入族是Revit中最常创建和修改的族。对于包含许多类型的族，可以创建和使用类型目录，以便可以仅载入项目所需的类型。

内建族是创建当前项目专有的独特构件时创建的独特图元。可以创建内建几何图形，以便参照其他项目中的几何图形，使其在所参照的几何图形发生变化时，能够进行相应的调整。创建内建族时，Revit将为该内建图元创建一个族，该族包含单个族类型。创建内建族涉及许多与创建可载入族相同的族编辑器工具。

Revit中的族主要包括3项内容，分别是"族类别""族参数""族类型"，如图16-1所示。"族类别"以建筑物构件性质来进行归类，包括"族"和"类别"。例如，门、窗和家具各属不同的类别。

图16-1

"族参数"定义应用于该族中的所有类型的行为或标识数据。不同的类别具有不同的族参数，具体取决于Revit以何种方式使用构件。控制族行为的一些常见族参数包括"基于工作平面""总是垂直""共享""房间计算点""族类型"。

基于工作平面：选择该选项时，该族以活动工作平面为主体，可以使任一无主体的族成为基于工作平面的族。

总是垂直：选择该选项时，该族总是显示为垂直，即90度，即使该族位于倾斜的主体上，如楼板。

共享：仅当该族嵌套到另一族内并载入项目中时才适用此参数。如果嵌套族是共享的，则可以从主体族中独立选择、标记嵌套族和将其添加到明细表；如果嵌套族不共享，则主体族和嵌套族创建的构件将作为一个单位。

房间计算点：选择该选项时族将显示房间计算点，通过房间计算点可以调整族归属的房间，如图16-2所示。

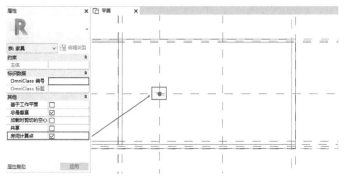

图16-2

在"族类型"对话框中，族文件包含多种族类型及多组参数，其中包括带标签的尺寸标注及其通用参数值。不同族类型中的参数数值各不相同，可以为族的标准参数（如材质、模型、制造商和类型标记等）添加值，如图16-3所示。

图16-3

16.2 创建二维族

创建可载入族时要使用软件提供的样板，该样板包含了所要创建的族的相关信息。先绘制族的几何图形，使用参数建立族构件之间的关系，创建其包含的变体或族类型，确定其在不同视图中的可见性和详细程度。完成族创建后，先在示例项目中对其进行测试，然后使用族在项目中创建图元。

16.2.1 创建注释族

注释族是应用于族的标记或符号，可以自动提取模型族中的参数值，自动创建构件标记注释，并且标记也可以包含出现在明细表中的属性。通过选择与符号相关联的族类别，绘制符号并将值应用于其属性，可创建注释符号。一些注释族可以起标记作用，其他则可以用于不同用途的常规注释。

实战：创建窗标记族

素材位置　无
实例位置　实例文件>第16章>实战：创建窗标记族.rfa
视频位置　第16章>实战：创建窗标记族.mp4
难易指数　★★
技术掌握　掌握利用标记族提取窗标记信息的方法

01 在软件的初始界面中，单击"族"面板中的"新建"按钮，如图16-4所示。

图16-4

02 在"新族-选择样板文件"对话框中，先选择"注释"文件夹，再选择"公制窗标记"样板，然后单击"打开"按钮，如图16-5所示。

03 切换至"创建"选项卡，单击"标签"按钮，如图16-6所示。接着在视图中心位置单击，以确定标签。

04 在随后弹出的"编辑标签"对话框中，双击"类型标记"字段，将其添加到"标签参数"选项组中，然后设置"样例值"为"C2015"，最后单击"确定"按钮，如图16-7所示。

图16-5

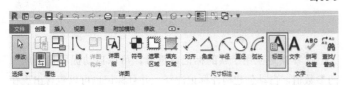

图16-6

图16-7

05) 移动标签文字，使样文字中心对齐垂直参数线，底部略高于水平参数线，然后在"属性"面板中选中"随构件旋转"选项，如图16-8所示。

图16-8

技巧与提示

选中"随构件旋转"选项，当项目中有不同方向的门窗时，门窗标记族就会根据所标记对象的方向自动更改。

06) 新建项目文件，绘制一面墙体并放置一扇窗，如图16-9所示。

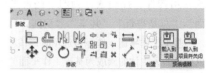

图16-9

07) 使用Ctrl+Tab组合键返回族环境，切换至"修改"选项卡，单击"载入到项目"按钮，如图16-10所示，将族载入项目，进行标记测试。

图16-10

08) 进入项目环境，切换至"注释"选项卡，单击"按类别标记"按钮。拾取项目中已经放置好的窗，系统将读取窗族中的"类型标记"参数值并自动进行标记，如图16-11所示。

图16-11

技巧与提示

其他类型标记族与窗标记族的制作方法相同，只需要在建立注释族时，选择相应的样板即可。

实战：创建多类别标记族

素材位置	无
实例位置	实例文件>第16章>实战：创建多类别标记族.rfa
视频位置	第16章>实战：创建多类别标记族.mp4
难易指数	★★☆☆☆
技术掌握	通过多类别标记实现族的多重信息提取

01) 单击"族"面板中的"新建"按钮，打开"新族-选择样板文件"对话框，先选择"注释"文件夹，再选择"公制多类别标记"样板，然后单击"打开"按钮，如图16-12所示。

图16-12

经验分享

如果族样板文件中没有提供需要的样板，可以先选择"公制常规模型"样板，然后在族编辑环境中将其更改为需要的类别。

02 切换至"创建"选项卡，单击"标签"按钮，然后在视图中心位置单击，并在"编辑标签"对话框中分别添加"族名称""类型名称""注释"字段，选中字段后面的"断开"复选框，最后单击"确定"按钮，如图16-13所示。

图16-13

03 使用"移动"工具将标签文字移动至视图中央，水平参照平面的上方，如图16-14所示。

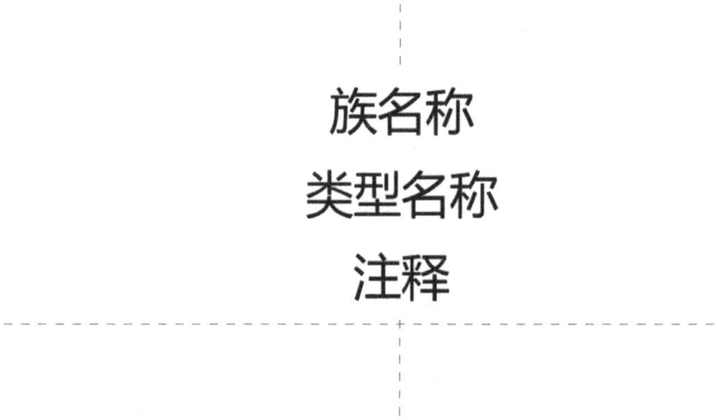

族名称

类型名称

注释

图16-14

04 新建项目，然后绘制一面墙体。将族文件载入项目中，对现有图元进行标记，如图16-15所示。

基本墙

常规 - 200mm

混凝土-C30

图16-15

当项目需要进行材料注释，但实际图元却没有被赋予相对应的材质时，可以使用"注释族"手工输入材料名称。

01 单击"族"面板中的"新建"按钮，然后在"新族-选择样板文件"对话框中，选择"注释"文件夹，再选择"公制常规注释"样板，接着单击"打开"按钮，如图16-16所示。

图16-16

02 切换至"创建"选项卡，然后单击"族类型"按钮，如图16-17所示。

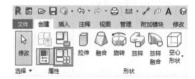

图16-17

03 在"族类型"对话框中，单击对话框底部的"新建参数"按钮，如图16-18所示。

图16-18

04 在"参数属性"对话框中，选中"实例"单选按钮，然后输入名称为"材料注释"，设置"参数类型"与"参数分组方式"均为"文字"，最后单击"确定"按钮，如图16-19所示。

05 切换至"创建"选项卡，单击"标签"按钮，在视图中心位置单击。在打开的"编辑标签"对话框中，双击"材料注释"字段，将其添加到右侧，然后单击"确定"按钮，如图16-20所示。

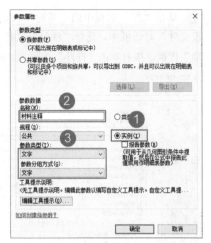

图16-19

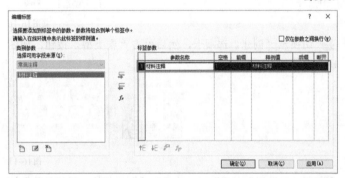

图16-20

06 在视图中将文字标签调整到水平参照平面以上左右居中的位置，然后切换至"创建"选项卡，单击"参照线"按钮，如图16-21所示。

图16-21

07 在视图中分别绘制垂直与水平方向的参照线，共绘制3条，如图16-22所示。

图16-22

08 在视图中调整文字标签的位置，然后切换至"创建"选项卡，单击"线"按钮（快捷键LI），如图16-23所示。

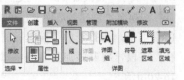

图16-23

09 在视图中沿着参照平面与参照线，绘制水平与垂直方向的引线，然后使用"对齐"工具（快捷键AL）将各个引线的端点与参照线锁定，如图16-24所示。

图16-24

10 在"创建"选项卡中单击"填充区域"按钮，如图16-25所示。

图16-25

11 在视图的左下角，垂直与水平方向参照线交叉点的位置，绘制半径为0.5mm的圆，然后单击"完成"按钮，如图16-26所示。

图16-26

> **技巧与提示**
>
> 由于Revit不能直接绘制半径小于0.8mm的图元，因此可以先绘制半径为1mm的圆，选中后修改为需要的数值，但最小值不能小于0.3mm。

12 选中已完成的填充图案，单击"编辑工作平面"按钮，如图16-27所示。

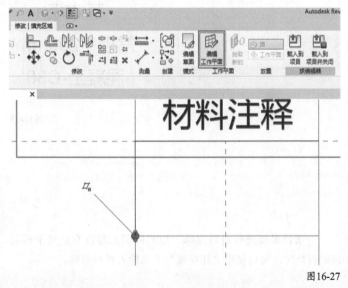

图16-27

13 在"工作平面"对话框中，选中"拾取一个平面"单选按钮，如图16-28所示。然后拾取视图中新绘制的水平参照线，如图16-29所示。

图16-28

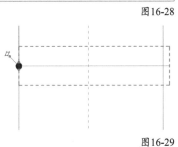

图16-29

 技巧与提示

这样做是为了将填充区域与参照线绑定。当参照线的位置发生移动后，填充区域会随之移动。

14 使用"对齐"工具（快捷键DI）分别标注水平与垂直两个方向的参照线，如图16-30所示。

图16-30

15 选择垂直方向的尺寸标注，在"标签尺寸标注"面板中单击"创建参数"按钮，如图16-31所示。

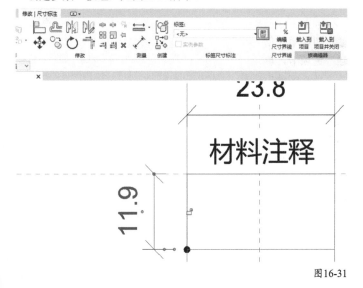

图16-31

16 在"参数属性"对话框中，设置"名称"为"垂直引线长度"，然后选中"实例"单选按钮，最后单击"确定"按钮，如图16-32所示。

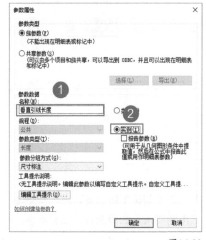

图16-32

17 按照同样的方法，完成对水平方向尺寸标注参数的添加，效果如图16-33所示。

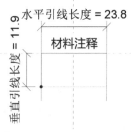

图16-33

18 删除族右上角的提示内容，如图16-34所示。然后新建项目，绘制一面墙体，将族载入项目中，放置到需要标记的图元上。在"属性"面板中设置"垂直引线长度"为15mm，"水平引线长度"为23mm，然后填写注释内容，并调整"材质"注释符号的位置，最终完成效果如图16-35所示。

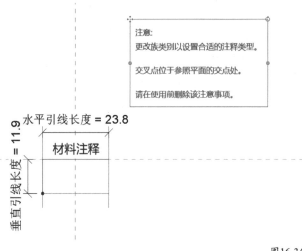

图16-34

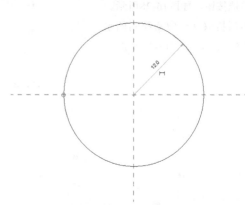

図16-35

02' 切换至"创建"选项卡，然后单击"线"按钮（快捷键LI），接着在视图中心点的位置绘制直径为24mm的圆，如图16-38所示。

图16-38

16.2.2 创建符号族

在绘制施工图的过程中，需要使用大量的注释符号以满足二维出图要求，如指北针、高程点等。同时，为了满足国标要求，还需要创建一些视图符号，如剖面剖切标头、立面视图符号和详图索引标头等。

实战：创建指北针符号

素材位置	无
实例位置	实例文件>第16章>实战：创建指北针符号.rfa
视频位置	第16章>实战：创建指北针符号.mp4
难易指数	★★☆☆☆
技术掌握	填充区域与参照线的用法

01' 单击"族"面板中的"新建"按钮，然后在"新族-选择样板文件"对话框中，先选择"注释"文件夹，再选择"公制常规注释"样板，接着单击"打开"按钮，如图16-36所示。进入族编辑环境后，删除族样板默认提供的注意事项文字，如图16-37所示。

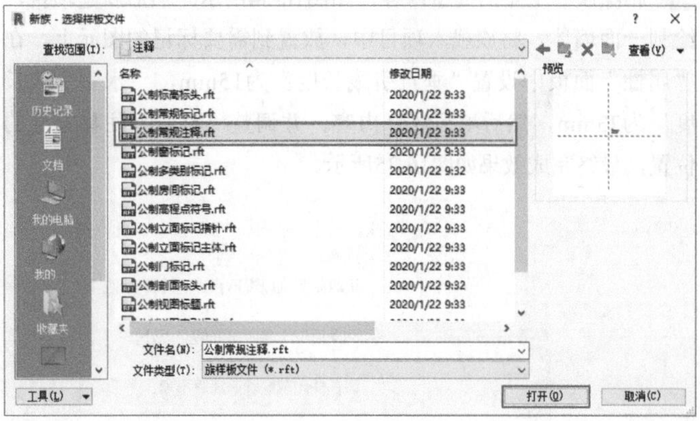

图16-36

图16-37

03' 在"创建"选项卡中单击"参照线"按钮。选择"拾取线"方式，设置"偏移"为1.5mm，以垂直参照平面为基础，分别向左右两个方向偏移绘制参照线，如图16-39所示。

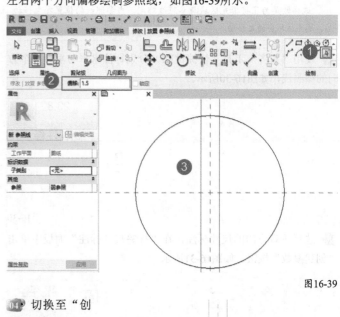

图16-39

04' 切换至"创建"选项卡，单击"填充区域"按钮，然后在参照线范围内绘制等腰三角形，最后单击"完成"按钮，如图16-40所示。

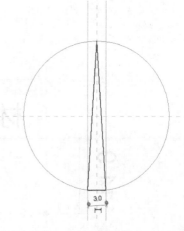

图16-40

05 在"创建"选项卡中单击"文字"按钮（快捷键TX），如图16-41所示。在所绘制的图形上方添加文字"北"，最终完成效果如图16-42所示。

图16-41

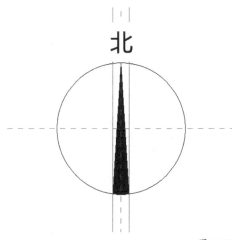

图16-42

经验分享

当把符号族载入项目中后，参照平面及参照线将不显示在视图中。

实战：创建标高符号

素材位置　无
实例位置　实例文件>第16章>实战：创建标高符号.rfa
视频位置　第16章>实战：创建标高符号.mp4
难易指数　★★☆☆☆
技术掌握　标签参数的应用

01 单击"族"面板中的"新建"按钮，然后在"新族-选择样板文件"对话框中，选择"公制标高标头"样板，接着单击"打开"按钮，如图16-43所示。删除族样板中的文字及虚线，如图16-44所示。

图16-43

图16-44

02 切换至"创建"选项卡，单击"线"按钮（快捷键LI），在视图中心位置创建高度为3mm的等腰三角形，并分别在顶部及底部添加引线，如图16-45所示。

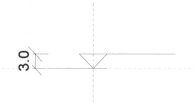

图16-45

03 切换至"创建"选项卡，单击"标签"按钮。在"编辑标签"对话框中，添加"名称"和"立面"字段，并选中"断开"复选框，如图16-46所示。

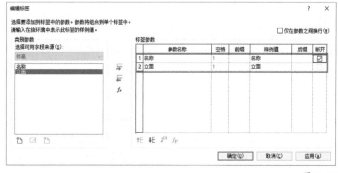

图16-46

04 选中"立面"参数，单击"编辑参数的单位格式"按钮，如图16-47所示。在"格式"对话框中取消选中"使用项目设置"复选框，然后设置"单位"为"米"，"舍入"为"3个小数位"，最后单击"确定"按钮，如图16-48所示。

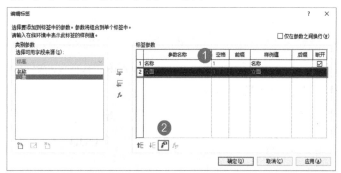

图16-47

图16-48

05 切换至"管理"选项卡，单击"对象样式"按钮，如图16-49所示。在"对象样式"对话框中，修改"标高标头"的"线颜色"为绿色，然后单击"确定"按钮，如图16-50所示。

图16-49

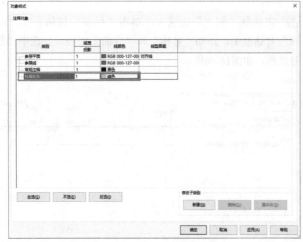

图16-50

06 将标签移动至合适的位置，如图16-51所示。

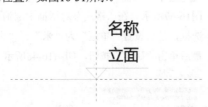

图16-51

07 新建项目文件，并将族文件载入项目中，替换标高标头符号，最终显示效果如图16-52所示。

标高 2
4.000

图16-52

实战：创建详图索引符号

素材位置　无
实例位置　实例文件>第16章>实战：创建详图索引符号.rfa
视频位置　第16章>实战：创建详图索引符号.mp4
难易指数　★★☆☆☆
技术掌握　掌握标签参数的设置方法

01 单击"族"面板中的"新建"按钮，然后在"新族-选择样板文件"对话框中，选择"公制详图索引标头"样板，最后单击"打开"按钮，如图16-53所示。

图16-53

02 删除样板中提供的文字，然后切换至"创建"选项卡，单击"线"按钮（快捷键LI），在视图中心位置创建一个直径为10mm的圆，并添加中心分隔线，如图16-54所示。

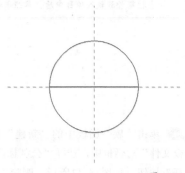

图16-54

03 切换至"创建"选项卡，单击"标签"按钮。在视图中心位置单击，然后在"编辑标签"对话框中添加"详图编号"与"图纸编号"字段，并选中"断开"复选框，如图16-55所示。

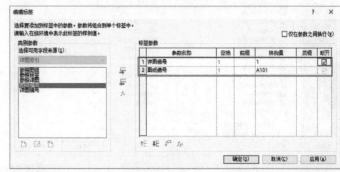

图16-55

04 选择标签并在"属性"面板中单击"编辑类型"按钮，然后在"类型属性"对话框中，复制一个新的类型为"2.5mm"，接着设置"背景"为"透明"，"文字大小"为"2.5mm"，最后单击"确定"按钮，如图16-56所示。

图16-56

05 将调整好的标签进行适当移动，最终效果如图16-57所示。

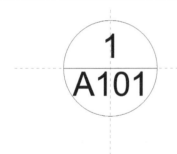

图16-57

知识链接

如果需要制作采用标准图的索引符号，请参阅本章"实战：创建材质注释族"。

16.2.3 共享参数

在Revit中创建项目，到后期时需要对载入族或系统族添加一些通用参数。这些参数信息可能在每个项目中都会用到，因此可以通过共享参数的方式将它们保存到文本文件中，以便其他人或下一次进行项目时使用。

可以在项目环境或族编辑器中创建共享参数，以便在创建的用于分类的组中组织共享参数，如可以创建特定图框参数的图框组或特定设备参数的设备组。下面将通过一个简单的创建图框的实例，介绍一下共享参数的添加与使用方法。

实战：创建图框族

素材位置	素材文件>第16章>01.rfa
实例位置	实例文件>第16章>实战：创建图框族.rfa
视频位置	第16章>实战：创建图框族.mp4
难易指数	★★☆☆☆
技术掌握	共享参数的创建与使用方法

01 打开学习资源中的"素材文件>第16章>01.rfa"文件，切换至"管理"选项卡，单击"共享参数"按钮，如图16-58所示。

图16-58

02 在"编辑共享参数"对话框中，单击"创建"按钮，如图16-59所示。然后在"创建共享参数文件"对话框中，输入"文件名"为"会签栏"，单击"保存"按钮，如图16-60所示。

图16-59

图16-60

03 在"编辑共享参数"对话框中，单击"组"选项组中的"新建"按钮，然后在"新参数组"对话框中，输入"名称"为"会签签字"，最后单击"确定"按钮，如图16-61所示。

图16-61

04 单击"参数"选项组中的"新建"按钮，如图16-62所示。

图16-62

05 在"参数属性"对话框中，设置"名称"为"建筑专业负责人"，"参数类型"为"文字"，如图16-63所示。

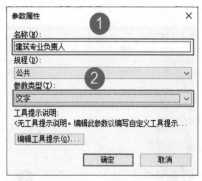

图16-63

06 按照同样的方法，分别添加其他专业负责人的参数，然后单击"确定"按钮，如图16-64所示。可以打开外部保存的共享参数文件查看其内容，如图16-65所示。

图16-64

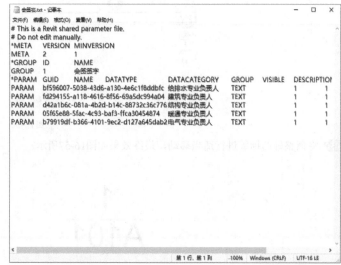

图16-65

> **经验分享**
>
> 共享参数文件中可以包含若干参数组，而每个参数组内可以包含若干参数。可以根据具体需求，将共享参数划分到不同的参数组内进行归类，以便后期查找相应参数。

07 切换至"创建"选项卡，然后单击"标签"按钮。接着，在图框会签栏的位置单击，并在"编辑标签"对话框中单击"添加参数"按钮，如图16-66所示。

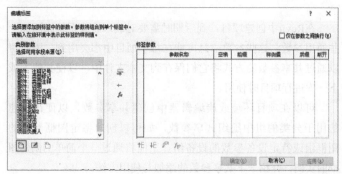

图16-66

08 在"参数属性"对话框中，单击"选择"按钮，如图16-67所示。在"共享参数"对话框中，选择需要添加的共享参数并单击"确定"按钮，如图16-68所示。重复此操作，将所有共享参数添加至标签参数栏中。

图16-67

09 将各个专业负责人标签放置于图框"会签签字"一栏中，如图16-69所示。将图框保存并载入项目中。

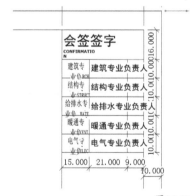

图16-68

图16-69

10 新建项目文件，然后载入刚创建的图框族。在项目文件中新建图纸，选择载入的图框族，切换至"管理"选项卡，单击"项目参数"按钮，如图16-70所示。

图16-70

11 在"项目参数"对话框中，单击"添加"按钮，如图16-71所示。

图16-71

12 在打开的"参数属性"对话框中，选中"共享参数"单选按钮，然后单击"选择"按钮，接着在"共享参数"对话框中双击"建筑专业负责人"参数，如图16-72所示。

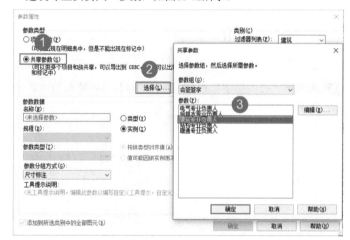

图16-72

13 在"参数属性"对话框中，选中"共享参数"单选按钮，然后选中"实例"单选按钮，接着在"类别"选项组中选择"项目信息"类别，如图16-73所示。按照相同的方法添加其他共享参数。

图16-73

14 切换至"管理"选项卡，单击"项目信息"按钮。在"项目信息"对话框中，输入各专业负责人的信息，然后单击"确定"按钮，如图16-74所示。

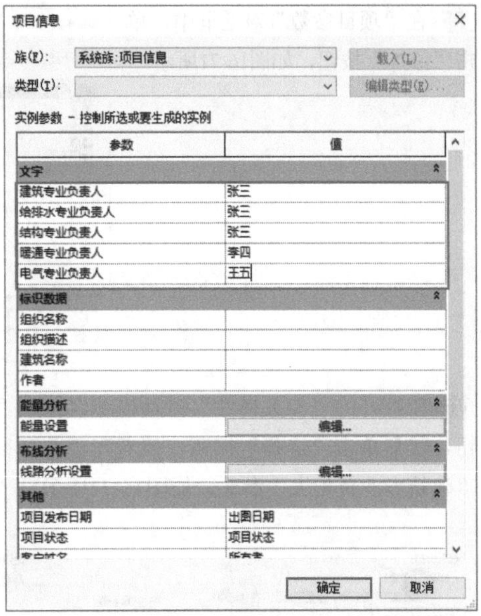

做布尔运算进行扣剪得到的最终形状。Revit为"实心形状"与"空心形状"提供了5种建模方式，分别是拉伸、融合、旋转、放样和放样融合。不论是哪种建模方式，都需要绘制二维草图轮廓，然后根据轮廓样式，结合建模工具生成实体。各建模方式的草图轮廓、使用说明及最终生成的三维效果如下表。

图16-74

15' 在图框"会签签字"栏中，将按项目信息中填写的内容显示，如图16-75所示。

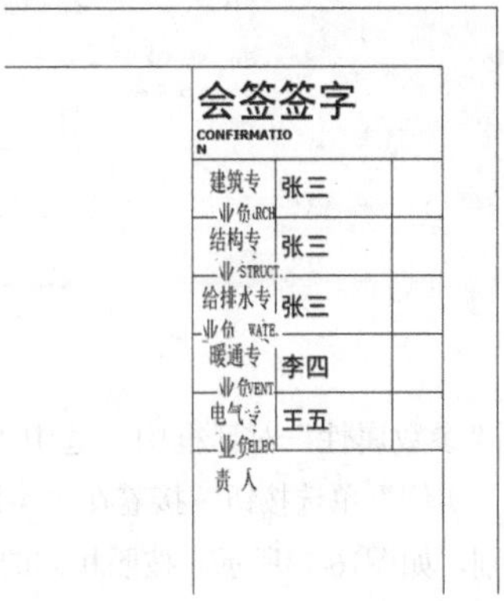

图16-75

建模方式	草图轮廓	模型成果	使用说明
拉伸			通过拉伸二维轮廓来创建三维实心形状
融合	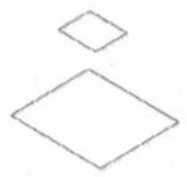	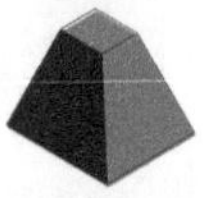	绘制底部与顶部二维轮廓，并指定高度，将两个轮廓融合在一起生成模型
旋转			绘制封闭的二维轮廓，并指定中心轴来创建模型
放样	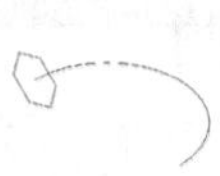		通过绘制路径，并创建二维截面轮廓生成模型
放样融合			创建两个不同的二维轮廓，然后沿路径对其进行放样，生成模型

16.3 创建模型族

Revit模型都是由族构成的，按图元属性可分为两类，一类是注释族，另一类是模型族。注释族在前面的章节中已经介绍过了，如尺寸标注、视图符号、填充区域等都属于注释族。注释族属于二维图元，不存在三维几何图形。当然，在三维视图中也可以使用注释族进行标记。而模型族则属于三维图元，在空间中表现为三维几何图形，并且可以承载信息。

16.3.1 建模方式

在Revit族编辑器中，可以创建两种形式的模型，分别是"实心形状"与"空心形状"。"空心形状"是通过与"实心形状"

实战： 创建平开窗族

素材位置　无
实例位置　实例文件>第16章>实战：创建平开窗族.rfa
视频位置　第16章>实战：创建平开窗族.mp4
难易指数　★★☆☆☆
技术掌握　掌握"拉伸"工具的用法及参数设置

01' 单击"族"面板中的"新建"按钮，然后在"新建-选择样板文件"对话框中，选择"公制窗"样板，单击"打开"按钮，如图16-76所示。

图16-76

02' 进入"内部"立面视图，在"创建"选项卡中单击"设置"

按钮，如图16-77所示。

图16-77

03 在"工作平面"对话框中，设置"名称"为"参照平面：中心（前/后）"，然后单击"确定"按钮，如图16-78所示。

图16-78

04 切换至"创建"选项卡，单击"拉伸"按钮，如图16-79所示。

图16-79

05 选择"矩形"绘制工具，然后沿着立面视图的洞口边界绘制轮廓，如图16-80所示。

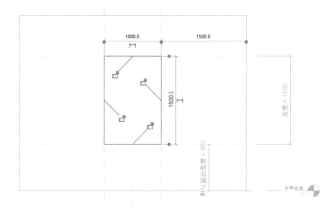

图16-80

06 切换至"修改|创建拉伸"选项卡，单击"偏移"按钮，设置"偏移"值为40，选中"复制"复选框，如图16-81所示。将鼠标指针放置在轮廓线上，使用Tab键选择全部边界轮廓线，向内进行偏移复制，如图16-82所示。

图16-81

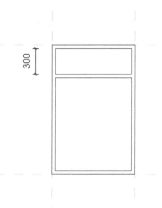

图16-82

07 基于偏移完成后的外轮廓，使用"直线"工具绘制两条平行线，然后使用"拆分图元"工具（快捷键SL）将内侧轮廓线进行拆分，接着使用"修剪"工具（快捷键TR）将其与其他线段连接，平行线的间距为40mm，距上一条线段的距离为300mm，如图16-83所示。

图16-83

08 在"属性"面板中，设置"拉伸终点"为-30，"拉伸起点"为30，然后设置"子类别"为"框架/竖梃"，最后单击"完成"按钮，如图16-84所示。

图16-84

09 使用"拉伸"工具绘制窗扇，轮廓宽度为30mm，如图16-85所示。在"属性"面板中，设置"拉伸终点"为-30，"拉伸起

281

点"为30，"子类别"为"框架/竖梃"，然后单击"完成"
按钮。

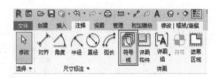

图16-88

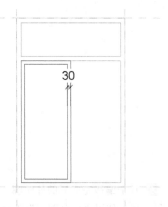

图16-85

10 窗扇绘制完成后，使用"镜像"工具（快捷键MM）沿中心线将其复制到另一侧，如图16-86所示。然后使用"拉伸"工具，沿窗框内侧绘制窗玻璃轮廓，如图16-87所示。在"属性"面板中设置"拉伸终点"为-2.5mm，"拉伸起点"为2.5mm，"子类别"为"玻璃"，然后单击"确定"按钮。

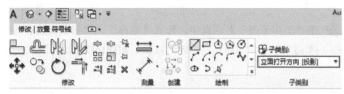

图16-89

12 在视图中，分别为两个窗扇绘制开启方向线，如图16-90所示。然后进入平面视图，选中所绘制的所有图元，单击"可见性设置"按钮，如图16-91所示。

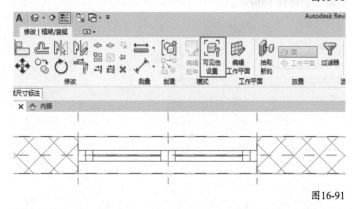

图16-90

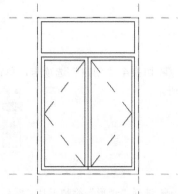

图16-91

13 在"族图元可见性设置"对话框中，取消选中第1个和第4个选项的复选框，如图16-92所示。然后单击"确定"按钮，使用快捷键HH，将所绘制的图元在视图中暂时隐藏。

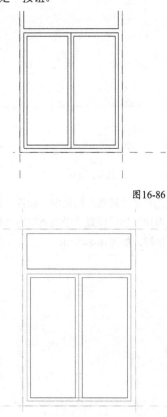

图16-86

图16-87

11 切换至"注释"选项卡，单击"符号线"按钮，如图16-88所示。选择"直线"工具，并设置"子类别"为"立面打开方向[投影]"，如图16-89所示。

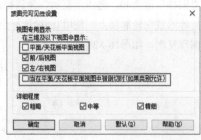

图16-92

14 切换至"注释"选项卡，单击"符号线"按钮，选择"直线"绘制方式，设置"子类别"为"玻璃（截面）"，然后在视图中洞口的位置添加两条平行线，如图16-93所示。

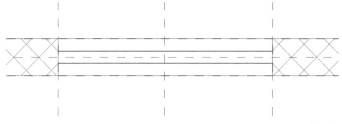

图16-93

15 使用"对齐"工具（快捷键DI）对添加的符号线进行标注，然后选择尺寸标注，单击EQ进行均分，如图16-94所示。

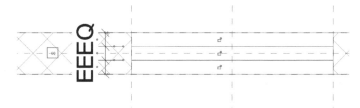

图16-94

16 进入三维视图，选中窗框部分内容，在"属性"面板中单击"材质"后方的"关联族参数"按钮，如图16-95所示。

图16-95

17 在"关联族参数"对话框中，单击"新建参数"按钮，如图16-96所示。

图16-96

18 在"参数属性"对话框中，输入名称为"窗框材质"，然后单击"确定"按钮，如图16-97所示。按照同样的方法完成对玻璃材质参数的添加与关联。

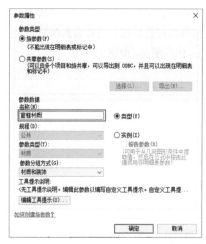

图16-97

19 切换至"创建"选项卡，单击"族类型"按钮，如图16-98所示。在"族类型"对话框中，添加及修改各项参数，然后单击"确定"按钮，如图16-99所示。测试族能否通过参数正常驱动，如图16-100所示。

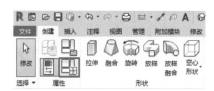

图16-98

图16-99

图16-100

20 新建项目文件，绘制一面墙体。将族载入项目中，并放置在墙体的任意位置。查看窗族的平面、立面、三维显示效果，如图16-101~图16-103所示。

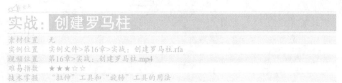

图16-101

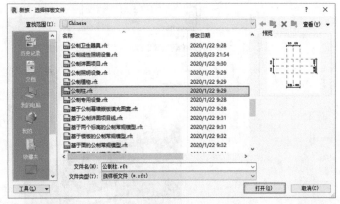

图16-102   图16-103

实战：创建罗马柱

素材位置　无
实例位置　实例文件>第16章>实战：创建罗马柱.rfa
视频位置　第16章>实战：创建罗马柱.mp4
难易指数　★★★☆☆
技术掌握　"拉伸"工具和"旋转"工具的用法

01 单击"族"面板中的"新建"按钮，在打开的"新族-选择样板文件"对话框中，选择"公制柱"样板，然后单击"打开"按钮，如图16-104所示。

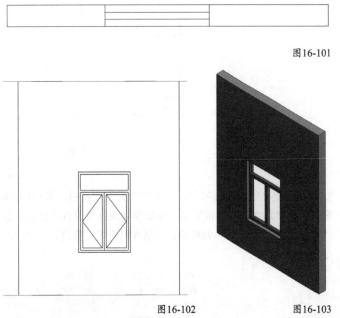

图16-104

02 切换至"创建"选项卡，单击"拉伸"按钮。选择"圆形"绘制方式，在视图中绘制柱轮廓。单击"临时标注转换"按钮，将临时标注转换为永久性标注，如图16-105所示。

03 切换至"尺寸标注"选项卡，然后在"标签尺寸标注"面板中单击"创建参数"按钮，如图16-106所示。

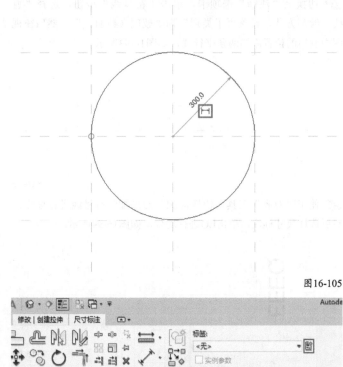

图16-105

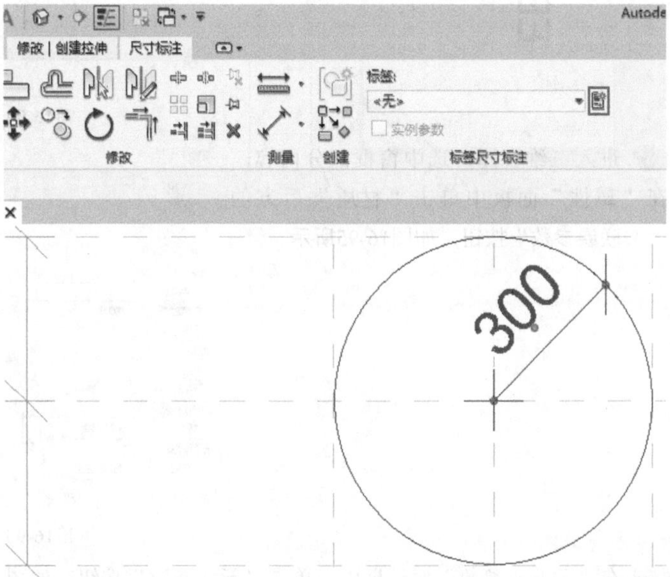

图16-106

04 在打开的"参数属性"对话框中，输入名称为"圆柱半径"，然后单击"确定"按钮，如图16-107所示。最后单击"完成"按钮，如图16-108所示。

图16-107

07 进入楼层平面，单击"绘制路径"按钮，如图16-111所示。选择"矩形"工具，绘制矩形轮廓线，然后单击"完成"按钮，如图16-112所示。

图16-111

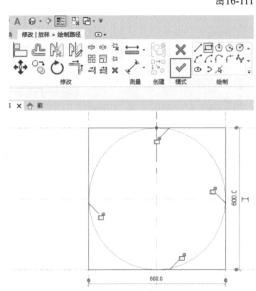

图16-112

图16-108

05 进入前立面视图，将圆柱顶部控制柄拖曳至"高于参照标高"的位置，然后单击"约束"按钮，将圆柱顶部与参照标高进行锁定，如图16-109所示。

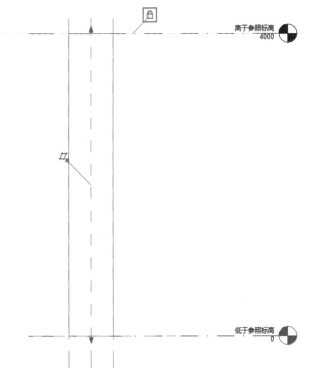

图16-109

08 进入右立面视图，单击"编辑轮廓"按钮，如图16-113所示。在立面视图中分别使用"弧线"工具和"直线"工具完成截面轮廓的绘制，然后依次单击"完成"按钮，如图16-114所示。

图16-113

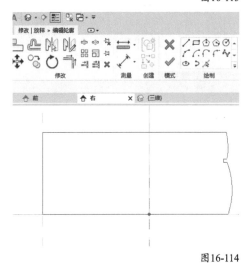

06 切换至"创建"选项卡，单击"放样"按钮，如图16-110所示。

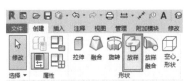

图16-110

图16-114

285

09 将刚绘制好的柱础部分的模型复制到柱顶位置，然后依次双击进入编辑轮廓状态，删除现有轮廓，接着使用"直线"工具重新绘制截面轮廓，最后单击"完成"按钮，如图16-115所示。

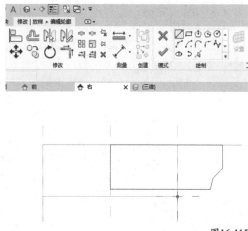

图16-115

10 切换至"创建"选项卡，单击"旋转"按钮，如图16-116所示。

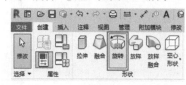

图16-116

11 单击"边界线"按钮，使用"直线"工具和"弧线"工具绘制截面轮廓，如图16-117所示。单击"轴线"按钮，使用"直线"工具在中心线位置绘制轴线，如图16-118所示。继续单击"边界线"按钮，使用"弧线"工具和"直线"工具完成顶部截面轮廓的绘制，然后单击"完成"按钮，如图16-119所示。

12 选中刚通过"旋转"命令完成的模型，然后单击"编辑工作平面"按钮，如图16-120所示。

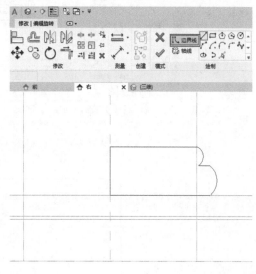

图16-117

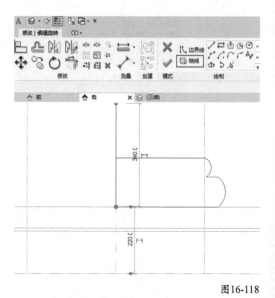

图16-118

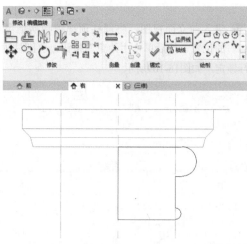

图16-119

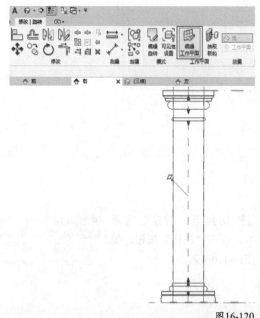

图16-120

13 在"工作平面"对话框中，设置"名称"为"参照平面：中心（左/右）"，然后单击"确定"按钮，如图16-121所示。

图16-121

14 切换至"创建"选项卡，单击"空心形状"下拉菜单中的"空心拉伸"按钮，如图16-122所示。

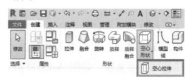

图16-122

15 进入楼层平面，使用"弧线"工具在圆柱顶部绘制半圆形轮廓，然后单击"完成"按钮，如图16-123所示。

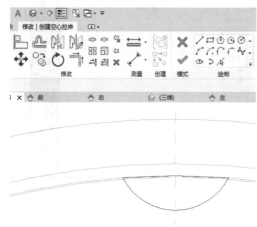

图16-123

16 选中绘制好的空心拉伸，在"属性"面板中设置"拉伸终点"为4000，如图16-124所示。

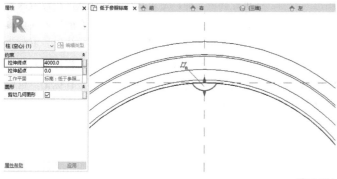

图16-124

17 进入前立面视图，将控制柄拖曳至上下两端的装饰线脚范围

内，如图16-125所示。

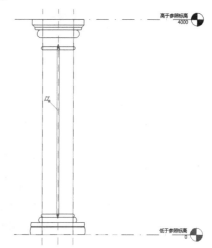

图16-125

18 进入楼层平面视图，选中"空心拉伸"模型。选择"阵列"工具（快捷键AR），单击"半径"按钮，然后单击"地点"按钮，将光标定位于圆柱中心后单击，确定阵列的中心点，接着向右移动鼠标指针，设置阵列角度为20°，如图16-126所示。最后，设置阵列数量为18，按Enter键确认，如图16-127所示。随后，在弹出的对话框中，单击"确定"按钮，如图16-128所示。

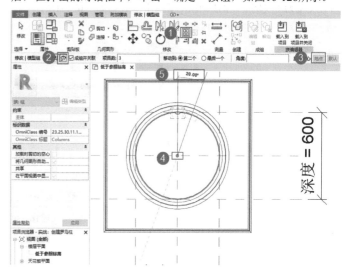

图16-126

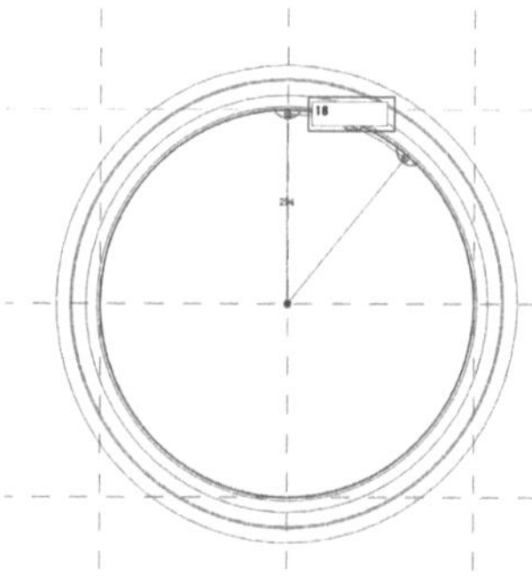

图16-127

图16-128

19 进入三维视图，选中柱础，在"属性"面板中单击"可见"参数后方的"关联族参数"按钮，如图16-129所示。

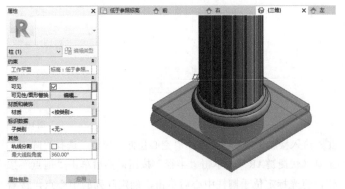

图16-129

20 在"关联族参数"对话框中，单击"新建参数"按钮，如图16-130所示。在"参数属性"对话框中，输入名称为"柱础"，参数类型为"实例"，然后单击"确定"按钮，如图16-131所示。

图16-130

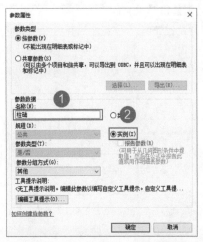

图16-131

21 将视图角度调整为前视图，查看罗马柱的最终完成效果，如图16-132所示。

图16-132

22 新建项目文件，将族载入项目中并进行放置。然后选中罗马柱，在"属性"面板中取消选中"柱础"复选框，可以控制罗马柱柱础的可见性，如图16-133所示。

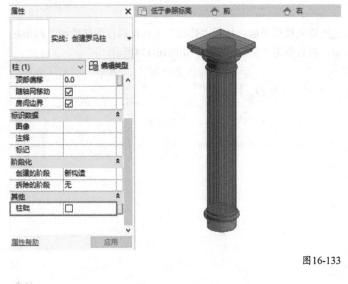

图16-133

16.3.2 嵌套族

嵌套族指可以在族中嵌套其他族，以创建包含合并族几何图形的新族。在进行族嵌套前，是否共享了这些族，决定着嵌套几何图形在以该族创建的图元中的行为。如果嵌套的族未共享，则将嵌套族创建的构件与其余的图元作为单个单元使用。不能分别选择构件、分别对构件进行标记，也不能分别将构件录入明细表。如果嵌套的是共享族，可以选择对构件分别进行标记，也可以分别将构件录入明细表。

实战：创建单开门族

素材位置　无
实例位置　实例文件>第16章>实战：创建单开门族.rfa
视频位置　第16章>实战：创建单开门族.mp4
难易指数　★★☆☆☆
技术掌握　了解族控件的作用及嵌套族的概念

01 单击"族"面板中的"新建"按钮，然后在打开的"新族-选择样板文件"对话框中，选择"公制门"样板，单击"打开"按钮，如图16-134所示。

图16-134

02 切换至"创建"选项卡，单击"设置"按钮，如图16-135所示。然后在"工作平面"对话框中，选中"拾取一个平面"单选按钮，如图16-136所示。

图16-135

图16-136

03 拾取水平方向的中心参照平面，然后在"转到视图"对话框中，选择"立面：内部"，单击"打开视图"按钮，如图16-137所示。

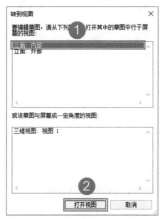

图16-137

04 切换至"创建"选项卡，单击"拉伸"按钮，选择"矩形"工具，绘制门扇轮廓。在"属性"面板中，设置"拉伸终点"为

20mm，"拉伸起点"为-20mm，然后单击"完成"按钮，如图16-138所示。

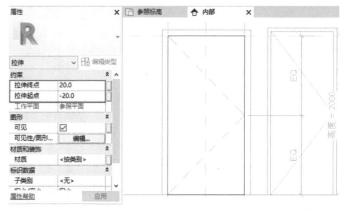

图16-138

05 进入楼层平面，选中"门扇"图元，单击"可见性设置"按钮，如图16-139所示。

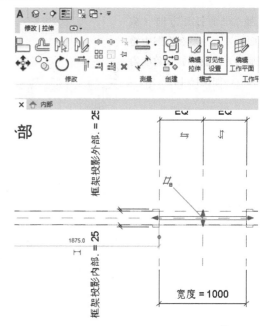

图16-139

06 在"族图元可见性设置"对话框中，取消选中第1个与第4个复选框，然后单击"确定"按钮，如图16-140所示。

图16-140

07 切换至"注释"选项卡，单击"符号线"按钮，选择"矩形"绘制方式，设置"子类别"为"门（截面）"，然后在平面

视图中门洞的左侧，绘制长1000mm、宽40mm的矩形，并添加尺寸标注，如图16-141所示。

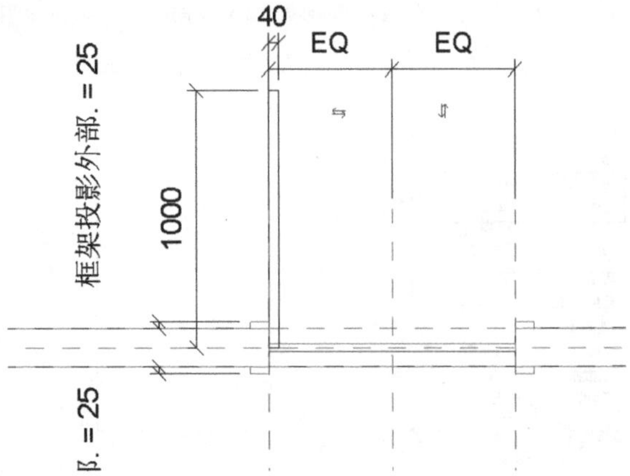

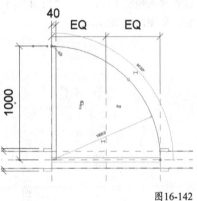

图16-141

08. 选择"弧形"绘制方式，设置"子类别"为"平面打开方向（截面）"，然后在视图中绘制门开启线并修改角度为90°，如图16-142所示。

图16-142

09. 选中门扇尺寸标注，在"标签"位置，将其与"宽度=1000"参数绑定，如图16-143所示。

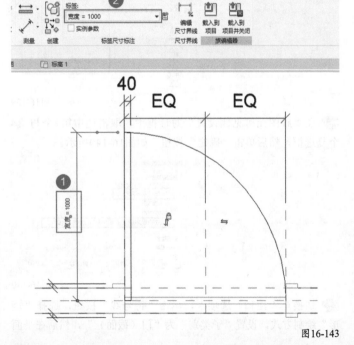

图16-143

10. 删除现有翻转控件，如图16-144所示。然后切换至"创建"选项卡，单击"控件"按钮，如图16-145所示。

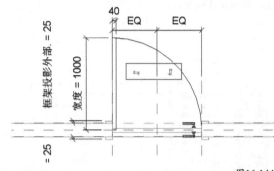

图16-144

图16-145

11. 单击"双向垂直"按钮，然后在视图中单击添加控件，如图16-146所示。按照同样的方法添加"双向水平"控件。

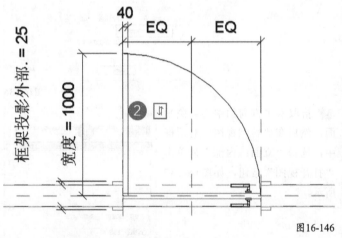

图16-146

技巧与提示

控件用于在视图中切换图元的放置方向，通过单击控件可以控制门的开启方向为外开或内开等。

12. 切换至"插入"选项卡，单击"载入族"按钮。在"载入族"对话框中，选择"建筑>门>门构件>拉手"文件夹，选择"门锁8"文件，然后单击"打开"按钮，如图16-147所示。

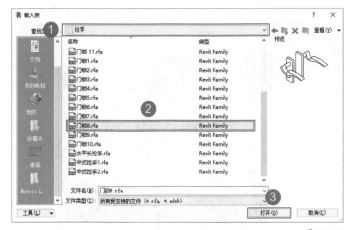

图16-147

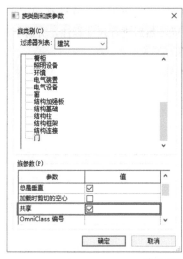

图16-151

13 切换到"创建"选项卡，单击"构件"按钮（快捷键 CM），如图16-148所示。将"门锁8"放置在视图中门扇右侧的合适位置，如图16-149所示。

图16-148

选择"共享"参数后，将门族载入项目中时，其中所嵌套的门锁族可以在明细表中单独统计。同时，也可以将门锁族进行单独调用。

15 将修改完成的门锁族载入门族当中，然后在打开的"族已存在"对话框中，选择"覆盖现有版本"命令，如图16-152所示。

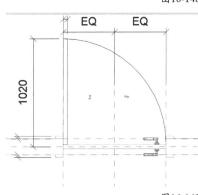

图16-149

图16-152

14 双击门锁族，进入族编辑环境。切换至"创建"选项卡，单击"族类别和族参数"按钮，如图16-150所示。在"族类别和族参数"对话框中，选中"族参数"列表中的"共享"参数复选框，然后单击"确定"按钮，如图16-151所示。

16 选择门锁族，在"属性"面板中单击"编辑类型"按钮。在"类型属性"对话框中，设置"嵌板厚度"为40，然后单击"确定"按钮，如图16-153所示。

图16-150

图16-153

⑰ 进入"内部"立面视图，将门锁移动到距地850mm的位置，然后进行尺寸标注，并将标注结果进行锁定，如图16-154所示。

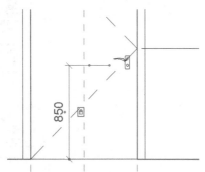

图16-154

⑱ 选中门锁，单击"可见性设置"按钮。在"族图元可见性设置"对话框中，取消选中"平面/天花板平面视图"复选框，然后单击"确定"按钮，如图16-155所示。

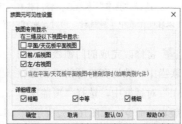

图16-155

⑲ 分别选中门扇与门框，添加并关联"门扇""门框"材质参数，然后单击"确定"按钮，如图16-156所示。

图16-156

⑳ 新建项目文件，绘制一面墙体，将族载入项目中并放置到墙面上，如图16-157所示。

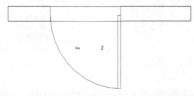

图16-157

㉑ 进入三维视图，修改"门"参数进行测试，最终完成效果如图16-158所示。

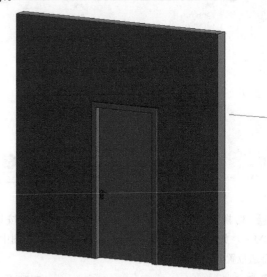

图16-158

实战：创建百叶窗

素材位置　素材文件>第16章>02.rfa
实例位置　实例文件>第16章>实战：创建百叶窗.rfa
视频位置　第16章>实战：创建百叶窗.mp4
难易指数　★★☆☆☆
技术掌握　了解族计算公式的作用及嵌套族的概念

㉑ 打开学习资源中的"素材文件>第16章>02.rfa"文件，进入楼层平面视图。切换至"创建"选项卡，单击"构件"按钮（快捷键CM），将百叶族放置在视图中心位置，如图16-159所示。

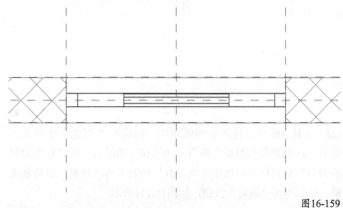

图16-159

㉒ 进入"内部"立面视图，在"创建"选项卡中，单击"参照平面"按钮（快捷键RP），如图16-160所示。在窗框内部的各个方向分别绘制参照平面，如图16-161所示。

图16-160

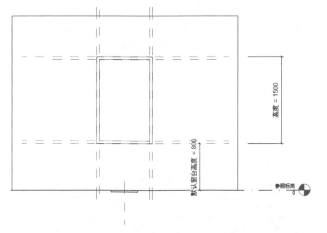

图16-161

03 使用"对齐"工具（快捷键AL）将百叶窗分别与水平方向和垂直方向的参照平面对齐锁定，如图16-162所示。然后标注百叶窗框内侧尺寸，选中创建好的尺寸标注，新建"百叶宽度"类型参数与之关联，如图16-163所示。

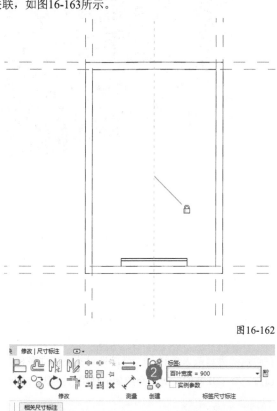

图16-162

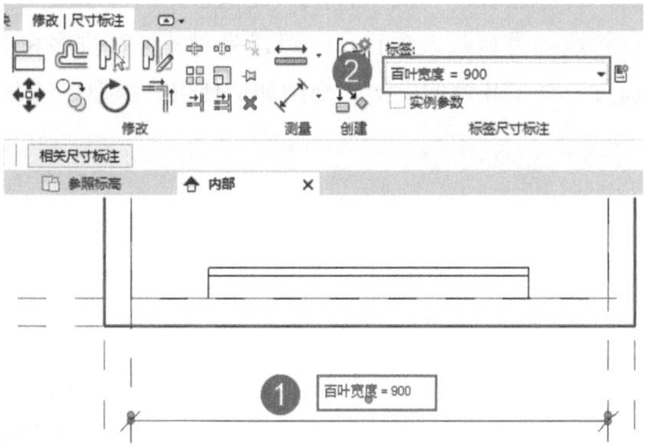

图16-163

04 切换至"创建"选项卡，单击"族类型"按钮。在"族类型"对话框中，设置"百叶宽度"的公式为"=宽度-100mm"，然后单击"确定"按钮，如图16-164所示。

图16-164

05 选中百叶族，在"属性"面板中单击"编辑类型"按钮。在"类型属性"对话框中，单击"百叶片长度"参数后面的"关联族参数"按钮，如图16-165所示。在"关联族参数"对话框中，选择"百叶宽度"参数，然后单击"确定"按钮，如图16-166所示。

图16-165

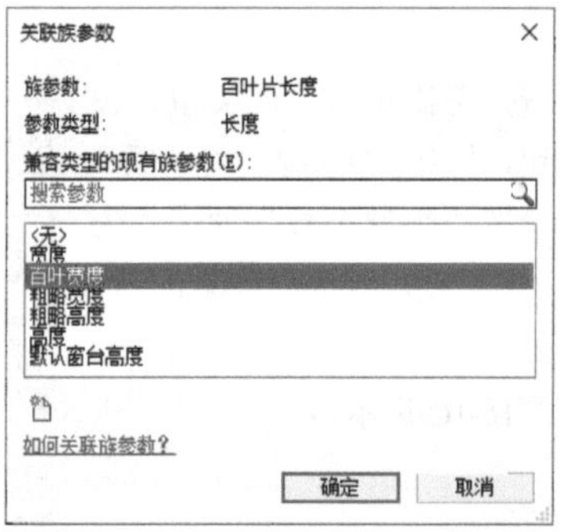

图16-166

06 使用"阵列"工具阵列百叶族，设置间距为79mm，个数为18。选中阵列数量标注，在工具选项栏的"标签"下拉菜单中选择"添加参数"，如图16-167所示。在"参数属性"对话框中，输入名称为"百叶个数"，然后单击"确定"按钮，如图16-168所示。

图16-167

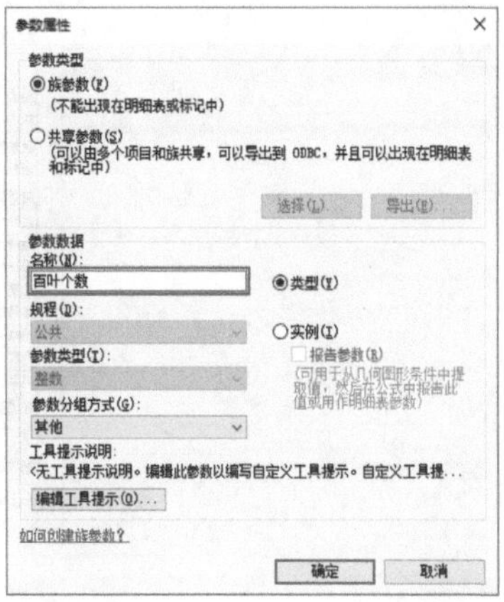

图16-168

07 再次单击"族类型"按钮，打开"族类型"对话框。设置"百叶个数"的公式为"=（高度-100mm）/80mm"，然后单击"确定"按钮，如图16-169所示。

图16-169

　　输入公式时要使用英文输入法。当"高度"参数修改后，软件会自动根据公式计算"百叶个数"参数值，然后自动更改。

08 新建项目文件，绘制一面墙体，将族载入项目中并进行放置。进入三维视图，修改百叶窗族参数，测试参数的有效性，最终完成效果如图16-170所示。

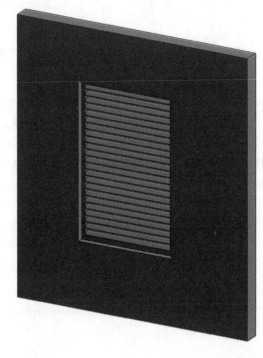

图16-170

16.3.3 类型目录

　　将具有多个类型的族载入项目中时，可以使用"类型目录"选择和载入需要的类型。这种方式有助于减小项目的尺寸，并在选择族类型时，最大限度地缩短类型选择器列表的长度。例如，如果要载入整个C槽结构柱族，只有滚动浏览数十个C槽类型，才能选择所需类型。通过载入单个C槽类型，如C15×40，可以简化这一选择过程。"类型目录"提供了列出可用族类型的对话框，在将这些类型载入项目前，可以先对其进行排序和选择。下面将通过一个平开窗的实例，介绍如何使用"类型目录"文件。

实战：创建平开窗类型

素材位置　　素材文件>第16章>03.rfa
实例位置　　实例文件>第16章>实战：创建平开窗类型.rfa
视频位置　　第16章>实战：创建平开窗类型.mp4
难易指数　　★★★☆☆
技术掌握　　了解"类型目录"文件的创建与使用方法

01 打开学习资源中的"素材文件>第16章>03.rfa"文件，然后单击"文件"按钮，执行"导出>族类型"命令，如图16-171所示。

图16-171

02 在打开的"导出为"对话框中，输入"文件名"为"平开窗"，然后单击"保存"按钮，如图16-172所示。

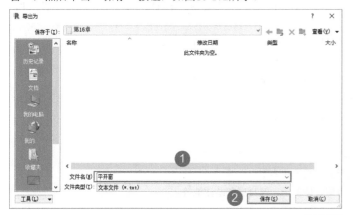

图16-172

03 打开"平开窗"文件进行编辑。顶部的文字代表参数名称，"##"后方的英文分别代表参数类型及参数单位。将默认的第二行参数值进行复制，复制为三行参数值，分别修改其参数值。第一段数值表示族类型名称，第二段数值表示窗高度，最后一段文字表示窗宽度，与顶部的标题为对应关系，如图16-173所示。各个参数之间用英文状态下的"，"进行分隔。修改完成后进行保存。

图16-173

04 同时，将族文件也进行另存，名称与族类型文件保持一致，均为"平开窗"，如图16-174所示。

图16-174

除上述方法外，还可以自行创建"类型目录"文本文件。最左列写类型名称，第一行写参数声明，格式为"参数名##类型##单位"，如（，1##length##millimeters,2##length##millimeters）。当参数不知如何声明时，可用other表示类型，单位为空，如排量##other##。

05 新建项目文件，使用"载入族"命令，将"平开窗"族载入项目中。此时，会弹出"指定类型"对话框，可以选择一个或多个族类型载入项目，如图16-175所示。

图16-175

一定要让"类型目录"文件与族文件名称保持一致，这样载入项目中时才可以正常读取文件内的参数。

第17章

综合实例

17.1 建筑分类

建筑物按照使用性质，通常可分为生产性建筑与非生产性建筑。生产性建筑包含工业建筑和农业建筑两类。非生产性建筑指民用建筑，而民用建筑按使用功能又可分为居住建筑和公共建筑。本章通过3个不同建筑类型的实例，来介绍建筑的特点、建模流程与技巧。

生产性建筑可分为工业建筑和农业建筑两大类。

工业建筑： 为生产服务的各类建筑，也可以叫厂房类建筑，如生产车间、辅助车间、动力用房和仓储建筑等。厂房类建筑又可以分为单层厂房和多层厂房两大类。

农业建筑： 用于农业、畜牧业生产和加工用的建筑，如温室、畜禽饲养场、粮食饲料加工站和农机修理站等。

非生产性建筑可分为居住建筑和公共建筑两大类。

居住建筑： 主要是指供家庭和集体生活起居用的建筑物，如住宅、公寓、别墅和宿舍等。

公共建筑： 主要是指供人们进行各种社会活动的建筑物，其中包括以下内容。

行政办公建筑：机关、企事业单位的办公楼。

文教建筑：学校、图书馆和文化宫等。

托教建筑：托儿所和幼儿园等。

科研建筑：研究所和科学实验楼等。

医疗建筑：医院、门诊部和疗养院等。

商业建筑：商店、商场和购物中心等。

观览建筑：电影院、剧院和购物中心等。

体育建筑：体育馆、体育场、健身房和游泳池等。

旅馆建筑：旅馆、宾馆和招待所等。

交通建筑：航空港、水路客运站、火车站、汽车站和地铁站等。

通讯广播建筑：电信楼、广播电视台和邮电局等。

园林建筑：公园、动物园、植物园和亭台楼榭等。

纪念性的建筑：纪念堂、纪念碑和陵园等。

其他建筑类：监狱、派出所和消防站等。

17.2 综合实例：别墅模型创建

素材位置　素材文件>第17章>别墅建筑施工图.dwg
实例位置　实例文件>第17章>综合实例：别墅模型创建
视频位置　第17章>综合实例：别墅模型创建.mp4
难易指数　★★★★☆
技术掌握　Revit的整体建模流程

本例是一个别墅项目，本例的制作难点是复杂的装饰线条和造型各异的装饰柱及栏杆，而完成整个模型的制作流程是本例的重点，图17-1所示是本例的渲染图。为了让读者更好地理解及完成整个项目的制作，本例将以绘制完成的施工图纸为参照，在设计图纸的基础上完成整个项目的建模工作。

图17-1

01 打开学习资源中的"素材文件>第17章>别墅建筑施工图.dwg"文件，如图17-2所示。

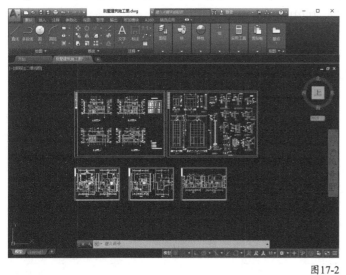

图17-2

02 选择首层平面图，然后按快捷键Ctrl+C，新建空白的CAD文件，再按快捷键Ctrl+V以0点坐标粘贴，如图17-3所示。

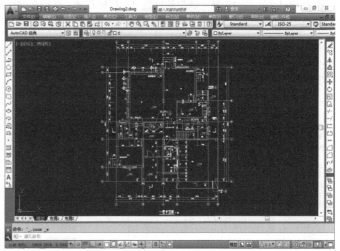

图17-3

03 将其他图纸按照同样的方法，分别另存为独立的文件，如图17-4所示。

AutoCAD 图形 (8)			
别墅图纸	2015/8/20 11:43	AutoCAD 图形	1,160 KB
大样图	2015/8/20 14:51	AutoCAD 图形	988 KB
二层平面图	2015/8/20 9:27	AutoCAD 图形	513 KB
立面视图	2015/8/20 14:49	AutoCAD 图形	964 KB
剖面图	2015/8/20 14:53	AutoCAD 图形	1,047 KB
三层平面图	2015/8/20 9:28	AutoCAD 图形	569 KB
屋面平面图	2015/8/20 9:29	AutoCAD 图形	769 KB
一层平面图	2015/8/20 10:11	AutoCAD 图形	280 KB

图17-4

01 使用"建筑样板"创建一个项目文件，进入"西"立面视图。按照施工图纸"立面图G-A"添加对应的标高，如图17-5所示。

11.892 标高6

10.350 标高5
9.900 标高4

6.600 标高3

3.300 标高2

±0.150 标高7
0.000 标高1

图17-5

297

02 样板文件中所提供的标高标头与CAD图纸当中不符，需要通过修改来保证和原施工图纸保持一致。选择任一标高，然后单击"编辑类型"按钮，打开"类型属性"对话框。将光标定位于"符号"参数，复制所对应的参数值，如图17-6所示。

03 在项目浏览器中，在"族"的位置单击鼠标右键，然后在弹出的菜单中选择"搜索"命令，如图17-7所示。

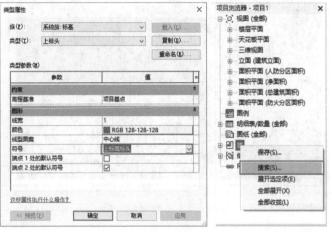

图17-6　　　　　　　　图17-7

04 在"在项目浏览器中搜索"对话框中，粘贴之前所复制的名称，然后单击"下一个"按钮，如图17-8所示。

图17-8

05 在搜索结果中，选择要编辑的族，然后单击鼠标右键，在弹出的菜单中选择"编辑"命令，如图17-9所示。

06 进入族编辑环境中，然后删除名称标签，只保留立面标签，如图17-10所示，接着将族文件另存为"上标高标头（无名称）"。

图17-9　　　　　　　　图17-10

07 按照同样的方法修改其他标高标头符号，并载入项目中进行替换，替换完成后的效果如图17-11所示。

08 因为此前所创建的标高是用"复制"工具所绘制的，所以没有自动生成相应的平面视图。切换至"视图"选项卡，然后单击平面视图下拉菜单中的"楼层平面"按钮，接着在"新建楼层平

面"对话框中，选择"标高3"与"标高4"选项，最后单击"确定"按钮，如图17-12所示。

09 打开"楼层平面"卷展栏，分别更改各个楼层平面视图的名称，如图17-13所示。

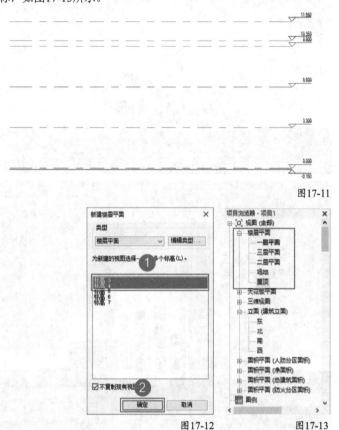

图17-11

图17-12　　　　　　　　图17-13

10 打开一层平面图，切换至"插入"选项卡，然后单击"链接CAD"按钮。在"链接CAD格式"对话框中，选择"实例文件>第17章>CAD图纸"文件夹，选择"一层平面图.dwg"文件，勾选"仅当前视图"复选框，设置"导入单位"为"毫米"，并设置"定位"为"自动-原点到内部原点"，最后单击"打开"按钮，如图17-14所示。

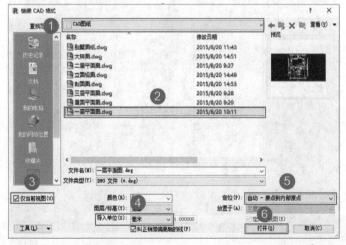

图17-14

11 选中链接的CAD文件，使用快捷键UP进行解锁，然后使用"移动"工具将CAD文件移动至视图中央的位置，接着使用快捷键PN进行锁定，如图17-15所示。为了不影响视图效果，可以将立面索引符号的位置进行适当的移动，以保证视图中的图元不被遮挡。

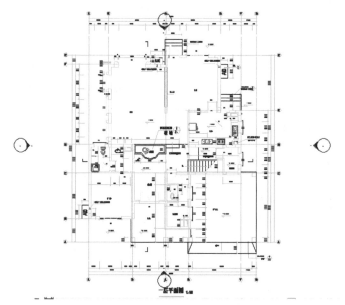

图17-15

12 切换至"建筑"选项卡，然后单击"轴网"按钮，选择"拾取线"绘制工具，依次拾取CAD文件中的轴线创建轴网，最后将轴网标头拖曳至合适的位置，如图17-16所示。

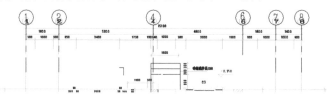

图17-16

13 采用拾取的方式创建水平轴线，拾取A轴并将轴号9改为A，然后依次向后进行拾取，如图17-17所示。

14 选择任意轴线，单击"编辑类型"按钮，然后在"类型属性"对话框中，选择"平面视图轴号端点1（默认）"复选框，最后单击"确定"按钮，如图17-18所示。

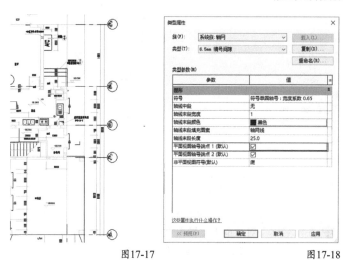

图17-17 图17-18

15 根据图纸的实际情况，取消显示部分轴网的端点轴号，然后将CAD文件暂时隐藏，查看所绘制的轴网效果，如图17-19所示。

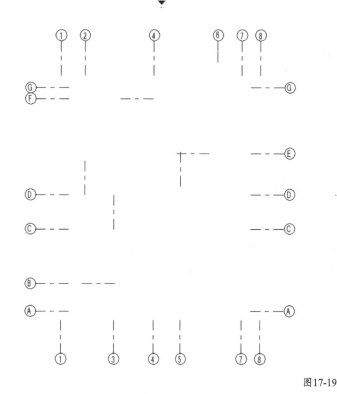

图17-19

17.2.3 创建结构柱

本项目采用了大量的异形柱，在放置结构柱时不能使用普通柱。在这种情况下，为了绘制方便，通常使用内建模型的方式来完成异形柱的创建。

01 切换至"建筑"选项卡，然后单击"构件"下拉菜单中的"内建模型"按钮，如图17-20所示。在"族类别和族参数"对话框中，选择族类别为"结构柱"，然后单击"确定"按钮，如图17-21所示。

图17-20　　　　　　　　　　　　　　图17-21

02　在"名称"对话框中，输入"名称"为"L形异形柱"，然后单击"确定"按钮，如图17-22所示。

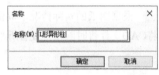

图17-22

03　切换至"创建"选项卡，单击"拉伸"按钮，如图17-23所示。选择"直线"绘图工具，然后基于CAD文件当中所提供的异形柱轮廓进行绘制，如图17-24所示。

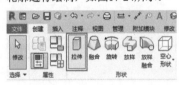

图17-23　　　　　　　　　　图17-24

04　由于异形柱类型较多，所以为了方便编辑，将所有异形柱轮廓统一绘制，单击"完成"按钮。选中结构柱，设置"拉伸终点"为3300，然后单击"完成模型"按钮，结束结构柱的绘制，如图17-25所示。

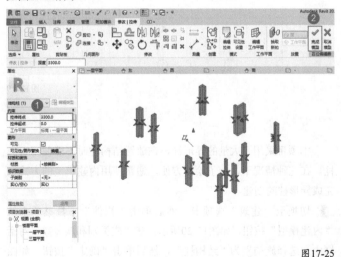

图17-25

05　再次单击"内建模型"按钮，选择族类别为"结构柱"，然后在"名称"对话框中，输入"名称"为"结构柱（门头）"，如图17-26所示。

06　进入一层平面图，切换至"创建"选项卡，单击"放样"按钮，如图17-27所示。

图17-26　　　　　　　　　　　　图17-27

07　在"修改|放样"选项卡中，单击"绘制路径"按钮，如图17-28所示。选择"矩形"绘制工具，在视图中绘制结构柱横截面的轮廓，然后单击"完成"按钮，如图17-29所示。

图17-28

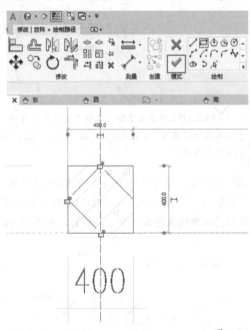

图17-29

08　在"修改|放样"选项卡中，单击"编辑轮廓"按钮，如图17-30所示。

图17-30

09　在"转到视图"对话框中，选择"立面：东"选项，然后单击"打开视图"按钮，如图17-31所示。

图17-31

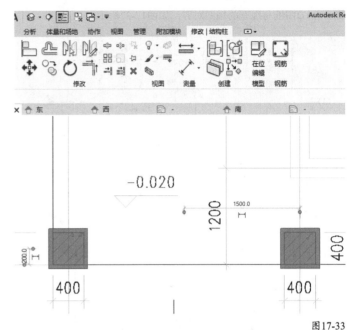

图17-33

10 在东立面视图中，以参照线的交叉点为草图的中心，绘制放样轮廓草图，然后依次单击"完成"按钮，如图17-32所示。

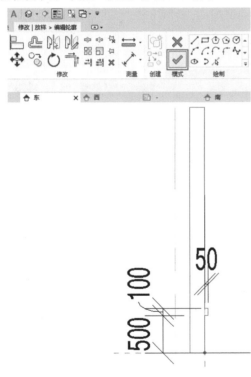

图17-32

11 完成结构柱放样后，返回一层平面图，使用"复制"工具将已完成的结构柱复制到其他位置，然后单击"完成"按钮，完成门头柱的绘制，如图17-33所示。

12 选择除门头柱以外的所有图元，然后切换至"修改|结构柱"选项卡，单击"复制"按钮，如图17-34所示。单击"粘贴"下拉菜单中的"与选定的标高对齐"按钮，如图17-35所示。

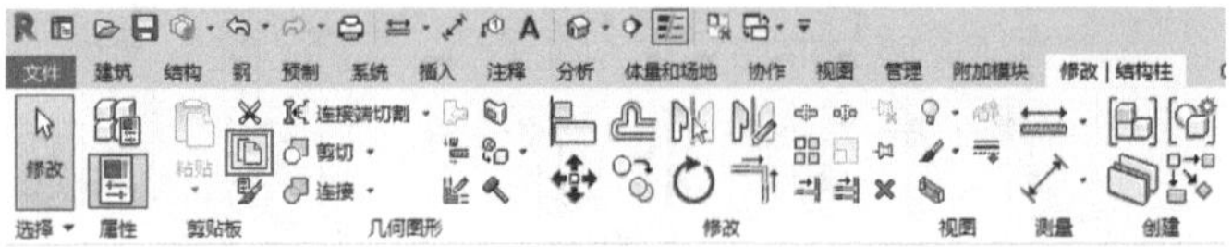

图17-34

图17-35

13 在"选择标高"对话框中，同时选择"二层平面"与"三层平面"选项，然后单击"确定"按钮，如图17-36所示。

图17-36

14 进入"二层平面"视图，切换至"插入"选项卡，单击"链接CAD"按钮，链接"二层平面图"，然后将"二层平面图"CAD图纸与现有的轴网对齐，如图17-37所示。

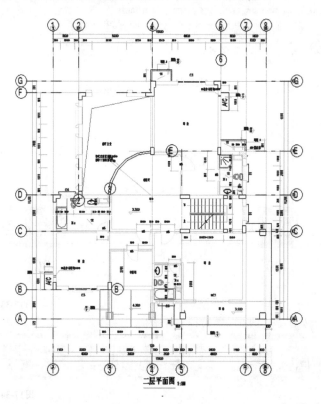

二层平面图 1:3

图17-37

15 选择视图中的结构柱，双击进入编辑状态，然后删除当前视图中右下角的三根结构柱，如图17-38所示，最后依次单击"完成"按钮，完成二层结构柱的编辑。

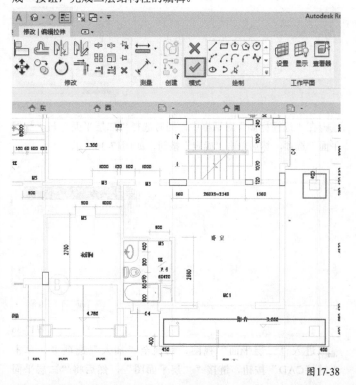

图17-38

16 执行"文件>新建>族"命令，然后在"新族-选择样板文件"对话框中，选择"公制柱"族样板文件，单击"打开"按钮，如图17-39所示。

17 切换至"创建"选项卡，单击"拉伸"按钮。选择"矩形"绘制工具，根据现有参照平面绘制矩形，然后单击"完成"按钮，效果如图17-40所示。

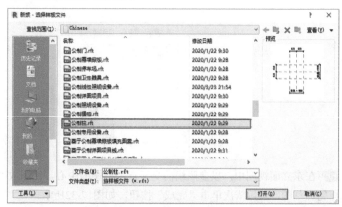

图17-39

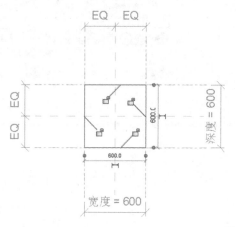

图17-40

18 根据CAD图纸装饰柱大样图，修改结构柱部分的尺寸，如图17-41所示。

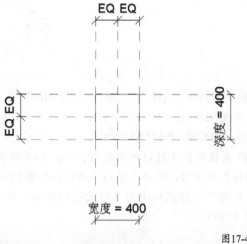

图17-41

19 进入前立面视图，将结构柱顶部与"高于参照标高"参照平面对齐并锁定，如图17-42所示。进入平面视图，在"创建"选项卡中单击"放样"按钮，再单击"绘制路径"按钮，然后选择"矩形"绘制工具，沿结构柱的截面轮廓进行绘制，如图17-43所示。

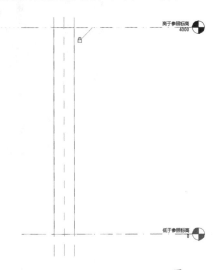

图17-42

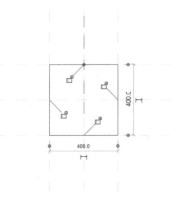

图17-43

20 绘制完成后，单击"完成"按钮。然后单击"编辑轮廓"按钮，在"转到视图"对话框中，选择"立面：右"选项，接着单击"打开视图"按钮，如图17-44所示。

图17-44

21 分别使用"直线"工具与"弧形"工具，按照装饰柱大样图的样式及尺寸绘制截面轮廓，如图17-45所示。草图绘制完成后，选中顶部的草图线，将其与"高于参照标高"参照平面对齐并锁定，然后单击"完成"按钮，如图17-46所示。

图17-45

图17-46

22 修改"高于参照标高"的数值为实际柱高2700，如图17-47所示，测试锁定关系是否正确。

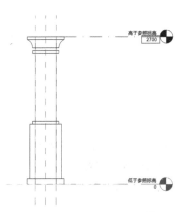

图17-47

23 切换至"创建"选项卡，然后单击"空心形状"下拉菜单中的"空心拉伸"按钮，如图17-48所示。

图17-48

24 设置工作平面为柱面，然后按照图纸上的尺寸绘制矩形草图轮廓，并设置"拉伸终点"为30，如图17-49所示。单击"完成"按钮，并进入三维视图，查看装饰柱的最终效果，如图17-50所示。最后将其载入项目中。

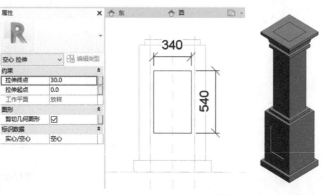

图17-49　　图17-50

25 进入二层平面图，在工具选项栏中设置"高度"为"未连接"，输入数值为2700，然后依次放置装饰柱，如图17-51所示。

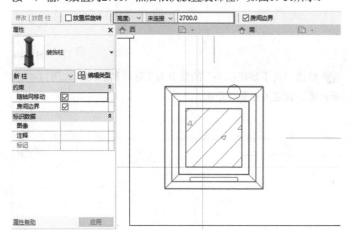

图17-51

26 进入三层平面，链接"三层平面图"，并将"三层平面图"的CAD图纸与现有的轴网进行对齐，然后根据CAD图纸修改相关图元，如图17-52所示。

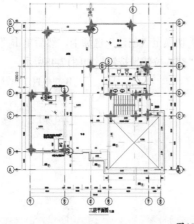

图17-52

27 进入三维视图，查看结构柱全部创建完成的效果，如图17-53所示。

图17-53

17.2.4 设置并创建墙体

本案例中所采用的墙体材质均为空心砖，墙厚分别为60mm、80mm、120mm和240mm。在创建墙体之前，需要预先创建好墙体类型，方便在项目实施过程中调用。

01 切换至"建筑"选项卡，单击"墙"按钮。在"属性"面板中，选择"基本墙 常规-200mm"并单击"编辑类型"按钮。在"类型属性"对话框中，复制新的墙体类型分别为"F1-外墙-空心砖-240mm""F2-外墙-空心砖-240mm""F3-外墙-空心砖-240mm""内墙-空心砖-240mm""空心砖-120mm""空心砖-80mm""空心砖-60mm"，并修改相应结构层的厚度，如图17-54所示。

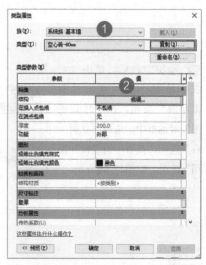

图17-54

02 设置"外墙-空心砖-240mm"墙体，添加"面层1[4]"，"厚度"为10，如图17-55所示。

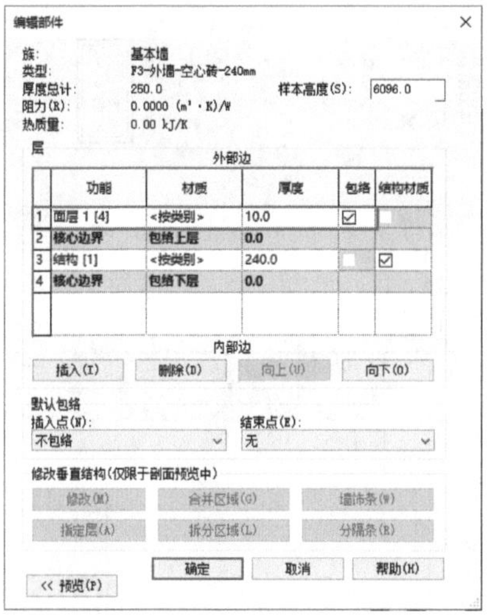

图17-55

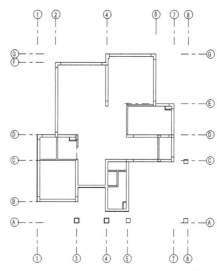

图17-59

03 进入一层平面，选择"F1-外墙-空心砖-240mm"，然后选择"拾取线"方式，设置"高度"为"二层平面"、"定位线"为"核心面：内部"，如图17-56所示。

图17-56

05 分别进入"二层平面图"与"三层平面图"，然后在"属性"面板中设置"范围：底部标高"为"无"，如图17-60所示，接着分别在二层和三层平面中根据CAD底图绘制外墙与内墙，如图17-61和图17-62所示。

04 拾取视图中墙体的内部轮廓线，创建外墙部分，如图17-57所示。拾取完成后，使用"修剪"工具进行墙体连接，与结构柱重叠的部分使用"连接"工具进行连接，如图17-58所示。按照同样的方法完成室内隔墙的绘制，如图17-59所示。

图17-60

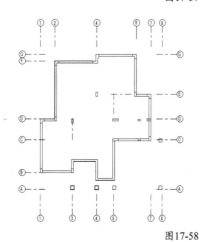

图17-57

图17-58

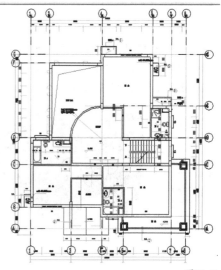

图17-61

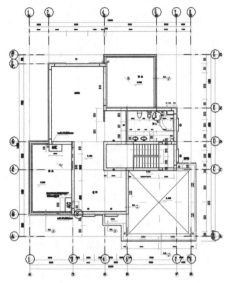

图17-62

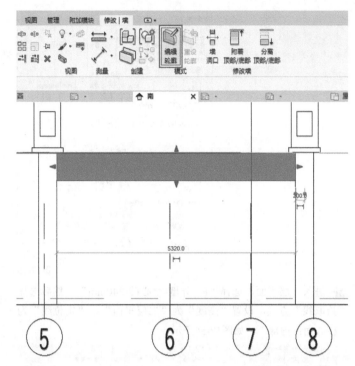

图17-65

技巧与提示

底图的作用是可以参照其他平面视图中图元构件的布置情况，默认情况下为淡显状态。在不需要的情况下，可以将其选项设置为"无"，以防止对其误操作。

06 各层室内外墙体绘制完成后，进入一层平面。选择"基本墙 常规-200mm"，分别绘制门头与车库部分的墙体，如图17-63所示。

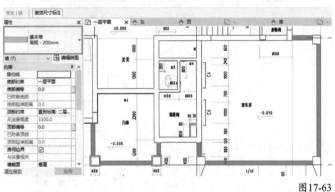

图17-63

07 进入三维视图，选中门头及车库部分的墙体，设置其"底部偏移"为2700，如图17-64所示。进入南立面视图，选中车库入口部分的墙体，单击"编辑轮廓"按钮，如图17-65所示。

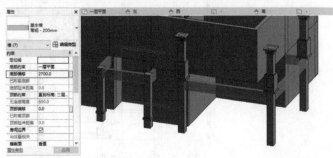

图17-64

08 根据CAD图纸中所提供的立面轮廓样式，修改墙体轮廓的草图，然后单击"完成"按钮，如图17-66所示。

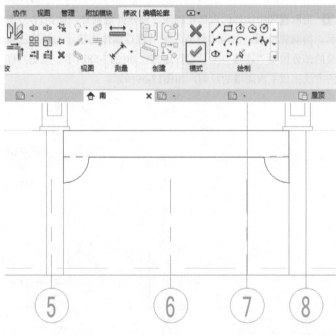

图17-66

09 进入东立面视图，再次编辑车库顶部墙体的轮廓，根据CAD图纸中所提供的样式修改墙体轮廓的草图，然后单击"完成"按钮，如图17-67所示。

10 草图编辑完成后，单击"完成"按钮，结束墙体轮廓的编辑。转到三维视图，查看编辑完成后的效果，如图17-68所示。

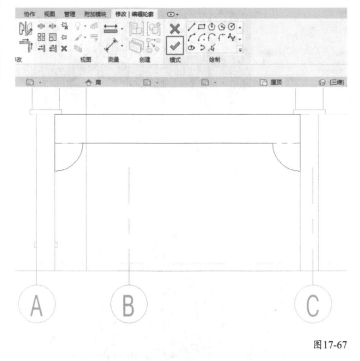

图17-67

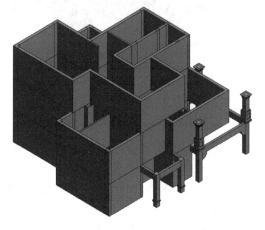

图17-68

17.2.5 添加墙饰条

至此，室外及室内的墙体就已经全部完成了。接下来的工作是在已完成的墙体模型上添加墙饰条。本例中所用到的墙饰条轮廓已经完成，在项目制作过程中可以直接加载使用。

01 切换至"插入"选项卡，然后单击"载入族"按钮。在"载入族"对话框中，选择"实例文件>第17章>族"文件夹，选择之前已经做好的三个轮廓族，然后单击"打开"按钮，如图17-69所示。

02 在三维视图中选择一层外墙，然后在"属性"面板中单击"编辑类型"按钮。在"编辑类型"对话框中单击"编辑"按钮，在打开的"编辑部件"对话框中，单击"预览"按钮，打开预览视图，然后设置"视图"为"剖面：修改类型属性"，最后单击"墙饰条"按钮，如图17-70所示。

图17-69

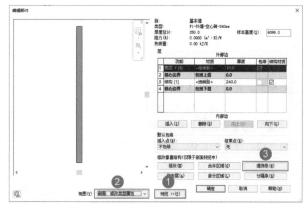

图17-70

03 在"墙饰条"对话框中，单击"添加"按钮，添加两个墙饰条选项，如图17-71所示。

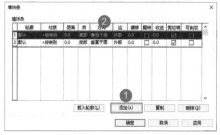

图17-71

04 在"墙饰条"对话框中，设置两个墙饰条的"轮廓"分别为"墙饰条-合并"和"墙饰条-独立"，"距离"分别为-600和650，"自"分别为"顶"和"底部"，"方向"均为"与地面平行"，最后单击"确定"按钮，如图17-72所示。

图17-72

05 选择二层外墙，按照同样的方法打开"墙饰条"对话框，然后设置"轮廓"为"墙饰条-合并"，"距离"为-600，"自"为"顶"，"方向"为"与地面平行"，如图17-73所示。三层墙饰条的参数与二层完全一致，按照同样的参数进行三层墙饰条的设置。

图17-73

06 至此，部分墙饰条已经创建完成，剩余部分需要手动创建。打开三维视图，切换至"建筑"选项卡，然后单击"墙"下拉菜单中的"墙：饰条"按钮，如图17-74所示。

图17-74

07 在"属性"面板中单击"编辑类型"按钮，然后在"类型属性"对话框中，复制新的墙饰条类型，将其命名为"墙饰条-倒角"，接着在"轮廓"选项栏中选择相对应的轮廓族，最后单击"确定"按钮，如图17-75所示。

图17-75

08 拾取车库前的墙体顶部进行创建，然后在"属性"面板中设置"相对标高的偏移"为2850，如图17-76所示。

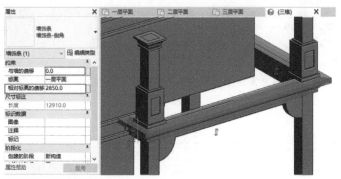

图17-76

09 墙饰条的整体完成效果如图17-77所示。

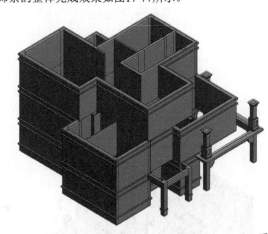

图17-77

17.2.6 添加门窗

本例中别墅的门窗样式较为特殊，因此需要自行创建门窗族，以满足项目要求。接下来将根据门窗大样，制作一个窗族作为示例，其余类型窗的制作方法相同。读者可以载入案例文件中的窗族，直接进行使用。

01 执行"文件>新建>族"命令，然后在"新族-选择样板文件"对话框中，选择"公制窗"族样板文件，接着单击"打开"按钮，如图17-78所示。

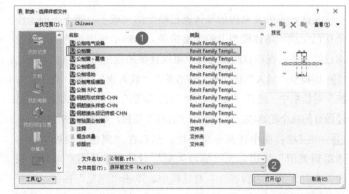

图17-78

02 打开"外部"立面，切换至"创建"选项卡，单击"参照平面”按钮，如图17-79所示。

图17-79

03 选择“直线”绘制工具，然后在视图中绘制参照平面，并设置当前参照平面与参照标高的间距为 1200，如图17-80所示。

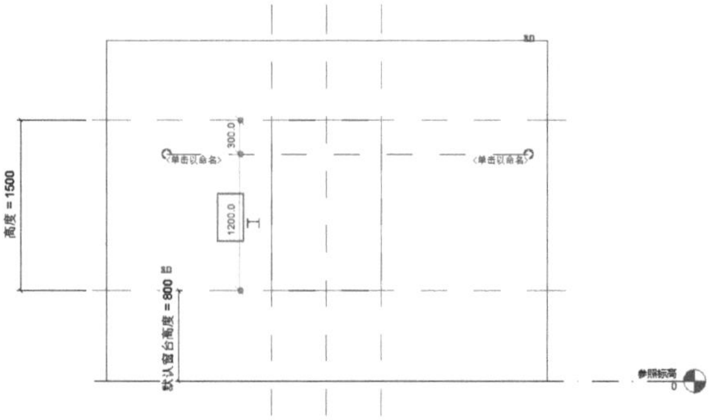

图17-80

04 切换至“创建”选项卡，单击 “拉伸”按钮，如图17-81所示。使用“矩形”工具绘制窗框外轮廓，然后使用“偏移”工具向内侧复制偏移50mm，如图17-82所示。

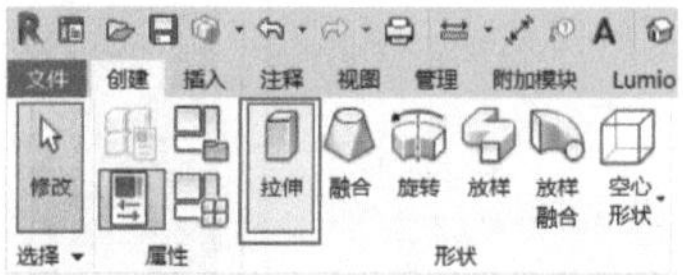

图17-81

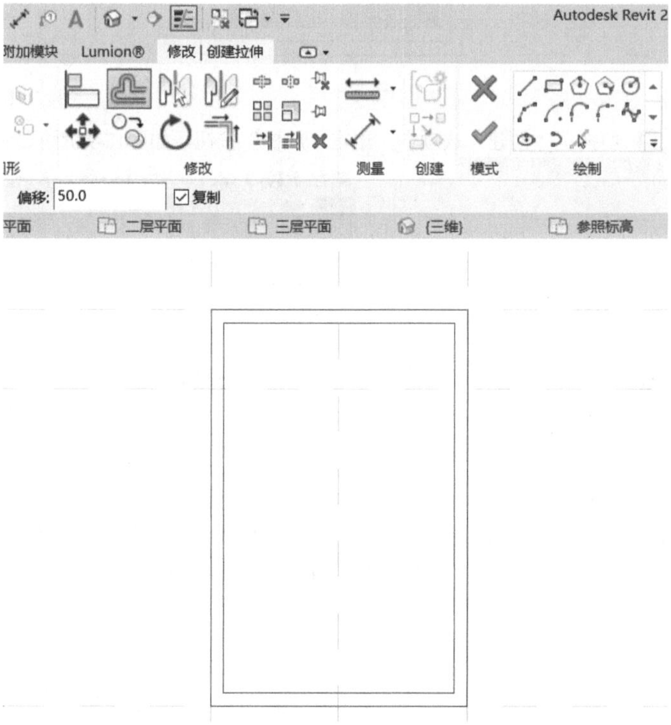

图17-82

05 使用“直线”工具，以初始绘制好的参照平面为基准绘制，然后设置“宽度”为50mm，并使用“拆分与修剪”工具将轮廓线处理为封闭状态，最后单击“完成”按钮，如图17-83所示。

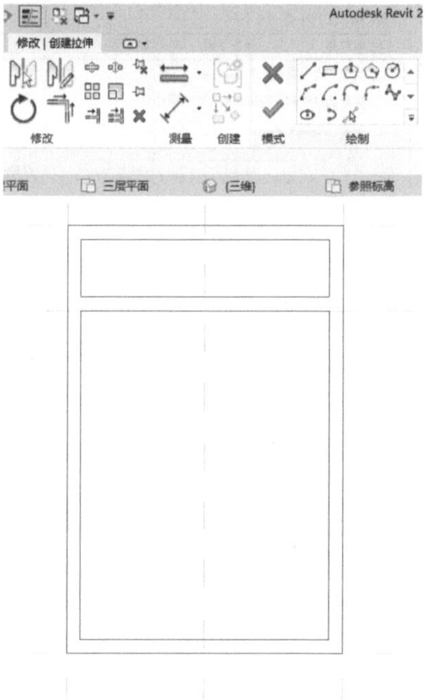

图17-83

06 选择窗框，然后单击“编辑工作平面”按钮，如图17-84所示。在“工作平面”对话框中，选择“名称”选项，再选择“参照平面：中心（前/后）”选项，最后单击“确定”按钮，如图17-85所示。

07 保持窗框的选中状态，在“属性”面板中，设置“拉伸终点”和“拉伸起点”分别为-40和40，如图17-86所示。

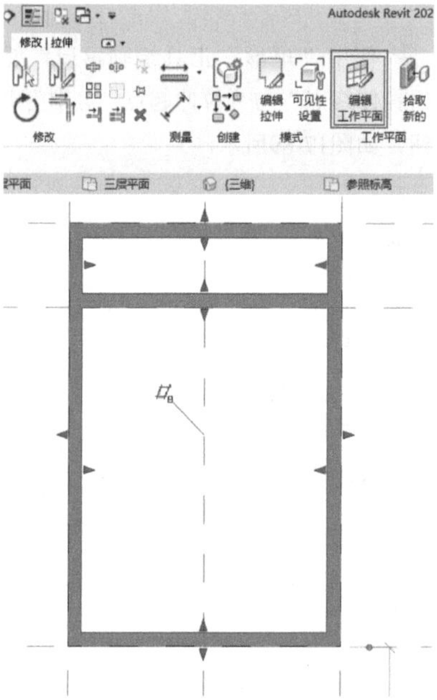

图17-84

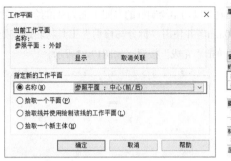

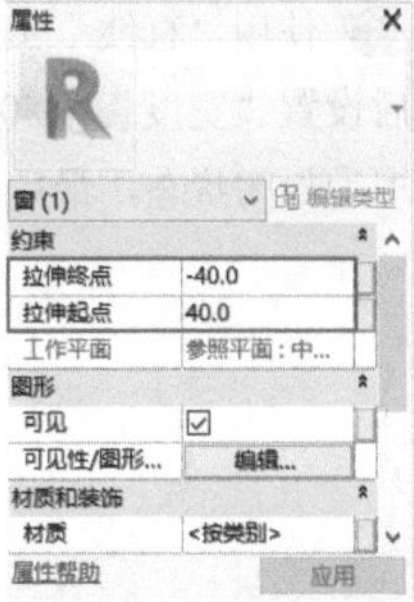

图17-85 图17-86

08 单击"拉伸"按钮，然后单击"设置"按钮，如图17-87所示。在"工作平面"对话框中，选择"名称"选项，再选择"参照平面：中心（前/后）"选项，然后单击"确定"按钮，如图17-88所示。

图17-87

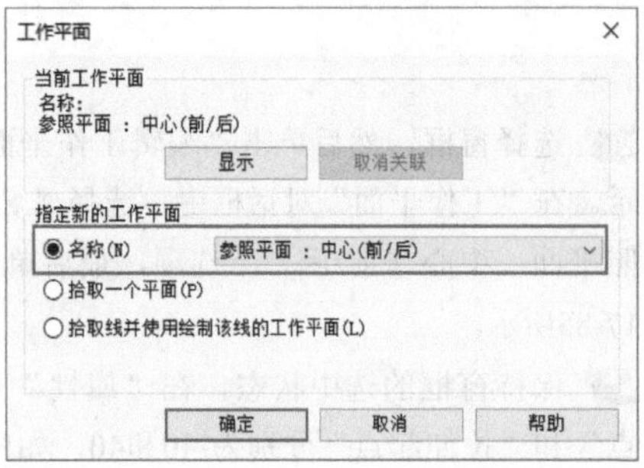

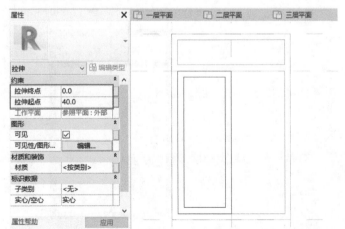

图17-88

09 使用"矩形"工具绘制窗扇，然后在"属性"面板中设置"拉伸终点"与"拉伸起点"分别为0和40，最后单击"完成"按钮，如图17-89所示。

图17-89

10 使用"镜像"工具将绘制好的窗扇复制到另外一侧，然后设置"拉伸终点"与"拉伸起点"分别为0和-40，如图17-90所示。

11 使用"拉伸"工具沿着窗框内部绘制玻璃，设置玻璃的"厚度"为4mm，如图17-91所示。

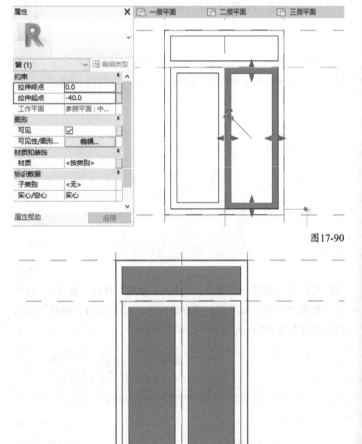

图17-90

图17-91

12 切换至"创建"选项卡，单击"放样"按钮，如图17-92所示。

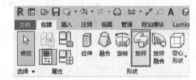

图17-92

13 切换至"修改|放样"选项卡，单击"拾取路径"按钮，如图17-93所示。接着拾取视图中左、右、上3条边线，单击"完成"按钮，如图17-94所示。

14 切换至"修改|放样"选项卡，单击"编辑轮廓"按钮，如图17-95所示。在"转到视图"对话框中，选择"楼层平面：参照标高"选项，然后单击"打开视图"按钮，如图17-96所示。

图17-93

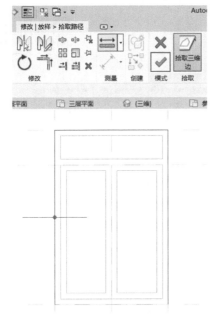

图17-94

图17-95

图17-96

⑮ 在楼层平面视图中，绘制长和宽均为100mm的矩形截面轮廓，如图17-97所示。连续单击两次"完成"按钮，完成窗外侧装饰线条的放样。转到外部立面视图查看最终效果，如图17-98所示。

图17-97

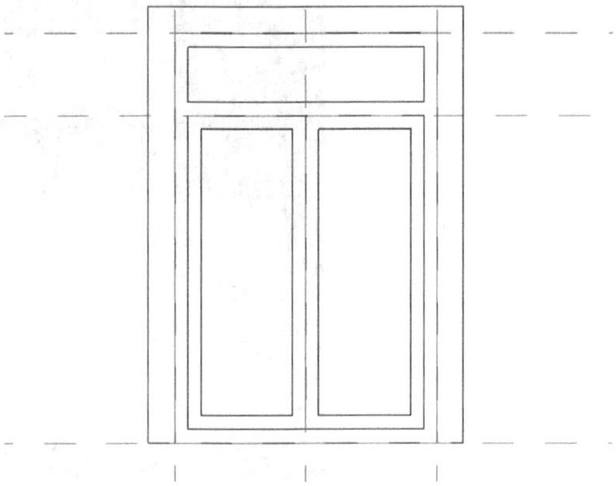

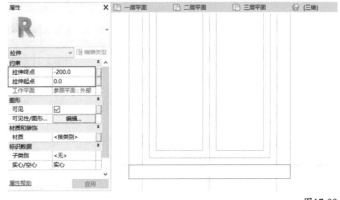

图17-98

⑯ 选择"拉伸"工具，设置"工作平面"为"参照平面：外部"，然后绘制"高度"为100mm，宽度与两侧装饰条对齐的轮廓线，接着设置"拉伸终点"为-200、"拉伸起点"为0，最后单击"完成"按钮，如图17-99所示。

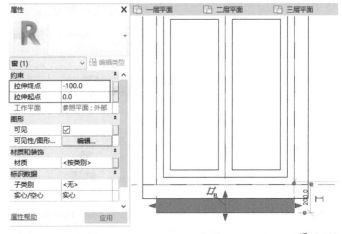

图17-99

⑰ 将绘制好的窗台板向下复制，调整两侧的句柄，使其与左右参照平面对齐，并设置"拉伸终点"为-100、"拉伸起点"为0，如图17-100所示。

图17-100

⑱ 进入三维视图，赋予窗户各部分相应的材质，最终效果如图17-101所示。

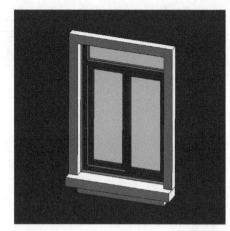

图17-101

图17-104

图17-105

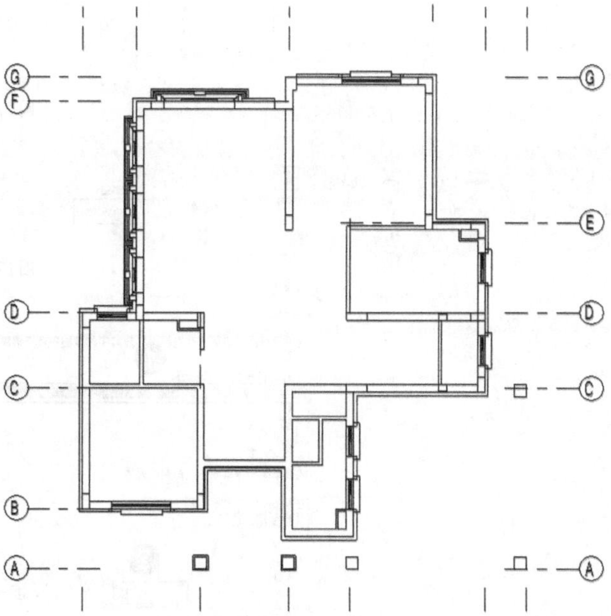

19 将制作好的窗族保存到项目文件夹中，然后返回项目文件。切换至"插入"选项卡，单击"载入族"按钮。在"载入族"对话框中，选择"实例文件>第17章>综合实例：别墅模型创建>族"文件夹，将已完成的窗族及门族载入项目中，如图17-102所示。

图17-102

20 进入一层平面，选中CAD底图，然后在工具选项栏中修改显示模式为"前景"，如图17-103所示。

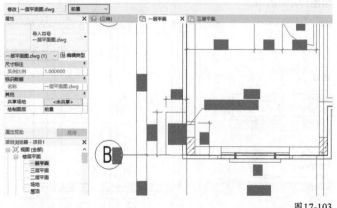

图17-103

21 切换至"建筑"选项卡，单击"窗"按钮，如图17-104所示。在"属性"面板中，选择窗类型为"C3"，将鼠标指针移动至平面图左下角C3的位置，然后单击进行放置，如图17-105所示。使用同样的方法完成本层其他类型窗户的放置，如图17-106所示。

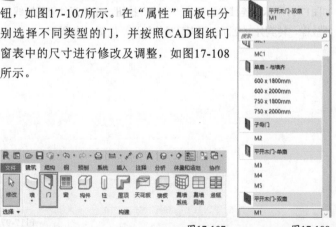

图17-106

22 切换至"建筑"选项卡，单击"门"按钮，如图17-107所示。在"属性"面板中分别选择不同类型的门，并按照CAD图纸门窗表中的尺寸进行修改及调整，如图17-108所示。

图17-107　　图17-108

23 选择相应的门类型，然后在当前平面视图中依次进行放置，如图17-109所示。按照同样的方法完成其他层门窗的布置。

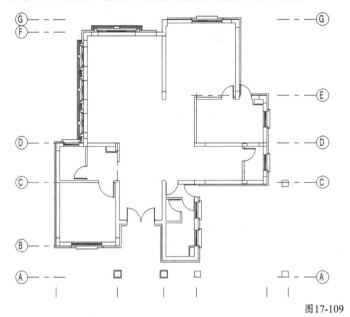

图17-109

24 当门窗放置完成后，需要到立面视图中调整标高的位置。打开东立面视图，按照CAD图纸中所提供的高度进行调整，如图17-110所示，然后依次切换到其他立面视图进行门窗高度的调整。调整完成之后，转到三维视图查看调整完成的效果，如图17-111所示。

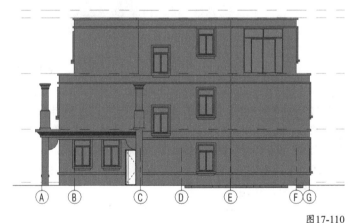

图17-110

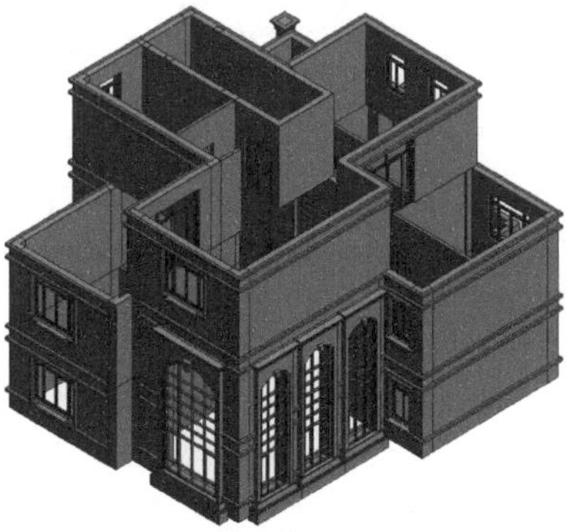

图17-111

17.2.7 创建楼板、楼梯、坡道和洞口

01 切换至"建筑"选项卡，单击"楼板"按钮，如图17-112所示，然后新建板厚为100mm的楼板。

图17-112

02 根据图纸上所标注的高程点，分别绘制各个房间的楼板，然后设置相应的高程，如图17-113所示。接着依据施工图纸完成各层之间楼板的绘制。

图17-113

03 进入一层平面图，在"属性"面板中选择"楼板 常规-150mm"，然后分别绘制门廊与车库部分的楼板并设置标高，如图17-114所示。

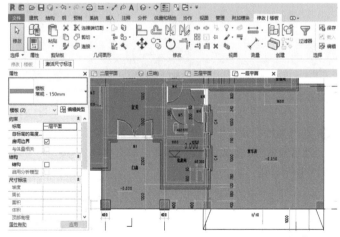

图17-114

04 进入三维视图，查看楼板全部绘制完成后的效果，如图17-115所示。

05 打开一层平面，切换至"建筑"选项卡，单击"楼梯"按钮，如图17-116所示。在"属性"面板中，选择"整体浇筑楼梯"类型，单击"编辑类型"按钮。在"类型属性"对话框中，复制一个新的楼梯类型，命名为"室内现场浇筑楼梯"，然后设置相关参数，如图17-117所示。

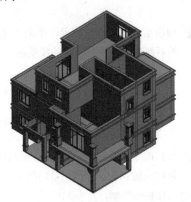

图17-115

图17-116

图17-117

06 在"属性"面板中，设置标高限制条件，然后根据施工图纸设置相关参数，如图17-118所示。

图17-118

07 切换至"修改|创建楼梯"选项卡，单击"梯段"按钮并选择

"直梯"方式，在工具选项栏中设置相关参数，然后在绘图区域绘制楼梯，第一跑有13个踢面，第二跑有7个踢面，如图17-119所示。

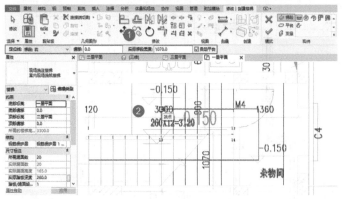

图17-119

08 梯段绘制完成后，发现自动生成的歇脚平台没有与图纸吻合，这时需要手动拖曳右侧的控制柄，将其拖曳至墙体边缘，然后单击"完成"按钮，如图17-120所示。

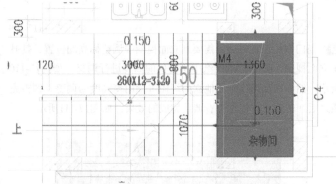

图17-120

09 若系统自动生成的楼梯扶手存在问题，可将其删除。切换至"建筑"选项卡，单击"栏杆扶手"按钮，进入绘制栏杆扶手路径的状态。在"修改|创建栏杆扶手路径"选项卡中，单击"拾取新主体"按钮，拾取楼梯梯段，接着勾选"链"选项，并使用"直线"工具沿着楼梯边缘绘制扶手路径，最后单击"完成"按钮，如图17-121所示。

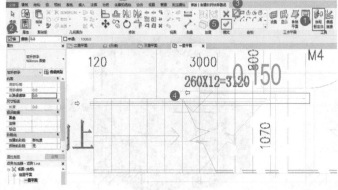

图17-121

10 进入二层平面图，按照同样的方法进行二层楼梯的绘制，如图

17-122所示。为了更方便地观察楼梯的状态，可以使用"可见性/图形替换"工具将楼板类别隐藏掉。

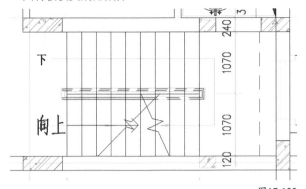

图17-122

11 切换至"建筑"选项卡，然后单击"垂直"按钮，如图17-123所示，接着拾取二层楼板，再使用"直线"工具绘制洞口轮廓，最后单击"完成"按钮，如图17-124所示。

图17-123

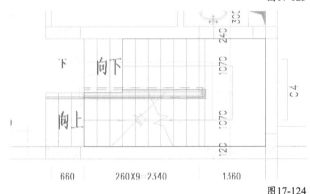

图17-124

12 进入三层平面图，使用同样的方法进行楼梯洞口的开洞，然后单击"完成"按钮，如图17-125所示。洞口绘制完成后，切换到三维视图，使用"剖面框"工具剖切至楼梯位置，如图17-126所示。

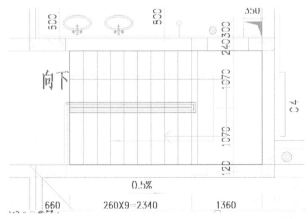

图17-125

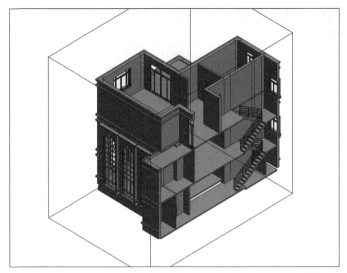

图17-126

13 切换至"插入"选项卡，单击"载入族"按钮。在"载入族"对话框中，选择"实例文件>第17章>综合实例：别墅模型创建>族"文件夹，选择"上梯梁"轮廓文件，将其载入项目中，如图17-127所示。

图17-127

14 切换至"建筑"选项卡，单击"楼板"下拉菜单中的"楼板：楼板边"按钮，如图17-128所示。

图17-128

15 在"属性"面板中单击"编辑类型"按钮，打开"类型属性"对话框，然后复制新的族类型为"上梯梁"，接着设置"轮廓"为"上梯梁：上梯梁"，最后单击"确定"按钮，如图17-129所示。

16 在视图中拾取楼板与楼梯交接的位置，分别添加上梯梁，如图17-130所示。

图17-129

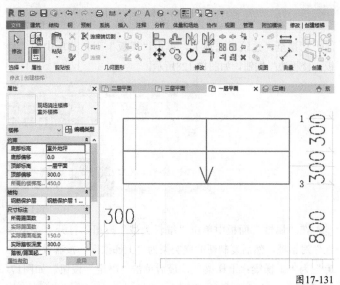

图17-130

17 打开一层平面，然后切换至"建筑"选项卡，单击"楼梯"按钮。复制新的楼梯类型为"室外楼梯"，然后设置相关参数，并完成楼梯的绘制，如图17-131所示。

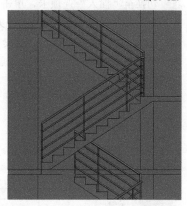

图17-131

18 选中绘制好的楼梯，单击"转换"按钮，如图17-132所示。随后在弹出的对话框中单击"关闭"按钮，如图17-133所示。

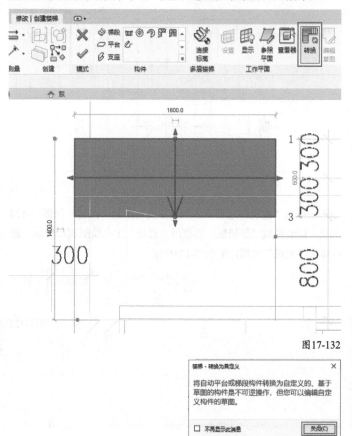

图17-132

图17-133

19 双击梯段进入编辑草图模式，添加踢面线并修改边界和楼梯路径线段，然后单击"完成"按钮，如图17-134所示。

图17-134

20 将创建好的楼梯复制到其他位置，并修改楼梯的宽度，如图17-135所示。进入三维视图，查看室外楼梯最终完成的效果，如图17-136所示。

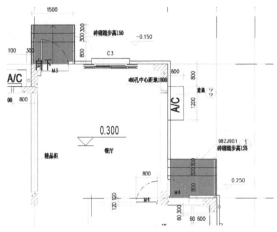

图17-135

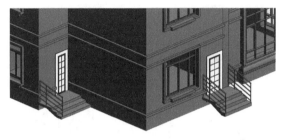

图17-136

21 切换至"建筑"选项卡，然后单击"坡道"按钮，如图17-137所示。

图17-137

22 在"属性"面板中单击"编辑类型"按钮，打开"类型属性"对话框，复制新的类型为"车库坡道"，然后设置"造型"为"实体"，"功能"为"外部"，"坡道最大坡度（1/x）"为10，最后单击"确定"按钮，如图17-138所示。

图17-138

23 在"属性"面板中，设置坡道的"底部标高"为"室外地坪"，"顶部标高"为"一层平面"，"顶部偏移"为-50mm，"宽度"为6090，如图7-139所示。选择"直线"绘制工具，由下至上绘制走道草图，然后进行尺寸编辑，最后单击"完成"按钮，如图17-140所示。

图17-139

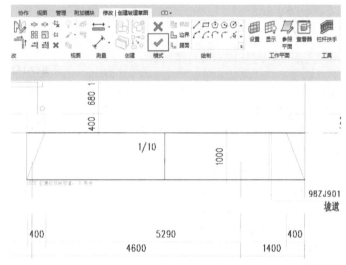

图17-140

24 坡道生成后，删除两侧创建的栏杆，然后进入三维视图查看最终效果，如图17-141所示。

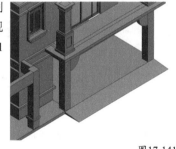

图17-141

17.2.8 创建屋顶与雨篷

完成以上工作后，整个模型制作过程就接近尾声了，接下来将进行屋面的创建。整个项目的屋面大致分布在三个标高上，分别是入门门厅部分、二层露台部分及最高处的屋顶部分。

01 进入南立面视图，然后切换到"建筑"选项卡，单击"参照平面"按钮，最后在视图中分别绘制不同方向的参照平面，如图17-142所示。

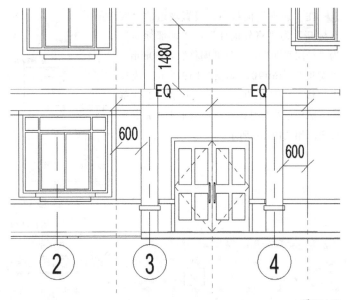

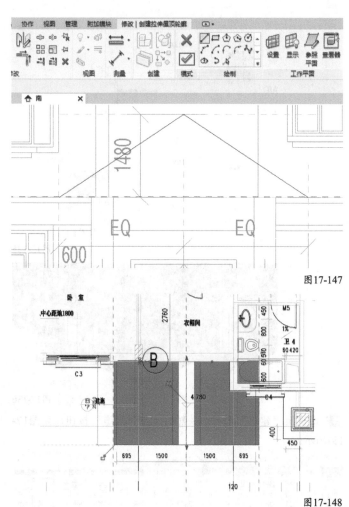

图17-147

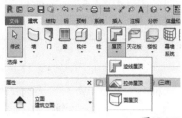

图17-142

02 在"建筑"选项卡中，单击"屋顶"下拉菜单中的"拉伸屋顶"按钮，如图17-143所示。在"工作平面"对话框中，选择"拾取一个平面"选项，并单击"确定"按钮，如图17-144所示。拾取门柱上方的墙体，将其作为工作平面，然后在"屋顶参照标高和偏移"对话框中，设置"标高"为"二层平面"，并单击"确定"按钮，如图17-145所示。

图17-143

03 在"类型属性"对话框中，复制新的屋顶类型为"常规-100mm"，然后修改结构层厚度为100，如图17-146所示。在"绘制"面板中选择"直线"工具，在当前视图中拾取参照平面之间的交点，进行屋面外轮廓的绘制，然后单击"完成"按钮，如图17-147所示。

04 进入二层平面，选择屋顶，然后拖曳两端的控制句柄，调整屋顶的实际尺寸，使其与图纸一致，如图17-148所示。

图17-148

05 切换至"建筑"选项卡，单击"垂直洞口"按钮，然后选择屋顶，使用"矩形"绘制工具绘制屋顶与墙体重叠部分的轮廓线，最后单击"完成"按钮，如图17-149所示。

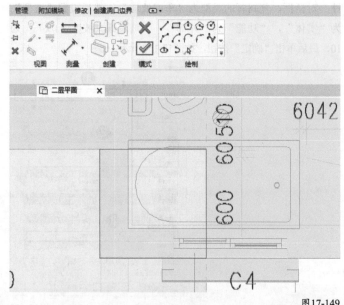

图17-149

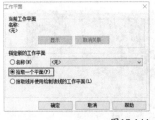

图17-144　　　　图17-145

图17-146

06 切换至"插入"选项卡，单击"载入族"按钮。在"载入族"对话框中，选择"实例文件>第17章>综合实例：别墅模型创建>族"文件夹，选择"烟囱""封檐板""檐沟""檐沟1"族文件，如图17-150所示，将其载入项目中。

图17-150

07 切换至"建筑"选项卡，单击"屋顶"下拉菜单中的"屋顶：封檐板"按钮。在"属性"面板中单击"编辑类型"按钮，然后在"类型属性"对话框中，将"轮廓"设置为"封檐板：封檐板"，如图17-151所示。接着分别拾取屋顶正前方两边的外边线创建封檐带，如图17-152所示。

图17-151

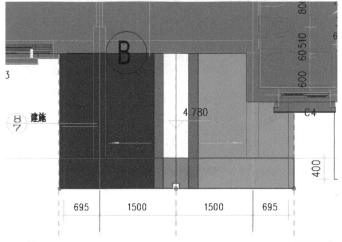

图17-152

08 进入三维视图，选择屋顶下方的所有墙体，然后单击"附着

顶部/底部"按钮，拾取屋顶，将墙体全部附着于屋顶底面，如图17-153所示。

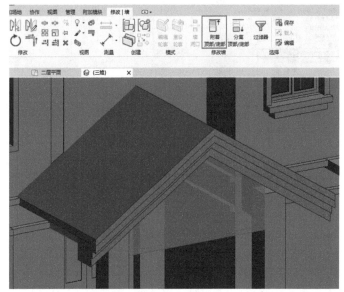

图17-153

09 进入三层平面，切换至"建筑"选项卡，然后单击"屋顶"下拉菜单中的"迹线屋顶"按钮，接着在视图右下方绘制矩形轮廓线。在"属性"面板中设置"自标高的底部偏移"为-115mm，"椽截面"为"正方形双截面"，然后单击"完成"按钮，如图17-154所示。

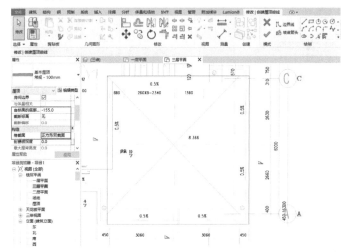

图17-154

10 进入屋顶平面，在"属性"面板中设置"范围：底部标高"为"三层平面"，如图17-155所示。使用"迹线屋顶"工具，沿着外墙边线绘制屋顶表面轮廓线。在"属性"面板中，设置"底部标高"为"屋顶"，"椽截面"为"正方形双截面"，然后单击"完成"按钮，如图17-156所示。

11 切换至"建筑"选项卡，然后单击"构件"下拉菜单中的"放置构件"按钮，接着在"属性"面板中选择"烟囱"，将其放置在屋顶右侧居中位置，如图17-157所示。

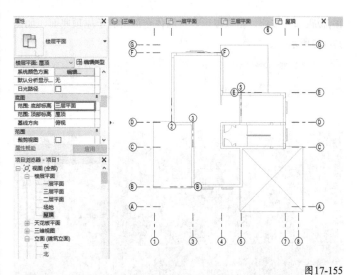

图17-155

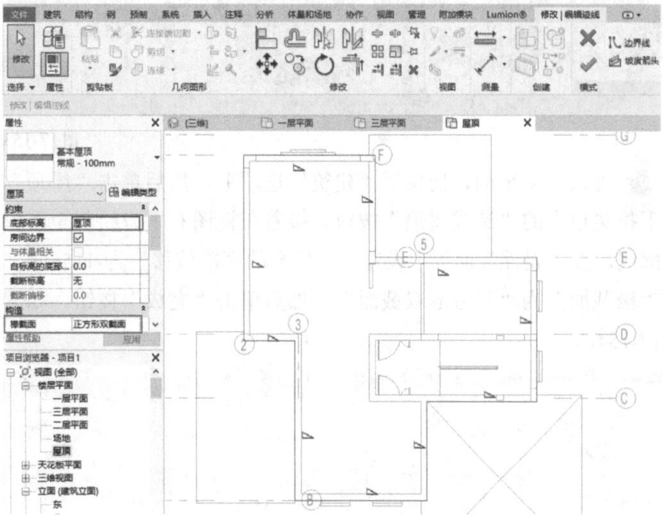

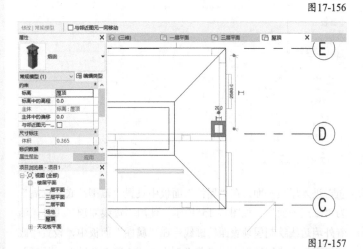

图17-156

图17-158

新类型，并将"轮廓"修改为"檐沟1：檐沟1"，最后单击"确定"按钮，如图17-159所示。

13. 在"属性"面板中选择"檐沟1"，然后将鼠标指针放置于屋顶边界线上，按Tab键选择所有边线，最后单击生成檐沟，如图17-160所示。

图17-159

图17-157

12. 进入三维视图，切换至"建筑"选项卡，单击"屋顶"下拉菜单中的"屋顶：檐槽"按钮。然后在"属性"面板中单击"编辑类型"按钮，在"类型属性"对话框中，将"轮廓"修改为"檐沟：檐沟"，如图17-158所示，接着单击"复制"按钮复制

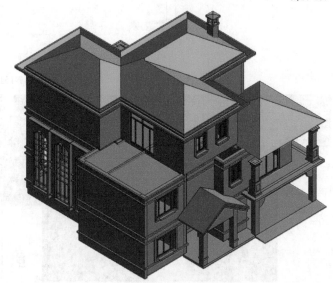

图17-160

14. 在"属性"面板中选择"檐沟2"，拾取二层屋顶边界生成檐沟，如图17-161所示。随后拖曳檐沟端点，使其到墙体边缘位置结束，如图17-162所示。

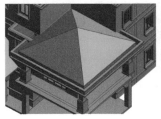

图17-161   图17-162

15 屋顶整体完成后的效果如图17-163所示。

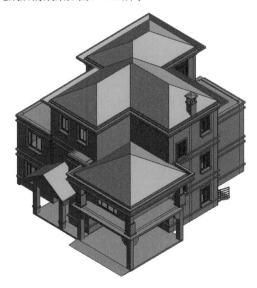

图17-163

17.2.9 创建栏杆

01 切换至"插入"选项卡，单击"载入族"按钮。在"载入族"对话框中，选择案例文件中的栏杆及扶手族文件，如图17-164所示，将其载入项目中。

图17-164

02 进入二层平面，然后切换至"建筑"选项卡，单击"栏杆扶手"按钮，如图17-165所示。

图17-165

03 打开"类型属性"对话框，复制出一个新的栏杆类型，然后单击"扶栏结构（非连续）"后面的"编辑"按钮，如图17-166所示。

图17-166

04 在"编辑扶手（非连续）"对话框中，删除多余的扶栏，只保留"扶栏1"，然后设置扶栏"高度"为900，"轮廓"为"顶部扶手"，最后单击"确定"按钮，如图17-167所示。

图17-167

05 单击"栏杆位置"后面的"编辑"按钮，如图17-168所示。在"编辑栏杆位置"对话框中，设置"栏杆族"为"栏杆-葫芦瓶"，"顶部"为"扶栏1"，支柱的"栏杆族"为"无"，然后单击"确定"按钮，如图17-169所示。

图17-168

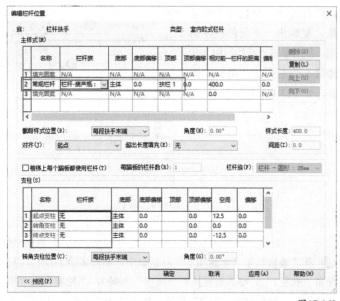

图17-169

06 返回"类型属性"对话框，取消勾选"使用顶部扶栏"复选框，然后单击"确定"按钮，如图17-170所示。

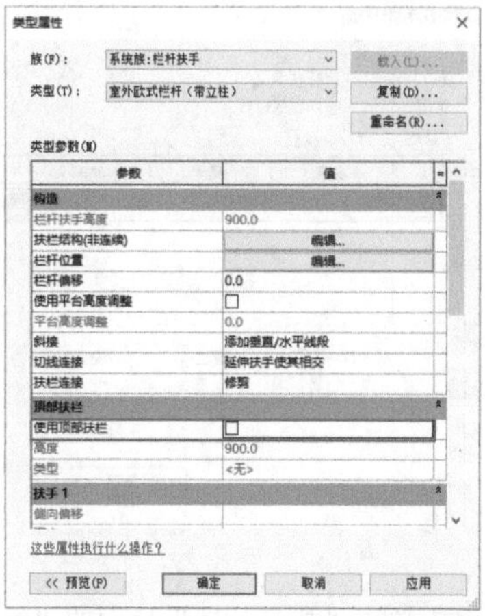

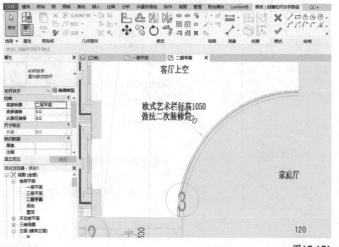

图17-170

07 选择"弧形"绘制工具，在客厅上空位置沿着楼板边缘绘制栏杆路径，然后单击"完成"按钮，如图17-171所示。

图17-171

08 在"属性"面板中单击"编辑类型"按钮，在打开的"类型属性"对话框中，再次复制出一个新的类型，命名为"室外欧式栏杆（带立柱）"，然后单击"栏杆位置"后面的"编辑"按钮，如图17-172所示。

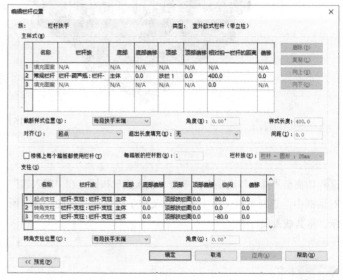

图17-172

09 在"编辑栏杆位置"对话框中，设置"起点支柱""转角支柱""终点支柱"的"栏杆族"均为"栏杆-支柱：栏杆-支柱"，再设置"起点支柱"的"空间"参数为80，"终点支柱"的"空间"参数为-80，最后单击"确定"按钮，如图17-173所示。

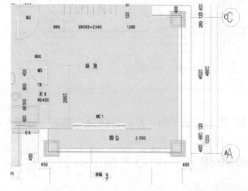

图17-173

10 使用"直线"绘制工具绘制阳台部分的栏杆路径，然后单击"完成"按钮，如图17-174所示。

图17-174

11 进入三层平面，再次执行"栏杆扶手"命令，选择"室外欧式栏杆（带立柱）"，分别绘制露台部分的栏杆路径，最后单击"完成"按钮，如图17-175和图17-176所示。

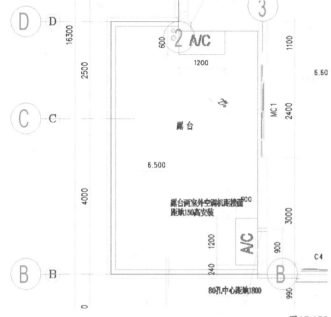

图17-175

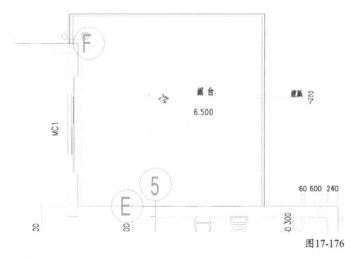

图17-176

12 进入三维视图，查看最终完成效果，如图17-177所示。

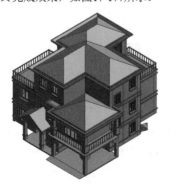

图17-177

17.2.10 创建地形

01 进入场地平面，在建筑四周绘制四条参照平面线，作为地形边界，如图17-178所示。

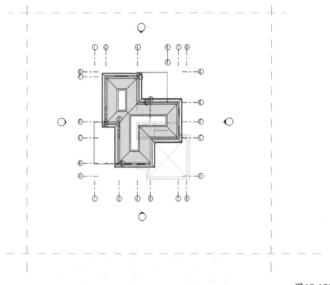

图17-178

02 切换至"体量和场地"选项卡，单击"地形表面"按钮，如图17-179所示。

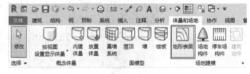

图17-179

03 在工具选项栏中，设置"高程"为-150，然后依次在参照平面的交点位置单击放置高程点，最后单击"完成"按钮，如图17-180所示。

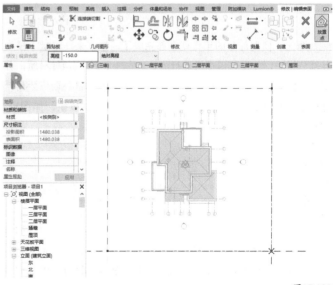

图17-180

323

04 单击"子面域"按钮,在地形基础上绘制道路轮廓,然后单击"完成"按钮,如图17-181所示。

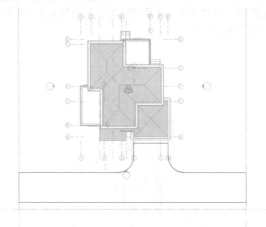

图17-181

05 将视图调整为着色状态,查看地形完成后的效果,如图17-182所示。

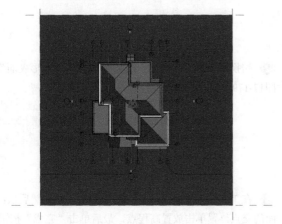

图17-182

17.2.11 添加材质与渲染

至此,模型部分的工作就全部完成了。接下来,将赋予模型各部分材质,并设置摄像机进行渲染。本项目中共有4种材质,分别为暖棕色文化石、白色外墙漆、米黄色外墙漆和红色西班牙瓦。

01 切换至"管理"选项卡,然后单击"材质"按钮,如图17-183所示。

图17-183

02 在"材质浏览器"对话框中,输入"石材"进行材质搜索,然后双击搜索结果中的石材材质,将其添加到项目材质中,如图17-184所示。

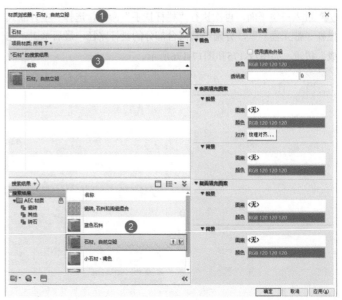

图17-184

03 选择"石材,自然立砌"材质,然后单击鼠标右键复制出新的材质,将其重命名为"石材,暖棕色文化石",接着切换到"外观"选项卡,单击"复制此资源"按钮,展开"信息"卷展栏,输入"名称"为"文化石",最后单击贴图文件的名称,如图17-185所示。

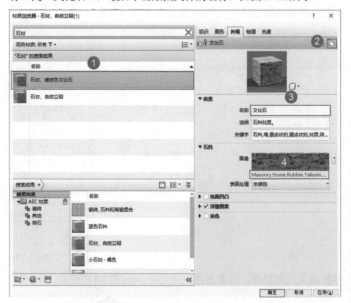

图17-185

> **技巧与提示**
>
> 在现有材质的基础上复制材质时,要先复制材质本身,然后在"外观"选项卡中复制材质资源。否则,两个材质就会共享一个材质资源,修改其中一个材质会影响其他的材质。

04 在"选择文件"对话框中,选择案例文件中的"暖棕色文化石"贴图文件,然后单击"打开"按钮,如图17-186所示。按照同样的方法,设置"浮雕图案"为"暖棕色文化石(凹凸贴图)",如图17-187所示。

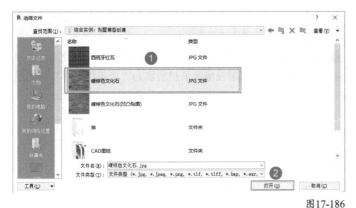

图17-186

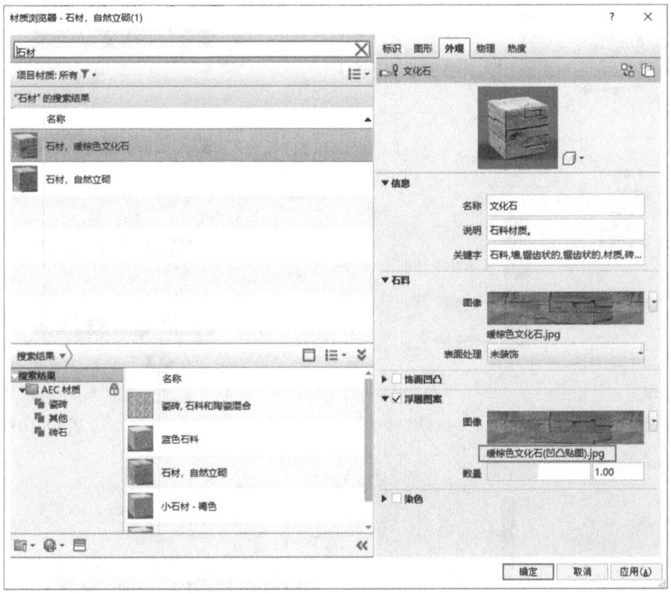

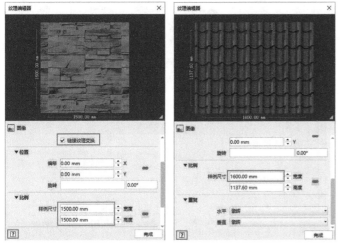

图17-187

05 单击石料图像缩略图，打开"纹理编辑器"对话框，勾选"链接纹理变换"选项，然后设置"样例尺寸"为1500mm，最后单击"确定"按钮，如图17-188所示。按照同样的方法，设置屋顶瓦片的材质，并设置"样例尺寸"为1600mm，如图17-189所示。

图17-188   图17-189

06 搜索"涂料"材质，然后复制白色涂料，重命名为"米黄色涂料"，并设置墙漆"颜色"为（RGB 250 244 184），最后单击"确定"按钮，如图17-190所示。

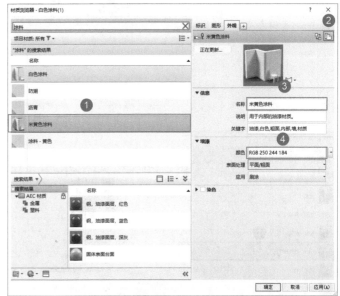

图17-190

07 进入三维视图，选择所有的屋面，然后在"属性"面板中单击"编辑类型"按钮，如图17-191所示，接着在"类型属性"对话框中单击"结构"参数后面的"编辑"按钮，打开"编辑部件"对话框，最后单击"结构[1]"后面的 按钮，如图17-192所示。

图17-191

08 在打开的"材质浏览器"对话框中，选择"瓦片-西班牙瓦"材质，然后单击"确定"按钮，如图17-193所示。

09 选择三层室外墙，然后在"属性"面板中单击"编辑类型"按钮，打开"类型属性"对话框，接着单击"结构"参数后面的"编辑"按钮，打开"编辑部件"对话框，最后单击"面层1[4]"后面的 按钮，如图17-194所示。

图17-192

钮，如图17-197所示。在"材质浏览器"对话框中，选择"白色涂料"材质，然后单击"确定"按钮，如图17-198所示。

13 选择二层墙体进行材质设置，设置步骤与三层墙体基本相同，但二层墙体的面层及墙饰条材质均为"米黄色涂料"，如图17-199所示。

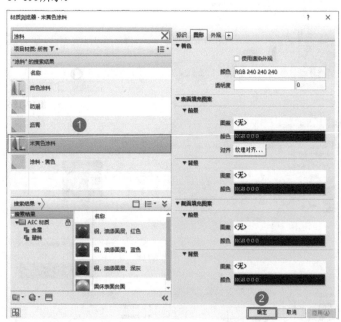

图17-195

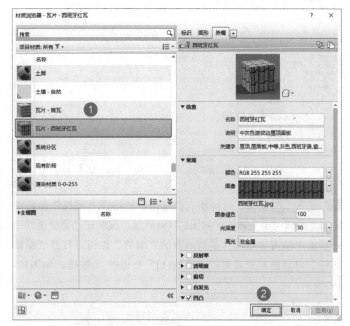

图17-193

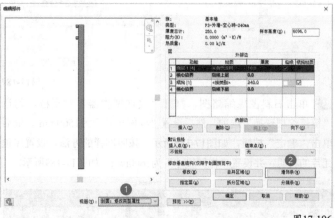

图17-196

图17-194

10 在"材质浏览器"对话框中，选择"米黄色涂料"材质，然后单击"确定"按钮，如图17-195所示。

11 回到"编辑部件"对话框，设置"视图"为"剖面：修改类型属性"，然后单击"墙饰条"按钮，如图17-196所示。

12 在"墙饰条"对话框中，单击"材质"参数单元格中的□按

图17-197

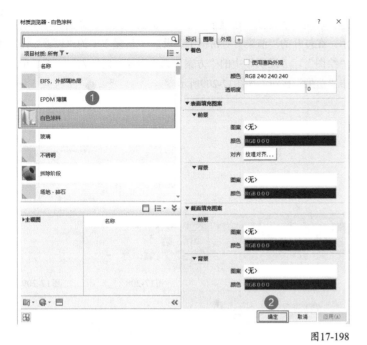

图17-198

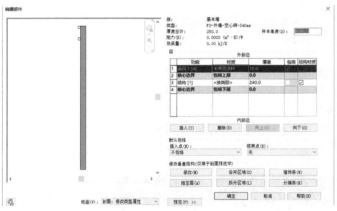

图17-199

14 设置一层墙体的墙面层"材质"为"石材，暖棕色文化石"，墙饰条"材质"为"白色涂料"，如图17-200所示。

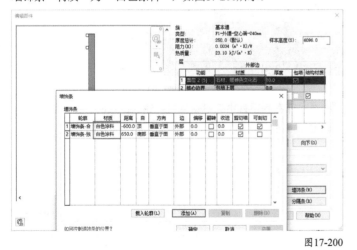

图17-200

15 选择地形，然后在"属性"面板中单击"材质"后方的按钮，如图17-201所示。

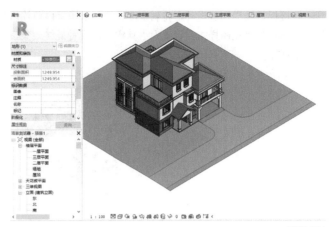

图17-201

16 搜索关键字"草"，然后将草材质添加到项目中，并单击"确定"按钮，如图17-202所示。

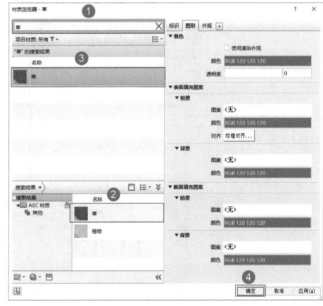

图17-202

17 按照同样的方法，选中道路部分，将其材质修改为"沥青"，如图17-203所示。

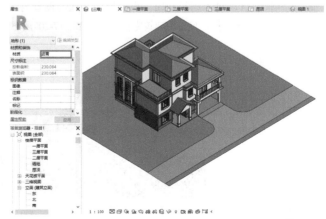

图17-203

18 除楼板、楼梯和坡道外，将剩余图元统一赋予"白色涂料"材质，然后将"视图样式"设置为"真实"，查看最终效果，如图17-204所示。

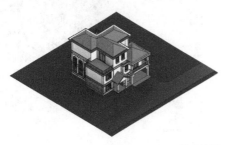

图17-204

19 进入场地平面，切换至"视图"选项卡，然后单击"三维视图"下拉菜单中的"相机"按钮，如图17-205所示，接着在1轴与A轴交叉的位置单击放置相机，最后将视点拖曳至右上方结束，如图17-206所示。

图17-205

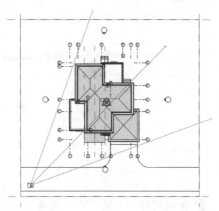

图17-206

20 此时软件自动进入相机视图，将"视图样式"设置为"真实"，拖曳视图范围框，使整幢建筑完整显示，如图17-207所示。

图17-207

21 切换至"视图"选项卡，单击"渲染"按钮，如图17-208所示。在打开的"渲染"对话框中，设置"质量"中的"设置"为"绘图"，"照明"中的"方案"为"室外：仅日光"，然后单击"渲染"按钮，如图17-209所示。

图17-208　　　　　　图17-209

> **技巧与提示**
>
> 　　在不确定渲染效果的情况下，可以先用较低的参数进行渲染测试。如果测试没有问题，再将渲染参数调整为"高"或"自定义"，进行最终的渲染。如果计算机本身的配置较高，也可以直接用预设的"高"或"自定义"来渲染。

22 渲染完成后的效果如图17-210所示。如果需要对渲染结果进行颜色或亮度调整，可以单击"渲染"对话框中的"调整曝光"按钮进行调节。如果没有问题，直接单击"保存到项目中"按钮，将渲染好的图像保存到项目文件中，如图17-211所示。

图17-210　　　　　　图17-211

23 在"保存到项目中"对话框中，输入图像的名称，然后单击"确定"按钮，如图17-212所示。

图17-212

24 保存之后在项目浏览器的"渲染"卷展栏中，可以打开查看已保存的渲染图像，如图17-213所示。

图17-213

17.3 综合实例: 住宅模型创建

素材位置 素材文件>第17章>住宅楼建筑施工图.dwg
实例位置 实例文件>第17章>综合实例: 住宅模型创建.rvi
视频位置 第17章>综合实例: 住宅模型创建.mp4
难易指数 ★★★★☆
技术掌握 居住建筑的Revit建模方法与流程

上一个实例介绍了Revit模型创建的全过程。本例是住宅项目，相比别墅模型来讲，住宅的体量也会更大一些。同时住宅项目有一些特性。例如，创建住宅模型时，通常以户型为基本单位进行建模。而且除了首层和顶层，其他层基本上就是标准层。了解了这些特性之后，我们再去做住宅项目的时候，就能够更快捷、更高效地完成模型的创建工作了。通过这个实例，可以掌握住宅类项目的特性，以及建模的实用技巧。图17-214和图17-215所示是室外的渲染图。

图17-214

图17-215

17.3.1 创建标高与轴网

和上一个实例一样，为了方便读者练习，我们已经在素材文件中准备好了全套的CAD图纸，供读者做练习时作为参考依据。

01 打开学习资源中的"素材文件>第17章>住宅楼建筑施工图.dwg"文件，找到"北立面图"，如图17-216所示。

图17-216

02 使用"建筑样板"新建项目文件，进入"北立面图"，然后根据CAD图纸当中提供的标高信息，使用"复制"工具创建各个标高，并修改名称，如图17-217所示。

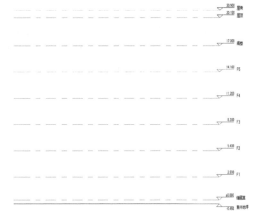

图17-217

03 因为使用"复制"工具所创建的标高不会自动生成楼层平面，所以需要切换至"视图"选项卡，单击"平面视图"下拉菜单中的"楼层平面"按钮，如图17-218所示。

图17-218

04 在"新建楼层平面"对话框中，选中除屋脊以外的全部标高，然后单击"确定"按钮，如图17-219所示。

图17-219

05 进入"储藏室"平面图，链接"实例文件>第17章>综合实例：创建住宅模型>CAD图纸>储藏室平面.dwg"文件，并将CAD底图移动到视图中央的位置，最后进行锁定，如图17-220所示。

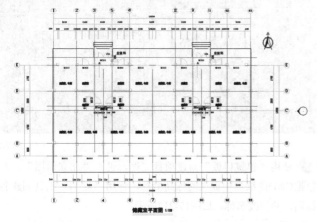

图17-220

06 切换至"建筑"选项卡，单击"轴网"按钮。然后使用"拾取线"工具，按照"从左到右、从下到上"的顺序，依次拾取CAD底图的轴线，进行轴网的创建。创建完成后，将轴线标头拖曳到合适的位置，如图17-221所示。

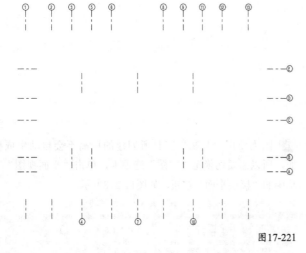

图17-221

17.3.2 创建结构柱与墙体

01 切换至"插入"选项卡，单击"载入族"按钮。在"载入族"对话框中，选择"结构>柱>混凝土"文件夹，选择"混凝土-

矩形-柱"文件，单击"打开"按钮，如图17-222所示，将其载入项目中。

图17-222

02 在"属性"面板中单击"编辑类型"按钮，打开"类型属性"对话框。复制新的结构柱类型，命名为"400×400mm"，并修改b和h的参数值均为400，然后单击"确定"按钮，如图17-223所示。

图17-223

03 在工具选项栏中设置绘制方式为"高度"，到达标高"F1"，然后在平面中依次放置结构柱，如图17-224所示。储藏室楼层平面结构柱全部创建完成后的效果如图17-225所示。

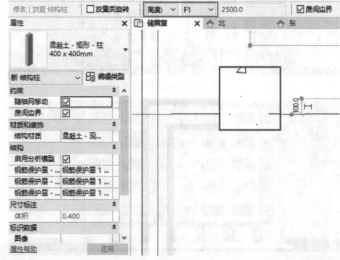

图17-224

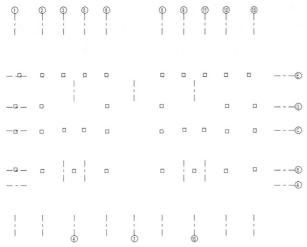

图17-225

图17-228

04 切换至"建筑"选项卡，单击"墙体"按钮。在"属性"面板中选择"常规-200mm"墙类型，单击"编辑类型"按钮。在"类型属性"对话框中，复制新类型为"外墙-200mm"，然后单击"确定"按钮，如图17-226所示。

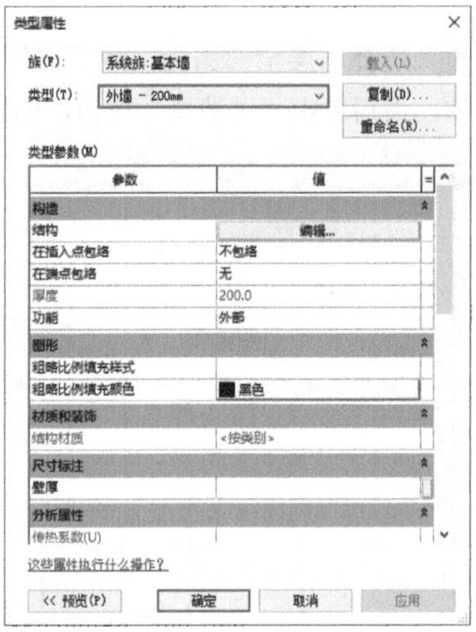

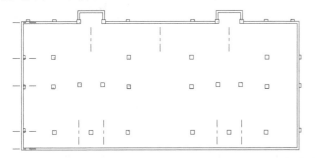

图17-226

05 在工具选项栏中，设置绘制方式为"高度"，到达标高为"F1"。然后使用"直线"工具，以顺时针的方向开始绘制建筑外墙，如图17-227所示。

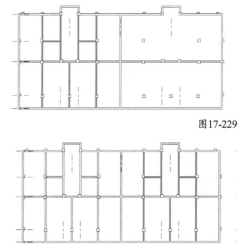

图17-227

06 外墙绘制完成后，再次执行"墙体"命令。然后在"属性"面板中单击"编辑类型"按钮，在打开的"类型属性"对

话框中，复制新类型为"内墙-200mm"，最后单击"确定"按钮，如图17-228所示。

07 由于本项目的户型全部为标准户型，因此可以先绘制好一个户型的墙体，然后通过"镜像"工具完成其他墙体的创建。也可以以一个单元为单位，进行内墙的创建，如图17-229所示。选中已经完成的一个单元的内墙，通过"镜像"工具快速镜像到另外一个单元，如图17-230所示。

图17-229

图17-230

08 选中本层的全部图元，单击"复制"按钮，然后单击"粘贴"下拉菜单中的"与选定的标高对齐"按钮，如图17-231所示。

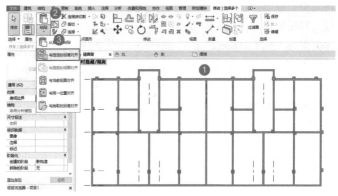

图17-231

09 在"选择标高"对话框中，选择
"F1"，然后单击"确定"按钮，如图
17-232所示。

图17-232

10 进入F1平面，然后链接"一层平面"CAD图，并将图纸与现
有轴线对齐，如图17-233所示。

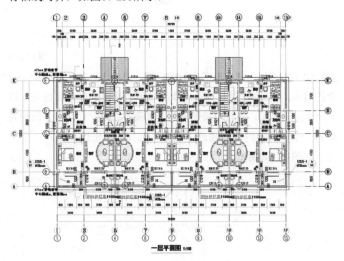

图17-233

11 按照"一层平
面"CAD底图，修改墙
体和结构柱布局，如图
17-234所示。

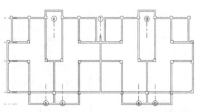

图17-234

12 执行"墙体"命令，在
"属性"面板中选择"外墙
-200mm"，然后单击"编
辑类型"按钮。在"类型属
性"对话框中，复制新的墙
体类型为"外墙-100mm"，
并修改对应墙的"厚度"为
100，然后单击"确定"按
钮，如图17-235所示。

图17-235

13 使用默认参数绘制飘窗部分的墙体，如图17-236所示。在
"属性"面板中，设置"底部偏移"为900，"顶部偏移"为
-400，绘制飘窗水平方向的墙体，如图17-237所示。

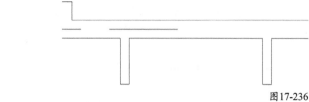

图17-236

图17-237

14 选择本层全部图元，然后按住Shift键减选飘窗水平部分的墙
体，最后单击"过滤器"按钮，如图17-238所示。

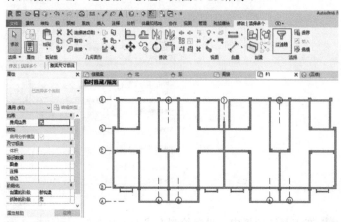

图17-238

15 在"过滤器"对话框
中，取消勾选"结构柱"选
项，只保留"墙"选项，然
后单击"确定"按钮，如图
17-239所示。

图17-239

16 在"属性"面板中，设置墙体的"底部约束"为"F1"，
"顶部约束"为"直到标高：F2"，"底部偏移"和"顶部偏
移"均为0，如图17-240所示。

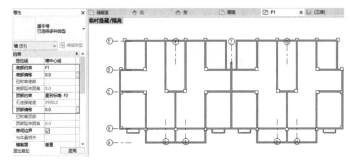

图17-240

⑰ 再次选中视图中所有图元，通过"过滤器"只选中"结构柱"选项，然后在"属性"面板中设置对应的参数，如图17-241所示。

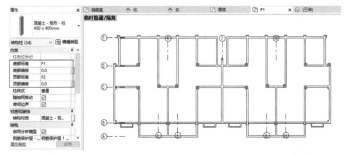

图17-241

⑱ 选中视图中所有图元，单击"复制"按钮，然后单击"粘贴"下拉菜单中的"与选定的标高对齐"按钮，如图17-242所示。在"选择标高"对话框中，选择"F2"，并单击"确定"按钮，如图17-243所示。

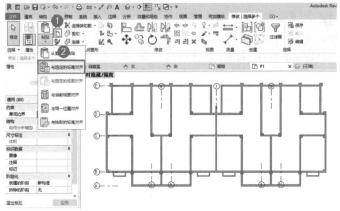

图17-242

图17-243

⑲ 进入二层平面视图，链接"二层平面"CAD图纸，核查并修改二层平面布局。确认无误后，选中视图中全部图元，在"属性"面板中将"底部偏移"和"顶部偏移"均设置为0。单击"复制"按钮，然后单击"粘贴"下拉菜单中的"与选定的标高对齐"按钮，如图17-244所示。在"选择标高"对话框中，选择"F3""F4""F5"，并单击"确定"按钮，如图17-245所示。F2~F5层为标准层。

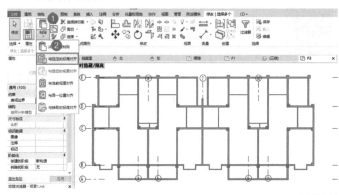

图17-244

图17-245

⑳ 进入阁楼平面视图，链接"阁楼平面"CAD图纸，按照阁楼平面分别绘制内墙、外墙和结构柱，如图17-246所示。

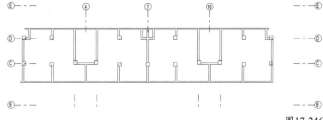

图17-246

㉑ 切换至"插入"选项卡，单击"载入族"按钮。在"载入族"对话框中，选择"实例文件>第17章>综合实例：创建住宅模型>族"文件夹，选择"墙饰条1"和"墙饰条2"两个族文件，单击"打开"按钮，如图17-247所示，将其载入项目中。

㉒ 进入储藏室平面，选中任意外墙，在"属性"面板中单击"编辑类型"按钮。在"类型属性"对话框中，复制新的墙体类型为"储藏室外墙-200mm"，并单击"结构"后方的"编辑"按钮，如图17-248所示。

图17-247

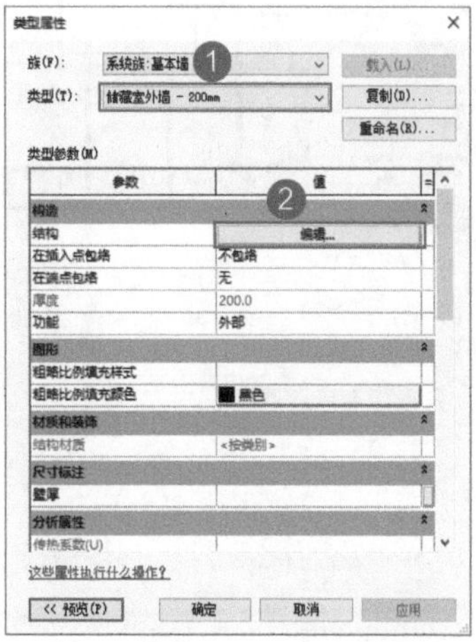

墙体和结构柱的"底部标高"修改为"室外地坪"。

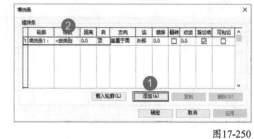

图17-250

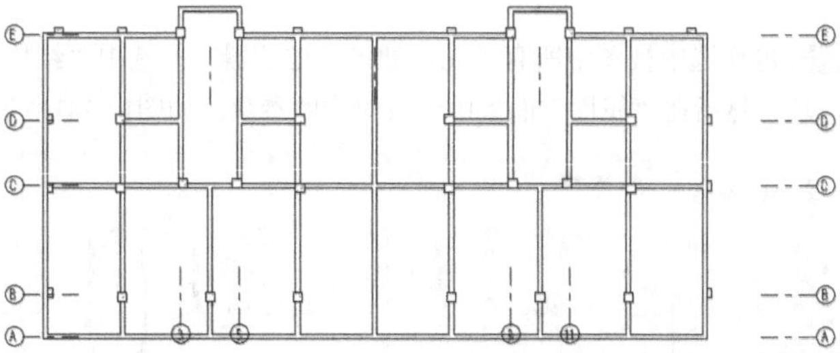

图17-251

23 在"编辑部件"对话框中，单击"预览"按钮，然后修改视图类型为"剖面：修改类型属性"，最后单击"墙饰条"按钮，如图17-249所示。

图17-248

26 进入F5平面，选中任意外墙，在"属性"面板中单击"编辑类型"按钮。在"类型属性"对话框中，复制新的墙体类型为"F5外墙-200mm"，并单击"结构"后方的"编辑"按钮，如图17-252所示。

27 在"编辑部件"对话框中，单击"预览"按钮，然后修改视图类型为"剖面：修改类型属性"，最后单击"墙饰条"按钮，如图17-253所示。

图17-252

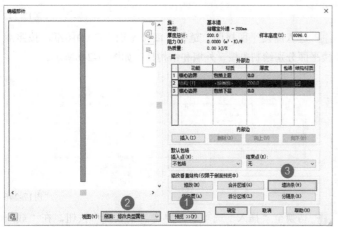

图17-249

24 在"墙饰条"对话框中，单击"添加"按钮，然后修改墙饰条"轮廓"为"墙饰条1"，"自"为"顶"，最后单击"确定"按钮，如图17-250所示。

25 依次单击"确定"按钮，关闭所有对话框。使用"匹配类型属性"工具，快速将储藏室平面其他外墙也修改为"储藏室外墙-200mm"类型，如图17-251所示。最后将储藏室平面所有

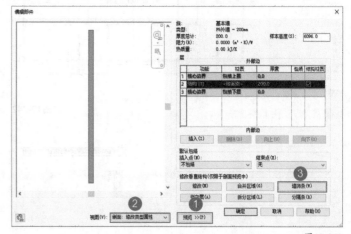

图17-253

28 在"墙饰条"对话框中，单击"添加"按钮，然后修改墙饰条"轮廓"为"墙饰条1"，"自"为"底部"，最后单击"确

定"按钮，如图17-254所示。

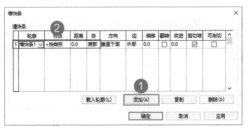

图17-254

29 依次单击"确定"按钮，关闭所有对话框。然后使用"匹配类型属性"工具，快速将F5平面其他外墙也修改为"F5外墙-200mm"类型，如图17-255所示。

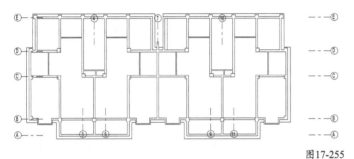

图17-255

30 打开三维视图，然后切换至"建筑"选项卡，单击"墙"下拉菜单中的"墙饰条"按钮。在"属性"面板中单击"编辑类型"按钮，在"类型属性"对话框中复制一个新的墙饰条类型为"墙饰条2"，并将"轮廓"参数修改为"墙饰条2：墙饰条2"，最后单击"确定"按钮，如图17-256所示。

图17-256

31 依次拾取五层南立面外墙顶部，创建墙饰条，如图17-257所示。

图17-257

32 墙体、墙饰条和结构柱全部完成后的效果如图17-258所示。

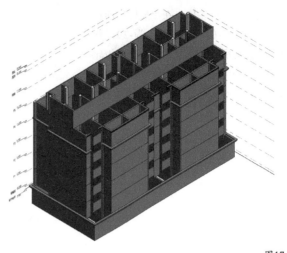

图17-258

17.3.3 创建楼板、楼梯和坡道

01 打开储藏室平面，切换至"建筑"选项卡，单击"楼板"按钮。在"属性"面板中单击"编辑类型"按钮，在"类型属性"对话框中，复制新楼板类型为"常规-120mm"，然后修改楼板厚度为120，如图17-259所示。

图17-259

02 使用"直线"工具或"拾取线"工具完成楼板轮廓的绘制，然后单击"完成"按钮，如图17-260所示。

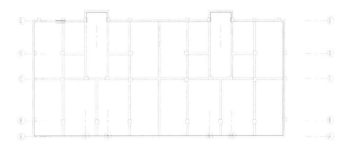

图17-260

03 打开F1平面，继续绘制楼板轮廓。先绘制单个户型的楼板轮廓，将厨房、卫生间和阳台的位置单独留出来，最后单击"完成"按钮，如图17-261所示。

04 继续绘制楼板轮廓，在"属性"面板中设置"自标高的高度偏移"为-20，然后分别绘制厨房、卫生间和阳台的楼板轮廓，最后单击"完成"按钮，如图17-262所示。

图17-261

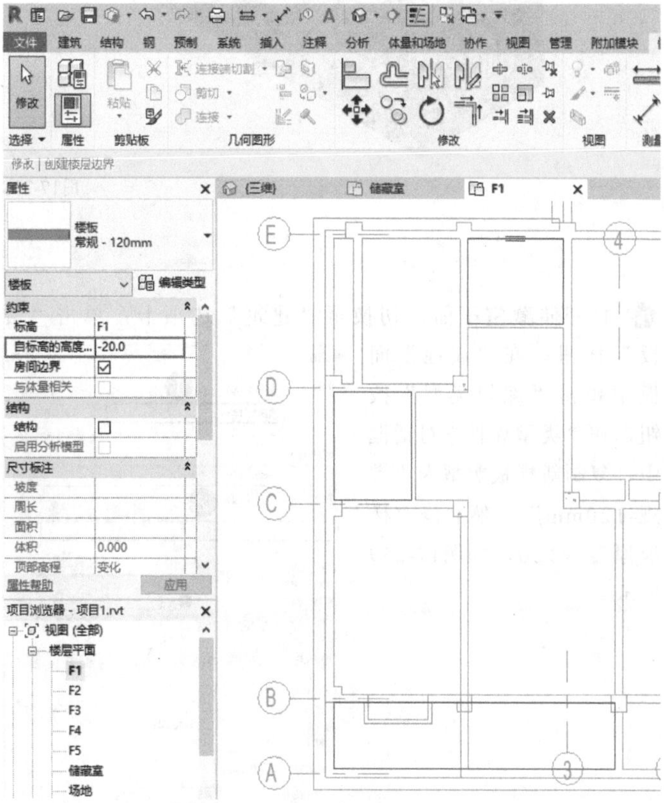

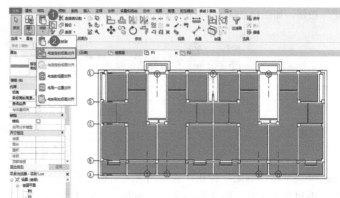

图17-264

图17-265

07 进入F2平面，编辑阳台部分楼板的轮廓。编辑完成后选中所有楼板，单击"复制"按钮，然后单击"粘贴"下拉菜单中的"与选定的标高对齐"按钮，如图17-266所示。在"选择"标高对话框中，选择"F3""F4""F5""阁楼"并单击"确定"按钮，如图17-267所示。

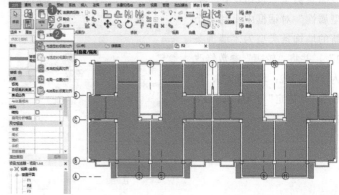

图17-266

图17-267

图17-262

05 选中绘制好的楼板，使用"镜像"工具将其镜像到其他位置，完成剩余楼板的绘制，如图17-263所示。

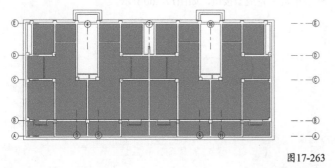

图17-263

06 选中绘制好的楼板，单击"复制"按钮，然后单击"粘贴"下拉菜单中的"与选定的标高对齐"按钮，如图17-264所示。在"选择标高"对话框中，选择"F2"并单击"确定"按钮，如图17-265所示。

08 进入储藏室平面，绘制室外平台的轮廓，然后单击"完成"按钮，如图17-268所示。

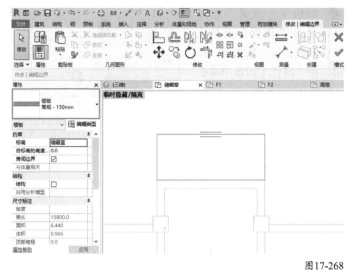

图17-268

09 将CAD底图调整为前景显示，然后切换至"建筑"选项卡，单击"楼梯"按钮。在工具选项栏中，设置"定位线"为"梯段：右"，"实际梯段宽度"为1150。在"属性"面板中选择"现场浇注楼梯 整体浇筑楼梯"，然后设置"所需踢面数"为15，"实际踏板深度"为280，接着沿着墙面按照CAD底图完成储藏室楼梯的绘制，最后单击"完成"按钮，如图17-269所示。

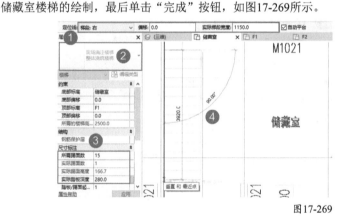

图17-269

10 进入F1平面，继续执行"楼梯"命令。在工具选项栏中设置"定位线"为"梯段：右"，然后在"属性"面板中设置"所需踢面数"为18，接着在视图中按照CAD底图完成楼梯的绘制，最后单击"完成"按钮，如图17-270所示。

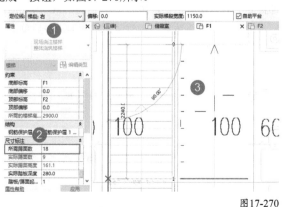

图17-270

11 选中已经绘制好的楼梯，然后单击"选择标高"按钮，如图17-271所示。

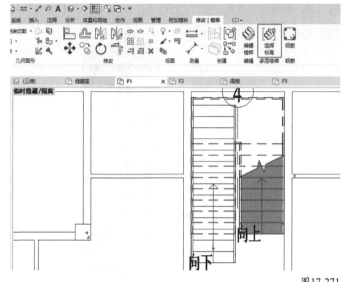

图17-271

12 在"转到视图"对话框中，选择"立面：北"，并单击"打开视图"按钮，如图17-272所示。

图17-272

13 在"北立面"视图中，选择"F3""F4""F5""阁楼"标高，然后单击"完成"按钮，如图17-273所示。

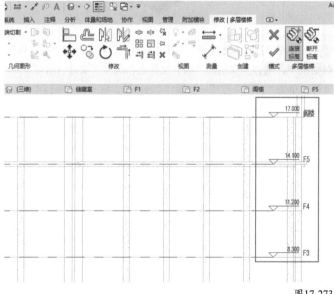

图17-273

14 此时软件已经自动完成多楼层楼梯的创建了。在F1平面中选中楼梯，单击"选择框"按钮，可以在三维视图中查看已经绘制好的楼梯，如图17-274所示。

15 将绘制好的楼梯复制到另外一个单元，并完成楼梯间平台板的绘制，最终完成效果如图17-275所示。

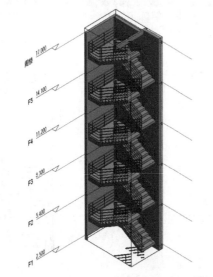

图17-274

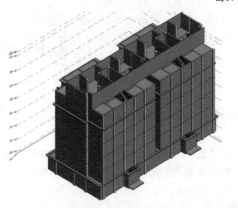

图17-275

16 切换至"插入"选项卡，单击"载入族"按钮。在"载入族"对话框中，选择本实例的"族"文件夹，选择"室外台阶-三阶"文件，单击"打开"按钮，如图17-276所示，将其载入项目中。

图17-276

17 切换至"建筑"选项卡，单击"楼板"下拉菜单中的"楼板：楼板边"按钮。在"属性"面板中单击"编辑类型"按钮，在"类型属性"对话框中，复制新的类型为"室外台阶-三阶"，然后将"轮廓"修改为"室外台阶-三阶：室外台阶-三阶"，最后单击"确定"按钮，如图17-277所示。

图17-277

18 依次拾取室外平台楼板上边缘创建室外台阶，如图17-278所示。

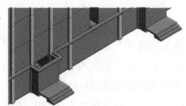

图17-278

19 打开储藏室平面，切换至"建筑"选项卡，单击"坡道"按钮。在"属性"面板中单击"编辑类型"按钮，然后在"类型属性"对话框中，设置"造型"为"实体"，"坡道最大坡度（1/X）"为1，最后单击"确定"按钮，如图17-279所示。

图17-279

20 在"属性"面板中设置"底部标高"为"室外地坪"，"顶部标高"为"储藏室"，然后在视图中按照CAD底图由下到上绘制坡道草图，并将边界线调整至建筑两侧，最后单击"完成"按钮，如图17-280所示。

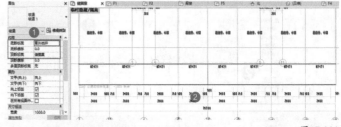

图17-280

21 将坡道两侧的栏杆扶手删除掉，然后镜像到北立面。打开三维视图，查看绘制好的坡道，如图17-281所示。

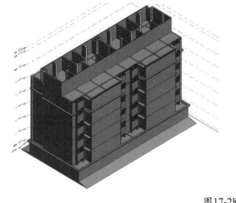

图17-281

17.3.4 创建屋顶

01 打开F1平面，然后切换至"建筑"选项卡，单击"迹线屋顶"按钮。在"属性"面板中选择"基本屋顶 常规-125mm"，绘制单元入口处屋面的轮廓。在图纸中并未指定屋面坡度，这里暂定"坡度"为35°，如图17-282所示。

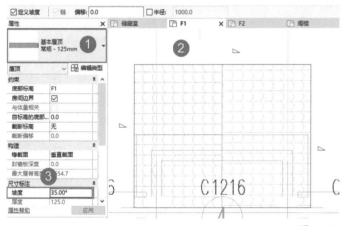

图17-282

02 选中上下两边屋顶轮廓的边线，在工具选项栏中取消勾选"定义坡度"选项，然后单击"完成"按钮，如图17-283所示。

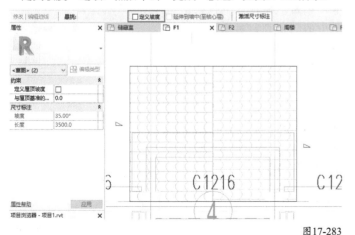

图17-283

03 将绘制好的屋顶复制到另外一个单元入口处。然后进入三维视图，将单元入口处的墙体全部附着于屋面底部，如图17-284所示。

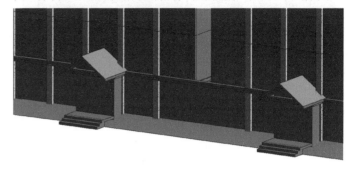

图17-284

04 进入屋顶平面，继续执行"屋顶"命令，绘制左侧屋面的轮廓，并将所有轮廓坡度取消，如图17-285所示。

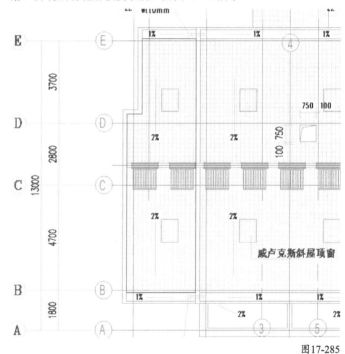

图17-285

05 单击"坡度箭头"按钮，使用"直线"工具从屋面中心线向上下两侧绘制坡度箭头。选中坡度箭头，然后在"属性"面板中设置"头高度偏移"为-2600，最后单击"完成"按钮，如图17-286所示。

06 继续执行"屋顶"命令，绘制相邻的屋顶轮廓，然后在"属性"面板中设置"底部标高"为"屋脊"，如图17-287所示。

07 单击"坡度箭头"按钮，使用"直线"工具从屋面中心线向上下两侧绘制坡度箭头。选中坡度箭头，然后在"属性"面板中设置"头高度偏移"为-2600，最后单击"完成"按钮，如图17-288所示。

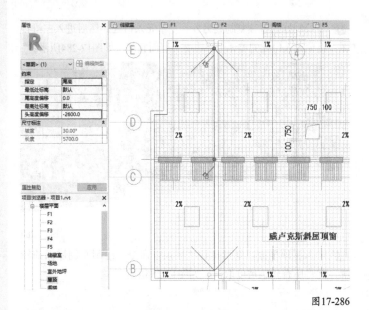

图17-286

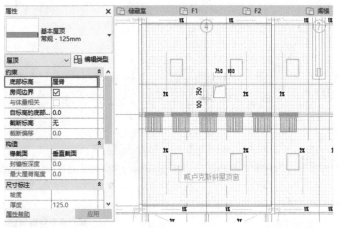

图17-287

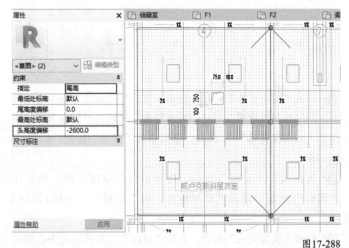

图17-288

08 将绘制好的屋顶镜像到另外一侧，然后开始绘制中间部分的屋顶。参数与左右两侧屋顶的参数完全一致，最后单击"完成"按钮，如图17-289所示。

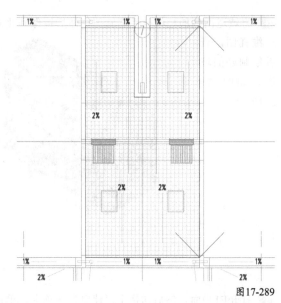

图17-289

09 切换至"插入"选项卡，单击"插入"按钮。在打开的"载入族"对话框中，选择本实例"族"文件夹中的"檐沟"和"封檐板200×240"族文件，然后单击"打开"按钮，如图17-290所示。

图17-290

10 切换至"建筑"选项卡，单击"屋顶"下拉菜单中的"屋顶：封檐板"按钮。在"属性"面板中单击"编辑类型"按钮，然后在"类型属性"对话框中，设置"轮廓"为"封檐板200×240：封檐板200×240"，最后单击"确定"按钮，如图17-291所示。

图17-291

⑪ 进入三维视图，依次拾取各个屋顶东西两侧边界，创建封檐板，如图17-292所示。

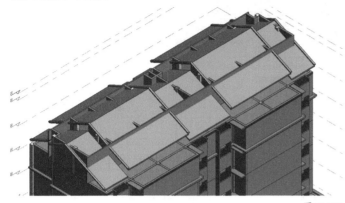

图17-292

⑫ 切换至"建筑"选项卡，单击"屋顶"下拉菜单中的"屋顶：檐槽"按钮。在"属性"面板中单击"编辑类型"按钮，然后在"类型属性"对话框中，设置"轮廓"为"檐沟：檐沟"，最后单击"确定"按钮，如图17-293所示。

图17-293

⑬ 依次拾取各个屋顶南北两侧的水平边界，创建檐沟。切换至"建筑"选项卡，单击"屋顶"下拉菜单中的"屋顶：檐槽"按钮。在"属性"面板中单击"编辑类型"按钮，然后在"类型属性"对话框中，设置"轮廓"为"檐沟"，最后单击"确定"按钮，如图17-294所示。

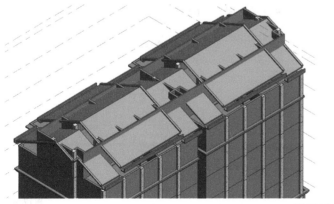

图17-294

⑭ 将与屋顶接触的墙体和结构柱全部附着到屋顶底部，并添加屋顶高差部分的墙体，最终完成效果如图17-295所示。

图17-295

17.3.5 放置门窗

⓵ 打开储藏室平面，切换至"插入"选项卡，单击"载入族"按钮。在"载入族"对话框中，选中本案例"族"文件夹中的所有门窗族，单击"打开"按钮，如图17-296所示，将其载入项目中。

图17-296

⓶ 切换至"建筑"选项卡，单击"门"按钮。在"属性"面板中选择"滑升窗 2400×2100mm"，然后依次在M2421门位置放置滑升门，如图17-297所示。

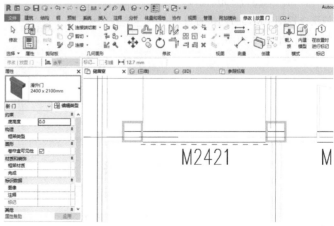

图17-297

03 在"属性"面板中选择"单嵌板木门1",然后单击"编辑类型"按钮。在"类型属性"对话框中复制一个新的类型为"1000×2100mm",然后修改"粗略宽度"参数为1000,最后单击"确定"按钮,如图17-298所示。依次在视图中M1021门位置进行放置,如图17-299所示。

图17-298

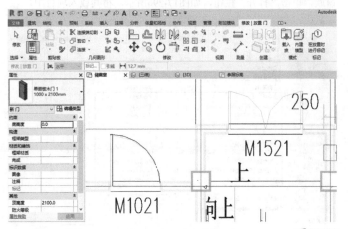

图17-299

04 在"属性"面板中选择"双面嵌板木门2",单击"编辑类型"按钮。在"类型属性"对话框中,复制一个新的类型为"1500×2100mm",然后设置"宽度"为1500,最后单击"确定"按钮,如图17-300所示。依次在视图中M1521的位置进行放置,如图17-301所示。

图17-300

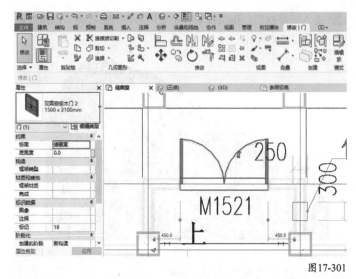

图17-301

05 储藏室平面的门窗全部放置完成后,打开F1平面。执行"窗"命令,在"属性"面板中单击"编辑类型"按钮,然后在"类型属性"对话框中复制新类型为"1500×1600mm",接着设置窗"高度"为1600,最后单击"确定"按钮,如图17-302所示。

图17-302

06 继续执行"窗"命令,在"属性"面板中选择"组合窗-双层双列(上部固定)"窗类型,单击"编辑类型"按钮。在"类型属性"对话框中复制新类型为"1500×1600mm",然后设置窗"高度"为1600,"上部窗扇高度"为475,最后单击"确定"按钮,如图17-303所示。

图17-303

07 在"属性"面板中设置"底高度"为900,然后在视图中C1516的位置分别放置窗,如图17-304所示。

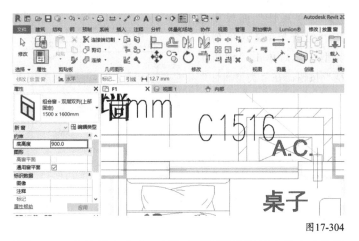

图17-304

图17-307

08 C1516窗放置完成后，再次在"属性"面板中单击"编辑类型"按钮。在"类型属性"对话框中复制新类型为"1200×1600mm"，然后设置窗"宽度"为1200，最后单击"确定"按钮，如图17-305所示。

11 在"属性"面板中设置"底高度"为900，然后在视图中TC1516的位置分别放置窗，如图17-308所示。

图17-305

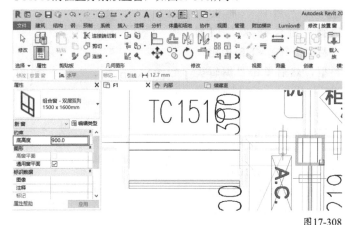

图17-308

09 在"属性"面板中设置"底高度"为900，然后在视图中C1216的位置分别放置窗，如图17-306所示。

12 在"属性"面板中选择"组合窗-双层双列（下部固定）"，然后单击"编辑类型"按钮。在"类型属性"对话框中复制新类型为"1200×1700mm"，并修改"粗略宽度"为1200，"粗略高度"为1700，最后单击"确定"按钮，如图17-309所示。

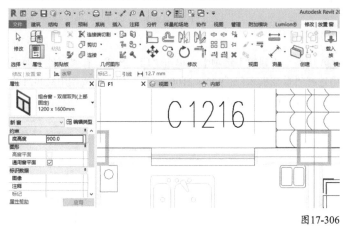

图17-306

图17-309

10 在"属性"面板中选择"组合窗-双层双列"，单击"编辑类型"按钮。在"类型属性"对话框中复制新类型为"1500×1600mm"，设置"平开扇宽度"为525，"粗略宽度"为1500，"粗略高度"为1600mm，最后单击"确定"按钮，如图17-307所示。

13 在"属性"面板中设置"底高度"为800，然后在视图中C1219的位置分别进行放置，如图17-310所示。

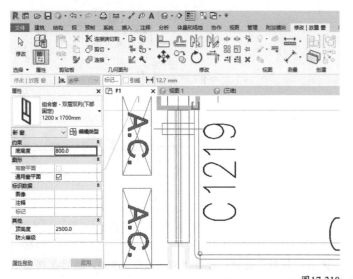

图17-310

14 在"属性"面板中选择"组合窗-双层四列（两侧平开）-下部固定"类型，然后单击"编辑类型"按钮。在"类型属性"对话框中复制新类型为"3100×1700mm"，并修改"平开扇宽度"为525，"粗略宽度"为3100，"粗略高度"为1700，最后单击"确定"按钮，如图17-311所示。

图17-311

15 在"属性"面板中设置"底高度"为800，然后在视图中C3117的位置分别进行放置，如图17-312所示。

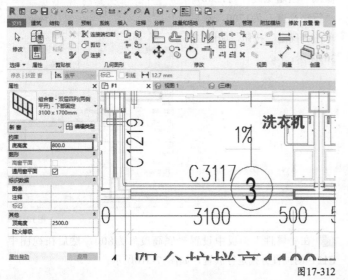

图17-312

16 在"属性"面板中选择"组合窗-双层单列"类型，然后单击"编辑类型"按钮。在"类型属性"对话框中复制新类型为"450×1600mm"，并修改"粗略宽度"为450，"粗略高度"为1600，"下部窗扇高度"为1125，最后单击"确定"按钮，如图17-313所示。

图17-313

17 在"属性"面板中设置"底高度"为900，然后在视图中C1的位置分别进行放置，如图17-314所示。

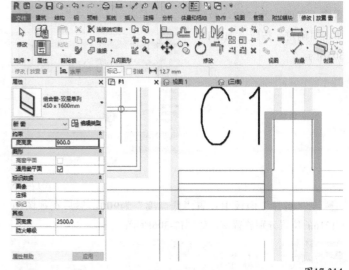

图17-314

18 切换至"建筑"选项卡，单击"门"按钮。在"属性"面板中选择"单嵌板木门1 900×2100mm"，然后在视图中M0921的位置分别进行放置，如图17-315所示。

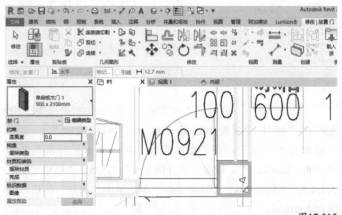

图17-315

19 随后选择"单嵌板木门1 1000×2100mm"，在视图中M1021的位置分别进行放置，如图17-316所示。

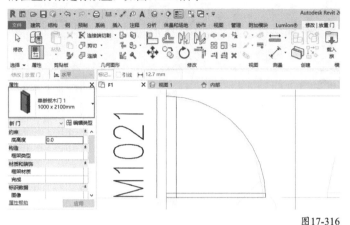

图17-316

20 在"属性"面板中选择"单扇-与墙齐"，单击"编辑类型"按钮。在"类型属性"对话框中复制新类型为"700×1000mm"，然后修改"高度"为1000，"宽度"为700，最后单击"确定"按钮，如图17-317所示。

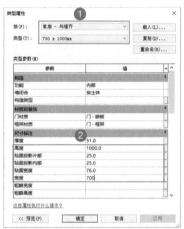

图17-317

21 在"属性"面板中设置"底高度"为100，然后在视图中丙M0710的位置分别进行放置，如图17-318所示。

图17-318

22 在"属性"面板中选择"四扇推拉门2"，单击"编辑类型"按钮。在"类型属性"对话框中复制新类型为"2100×2500mm"，然后修改"宽度"为2100，"高度"为2500，最后单击"确定"按钮，如图17-319所示。

23 在"属性"面板中设置"底高度"为0，然后在视图中TLM2125的位置分别进行放置，如图17-320所示。

图17-319

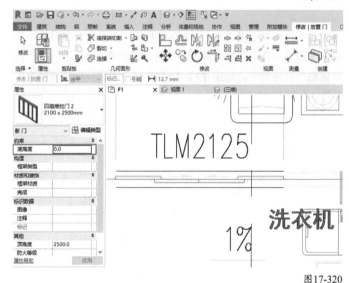

图17-320

24 在"属性"面板中选择"四扇推拉门2 2400×2100mm"，然后在视图中TLM1221的位置分别进行放置，如图17-321所示。

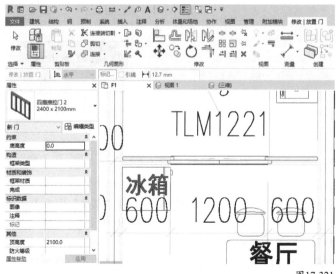

图17-321

25. F1层的门窗全部绘制完成后，框选所有图元，单击"过滤器"按钮。在"过滤器"对话框中，只勾选"窗"和"门"，然后单击"确定"按钮，如图17-322所示。

26. 此时单击"创建组"按钮，在"创建模型组"对话框中输入"名称"为"门窗"，然后单击"确定"按钮，如图17-323所示。

图17-322　　　　　　　　图17-323

27. 选中门窗模型组，单击"复制"按钮，再单击"粘贴"下拉菜单中的"与选定的标高对齐"按钮，如图17-324所示。在"选择标高"对话框中，选中"F2~F5"的标高，然后单击"确定"按钮，如图17-325所示。

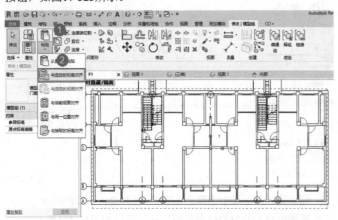

图17-324

图17-325

28. 进入屋顶平面，执行"窗"命令。在"属性"面板中选择"斜窗 750×1000mm"，然后按照CAD图纸中窗的位置依次进行放置，如图17-326所示。

29. 进入阁楼平面，将南北方向的两面外墙分别向外移动至天窗的边缘，以避免与天窗产生冲突，如图17-327所示。

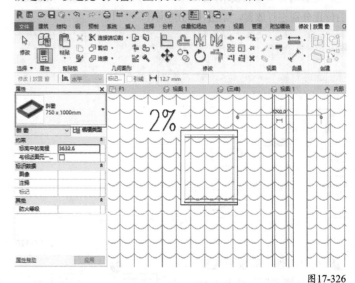

图17-326

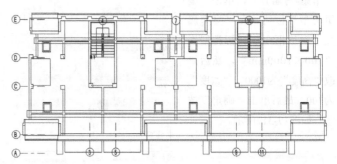

图17-327

30. 由于阁楼平面层高较低，因此需要设置视图剖切范围，才能满足视图显示需求。在"属性"面板中单击"视图范围"后方的"编辑"按钮，如图17-328所示。在"视图范围"对话框中设置"剖切面"的"偏移"为800，然后单击"确定"按钮，如图17-329所示。

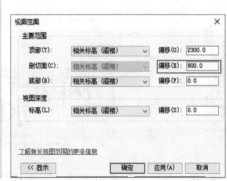

图17-328　　　　　　　　图17-329

31. 再次执行"窗"命令，在"属性"面板中选择"平开窗"，然后单击"编辑类型"按钮。在"类型属性"对话框中复制新类型为"1200×600mm",并修改"粗略宽度"为1200,"粗略高度"为600,最后单击"确定"按钮,如图17-330所示。

图17-330

32 在"属性"面板中设置"底高度"为500,然后在楼梯间两侧居中位置放置窗,如图17-331所示。

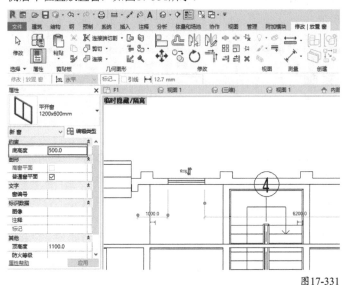

图17-331

33 在"属性"面板中选择"平开窗",然后单击"编辑类型"按钮。在"类型属性"对话框中复制新类型为"1800×600mm",并修改"粗略宽度"为1800,"粗略高度"为600,最后单击"确定"按钮,如图17-332所示。

图17-332

34 在"属性"面板中设置"底高度"为500,然后在阳台部分

墙体居中位置放置窗,如图17-333所示。

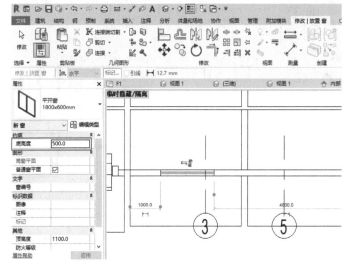

图17-333

35 门窗全部放置完成后,进入北立面视图。选择门窗组,双击进入编辑组的状态。选中楼梯间部分的窗,然后在"属性"面板中设置"底高度"为2350,最后单击"完成"按钮,如图17-334所示。

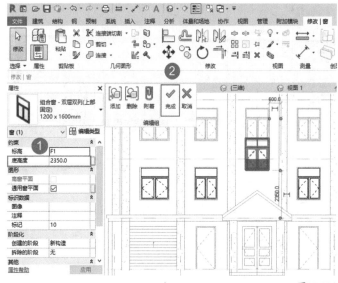

图17-334

36 如果发现窗没有正确剪切墙体,可以切换至"修改"选项卡,单击"连接"按钮,分别拾取不同楼层的墙体进行连接,此时窗就可以正常剪切墙体了,如图17-335所示。

37 门窗全部放置好之后,还需要处理飘窗部分的墙体和悬挑板。进入F1平面,执行"墙体"命令,在"属性"面板中选择"基本墙 外墙-200mm",然后设置"顶部约束"为"未连接","无连接高度"为900,在飘窗的位置进行绘制,如图17-336所示。

38 在属性面板中设置"底部约束"为"F2","底部偏移"为-400,"顶部约束"为"直到标高:F2",再次在相同的位置绘制墙体,如图17-337所示。

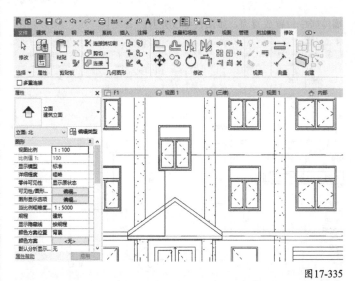

图17-335

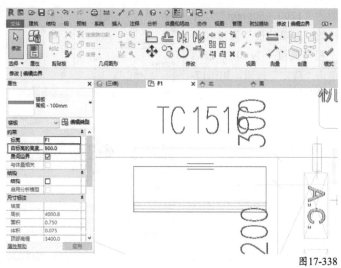

图17-338

40 在相同的位置继续绘制楼板，设置"标高"为"F2"，"自标高的高度偏移"为-300，然后单击"完成"按钮，如图17-339所示。

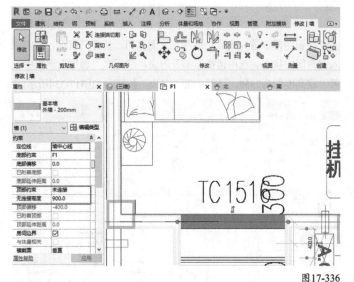

图17-336

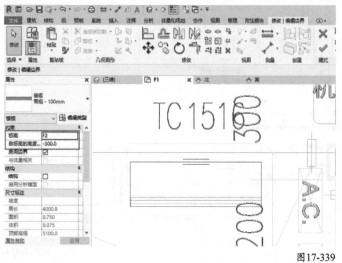

图17-339

41 进入三维视图，选中刚刚创建好的墙体及楼板，将其创建为一个模型组，并命名为"飘窗"，如图17-340所示。

图17-340

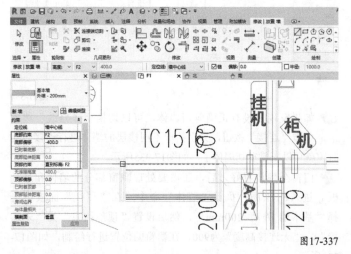

图17-337

39 执行"楼板"命令，创建新的楼板类型为"楼板 常规-100mm"，在"属性"面板中设置"自标高的高度偏移"为900，然后绘制楼板轮廓，最后单击"完成"按钮，如图17-338所示。

42 回到F1平面视图，将创建好的模型组通过镜像的方式快速复制到其他位置。选中F1层的全部飘窗模型组，单击"复制"按钮，然后单击"粘贴"下拉菜单中的"与选定的标高对齐"按钮，如图17-341所示。在"选择标高"对话框中，选中"F2~F5"的标高，单击"确定"按钮，如图17-342所示。

43 打开三维视图，查看门窗放置完成后的最终效果，如图17-343所示。

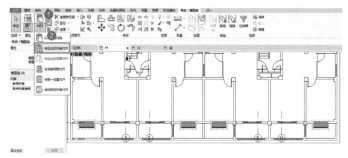

图17-341

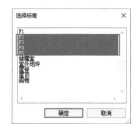

图17-342

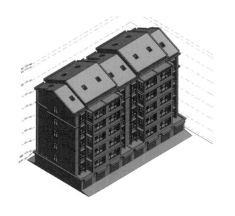

图17-343

17.3.6 创建栏杆

01 打开阁楼平面，切换至"建筑"选项卡，单击"栏杆扶手"按钮。在"属性"面板中选择"玻璃嵌板-底部填充"，并单击"编辑类型"按钮。在"类型属性"对话框中，复制新类型为"玻璃嵌板-500mm"，然后单击"扶栏结构（非连续）"后方的"编辑"按钮，如图17-344所示。

图17-344

02 在"编辑扶手（非连续）"对话框中，设置"扶栏1"和"扶栏2"的高度分别为500和400，然后单击"确定"按钮，如图17-345所示。

图17-345

03 返回"类型属性"对话框，取消勾选"使用顶部扶栏"选项，然后单击"确定"按钮，如图17-346所示。

图17-346

04 在阁楼的阳台部分绘制栏杆路径，然后单击"完成"按钮，如图17-347所示。将完成的栏杆镜像到另外一个单元的阳台位置。

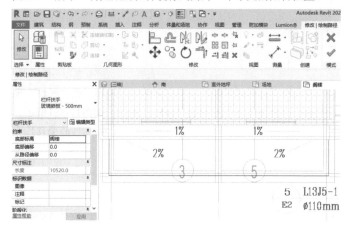

图17-347

05 进入三维视图，查看栏杆完成后的效果，如图17-348所示。

图17-348

17.3.7 创建地形及场地构件

01 进入场地平面，在建筑四周绘制参照平面作为参照线段，如图17-349所示。

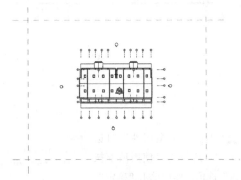

图17-349

02 切换至"体量和场地"选项卡，单击"地形表面"按钮。在工具选项栏中设置"高程"为-450，依次在参照平面交点位置单击放置高程点，然后单击"完成"按钮，如图17-350所示。

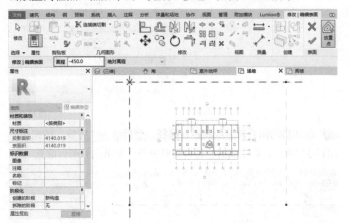

图17-350

03 因为视图范围的限制，视图中无法看到地形。在"属性"面板中单击"视图范围"后面的"编辑"按钮，如图17-351所示。在"视图范围"对话框中，设置"底部"与"标高"的偏移均为-100，如图17-352所示。

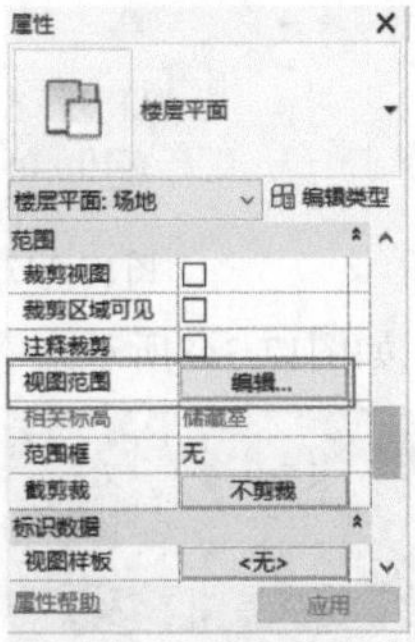

图17-351

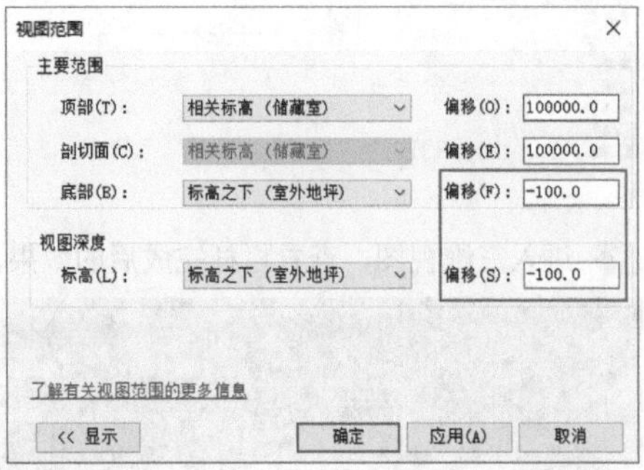

图17-352

04 在"体量和场地"选项卡中，单击"子面域"按钮，在现有地形上绘制道路轮廓，然后单击"完成"按钮，如图17-353所示。

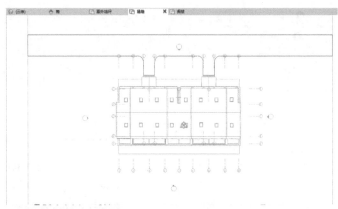

图17-353

05 在"体量和场地"选项卡中，单击"场地构件"按钮。然后在"属性"面板中选择"RPC树-落叶树 鸡爪枫 -3.0米"，依次布置在道路外侧，如图17-354所示。

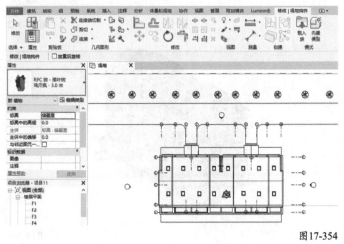

图17-354

17.3.8 添加材质与渲染

至此，模型部分的工作就全部完成了。接下来，将赋予模型各部分材质，并设置摄像机进行渲染。本项目中共有5种材质，分别为深褐灰色仿砖真石漆、深驼色真石漆、米灰色仿砖真石漆、白色外墙涂料、灰色瓦屋面。

01 切换至"管理"选项卡，单击"材质"按钮。然后在"材质浏览器"对话框中，搜索"漆"，找到"墙纹理，斑纹漆"，将其添加到项目材质中，如图17-355所示。

02 选择"墙纹理，斑纹漆"，复制新的材质，命名为"深褐灰色仿砖真石漆"，然后切换至"外观"选项卡，复制新的材质资源，并修改材质"颜色"为（RGB 128 0 0），如图17-356所示。接着打开"浮雕图案（凹凸）"卷展栏，将图片替换为素材文件中的"深褐灰色仿砖真石漆"贴图，并修改贴图的"宽度"和"高度"均为2000mm，如图17-357所示。

图17-355

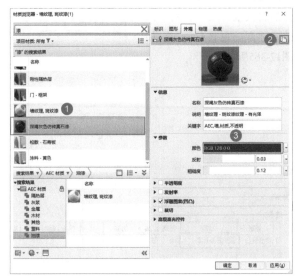

图17-356

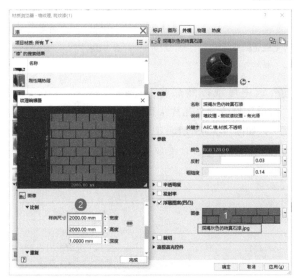

图17-357

03 选择新创建好的"深褐灰色仿砖真石漆",复制新的材质,命名为"米灰色仿砖真石漆",然后切换至"外观"选项卡,复制新的材质资源,并修改材质"颜色"为(RGB 211 203 175),如图17-358所示。

图17-358

04 按照同样的方法创建"深驼色真石漆"材质,取消勾选"浮雕图案(凹凸)"选项,如图17-359所示。

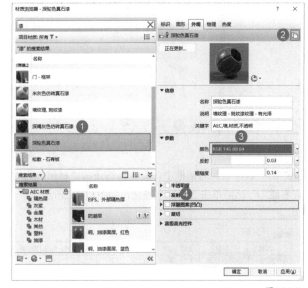

图17-359

05 选择"涂料-黄色",复制新的材质,命名为"涂料-白色",然后切换至"外观"选项卡,复制新的材质资源,并修改材质"颜色"为(RGB 255 255 255),最后单击"确定"按钮,如图17-360所示。

06 选中储藏室的外墙,在"属性"面板中单击"编辑类型"按钮。在"编辑部件"对话框中,修改墙体"材质"为"深褐灰色仿砖真石漆",然后单击"预览"按钮,将"视图"修改为"剖面：修改类型属性"，最后单击"墙饰条"按钮，如图17-361所示。

图17-360

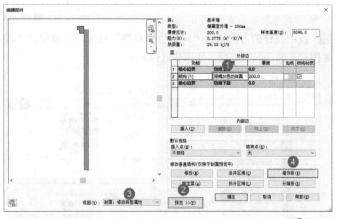

图17-361

07 在"墙饰条"对话框中，设置墙饰条的"材质"为"深驼色真石漆"，然后单击"确定"按钮，如图17-362所示。

图17-362

08 选中F1层的外墙，然后将其"材质"修改为"米灰色仿砖真石漆"，如图17-363所示。

图17-363

09 选中F5层的外墙，然后将其"材质"修改为"涂料-白色"，如图17-364所示。然后将其墙饰条"材质"修改为"深驼色真石漆"，如图17-365所示。

图17-364

图17-365

10 选中屋顶，然后将其"材质"修改为"瓦片-筒瓦"，如图17-366所示。

图17-366

⓫ 选中檐沟，然后将其"材质"修改为"深驼色真石漆"，如图17-367所示。其余构件的材质，根据实际情况自行设置即可。

图17-367

⓬ 打开场地平面，切换至"视图"选项卡，单击"三维视图"下拉菜单中的"相机"按钮，然后在视图右上角确定相机位置，向左下角移动鼠标指针确定目标点，如图17-368所示。

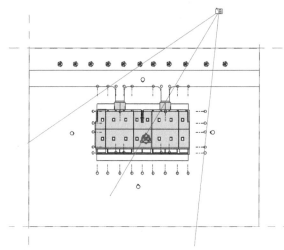

图17-368

⓭ 进入相机视图后，拖曳裁剪框到合适的位置，然后修改"视觉样式"为"真实"，如图17-369所示。

图17-369

⓮ 在"视图"选项卡中，单击"渲染"按钮。然后在"渲染"对话框中，设置"质量"中的"设置"为"中"，"背景"中的"样式"为"天空：无云"，最后单击"渲染"按钮，如图17-370所示。

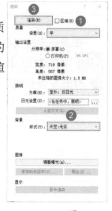

图17-370

⓯ 渲染完成后，单击"调整曝光"按钮，适当降低曝光度，调高饱和度，然后增加暖色调，调整好之后单击"确定"按钮，最终完成效果如图17-371所示。

图17-371

17.4 综合实例：办公楼模型创建

素材位置 素材文件>第17章>02.rvt
实例位置 实例文件>第17章>综合实例：办公楼模型创建.rvt
视频位置 第17章>综合实例：办公楼模型创建.mp4
难易指数 ★★★★☆
技术掌握 公共建筑的Revit建模方法与流程

本例是办公楼项目，项目体型比较规则。通过学习这个项目实例，可以掌握一些建模的技巧。图17-372所示是室外的渲染图。

图17-372

在当前素材文件中，已经将标高和轴网等信息创建完成，可以基于现有文件直接进行创建模型的工作。

01 打开学习资源中的"素材文件>第17章>02.rvt"文件，如图17-373所示。

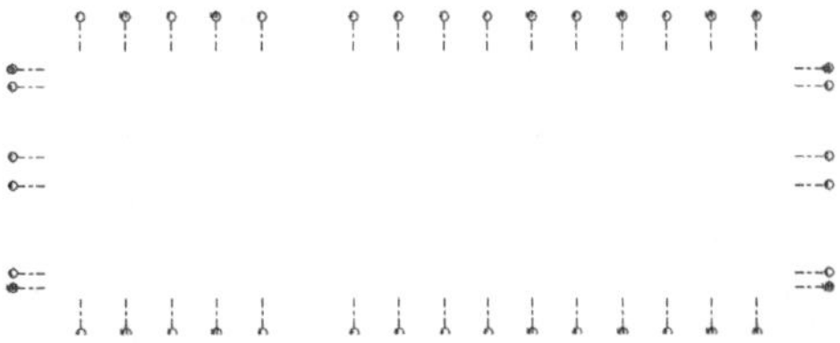

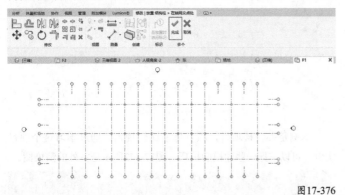

图17-373

02 切换至"建筑"选项卡，然后单击"柱"下拉菜单中的"结构柱"按钮，选择"混凝土-矩形-柱"进行修改，截面尺寸分别为500×500mm、400×500mm和300×500mm，如图17-374所示。

03 在"属性"面板中选择"500×500mm"结构柱类型，然后在工具选项栏中设置放置方式为"高度"，到达标高为"F2"，如图17-375所示。

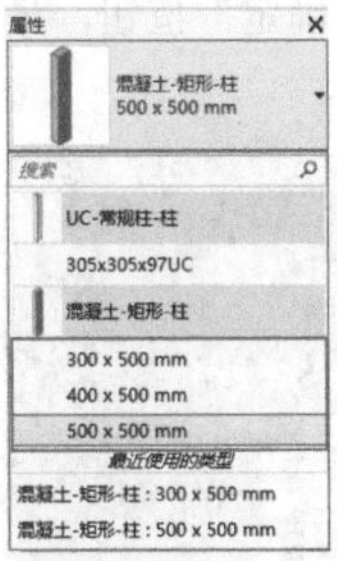

图17-374 　　　　　　　图17-375

04 切换至"修改|放置 结构柱"选项卡，单击"在轴网处"按钮，然后选择所有轴线，接着按住Shift键分别减选1/0A、C、1/D、1/1、1/2、1/8和1/9这7根轴线，最后单击"完成"按钮，完成首层结构柱的绘制，如图17-376所示。

图17-376

05 切换至"建筑"选项卡，单击"墙"按钮，然后分别复制出"常规 - 200mm 内墙"与"常规 - 200mm 外墙"两种墙类型，如图17-377所示。

图17-377

06 选择"常规 - 200mm 外墙"墙类型，设置墙顶标高为"F2"，然后以顺时针方向绘制建筑外墙，接着使用"对齐"工具将墙外侧与柱外侧对齐，如图17-378所示。

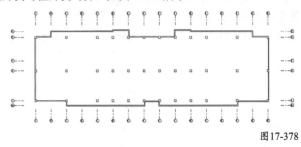

图17-378

07 选择"常规 - 200mm 内墙"墙类型，设置墙顶标高为"F2"，然后绘制左侧部分的内墙，如图17-379所示。

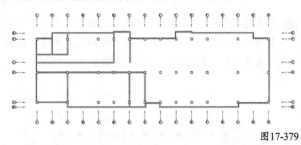

图17-379

08 因为平面布置的左右两侧大致相同，所以直接选择左侧已绘制完成的内墙进行镜像复制，然后进行修改，如图17-380所示。

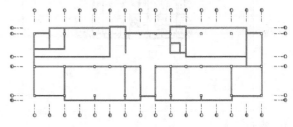

图17-380

09 选择平面视图中部分结构柱，然后批量替换为"300 ×500mm"矩形柱，如图17-381所示，接着将部分结构柱与墙面对齐。

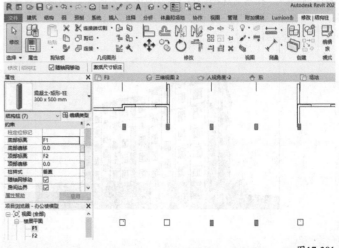

图17-381

10 选择F1平面视图中的所有模型图元，单击"复制"按钮，然后单击"粘贴"下拉菜单中的"与选定的标高对齐"按钮，如图17-382所示。

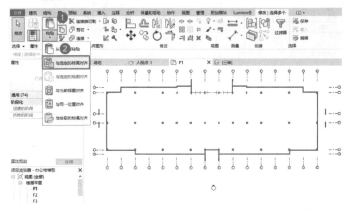

图17-382

11 在"选择标高"对话框中，选择"F2"标高，然后单击"确定"按钮，如图17-383所示。

图17-383

12 进入F2平面视图，将5轴与6轴墙体删除，然后将1/0A轴与B轴墙体进行连接，如图17-384所示。分别选择墙体与结构柱图元，将"顶部偏移"数值设置为0。

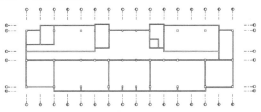

图17-384

13 将F2层作为标准层，创建模型组，然后复制F2层模型组，粘贴到F3~F5层，如图17-385所示。

图17-385

14 进入F5楼层平面，选择1/D轴左右两侧的墙体，设置墙高为850mm，并在D轴位置添加墙体，如图17-386所示。

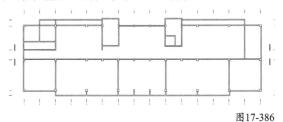

图17-386

15 将楼梯间和电梯机房的墙体与结构柱进行复制，并粘贴于

ROOF标高，然后打开ROOF平面视图，修剪墙体连接，并设置墙体与结构柱的"顶部偏移"数值均为0，如图17-387所示。

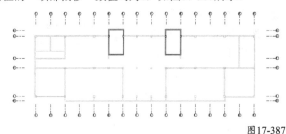

图17-387

16 切换至"建筑"选项卡，单击"墙"按钮。在"属性"面板中选择"基本墙 常规-200mm-实心"墙类型，设置"无连接高度"为1400，然后沿着外墙进行绘制，如图17-388所示。

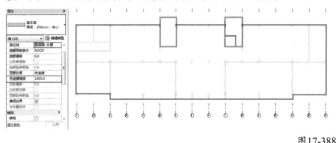

图17-388

技巧与提示

以灰色状态显示的图元为基线图元，可以在"实例属性"面板中将其关闭，使其不显示。也可以将其设置为其他楼层平面，以供绘制时参考。

17 进入F1平面视图，选择"常规 - 200mm 外墙"墙类型，然后设置"墙底标高"为"室外地坪"，"墙顶标高"为"F5"，"顶部偏移"为1400，在距1轴2400mm的位置，会偏移一段长度为1550mm的外墙，接着选择所绘制的外墙，再使用镜像工具以C-B轴之间的中心线为镜像轴，镜像复制得到另一面墙体，如图17-389所示，最后选择绘制好的两面墙体，使用镜像工具，以5-6轴之间的中心线为镜像轴，将墙体镜像到另外一侧。

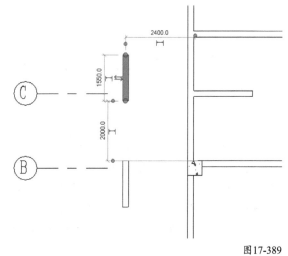

图17-389

01 切换至"建筑"选项卡，然后单击"窗"按钮，选择"平开窗-带横框"窗类型，再复制一个新的类型，命名为"C1"，最后设置"粗略宽度"为2400，"粗略高度"为2300，如图17-390所示。其他类型的窗已提前预设，可以直接调用。

图17-390

02 在1/1轴至1/3轴间分别放置C1窗，在1/3轴至4轴间放置C2窗，如图17-391所示。

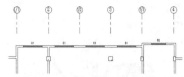

图17-391

03 按照同样的方法，继续放置1轴至5轴之间的其他窗，如图17-392所示。

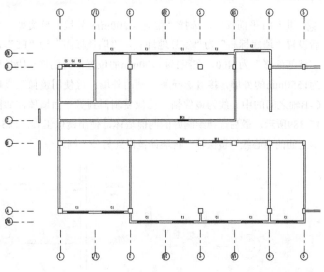

图17-392

04 由于C3、C4这两种类型的窗需要在当前平面多个标高处进行布置，所以需要到立面视图当中进行复制。切换到北立面视图，然后选择C3、C4窗，修改"底高度"为400，如图17-393所示。接着选择"阵列"工具，设置"阵列数量"为3，"阵列距离"为800，复制得到其他高度的窗，如图17-394所示。

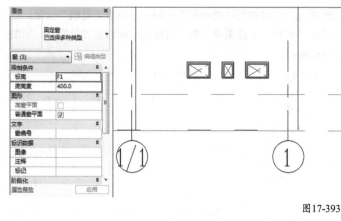

图17-393

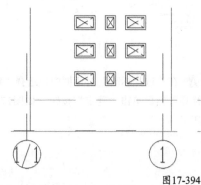

图17-394

05 因为平面布置的左右两侧大致相同，所以直接选择左侧已绘制完成的窗进行镜像复制，然后进行修改，如图17-395所示。

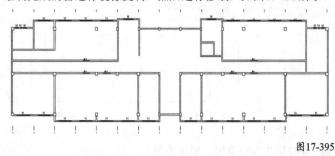

图17-395

06 切换至"建筑"选项卡，单击"门"按钮。选择"平开木门-单扇"，复制新的类型，修改名称为"M1"，然后设置"粗略宽度"为1000，"粗略高度"为2100，如图17-396所示。其他类型的门，可直接在系统当中调用。

图17-396

07 在1轴至5轴之间分别放置编号为M1、M3、M4和MLC1的门，同时在卫生间前室的位置放置门洞，如图17-397所示。

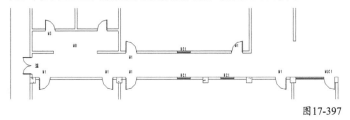

图17-397

08 将绘制好的门，使用镜像工具复制到另一侧，然后进行修改与添加，如图17-398所示。

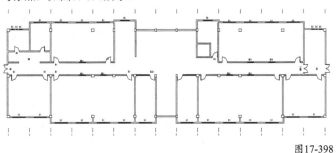

图17-398

09 切换至"建筑"选项卡，单击"墙"按钮，选择"幕墙"类型，设置"顶部约束"为"直到标高：F1"，"顶部偏移"为3200，在4轴至7轴线间进行绘制，如图17-399所示。

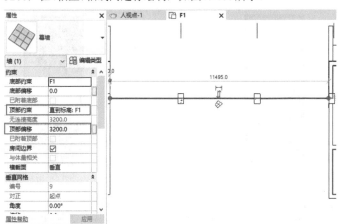

图17-399

10 打开北立面视图，然后切换至"建筑"选项卡，单击"幕墙网格"按钮，对现有幕墙进行网格划分。划分完成后，选择幕墙中间的嵌板，将其替换为"门嵌板-四开门"，如图17-400所示。

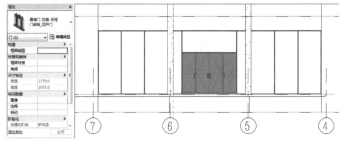

图17-400

11 进入F1楼层平面，选择当前平面中所有的门窗，然后单击"复制"按钮，粘贴到F2标高，接着打开F2楼层平面，在4-7轴的位置依次放置C6类型的窗，如图17-401所示。

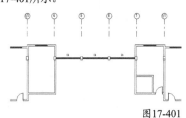

图17-401

12 选择F2层的所有窗、门，将其复制到剪贴板，粘贴至F3、F4和F5楼层。然后打开F5楼层平面，切换至"建筑"选项卡，接着单击"墙"按钮，选择"幕墙"类型，打开"类型属性"对话框，复制新类型为"幕墙（顶层）"，最后设置网格参数，如图17-402所示。

图17-402

13 设置"顶部约束"为"未连接"，"无连接高度"为2900，然后从1/1轴与D轴交叉点的位置开始绘制幕墙，到1/3轴与D轴交叉点的位置结束绘制，如图17-403所示。

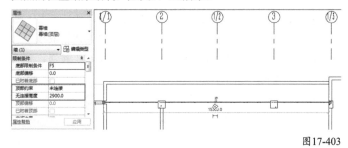

图17-403

14 进入北立面视图，分别在1/2轴线与3轴线位置删除网格线，然后将幕墙嵌板替换为门嵌板，如图17-404所示，接着选择该幕墙，使用镜像工具镜像复制到另外一侧。

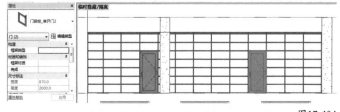

图17-404

15 选择楼梯间与电梯间的窗，替换为"四层两列"，然后复制到ROOF标高，接着设置"底部偏移"为250，如图17-405所示。

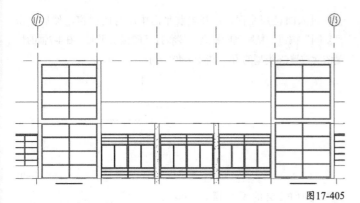

图17-405

16 进入ROOF楼层平面，分别在楼梯间与机房的位置放置门，然后设置M6的"底高度"为300，M7的"底高度"为900，如图17-406所示。

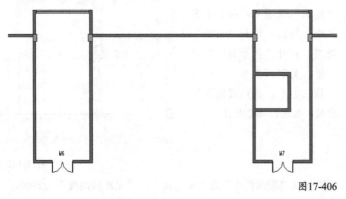

图17-406

17.4.3 创建楼梯、楼板和栏杆

01 打开F1楼层平面，切换至"建筑"选项卡，然后单击"楼板"按钮，选择"楼板 常规-100mm"，接着使用"拾取线"工具，沿外墙内侧绘制楼板轮廓线，最后单击"完成"按钮，完成一层楼板的绘制，如图17-407所示。

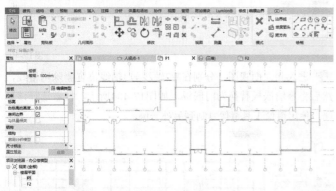

图17-407

02 选择首层楼板，将其复制到F2、F3、F4、F5标高，然后进入F2楼层平面，双击编辑楼板轮廓，如图17-408所示。

03 打开F1楼层平面，切换至"建筑"选项卡，然后单击"楼板"按钮，分别绘制不同房间内的楼板，设置相应标高，如图17-

409所示。将单独绘制的各个楼板分别复制到各个标高当中。

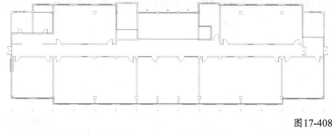

图17-408

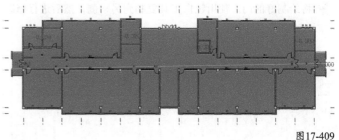

图17-409

04 进入ROOF楼层平面，绘制出屋面楼梯间及电梯机房的楼板，然后设置相应标高，如图17-410所示。

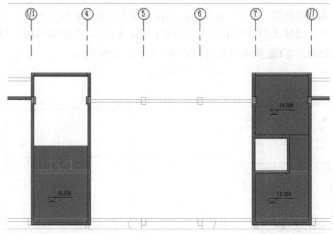

图17-410

05 打开F1楼层平面，绘制室内的楼梯，然后切换至"建筑"选项卡，单击"楼梯"按钮，接着选择"现场浇注楼梯 整体浇筑楼梯"类型，设置"实际梯段宽度"为1850，"所需踢面数"为26，"实际踏板深度"为280，最后绘制楼梯梯段，如图17-411所示。

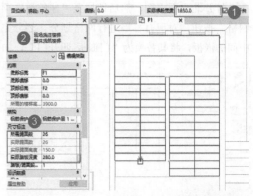

图17-411

06 打开F2楼层平面，设置"所需踢面数"为24，开始绘制楼梯，如图17-412所示。绘制完成后，选择楼梯，单击"选择标高"按钮，在立面图中框选"F4~ROOF"的标高，然后单击"完成"按钮，如图17-413所示。另外一处楼梯与此楼梯的参数及绘制方法相同，这里不作重复介绍。

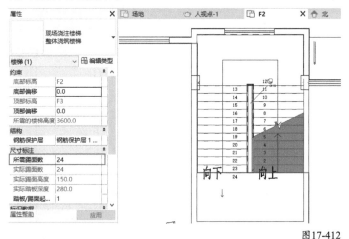

图17-412

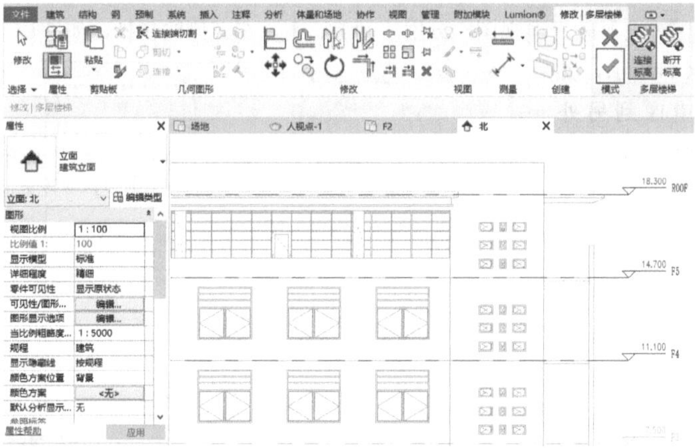

图17-413

07 进入ROOF楼层平面，绘制机房内的楼梯，然后设置"顶部标高"为"无"，"所需的楼梯高度"为900，"所需踢面数"为6，"实际踏板深度"为260，如图17-414所示。

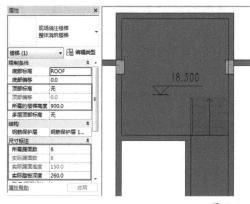

图17-414

技巧与提示

创建楼梯时，如果存在多个标准层，且楼梯布置形式相同，可以选择当前层已经绘制好的楼梯，通过多层楼梯的方式快速生成其他层的楼梯。

08 选择"楼梯"工具，使用草图方式绘制机房外侧楼梯，然后设置相关参数，如图17-415所示。

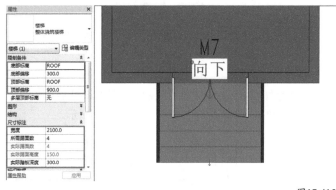

图17-415

09 切换至"建筑"选项卡，然后单击"构件"下拉菜单中的"内建模型"按钮，接着在"族类别和族参数"对话框中选择"常规模型"选项，并单击"确定"按钮，如图17-416所示。

图17-416

10 进入西立面视图，使用"拉伸"工具绘制楼梯截面轮廓，如图17-417所示。最后单击"完成"按钮，完成常规模型的创建。

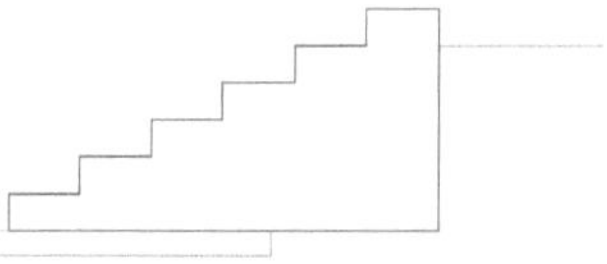

图17-417

11 进入F1平面视图，拖曳控制句柄将室外台阶的外侧与墙内侧对齐，然后将修改好的台阶镜像到另外一侧，如图17-418所示。

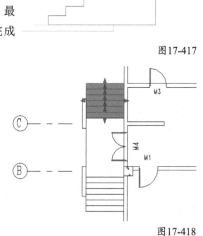

图17-418

12 将所创建的常规模型复制到不同区域中，然后拖曳控制柄进行形状与尺寸的调整，效果如图17-419所示。

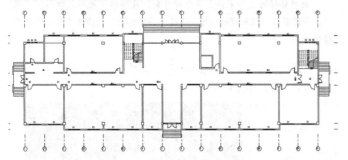

图17-419

13 在创建好的室外台阶左侧，绘制一面墙体。然后选择绘制好的墙体，单击"编辑轮廓"按钮，如图17-420所示。

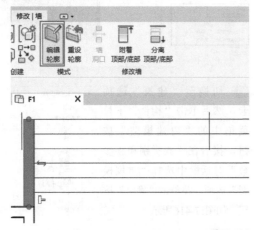

图17-420

14 在打开的对话框中选择"西立面"，然后使用"直线"工具绘制墙体轮廓线并进行修剪，如图17-421所示，最后单击"完成"按钮。

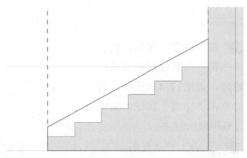

图17-421

15 返回F1平面视图中，将墙体镜像与复制到其他位置，如图17-422所示。

16 切换至"建筑"选项卡，然后单击"栏杆扶手"按钮，选择"栏杆扶手1100mm"类型，接着在左侧室外台阶处绘制栏杆扶手，如图17-423所示。将绘制好的扶手镜像到另一侧，并复制到F2标高。

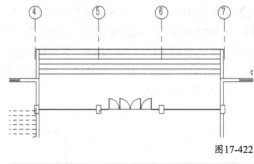

图17-422

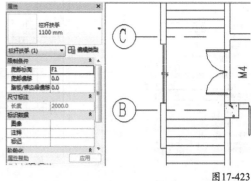

图17-423

17 进入F2平面视图，分别绘制上、下、左三侧的栏杆，如图17-424所示，然后镜像到另外一侧，接着复制到其他楼层。

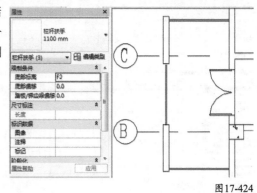

图17-424

技巧与提示

绘制栏杆扶手时，路径必须为一条连续的线。如果在同一位置，需要绘制多段断开的栏杆扶手。

18 选择"栏杆扶手 玻璃嵌板-底部填充"类型，绘制大堂部分的栏杆扶手，如图17-425所示。

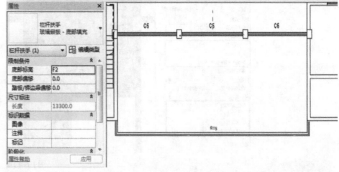

图17-425

17.4.4 创建屋顶

完成以上工作后，接下来将进行屋面的创建。整个项目的屋面主要分布在19.700标高上，其余还包括东西两侧及F1楼层出入口部分。

01 打开ROOF楼层视图，切换至"建筑"选项卡，单击"屋顶"下拉菜单中的"迹线屋顶"按钮，接着设置"底部标高"为"ROOF"，再使用"拾取线"工具拾取外墙内侧边缘，选择南北两侧的轮廓线，并选择"定义屋顶坡度"选项，设置"坡度"为2°，最后单击"完成"按钮，如图17-426所示。

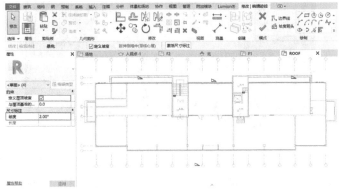

图17-426

02 屋顶完成后，继续绘制露台部分的屋顶，如图17-427所示。绘制完成后，将完成后的屋顶镜像到另外一侧。

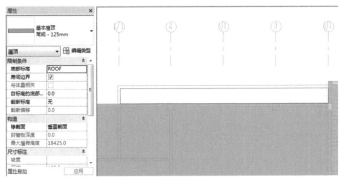

图17-427

03 选择机房屋面楼层视图，绘制楼梯间与电梯机房的屋面，如图17-428所示。

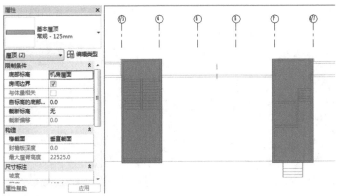

图17-428

04 打开三维视图，然后切换至"建筑"选项卡，单击"屋顶"下拉菜单中的"屋顶：檐槽"按钮，选择"檐沟排水沟"类型，然后拾取屋顶边进行创建，如图17-429所示。

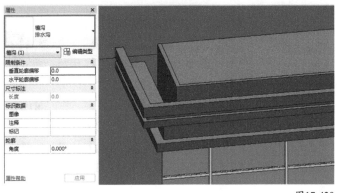

图17-429

17.4.5 创建其他构件

01 打开三维视图，切换至"建筑"选项卡，单击"墙"下拉菜单中的"墙饰条"按钮，选择"室外散水-800mm"类型，然后沿着外墙底部依次绘制散水，如图17-430所示。

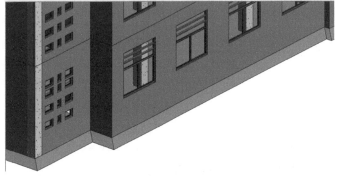

图17-430

02 打开F1楼层平面，切换至"建筑"选项卡，单击"构件"下拉菜单中的"放置构件"按钮，然后选择"室内电梯-DT1"类型，将其放置于电梯井内，如图17-431所示。

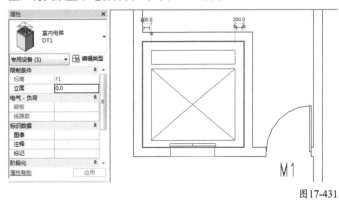

图17-431

03 打开F2楼层平面，再次执行"放置构件"命令，选择"斜拉玻璃雨棚"类型，并设置相关参数，然后进行放置，如图17-432所示。

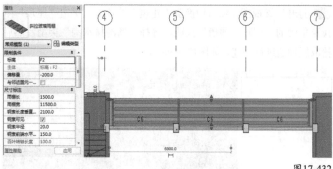

图17-432

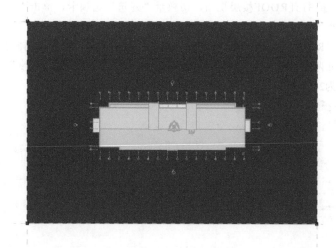

图17-435

04 打开ROOF楼层平面,然后执行"放置构件"命令,选择"混凝土雨篷"类型,最后在视图中最左侧进行放置,如图17-433所示。放置完成后,镜像到建筑的另外一侧。

02 切换至"体量和场地"选项卡,单击"地形表面"按钮,在工具选项栏中设置"高程"为-900,然后分别在参照平面4个交点的位置放置高程点,最后单击"完成"按钮,完成地形的创建,如图17-435所示。

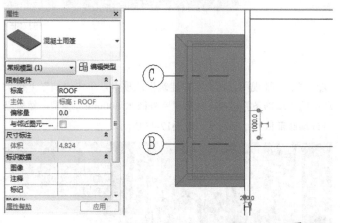

图17-433

17.4.6 创建地形及道路

完成上述步骤后,整个项目的建筑主体就全部完成了。接下来,将根据现有建筑主体,创建地形及道路。

01 切换至"建筑"选项卡,单击"参照平面"按钮,然后绘制4个方向的参照平面,作为地形边界的参考线,如图17-434所示。

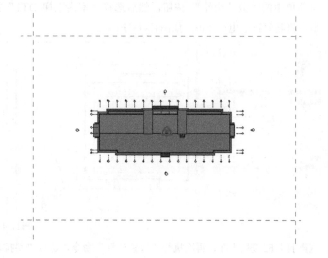

图17-434

03 切换至"体量和场地"选项卡,单击"建筑地坪"按钮,接着选择"直线"工具,在工具栏中勾选"半径"选项,设置数值为2000。在"属性"面板中设置"标高"为"室外地坪",在地形上绘制道路左侧的外轮廓,并镜像到另一边,最后单击"完成"按钮,完成道路的创建,如图17-436所示。

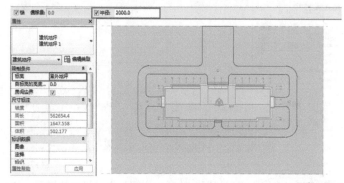

图17-436

04 切换至"建筑"选项卡,然后单击"构件"下拉菜单中的"放置构件"按钮,接着选择"杨叶桦 - 3.1 米",在道路两侧进行放置,如图17-437所示。

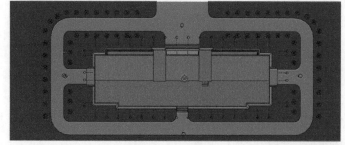

图17-437

17.4.7 添加材质与渲染

至此，模型部分的工作就全部完成了。接下来，将赋予模型各部分材质，并设置摄像机进行渲染。本项目中共有4种材质，分别为面砖、白色外墙漆、沥青和草地。所有材质在材质库中均已经完成设置，读者只需要将其赋予至各部分模型中就可以了。

01 执行"墙体"命令，选择"常规 - 200mm 外墙"类型，然后编辑墙体结构，分别添加外部面层与内部面层，接着设置外面层"材质"为"涂料-白色"，内面层"材质"为"白色乳胶漆"，"厚度"均为10，如图17-438所示。

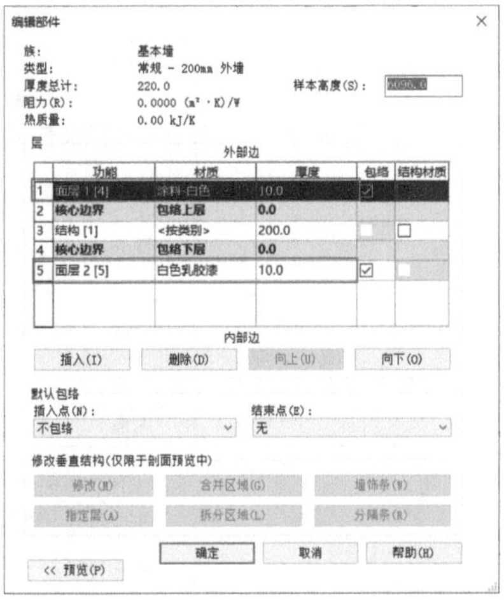

图17-438

02 基于"常规 - 200mm 外墙"复制出新的类型为"常规 - 200mm 外墙（面砖）"，然后编辑墙体结构，分别添加室外面层与室内面层，接着设置室外面层"材质"为"面砖-棕色"、"厚度"为20，室内面层"材质"为"白色乳胶漆"、"厚度"为10，如图17-439所示。

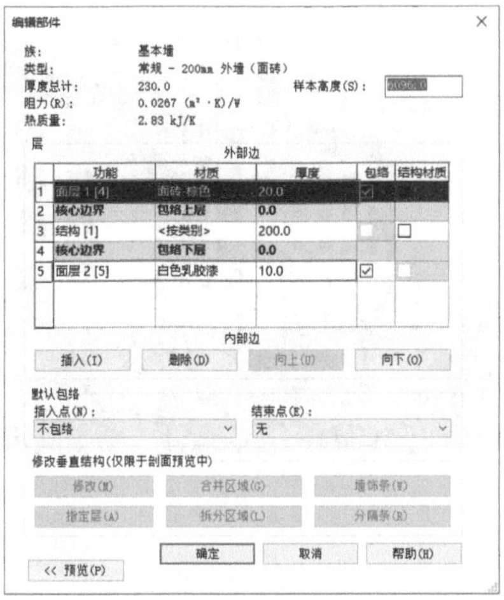

图17-439

03 进入F1楼层平面，分别选择南北两侧边缘的墙体和楼梯间与电梯机房的墙体，然后统一替换为"常规 - 200mm 外墙（面砖）"，如图17-440所示。

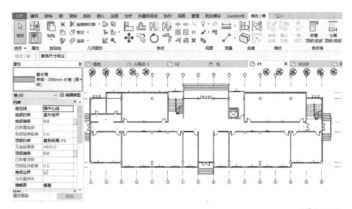

图17-440

04 进入北立面视图，使用"匹配类型属性"工具，将首层墙体类型匹配到其他楼层间，如图17-441所示。

图17-441

05 进入南立面视图，使用"匹配类型属性"工具，将首层墙体类型匹配到其他楼层间，如图17-442所示。

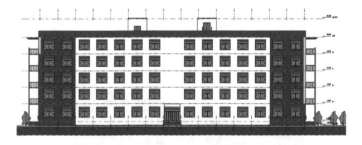

图17-442

06 进入场地平面视图，然后选择"地形"，设置"材质"为"草"，如图17-443所示。

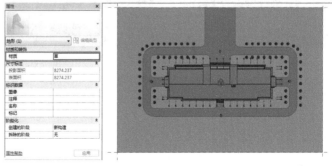

图17-443

07 选择所绘制的道路，设置"材质"为"沥青"，"自标高的高度偏移"为-100，如图17-444所示。

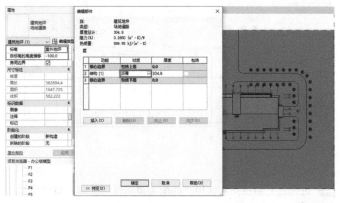

图17-444

08 打开F1楼层平面，切换至"视图"选项卡，单击"三维视图"下拉菜单中的"相机"按钮，然后在建筑左上角单击放置相机，最后拖曳视角以包含建筑主体，如图17-445所示。

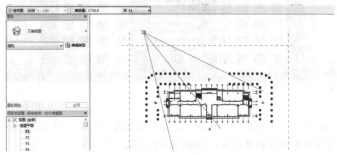

图17-445

09 根据实际信息，为外墙立面添加相应的材质信息，将"视觉样式"设置为"真实"，查看最终效果，如图17-446所示。

图17-446

10 使用快捷键RR打开"渲染"对话框，然后设置相关渲染参数，最后单击"渲染"按钮，如图17-447所示。

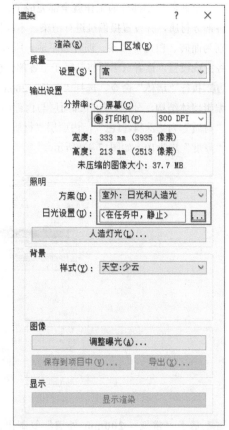

图17-447

11 渲染完成后调整图像的亮度及饱和度参数，最终效果如图17-448所示。

图17-448